Fritz Kümmel

Elektrische Antriebstechnik

Teil 2: Leistungsstellglieder

VDE-VERLAG GmbH
Berlin und Offenbach

Dr.-Ing. Fritz Kümmel
ehem. Professor an der Fachhochschule Münster

Redaktion: Dipl.-Ing. Roland Werner

CIP-Kurztitelaufnahme der Deutschen Bibliothek

Kümmel, Fritz:
Elektrische Antriebstechnik / Fritz Kümmel.
– Berlin ; Offenbach : VDE-VERLAG

Teil 2. Leistungsstellglieder. – 1986.
ISBN 3-8007-1471-X

ISBN 3-8007-1471-X

Druck: Mercedes-Druck, Berlin

8606

Vorwort

In Teil 1 werden in den Abschnitten 1 bis 4 die Arbeitsmaschinen, die mechanischen Übertragungsglieder sowie die Wechselstrom- und Gleichstrommotoren behandelt. Der Motorbemessung wird auch die Speisung über fremdgeführte, maschinengeführte oder selbstgeführte Stromrichter zugrunde gelegt, die wegen der damit verbundenen Oberschwingungen, Unsymmetrien und Rüttelmomente den Stellbereich und die Belastbarkeit einschränken. Bei der Schlupfsteuerung von Käfigläufermotoren über Drehstromsteller sind sogar Sondermotoren erforderlich. Bei der untersynchronen Stromrichterkaskade (Abschnitt 3.3.3) und dem Stromrichtermotor (Abschnitt 3.8.1) lassen sich Motor und Stromrichter nicht voneinander trennen, so daß schon in den genannten Abschnitten die Gesamtanordnungen behandelt worden sind.
Die Schaltung und die Bemessung der Leistungsstellglieder ist zusammenhängend in dem vorliegenden Band 2 behandelt worden. Dabei wird ausgegangen von marktgängigen Komponenten wie Thyristoren, Transistoren, Überspannungs- und Überstrom-Schutzgliedern, integrierten Impulssteuerschaltungen und ebensolchen Regelverstärkern sowie Transformatoren und Drosseln. Es wird dabei berücksichtigt, daß bis zu großen Leistungen konfektionierte Stromrichtergeräte verwendet werden. Sie sind allerdings nicht als schwarze Kästen anzusehen, bei denen man nur eine Anzahl Anschlüsse zu tätigen hat, um eine funktionsfähige Anlage zu erhalten. Wenn auch der Projektierungsingenieur heute keine Platinen mehr entwirft oder Schaltungen zusammenlötet, so muß er doch im einzelnen über die Funktionsweise seines Leistungsstellglieds, sprich Stromrichters, Bescheid wissen, um die günstigste Einstellung zu finden, das Optimale aus dem Gerät herauszuholen und gegebenenfalls auch mal eine Störung beheben zu können.
Das Leistungsstellglied ist der Mittler zwischen der Informationselektronik, die auch die Regelbausteine enthält, und dem Motor. Fehler des Leistungsstellglieds wirken sich in erster Linie zu Lasten des Motors aus. So wird der Fehler eines Impulssteuergeräts oder das nicht entdeckte Ansprechen von Sicherungen für den Motor hohe Oberschwingungsbelastungen bringen, die beim Asynchronmotor noch dazu im schlecht belüfteten Läufer anfallen. Aber der Fehler kann auch bereits bei der Auswahl des Leistungsstellglieds passiert sein, indem z.B. bei einem Gleichstromantrieb ein netzgeführter Stromrichter mit zu kleiner Pulszahl vorgesehen wird, ohne eine entsprechend große Glättungsdrossel vorzusehen.
Leistungsstellglieder arbeiten heute fast ausschließlich im Schaltbetrieb, selbst dann, wenn sie keine echten Ventile wie Thyristoren, sondern von Natur aus stetige Steuerglieder wie Leistungstransistoren enthalten. Bei den Leistungshalbleitern wurden in den letzten Jahren spezielle Typen entwickelt. So finden neben den Netz-Thyristoren, den Frequenz-Thyristoren und den Triacs für selbstgeführte Stromrichter im steigenden Maße rückwärts leitende Thyristoren und Abschaltthyristo-

ren Anwendung. Zu den bipolaren Leistungstransistoren sind die Feldeffekt-Leistungstransistoren dazugekommen. Die neuen Schaltelemente sollen in erster Linie die Kosten für das Stellglied senken. Diese Vorteile werden, gegenüber den einfachenen Universalventilen, durch engere Grenzwerte erkauft. Deshalb werden im ersten Abschnitt dieses Teils die Unterschiede herausgearbeitet und die Richtlinien für eine richtige Bemessung und Beschaltung gegeben. Weiterhin wird ausgeführt, wie die einzelnen Schaltelemente angesteuert werden müssen, um möglichst geringe Schaltverluste sicherzustellen.
Der netzgeführte Stromrichter ist das am meisten verwendete Stellglied. Aufgrund seines einfachen Aufbaus und seiner leicht verständlichen Wirkungsweise läßt er sich, zumindest wenn der Gleichstrom nur ein Vorzeichen zu haben braucht, auch von sachverständigen Anwendern aus wenigen Komponenten zusammensetzen. Hierzu dienen praktikable Bemessungsregeln, die für die wenigen, praktische Bedeutung habenden Grundschaltungen angegeben werden. Das Problem der Welligkeit der Ausgangsspannung, das bereits bei den Ausführungen über den Gleichstrommotor in Teil 1, Abschnitt 4.7, behandelt wird, veranlaßt hier die Ausführungen über den Lückbetrieb und die Festlegung der Lückgrenze über die Glättungsdrossel. Zwei Abschnitte sind den in der Literatur selten behandelten Fragen des Zeitverhaltens des netzgeführten Stromrichters und dem Überlast- und Kurzschlußschutz über Schmelzsicherungen bzw. Schnellschalter gewidmet.
Der letzte Hauptabschnitt befaßt sich mit den selbstgeführten Umrichtern in den zwei Varianten mit Spannungszwischenkreis und mit Stromzwischenkreis. Bei der ersten Gruppe sind sehr viele Schaltungsvarianten bekannt. Es war deshalb notwendig, die Darstellung auf einige Grundschaltungen, die auch praktische Bedeutung erlangt haben, zu beschränken. Es sind aber die unterschiedlichen Betriebsarten, vom dynamisch hochwertigen Pulsumrichter mit Unterschwingungssteuerung bis zum einfachen Phasenfolgeumrichter mit beschränktem Stellbereich und Stoßbelastbarkeit, berücksichtigt.

Bodenwerder, im Frühjahr 1986 Fritz Kümmel

Inhalt

Gleichzeitig erschienen:

Elektrische Antriebstechnik
Teil 1: Maschinen

1 **Antriebsmechanik**
Kenngrößen Arbeitsmaschinen – mechanisch/elektrische Analogiebeziehungen – Antriebskenndaten bei starrer Kopplung – Kopplung über Einzel- und Doppelschwinger – Einfluß der Führungsgrößenvorgabe.

2 **Mechanische Übertragungsglieder**
Wellen – Seile – Zahnradgetriebe – Stellgetriebe – Ausgleichs-, torsionselastische-, Schlupf-, Reibungs-, Fliehkraft-Kupplungen – mechanische Bremsen.

3 **Wechselstrommotoren**
Schleifringläufer-, Käfigläufer-Asynchronmotoren – Synchronmotoren – Reluktanzmotoren – Schrittmotoren – statisches und dynamisches Verhalten – Drehzahl-Steuerverfahren – Bremsschaltungen – Oberschwingungseinflüsse und Pendelmomente bei Stromrichterspeisungen.

4 **Gleichstrommotoren**
Betriebskonstanten – Zeitverhalten – Feldschwächbetrieb – Bremsung – Kurzzeitbetrieb – Mehrmotorenantriebe – Zusatzverluste bei Speisung über netzgeführte Stromrichter und Gleichspannungssteller – Gleichstrom-Sondermotoren für Stellantriebe.

In Vorbereitung:

Elektrische Antriebstechnik
Teil 3: Anlagen

8 **Antriebs-Regelungstechnik**
Besondere Kennzeichen – Frequenzgangdarstellung – Bode-Kennlinien – Frequenzkennlinien – einfachintegrale Regelkreise – doppelintegrale Regelkreise – Nichtlinearitäten – Optimierungsverfahren: Nyquistverfahren – Betrags-, symmetrisches-, Phasenrand-Optimum.

9 **Netzeinspeisung**
Netzgestaltung – Stoßbelastung – gegenseitige Beeinflussung der Verbraucher – Oberschwingungsbelastung und deren Verminderung durch Saugkreise – Blindstromkompensation.

10 **Stellantriebe**
Regelstrecken – Stellglieder – Regelstrukturen – Anforderungen – Digitalisierung – Rechnersteuerung.

11 **Mehrmotorenantriebe**
starre Kopplung – Bandspeicherkopplung – Momentenkopplung – Störgrößen – Anfahr- und Stillsetzbedingungen – Rückhaltesysteme – Ab-, Aufwickelantriebe – Betriebsartumschaltung – Rechnerführung.

12 **Antriebe für Förderanlagen**
Dreh- und Brückenkrane – Förderbänder – Aufnahme- und Absetzgeräte – Fördermaschinen – Schrägaufzüge – Personenaufzüge.

13 **Fahrantriebe**
Lastcharakteristiken – Elektro-Straßenfahrzeuge – Energieversorgung von Bahnen – Nahverkehrsantriebe – schienengebundene Traktoren – Wechselstrom-, Gleichstrom- und Umrichter-Lokomotiven – Magnetschwebebahn.

14 **Weitere Antriebsbeispiele für:**
Kaltwalzstraße – Bandvergütungsanlage – Werkzeugmaschinen: Hauptspindel- und Vorschubantriebe – Papiermaschine – Papierwickler – Rotationsdruckmaschine – Kunststoffkalander – Antriebs- und Bremsenprüfanlagen.

Formelzeichen

a — $= t_L/t_p$ Aussteuerungsverhältnis
ay — $= J/M_{gr}$ Trägheitsverhältnis
A — Querschnitt
A_a — Abschaltintegral
A_{br} — Bremsungen je Stunde
A_l — Löschintegral
A_s — Schmelzintegral, Einschaltungen je Stunde
A_{Tgr} — Grenzlastintegral Thyristor
A_τ — Schwankungsintegral
b — Breite
B — Magnetische Induktion
B_w — Wechselinduktion
C — Kapazität
C_b — Beschaltungskapazität
C_k — Ersatzkapazität Kupplung, Kommutierungskapazität
C_s — Löschkapazität
$C_{(th)}$ — thermische Kapazität
C_w — Ersatzkapazität Welle, Wicklungskapazität, Schaltkapazität
d — Durchmesser, Dämpfungsfaktor, R'_{fN}/X_s
d_{cu} — Durchmesser Kupferleiter
d_r — bezogener Wirkspannungsabfall
d_u — bezogene Netzspannungsschwankungen
d_x — bezogener induktiver Spannungsabfall
E — Elastizitätsmodul, Energie
$E_f{}^a$ — im Außenwiderstand umgesetzte Energie
E_k — in der Kupplung umgesetzte Energie
E_{RR} — Ausschaltenergie Thyristor
f — Füllfaktor, Frequenz
f_f — Läuferfrequenz, Formfaktor
$f_f(t)$ — Führungs-Übergangsfunktion
f_{fI} — Strom-Formfaktor
f_{fu} — Spannungs-Formfaktor
$f_L(t)$ — Last-Übergangsfunktion
f_p — Pulsfrequenz
f_s — Ständerfrequenz
f_{sr} — Schrittfrequenz
F — Kraft
$F(j\omega)$ — Frequenzgang
FI — Trägheitsfaktor
$F_f(j\omega)$ — Führungsfrequenzgang
$F_L(j\omega)$ — Lastfrequenzgang
F_z — Zugkraft
g — Erdbeschleunigung, laufender Index, bezogene Frequenz f/f_{Nz}
G — Schubmodul
$G(p)$ — Übertragungsfunktion
h — Höhe, $= X_h/X_{hN}$, $= I_{Tr0}/I_{TrN}$
H — magnetische Feldstärke
H_w — Wechselfeldstärke
i — Augenblickswert Strom
i^* — $= I/I_N$ bezogener Strom
i_F — Störstrom
i_k — Kommutierungsstrom
i_T — Thyristorstrom
I — Effektivwert Strom
I_{BC} — Basis-Kollektorstrom Transistor
I_{dl} — Lück-Grenzstrom
I_E — Emitterstrom
I_G — Gatestrom Thyristor
I_H — Haltestrom Thyristor
I_L — Laststrom, Einraststrom Thyristor
I_{kD} — Dauer-Kurzschlußstrom
I_{kD2} — zweipoliger Kurzschlußstrom
I_{KR} — Kreisstrom Gegenparallelschaltung
I_R — Sperrstrom
I_{TAV} — Mittelwert Thyristorstrom
I_{TAVM} — Dauergrenzstrom Thyristor
$I_{T(OV)M}$ — Thyristor-Grenzstrom
I_{TRM} — periodischer Spitzenstrom
I_{TRMS} — effektiver Thyristorstrom
I_{TSM} — Thyristor-Stoßstrom
I_{RRM} — Rückstromscheitelwert
I_{Tr} — Transistorstrom
J — Trägheitsmoment
J_{Lin} — rechnerisches Trägheitsmoment linear bewegter Massen

k laufende, ganzzahlige Zahl
K Verseilfaktor
K_f $=R'_f/(g_f X_s)$, Kopplungsfaktor Optokoppler
K_k Kupplungskonstante
K_L $=R'_f/R'_{fN}$, Lastfaktor bei drehzahlproportionalem Lastmoment
K_M Lastkonstante Motor
K_{Ri} Stromregler-Integrationskonstante
K_S Seil-Dehnungskonstante, $=R_{sc}/(g_s X_s)$
K_{si} Sicherheitsfaktor
K_{sr} Schrittfaktor
K_{ug} Korrekturfaktor Ständerspannung
K_w Torsionskonstante Welle
K_x Kommutierungskonstante
K_ϑ Erwärmungsfaktor für Kurzzeitbetrieb
l_A Drosselsteilheit
l_{Fe} Blechpaketstärke, Eisenweglänge
l_l $=X_d I_d/U_{di}$
$l_ü$ Überlastfaktor
l_w Wicklungslänge
Δl Längenänderung Seil
L_D Drosselinduktivität
L_h Hauptinduktivität
L_{KR} Kreisinduktivität
L_s Streuinduktivität, Stromanstiegbegrenzungsdrossel
L_r Rückladedrossel
L_u Umladedrossel
m Masse, bezogenes Moment M/M_N
m_g bezogenes Gegenmoment
m_H bezogenes Haltemoment
M_b Beschleunigungsmoment
n Drehzahl
n^* bezogene Drehzahl n/n_N
n_K Kupplung-Schlupfdrehzahl
$\hat{n}_L^*$ Nachschwingamplitude
n_0 synchrone Drehzahl
n_{00} synchrone Drehzahl bei Bezugsfrequenz
n_s Schlupfdrehzahl
$n_\sim$ Wechselkomponente der Drehzahl
p Laplace-Operator, Polpaarzahl, bezogene Leistung P/P_N
p_{SR} Pulszahl des netzgeführten Stromrichters
p_z Pulszahl allgemein
P Leistung
P_m mechanisch abgegebene Leistung
P_s Ständerleistung, Speiseleistung
P_v Verlustleistung
P_{vD} Durchlaßverlustleistung
P_{RR} Ausschaltverlustleistung
P_{RQ} Sperrverlustleistung
P_{Tr} Transformatorleistung
P_{TT} Einschaltverlustleistung
q normierter Laplace-Operator
q_L Luftspaltquerschnitt
Q Blindleistung, Ladung
$Q_{(1)}$ Grundschwingungs-Blindleistung
Q_s Nachlaufladung
r_{BE} Basis-Emitterwiderstand
r_e Eingangswiderstand Transistor
r_T differentieller Widerstand
R Widerstand, Stellbereich
R_B Basiswiderstand
R_f Läuferwiderstand
R_{fN} Nenn-Läuferwiderstand
R_K Kupplungs-Ersatzwiderstand
R_{sch} Schutzwiderstand
$R_{(th)}$ thermischer Widerstand
$R_{(th)p}$ thermischer Korrekturwiderstand
s Weg, Schlupf, Schritt
s_{ki} Kippschlupf
s_u Schrittzahl pro Umdrehung
S Scheinleistung, Steilheit
$S_{(1)}$ Grundschwingungs-Scheinleistung
t Zeit
t_a Anlaufzeit
t_{br} Bremszeit
t_{gd} Zündverzugszeit
t_G Wirkdauer des Zündimpulses
t_i Stromflußdauer
t_q Freiwerdezeit
t_{SR}^* $=T_{SR}/T_k$
t_{sp} Spielzeit
t_{st} Stillstandszeit
t_u Umschwingzeit
T_J Trägheits-Zeitkonstante
T_k Verzögerungs-Zeitkonstante
T_m Kurzschluß-Anlaufzeitkonstante
T'_m Nenn-Anlaufzeitkonstante

T_p, t_p	Pulsperiodendauer
T_{SR}	Verzugszeit des netzgeführten Stromrichters
u	Augenblickswert Spannung
u^*	bezogene Spannung U/U_N
u_{kT}	Transformator-Kurzschlußspannung
u_T	Thyristorspannung
$\bar{u}$	Getriebe-Zähneverhältnis
U	Effektivwert Spannung
$\bar{U}$	Mittelwert Spannung
U_{ai}	Polradspannung
U_{Ai}	Quellenspannung
U_B	Lichtbogenspannung
$U_{(B0)0}$	Nullkippspannung
U_{CE}	Kollektor-Emitterspannung
U_{di}	ideelle Leerlaufspannung
U_{DRM}	periodische Spitzensperrspannung in Durchlaßrichtung
U_f	Läuferspannung
U_{fN}	Läufer-Stillstandsspannung
U_{GS}	Gate-Source-Spannung
U_{h00}	Leerlaufwechselspannung bei Bezugsfrequenz
ΔU_k	Kommutierungs-Spannungseinbruch
U_{RA}	Ansprechspannung
U_{RRM}	periodische Spitzensperrspannung in Sperrichtung
U_s	Speisespannung, Sternspannung
U_{si}	Spannung an der Schmelzsicherung
U_{SRM}	Betriebsspannung-Scheitelwert
$U_{(T0)}$	Schleusenspannung
U_{Tr}	Treiberspannung, Transformatorspannung
U_w	wiederkehrende Spannung
$U_{(\nu)}$	νte Spannungsharmonische
$\ddot{u}$	Übersetzungsverhältnis
$\ddot{u}_G$	Getriebe-Übersetzungsverhältnis
v	Geschwindigkeit
v_B	Warenbahn-Geschwindigkeit
v_L	Luftgeschwindigkeit
v_S	Seilgeschwindigkeit
V	magnetische Spannung
V_A	$= U_{AN}/(I_{AN} R_A)$, Ankerkreisverstärkung
w	Welligkeit $\Delta I/\bar{I}$
w_I	Stromwelligkeit
w_u	Spannungswelligkeit
W	Arbeit
X	Blindwiderstand
X_{fs}	Läufer-Streureaktanz
X_h	Hauptreaktanz
X_k	Kommutierungs-, Kurzschlußreaktanz
X_s	Streureaktanz
X_{ss}	Ständer-Streureaktanz
X_{Tr}	Transformator-Reaktanz
Y	Leitwert
z	Leiter je Strang
z_f	Läufer-Zähnezahl
Z	Scheinwiderstand
Z_L	Lastimpedanz
$Z_{(th)JC}$	thermische Impedanz Thyristor
$Z_{(th)K}$	thermische Impedanz Kühlkörper
α	Steigungswinkel, Zündwinkel
α_A	Anoden-Stromfaktor Thyristor
α_i	Stromflußwinkel
α_K	Katoden-Stromfaktor Thyristor
α_m	maximaler Zündwinkel
α_{rg}	Regelreserve
α_{si}	Sicherheitswinkel
α_v	lastunabhängige Verluste / lastabhängige Verluste
β	Zündverfrühungswinkel, Stromverstärkung
γ	$= d/\omega_0$ Dämpfungsmaß, Löschwinkel
γ_d	$= \psi_d/(\pi U_{di})$ bezogene Wechselspannungszeitfläche
γ_r	$= d/\omega_{0r}$ Dämpfungskoeffizient
δ	Luftspalt, R_k/X_k
δ_s	Ungleichförmigkeitsgrad
Δ	kleine Änderung, maximaler Schwankungsbereich
$\Delta\alpha_r$	Schrittwinkel
ε	relative Einschaltdauer (ED)
η	Wirkungsgrad
η_G	Getriebe-Wirkungsgrad
η_N	Wirkungsgrad im Nennarbeitspunkt
ϑ	Temperatur °C, Polradwinkel
ϑ_A	Kühlmitteltemperatur °C
ϑ_C	Gehäusetemperatur
ϑ_J	Sperrschichttemperatur
θ	Durchflutung
θ_s	Ständerdurchflutung
θ_μ	Magnetisierungsdurchflutung

$\varkappa$	Wellenwinkel
$\varkappa_{St}$	Stableitwert
λ	$=\cos\varphi$, Leistungsfaktor, thermischer Leitwert
μ	Überlappungswinkel, Permeabilität
μ_0	absolute Permeabilität, Überlappungswinkel bei $\alpha=0$
μ_r	Reibungskoeffizient, relative Permeabilität
μ_w	Wechselstrompermeabilität
ν	Ordnungszahl, harmonische Analyse
ξ	Wickelfaktor
ϱ	Dichte
ϱ_r	$=(R_{AM}+R_{AV})/R_{AM}$
σ	Streufaktor
σ_z	Zugfestigkeit
τ	bezogene Zeit $d \cdot t$, $\omega_0 t$, t/T
τ_{mA}	Zeitkonstantenverhältnis T_m/T_A
τ_p	Polteilung, Pulsverhältnis t_L/t_p
τ_{zul}	zulässige Schubspannung
φ	$=\phi/\phi_N$ bezogener Fluß, Drehwinkel
φ_1	Verschiebewinkel
φ_l	Getriebelose-Winkel
φ_H	Haltewinkel
φ_K	Kupplungs-Drehwinkel
φ_w	Torsionswinkel Welle
ϕ	Fluß
ψ	Fehlerwinkel elektrische Welle
ψ_d	Wechselspannungszeitfläche
ψ_k	Kommutierungs-Spannungszeitfläche
$\psi_ü$	Spannungszeitfläche Übertrager
ω	Winkelgeschwindigkeit-Kreisfrequenz
ω_D	Durchtrittsfrequenz
ω_k	Knickfrequenz
ω_e	Kreisfrequenz der Eingangsgröße
ω_0	gedämpfte Resonanz-Kreisfrequenz
ω_{0r}	ungedämpfte Resonanz-Kreisfrequenz
ω_s	Ständer-Kreisfrequenz
Ω	$=\omega/\omega_0$, $=\omega/\omega_{0r}$

Indizes

a Anlauf-, Ausgangs-
ar arithmetischer Mittelwert
az Anzugs-
A Ausschalt-, Anoden-Anker-
b Beschleunigungs-, Beschaltungs-,
br Brems-
bT Thyristor-Beschaltung
B Lichtbogen-
c Wicklungs-, Kondensator-
d Gleich-
D Drossel-
e Erreger-, Eingangs-
eff Effektiv-(betont)
E Einschalt-, Emitter-
f Läufer-
F Filter-, Stör-
Fe Eisen-
g Gegen-
gr Grenz-
G Gate
h Haupt-
i, I Strom-
k Katode-, Kurzschluß-, Kommutierungs-
ki Kipp-
KR Kreis-
l Längsrichtungs-
L Leiter-, Last-
m, max Maximal-
min Minimal-
N Nenn-
Nz Netz-
p Puls-, Pol-
ph Phasen-
q Querrichtungs-
r Rücken-
s Ständer-, Streu-, Speise-
si Sicherungs-
sr Schritt-
st Steuer-, Stab-
SR Stromrichter-
(th) thermische
tot Gesamt-
T Thyristor
u Spannungs-
v Verlust-
w wirksame-, wiederkehrende-, Wechsel-
W Wellen-
z Zahn-
ϑ thermische
μ Magnetisierungs-
0 Leerlauf-, ungesättigt, synchron
$\sim$ Wechselkomponente

Abkürzungen

ASK	Käfigläufermotor
ASL	Schleifringläufermotor
ASM	Asynchronmotor
DDB	Dioden-Drehstrom-Brückenschaltung
DS	Drehstrom-Sternschaltung
EM	Einphasige Mittelpunktschaltung
FSR	Fremd-(netzgeführter-)-Stromrichter
GLS	Gleichspannungssteller
GM	Gleichstrommotor
GPF	kreisstromfreie Gegenparallelschaltung
GPK	Kreuzschaltung
GPS	starre Gegenparallelschaltung
GTO	Ausschaltthyristor
HDB	halb gesteuerte Drehstrom-Brückenschaltung
HDS	halb gesteuerter Drehstromsteller
HEB	halb gesteuerte einphasige Brückenschaltung
MDS	mechanischer Doppelschwinger
MES	mechanischer Einfachschwinger
SCR	symmetrisch sperrende Thyristoren
SSR	Selbstgeführter Stromrichter
SYM	Synchronmotor
VDB	voll gesteuerte Drehstrombrückenschaltung
VDS	voll gesteuerter Drehstromsteller
VEB	voll gesteuerte einphasige Brückenschaltung
WSM	Wechselstrommotor

5 Leistungshalbleiter und ihre Steuerung

5.1 Entwicklung der Leistungsstellglieder

Geregelte Antriebe lassen sich in drei Hauptkomponenten unterteilen: Den Motor, die Regelbausteine mit den Istwert- und Sollwerterfassungsgliedern, die als Ganzes als Informationselektronik bezeichnet werden, sowie das Leistungsstellglied. Für die Informationselektronik stand schon vor Jahrzehnten in der Elektronenröhre ein bei wesentlichen betriebstechnischen Nachteilen (geringe Lebensdauer, große Betriebsspannung, hohe Verluste, großer Raumbedarf) praktisch trägheitsfreies Verstärkerelement zur Verfügung. Aber erst der Transistor hat eine universell anpassungsfähige Informationselektronik ermöglicht, die zudem einen geringen Aufwand erfordert.
Die technische Entwicklung der Leistungsstellglieder war wesentlich komplizierter. Das ideale Leistungsstellglied benötigt eine niedrige Steuerleistung und besitzt eine hohe Ausgangsleistung, die Eigenträgheit soll vernachlässigbar klein und der Umformungswirkungsgrad (Verhältnis von Ausgangsleistung zur aus dem Versorgungsnetz aufgenommenen Leistung) soll hoch sein. Das erste brauchbare Leistungsstellglied, der Leonard-Umformer, erfüllte nur eine der vorstehenden Bedingungen, nämlich die, daß er mit großen Leistungen ausgeführt werden konnte. Erst der Quecksilberdampfstromrichter brachte hinsichtlich Leistungsverstärkung und Trägheitsfreiheit wesentliche Fortschritte. Allerdings war der gerätemäßige und raummäßige Aufwand so groß, daß er nur für große Leistungen eingesetzt werden konnte. Für kleine und mittlere Antriebsleistungen fanden Transduktoren (magnetische Verstärker) Anwendung. Diese Techniken wurden in den 60er Jahren verhältnismäßig schnell durch die steuerbaren Leistungshalbleiter abgelöst. Sie ermöglichen Leistungsstellglieder, die den vorstehenden Idealeigenschaften sehr nahe kommen. Selbst dort, wo das gleiche Steuerverfahren angewendet wird – wie beim Quecksilberdampfstromrichter und beim netzgeführten Halbleiterstromrichter – erfolgte der Übergang auf die Halbleiterlösung in wenigen Jahren, schon allein weil der Brennsspannung (Verlustspannung) des Quecksilberdampfstromrichters von 25 V ein Durchlaßspannungsabfall des Thyristors von 1 V gegenübersteht. Während Hg-Gefäße für maximal 500 A gebaut wurden, stehen heute Thyristoren für weit mehr als 1000 A zur Verfügung.
Die Gruppe der immer mehr Bedeutung erlangenden selbstgeführten Stromrichter, entweder als gepulste Gleichspannungsstellglieder oder als statische Umrichter ausgeführt, wurde erst durch die Leistungshalbleiter möglich, da hierfür Ventile mit geringer Zünd- und Löschverzögerung benötigt werden. Während Quecksilberdampfstromrichter Freiwerdezeiten von mehr als 100 µs hatten, stehen heute schnelle Thyristoren hoher Schaltleistung mit Freiwerdezeiten von weniger als 20 µs zur Verfügung. Dadurch werden nicht nur genügend hohe Schaltfrequenzen

möglich, sondern auch der Aufwand für die Löscheinrichtungen ließ sich wesentlich herabsetzen.
Die Steuerung und Regelung von Käfigläufermotoren wird immer noch durch den hohen gerätemäßigen Aufwand für den selbstgeführten Stromrichter behindert. Deshalb hat die Entwicklung von Sonder-Thyristoren – wie rückwärtsleitenden Thyristoren oder von löschbaren Thyristoren – zum Ziel, diesen Aufwand herabzusetzen.

5.2 Symmetrisch sperrende Thyristoren (SCR)

Der Thyristor ist kein stetiges Steuerungselement, sondern ein Ventil, das zwei stabile Betriebszustände – voll gesperrt oder voll leitend – besitzt. Diese Betriebseigenschaften sind für ein Leistungsstellglied von Vorteil, da beide Betriebszustände sich dadurch auszeichnen, daß die Ventilverluste klein sind. Deshalb werden auch Leistungsstellglieder, die von Natur aus stetig sind wie Leistungstransistoren, im Schaltbetrieb betrieben.

5.2.1 Wirkungsweise

Das **Bild 5.2.1** zeigt schematisch den kristallmäßigen Aufbau eines Thyristors. Die tatsächliche Schichtanordnung ist aus Bild 5.3.9a zu ersehen. Im vierwertigen Siliziumkristall sind vier Schichten zu erkennen, in denen Fremdatome abweichender Wertigkeit in unterschiedlicher Konzentration vorhanden sind. In die Schichten P1 und P3 sind dreiwertige Fremdatome eingebracht, so daß hier freie positive Ladungsträger oder Löcher vorhanden sind. Durch den Einbau von fünfwertigen Fremdatomen besitzen die Schichten N2 und N4 freie Elektronen.
An den Trennflächen, den PN-Übergängen, diffundieren, wenn die Anordnung nicht an Spannung liegt, aus dem P-Bereich Löcher in den N-Bereich und Elektronen aus dem N-Bereich in den P-Bereich. Dadurch verlieren die Übergangszonen ihre potentialmäßige Neutralität; es bilden sich Raumladungen aus, die den Diffusionsprozeß abbremsen. Die PN-Übergänge wirken als Diode, da die Raumladung unter dem Einfluß einer äußeren Spannung in Durchlaßrichtung aufgehoben und bei einer äußeren Spannung in Sperrichtung die Wirkung der Raumladung noch verstärkt wird.
In **Bild 5.2.1a** liegt am Thyristor eine Gleichspannung U_h in Durchlaßrichtung. Der Anschluß G der Steuerelektrode erhält zur Zündung des Thyristors einen positiven Stromimpuls. Durch die PN-Übergänge wird die in **Bild 5.2.1b** gezeigte Diodenreihenschaltung definiert. Vom Arbeitsstrom I_f werden die Dioden D21, D43 in Durchlaßrichtung und die Diode D23 in Sperrichtung durchflossen. Allerdings verliert der PN-Übergang D23 nach dem Durchschalten des Thyristors seinen Diodencharakter, da er dann, trotz Polung in Sperrichtung, den großen Durchlaßstrom führt.
Der Durchschaltevorgang wird anhand von **Bild 5.2.2** erläutert. Zunächst wird der Zündstrom I_G zu null angenommen. Infolge der Durchlaßpolung der PN-

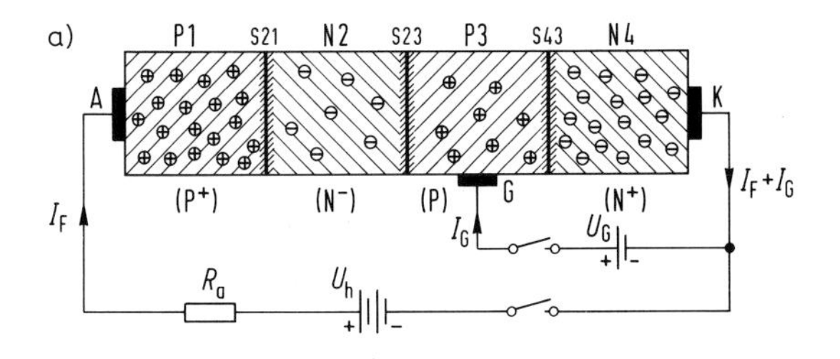

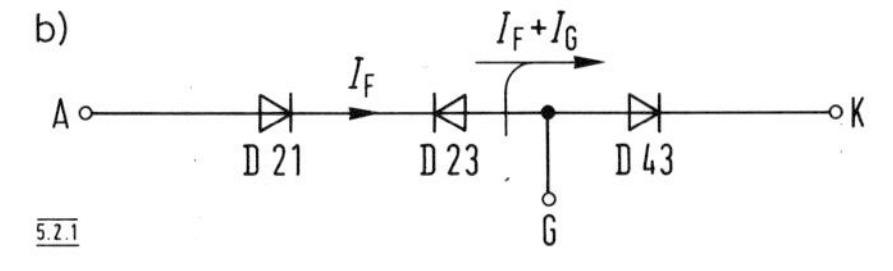

Bild 5.2.1 Symmetrisch sperrender Thyristor
a) Dotierung und PN-Übergänge
b) Ersatzdiodenanordnung

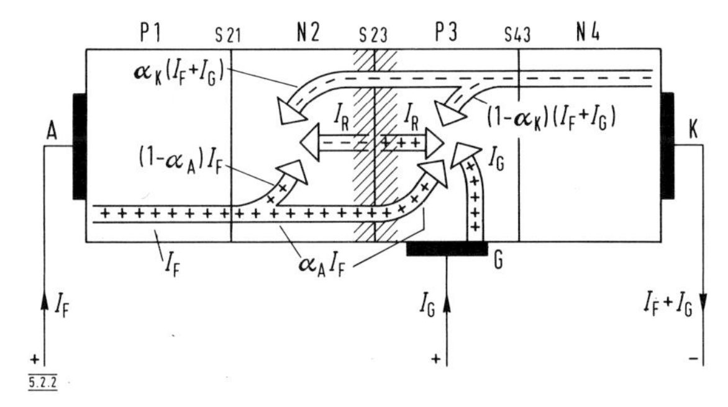

Bild 5.2.2 Elektronen- und Löcherströme im Thyristor

Übergänge S21 und S43 werden ihre Potentialschwellen durch die äußere Spannung aufgehoben. Dadurch gelangen ungehindert die positiven Ladungsträger von P1 nach N2 und die negativen Ladungsträger von N4 nach P3. Am PN-Übergang S23 liegt praktisch die ganze äußere Spannung. Infolge der thermischen Gitterbewegung und unter dem Einfluß des hohen Potentials in dieser Schicht werden etliche Elektronen aus ihrer atomaren Bindung gerissen. Die Löcher fließen in Richtung Katode, die Elektronen in Richtung Anode ab (I_R). In N2 rekombiniert (Vereinigung von Löchern und Elektronen zu neutralen Atomen) der Elektronenstrom I_R mit dem Teil $(1-\alpha_A) I_F$ des Löcherstromes, während der Löcherstrom I_F mit dem Elektronenstrom $(1-\alpha_K) I_F$ rekombiniert. Die Anteile $\alpha_A \cdot I_F$ bzw. $\alpha_K \cdot I_F$ passieren den PN-Übergang S23 und stehen danach ebenfalls für die Rekombination zur Verfügung.

Es kann nur ein so großer Löcherstrom I_F fließen, wie der Teil $(1-\alpha_A)I_F$ in N2 Rekombinationspartner vorfindet. Nun sind die Stromfaktoren α_A und α_K stark von den im Siliziumkristall fließenden Strömen abhängig. Bei kleiner Speisespannung U_h ist der Sperrstrom I_R ebenfalls klein. Dann sind die Stromfaktoren α_A, α_K klein gegen 1. Die Injektionsströme $\alpha_K \cdot I_F$, $\alpha_A \cdot I_F$ erhöhen unter diesen Voraussetzungen nur unwesentlich den Sperrstrom des Übergangs S23. Für die Schicht P3 läßt sich, da die Summe der Ströme null sein muß, die Gleichung aufstellen

$$(1-\alpha_K)I_F - I_R - \alpha_A \cdot I_F = 0 \tag{5.2.1}$$

und nach I_F umgeformt

$$I_F = \frac{I_R}{1-(\alpha_A+\alpha_K)}. \tag{5.2.2}$$

Erhöht man U_h, so steigt damit exponentiell der Sperrstrom I_R an, gleichzeitig nehmen die Stromfaktoren α_A und α_K zu. Nach Gl. (5.2.2) schaltet der Thyristor durch, sobald $\alpha_A + \alpha_K \geq 1$ wird, da dann der Sperrstrom sein Vorzeichen ändert und sich der PN-Übergang wie in Durchlaßrichtung gepolt verhält.
Die Zündung darf in der Regel nicht durch eine Überspannung, sondern durch einen Zündstrom I_G erfolgen. Für P3 ergibt sich für diesen Fall die Stromgleichung

$$(1-\alpha_K)(I_F+I_G) - I_R - \alpha_A I_F - I_G = 0 \tag{5.2.3}$$

und damit

$$\boxed{I_F = \frac{I_R + \alpha_K I_G}{1-(\alpha_A+\alpha_K)}}\ . \tag{5.2.4}$$

Der Steuerimpuls (I_G) vergrößert, unabhängig von dem Sperrstrom I_R, die Stromfaktoren α_A und α_K bis die Durchschaltebedingung $\alpha_K + \alpha_A = 1$ erfüllt ist. Nach erfolgter Durchschaltung hält I_F auch ohne I_G den Thyristor in leitendem Zustand. Die Selbsthaltung setzt einen Laststrom von $I_F \geq I_L$ – den Einraststrom – voraus. Nach Beendigung des Einschaltvorganges braucht der Laststrom nur größer als der Haltestrom I_H zu bleiben, wenn der Durchhaltezustand erhalten bleiben soll; dabei ist $I_H < I_L < 0{,}01\, I_{AVM}$ (Dauergrenzstrom). Der Übergang in den gesperrten Betriebszustand erfolgt, sobald $I_F < I_H$ wird.

5.2.2 Mechanischer Aufbau

Die dünne Siliziumkristall-Scheibe, die den Thyristor bildet, muß durch Kapselung gegen mechanische Beschädigung geschützt werden. Das ist auch aus elektrischen Gründen notwendig, da am Scheibenrand – wegen der hohen Sperrspannung und der geringen Sperrschichtendicke – sehr hohe Feldstärken bis zu 10^4 V/mm

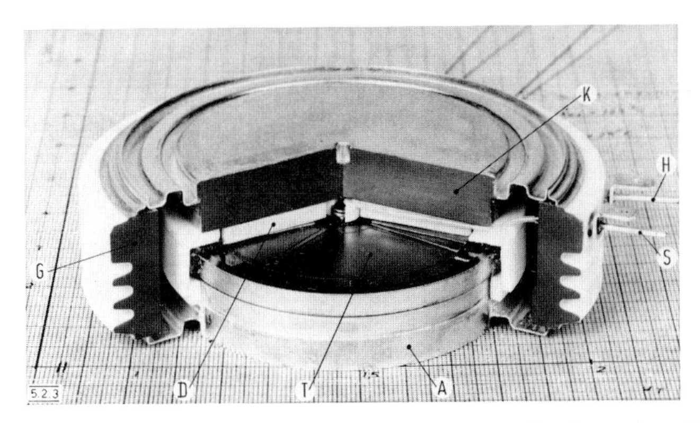

Bild 5.2.3 Schnittmodell eines Thyristors in Scheibenbauweise – Werksaufnahme AEG

auftreten. Die konstruktive Ausbildung des Gehäuses wird dadurch erschwert, daß die im Kristall anfallende Verlustwärme über einen möglichst kleinen thermischen Widerstand an das Kühlmedium – meist Luft, selten Wasser – abgeführt werden muß. Hierzu wurde der Kristall ursprünglich auf einen massiven Kupferboden hart aufgelötet. Der Boden bildete den Anodenanschluß, während das Katodenseil über eine Durchführung des Gehäuses nach außen ging. Die feste Verbindung zwischen Zellenboden und Kristall stellte zwar einen niedrigen thermischen Widerstand sicher, verursachte aber bei Stoßströmen, z.B. im Kurzschlußfall, wegen unterschiedlicher thermischer Ausdehnungen von Zellenboden und Kristall in diesem mechanische Spannungen, die den Kristall zerstörten. Diese Schwierigkeit ließ sich dadurch umgehen, daß man auf die Lötung verzichtete und die Siliziumscheibe mit Federn auf den Zellenboden drückte. Dadurch wurde die Stoßbelastbarkeit verbessert.
Ursprünglich wurden Thyristoren in Form der aus Bild 5.2.12a gezeigten Flachbodenzelle ausgeführt. In der Zwischenzeit wird bei mittleren und großen Schaltleistungen die Scheibenzelle aus folgenden Gründen bevorzugt:

- Bei der Flachbodenzelle wird die Verlustwärme nur nach einer Seite über den Zellenboden abgeführt, während bei der Scheibenzelle beide Seiten hierfür zur Verfügung stehen.
- Das Katodenseil der Flachbodenzelle benötigt zusätzliche Stützpunkte, durch die die Verschaltung aufwendiger ist als bei der Scheibenzelle, die eine den Selengleichrichtersäulen ähnliche Aufreihung der einzelnen Zellen erlaubt.
- Die Leitungsführung ist bei einem Scheibenzellenblock wesentlich kürzer. Die Verkleinerung der Schaltinduktivität ist vor allem bei selbstgeführten Wechselrichtern von Vorteil.

Der Aufbau einer Scheibenzelle der Fa. AEG ist aus **Bild 5.2.3** zu ersehen. Sowohl die Anode (A) wie auch die Katode (K) sind scheibenförmig ausgebildet. Die Thyristorscheibe (T) liegt auf der Anodenplatte auf und wird unter Zwischenschal-

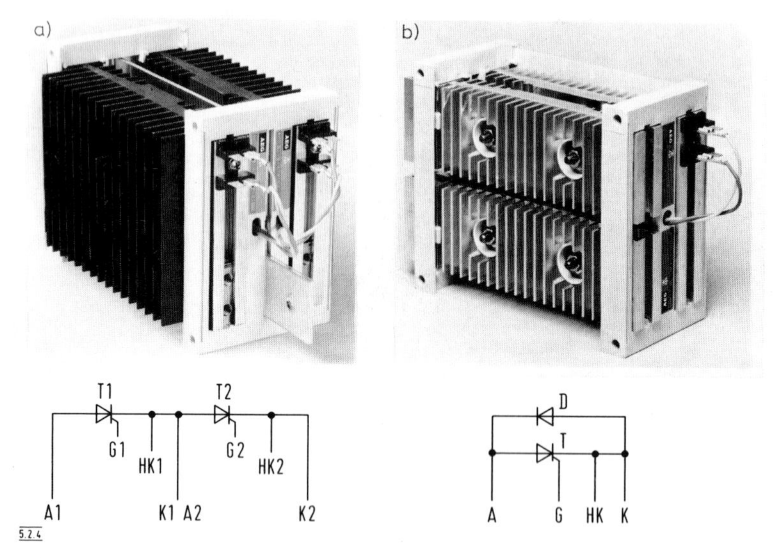

Bild 5.2.4 Kühlkörper für Thyristoren in Scheibenbauweise – Werksaufnahme AEG
a) für natürliche Luftkühlung
b) für verstärkte Luftkühlung

tung einer Druckplatte (D) mit der elastisch mit dem Keramik-Gehäuse (G) verbundenen Anodenplatte kontaktiert. Dazu muß von außen über die beiderseitigen Kühlkörper auf die Scheibenzelle ein ausreichender Druck ausgeübt werden. Seitlich sind die Steuerelektrode (S) und die Hilfskatode (H) herausgeführt. Die wichtigsten Kenndaten des im Schnitt wiedergegebenen Thyristors sind: Spitzenspannung 2800 V, höchstzulässiger effektiver Durchlaßstrom 3800 A, Grenz-Stoßstrom 33 kA. Hierbei handelt es sich um ein Ventil für netzgeführte Stromrichter, die Freiwerdezeit (siehe Abschnitt 5.2.5.2) darf deshalb mit $t_q = 300\,\mu s$ verhältnismäßig groß sein.
Kühlkörper für zwei Scheibenzellen zeigt **Bild 5.2.4.** Die Kühlkörper nach **Bild 5.2.4a** sind für natürliche Kühlung vorgesehen, wie aus den langen Kühlrippen hervorgeht. Die Thyristoren sind in Reihe geschaltet; es kann sich somit um $^1/_3$ der Drehstrombrückenschaltung handeln. Die Kühlkörperanschlüsse A 1 und K 2 sind nach hinten geführt.
Die Kühlkörperanordnung nach **Bild 5.2.4b** – die kurzen Kühlrippen deuten auf verstärkte Luftkühlung hin – enthalten die Gegenparallelschaltung eines Thyristors und einer Diode. Die Gesamtanordnung stellt einen rückwärts leitenden Thyristor dar. Wie in Abschnitt 5.3.2 ausgeführt, erfüllt die antiparallele Diode ihre Aufgabe nur, wenn die Leitungsinduktivität extrem klein ist; da hier die Parallelverbindungen über die Kühlkörper erfolgen, ist diese Bedingung erfüllt.

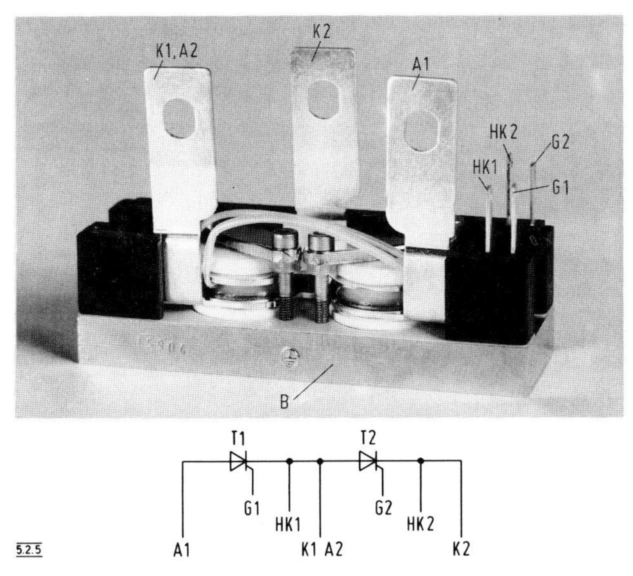

Bild 5.2.5 Thyristor-Kompaktbaugruppe – Werksaufnahme AEG

Für Stromrichter kleiner bis mittlerer Leistung lassen sich die Aufbaukosten für den Leistungsblock durch die Verwendung von Thyristor-Kompaktbaugruppen herabsetzen. Den Aufbau einer solchen Baugruppe zeigt das Schnittmodell von **Bild 5.2.5.** Meist zwei, mitunter auch mehr Thyristoren und Dioden sind auf einem massiven Kühlblock, gegen diesen aber elektrisch isoliert, angeordnet. Die Isolation erfolgt durch Metalloxidelemente, die den Vorzug haben, gute Wärmeleiter zu sein. Der Kühlblock wird mit mehreren anderen auf einen gemeinsamen Kühlkörper oder auf ein genügend großes, sowieso vorhandenes Gerätechassis geschraubt.

5.2.3 Statisches Durchlaß- und Sperrverhalten

5.2.3.1 Spannungsbeanspruchung

Die statischen Betriebseigenschaften, bei denen die Einschalt- und Ausschaltvorgänge unberücksichtigt bleiben, gehen aus den in **Bild 5.2.6** gezeigten Durchlaß- und Sperrkennlinien hervor. Das Sperrvermögen wird gekennzeichnet durch die Nullkippspannung $U_{(BO)0}$, bei der der Thyristor auch ohne Zündimpuls durchschaltet. Der Thyristor wird hierdurch gefährdet, da der Übergang in den Durchlaßzustand unkontrolliert über den Kristallquerschnitt gestaffelt erfolgt. Die zulässigen periodischen Spitzensperrspannungen U_{DRM}, U_{RRM} liegen deshalb unterhalb von $U_{(BO)0}$. Die Spannung U_{DRM} (und auch U_{RRM}) darf nie, auch nicht kurzzeitig, überschritten werden. Da bei der Versorgungsspannung eines Stromrichters nicht

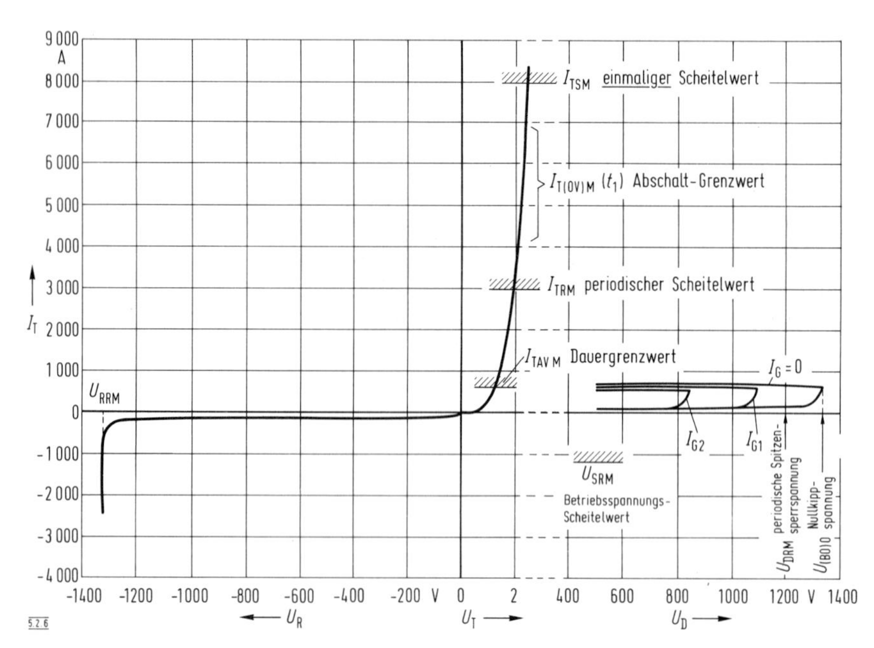

Bild 5.2.6 Sperrkennlinie und Durchlaßkennlinie des symmetrisch sperrenden Thyristors

nur zeitweise Überspannungen, sondern auch durch Schaltvorgänge hervorgerufene impulsförmige Spannungsspitzen auftreten können, muß der Scheitelwert der Betriebsspannung U_{SRM} um den Faktor $K_{usi} = 2$ bis 2,5 niedriger als U_{DRM} liegen. Trotz dieses Sicherheitsfaktors wird es in manchen Fällen notwendig sein, durch zusätzliche Beschaltungen extrem hohe Schaltüberspannungen vom Stromrichter fernzuhalten. Günstiger liegen die Verhältnisse bei den selbstgeführten Stromrichtern, die aus einem Gleichstromzwischenkreis gespeist werden. Die Gleichstromzwischenkreis-Ausgangsspannung ist weitgehend störspannungsfrei, so daß K_{usi} kleiner gewählt werden kann.

5.2.3.2 Strombelastbarkeit

Das Betriebsverhalten des durchgeschalteten Thyristors beschreibt die steil nach oben verlaufende Durchlaßkennlinie. Die Dauerbelastbarkeit gibt der Dauergrenzstrom I_{TAVM} (maximaler arithmetischer Mittelwert) an. Er ist aber nur mit zusätzlichen Randbedingungen, wie vorgegebene Gehäusetemperatur (ϑ_c) oder bestimmter Kühlkörper und vorgegebener Kühlmitteltemperatur (ϑ_A), bestimmt. Die auf die Kühlanordnung bezogenen Werte von I_{TAVM} sind die praktisch zulässigen Grenzströme.

Ist der über den Thyristor fließende Strom stark wellig, so darf der Scheitelwert nicht I_{TRM}, den periodischen Spitzenstrom, überschreiten. I_{TRM} ist nur bei voll

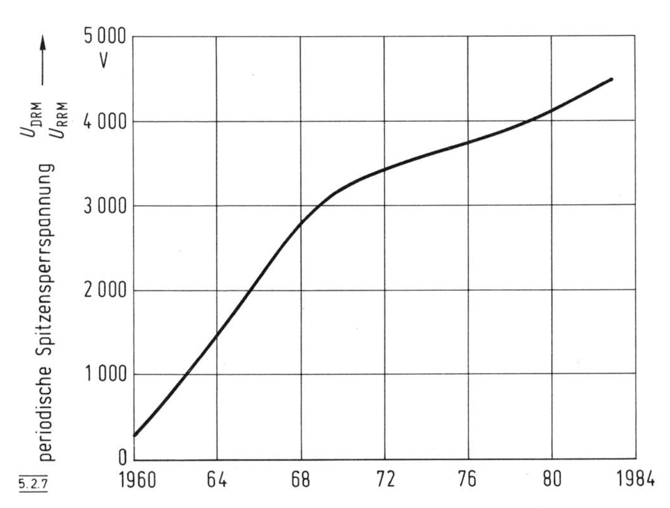

Bild 5.2.7 Zeitliche Entwicklung der periodischen Spitzensperrspannung

durchgeschalteten Thyristor erlaubt und darf nicht während des Schaltvorganges auftreten.
Bei Leistungsstellgliedern können Überströme und Kurzschlüsse auftreten. Während unzulässige betriebsmäßige Überlastungen mit Hilfe der Regelkreise, besonders des Stromregelkreises, verhindert werden können, müssen durch Ausfälle und Fehler einzelner Elemente hervorgerufene Überlastungen durch besondere Schutzglieder, wie Schmelzsicherungen oder Schalter, abgeschaltet werden. Der hierfür zu treibende Aufwand ist um so kleiner, je höher das Steuerventil (Thyristor oder Transistor) kurzzeitig überlastbar ist. Thyristoren besitzen eine relativ hohe Stoß-Überlastbarkeit. Die Abschaltung muß bei dem in Bild 5.2.6 eingezeichneten Grenzstrom $I_{T(OV)M}$ erfolgen. Sein Wert ist abhängig von der Überstromdauer t_1 und von der Vorbelastung. Noch höher liegt der Stoßstrom I_{TSM}, der allerdings nur einmal für den Zeitraum von 10 ms anstehen darf. Er ist für strombegrenzende Abschaltglieder maßgeblich, die, wie Halbleitersicherungen, bereits im ansteigenden Bereich des Kurzschlußstromes wirksam werden und bewirken, daß der unbeeinflußte Scheitelwert des Kurzschlußstromes nicht erreicht wird. Die Strombegrenzung durch Halbleitersicherung und Schnellschalter ist in Abschnitt 6.5 beschrieben. Die statischen Eigenschaften der Thyristoren für netzgeführte Stromrichter wurden in den 25 Jahren ihrer Entwicklung vor allem hinsichtlich der Sperrspannung, des maximal in einem Ventil unterzubringenden Nennstromes und des mechanischen Aufbaus verbessert. Aus **Bild 5.2.7** ist die zeitliche Entwicklung der zur Verfügung stehenden periodischen Spitzensperrspannung zu ersehen. Bei Antriebsstromrichtern ist heute in der Regel keine Reihenschaltung von zwei oder mehr Thyristoren notwendig. Dadurch entfallen alle Probleme, die sich aus der Streuung der Zündkennlinien in Reihe liegender Thyristoren ergeben.

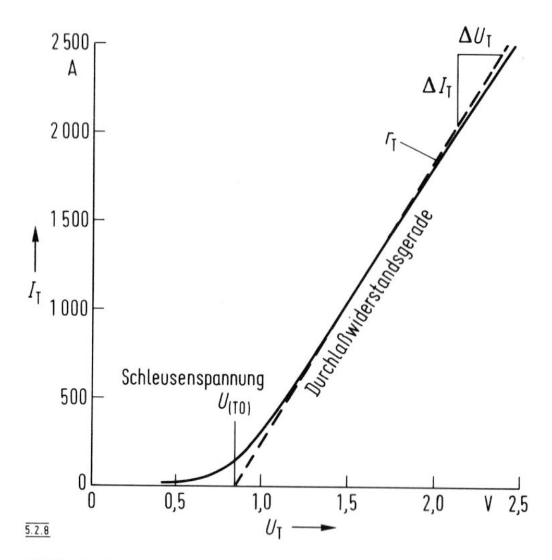

Bild 5.2.8 Aussteuerbereich der Durchlaßkennlinie mit Näherungsgraden

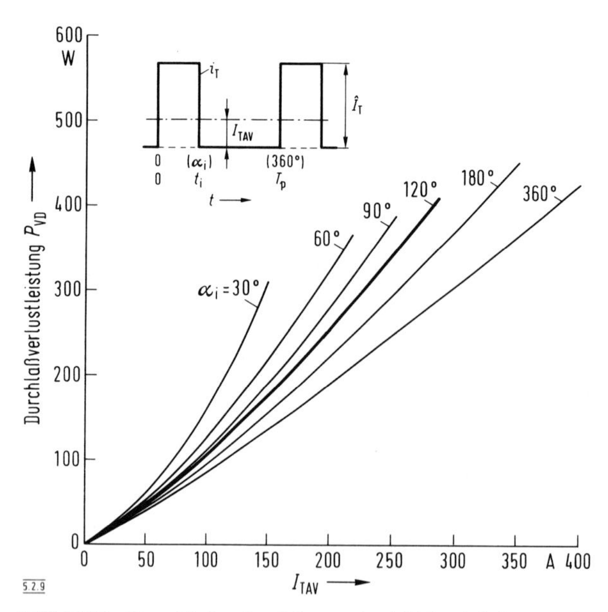

Bild 5.2.9 Durchlaßverlustleistung in Abhängigkeit vom Stromflußwinkel

5.2.3.3 Verlustleistung

Die Gesamtverluste setzen sich aus den Durchlaßverlusten, den Einschaltverlusten und den Ausschaltverlusten zusammen. Bei netzgeführten Stromrichtern können die zweite und die dritte Komponente vernachlässigt werden. In **Bild 5.2.8** ist der für den Dauerbetrieb maßgebliche Anfangsbereich einer Durchlaßkennlinie groß herausgezeichnet. Die Kennlinie soll durch zwei Geraden, die sich bei $U_{(T0)}$ (Schleusenspannung) schneiden, angenähert werden. Die Steigung des schrägen Astes bestimmt den differentiellen Widerstand $r_T = \Delta U_T / \Delta I_T$. Besteht i_T aus den in **Bild 5.2.9** gezeigten rechteckigen Stromblöcken mit dem Stromflußwinkel α_i, der Stromflußzeit $t_i = (\alpha_i/360°)\, T_p$ und der Blockhöhe $\hat{I}_T$, so ergibt sich die Durchlaßverlustleistung

$$P_{VD} = \left(U_{(T0)} \int_0^{t_i} \hat{I}_T \, dt + r_T \int_0^{t_i} \hat{I}_T^2 \, dt \right) / \, T_p = U_{(T0)} \hat{I}_T \frac{t_i}{T_p} + r_T \hat{I}_T^2 \frac{t_i}{T_p} \, ; \qquad (5.2.5)$$

$$I_{TAV} = \hat{I}_T t_i / T_p = \hat{I}_T \alpha_i / 360° \, ;$$

$$I_{TRMS} = \hat{I}_T \sqrt{t_i / T_p} \, ;$$

$$\boxed{P_{VD} = U_{(T0)} I_{TAV} + r_T I_{TAV}^2 \alpha_i / 360°} \qquad (5.2.6)$$

$$P_{VD} = U_{(T0)} \cdot I_{TAV} + r_T I_{TRMS}^2 \, . \qquad (5.2.7)$$

Im Diagramm von Bild 5.2.9 ist P_{VD} für verschiedene Stromflußwinkel α_i über I_{TAV} aufgetragen. Bei der am häufigsten verwendeten Drehstrombrückenschaltung ist $\alpha_i = 120°$.

5.2.4 Abführung der Verlustleistung

5.2.4.1 Kühlungsarten

Die Verlustleistung des Thyristors muß über den Zellenboden und den Kühlkörper an das Kühlmedium abgeführt werden. Hierfür kommen Luft und Wasser in Frage. Wasser erlaubt eine wesentlich intensivere Wärmeabfuhr und wesentlich kleinere Kühlkörperabmessungen als Luft, erfordert aber, da die Kühlkörper auf verschiedenem Potential liegen, aufwendige Maßnahmen hinsichtlich Wasseraufbereitung und Wasserführung. Für die Antriebsausrüstungen wird deshalb fast ausschließlich Luftkühlung vorgesehen. Es ist zwischen zwei Kühlungsarten zu unterscheiden:

- Natürliche Luftkühlung (Konvektionskühlung)
  Hierbei bilden die Kühlkörperrippen senkrechte Kanäle, durch die die Luft infolge des durch ihre Erwärmung hervorgerufenen Auftriebs hindurchstreicht. Das ist keine sehr intensive Kühlmethode, bei der aber kein Lüfter benötigt wird und wegen der geringen Luftgeschwindigkeit sich die Verschmutzung bei unsauberer Umgebungsluft in Grenzen hält. Bei Antrieben mit einem großen

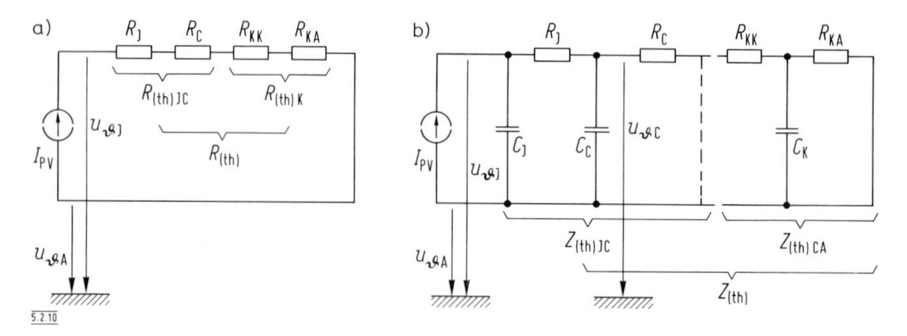

Bild 5.2.10 Thermisches Ersatzschaltbild für
a) Konstante Belastung
b) sich schnell ändernde Belastung

Verhältnis $M_{\mathrm{M\,max}}/M_{\mathrm{M\,eff}}$ werden die Leistungshalbleiter im wesentlichen nach dem Spitzenmoment bemessen, so daß sie strommäßig nicht ausgelastet werden und eine extensive Kühlung nicht von Nachteil ist.

- Verstärkte Luftkühlung
  Hierbei drücken ein oder mehrere Lüfter die Kühlluft durch die gegenüber der Konvektionskühlung oft kleiner gehaltenen Kühlkanäle mit der Geschwindigkeit von 20 bis 200 l/s. Diese Kühlung ist bei größeren Leistungen und wesentlicher Grundlast üblich. Die Luft muß in vielen Fällen gefiltert werden. Der Kühlluftstrom ist zu überwachen, damit bei einem Lüfterausfall der betreffende Stromrichter ausgeschaltet wird.

5.2.4.2 Thermische Ersatzschaltung

Die gesamte Verlustleistung ist mit der Einschaltverlustleistung P_{TT} und der Ausschaltverlustleistung P_{RR}

$$P_{\mathrm{V}} = P_{\mathrm{VD}} + P_{\mathrm{TT}} + P_{\mathrm{RR}}. \qquad (5.2.8)$$

Ist ϑ_{J} die Sperrschichttemperatur und ϑ_{A} die Kühlmitteltemperatur, so gilt die Beziehung

$$P_{\mathrm{V}} = \frac{\vartheta_{\mathrm{J}} - \vartheta_{\mathrm{A}}}{R_{(\mathrm{th})}} = \frac{\Delta\vartheta_{\mathrm{JA}}}{R_{(\mathrm{th})}} \qquad (5.2.9)$$

analog dem Ohmschen Gesetz $I = U/R$.
Der Kühlkreislauf kann somit durch ein elektrisches Netzwerk nachgebildet werden. Dann ist $R_{(\mathrm{th})}$ (in K/W) als thermischer Widerstand anzusehen. Die Ersatzschaltung zeigt **Bild 5.2.10a.** Sie gilt nur für konstante Belastung. Es ist:

R_J thermischer Widerstand Kristall,
R_C thermischer Widerstand Zellenboden,
R_{KK} thermischer Widerstand des Kontaktbereiches zwischen Zellenboden und Kühlkörper,
R_{KA} thermischer Widerstand, definiert durch den Wärmeübergang zwischen der Oberfläche des Kühlkörpers und dem Kühlmittel.

Ändert sich die Verlustleistung P_V, so wird der Wärmetransport zusätzlich durch die Wärmekapazität $C_{(th)}$ (in Ws/K) beeinflußt. Die elektrische Ersatzschaltung ist dann nach **Bild 5.2.10b** zu vervollständigen. Die Nachbildung des Kühlkreislaufes mit sieben Elementen ist nur eine Näherung an die tatsächlichen Verhältnisse. Trennt man die Wärmewiderstände von Thyristor und Kühlkörper, um sie unterschiedlich kombinieren zu können, so bestimmen den Wärmetransport die thermischen Impedanzen $Z_{(th)JC}$ (Thyristor) und $Z_{(th)K}$ (Kühlkörper bis Kühlmittel).

In der folgenden **Tabelle 5.2.1** sind für einen 500-A-Scheibenthyristor und drei Kühlkörper, die für Konvektions-Luftkühlung (1), verstärkter Luftkühlung (2) und Wasserkühlung (3) vorgesehen sind, die thermischen Kenngrößen angegeben:

	$R_{(th)J}$ K/W	$C_{(th)J}$ Ws/K	$T_{(th)J}$ s	$R_{(th)C}$ K/W	$C_{(th)C}$ Ws/K	$T_{(th)C}$ s	$R_{(th)KK}$ K/W	$C_{(th)KK}$ Ws/K	$R_{(th)KA}$ K/W	$T_{(th)K}$ s	$\Sigma R_{(th)}$ K/W
(1)							0,03	2200	0,36	800	0,45
(2)	0,02	0,7	0,014	0,04	8	0,32	0,03	1500	0,13	200	0,22
(3)							0,03	1000	0,03	30	0,12

Tabelle 5.2.1: Thermische Kenngrößen eines Scheibenthyristors in Abhängigkeit von der Kühlungsart

Bei den Wärmekapazitäten besteht die Ungleichheit $C_J \ll C_C \ll C_K$; dagegen sind bei den Wärmewiderständen keine so großen Unterschiede vorhanden und diese außerdem abhängig von der Art der Kühlung.

5.2.4.3 Belastungsarten

Der Dauerbetrieb mit konstantem Strom, hierfür ist die Ersatzschaltung nach Bild 5.2.10a maßgeblich, liegt beim Thyristor verhältnismäßig selten vor. In **Bild 5.2.11** sind für drei häufige Betriebsarten die zeitlichen Verläufe von Verlustleistung P_V, Kristalltemperatur ϑ_J sowie die thermische Ersatzschaltung angegeben. Die Ein- und Ausschaltverluste sollen gegenüber den Durchlaßverlusten vernachlässigt werden. Dann haben Strom und Verlustleistung bei rechteckigen Stromblöcken gleichen Verlauf.

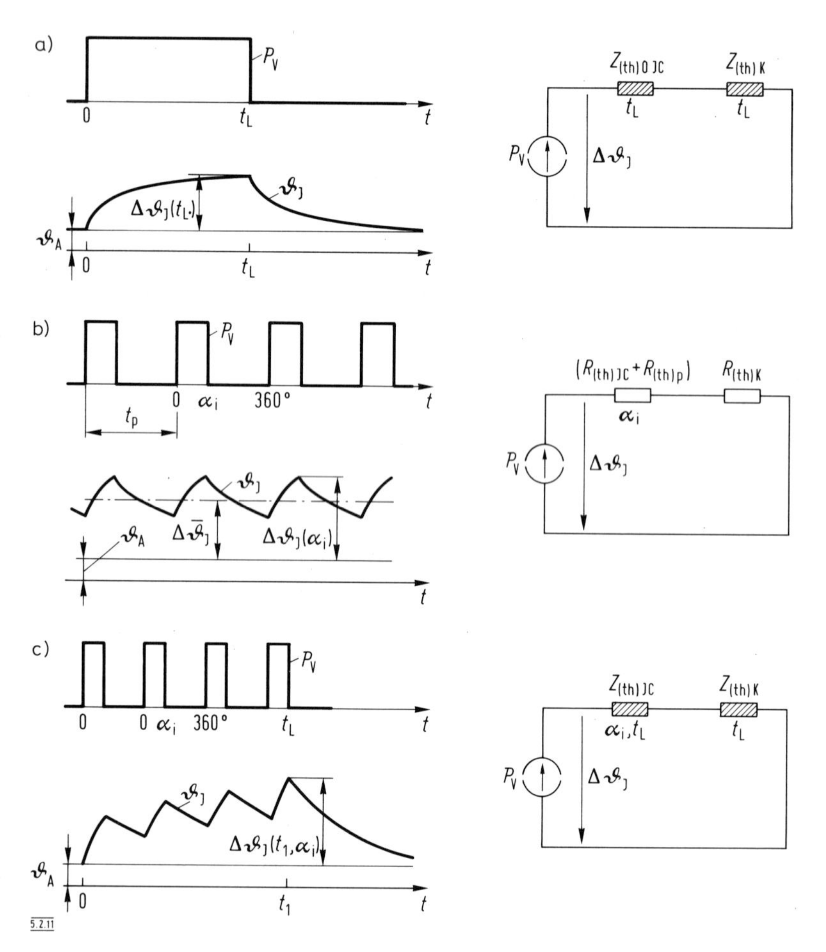

Bild 5.2.11 Thermisches Verhalten des Thyristors bei
a) Kurzzeitbelastung
b) periodischer Aussetzbelastung
c) kurzzeitiger Impulsbelastung

a) Kurzzeitbelastung mit Gleichstrom

Die Lastdauer t_1 soll so kurz sein, daß die Endtemperatur nicht erreicht wird. Das bedeutet, die Wärmekapazität bestimmt neben den Wärmewiderständen die Abführung der Verlustleistung. In das Ersatzschaltbild sind deshalb die Wärmeimpedanzen $Z_{(th)0JC}$ (Index 0 weist auf Gleichstrombelastung hin) und $Z_{(th)K}$. Beide Größen sind eine Funktion von t_L.

b) *Dauerbelastung mit Impulsstrom*

Die Periodendauer soll mit $t_p = 20$ ms wieder so kurz sein, daß sich weder in der Einschalte- noch in der Ausschaltezeit Endtemperaturen einstellen können. Gleichwohl ist die mittlere Kristalltemperatur $\bar{\vartheta}_J = \vartheta_A + \Delta\bar{\vartheta}_J$ konstant. Allerdings ist zu berücksichtigen, daß die maximale Kristalltemperatur $\vartheta_{Jm} = \vartheta_A + \Delta\vartheta_J$ größer als $\bar{\vartheta}_J$ ist. Da die Grenzkristalltemperatur auch nicht kurzzeitig überschritten werden darf, ist $\Delta\bar{\vartheta}_J$ entsprechend abzusenken. Dem wird dadurch Rechnung getragen, daß $R_{(th)JC}$ um einen Korrekturwert $R_{(th)p}$ vergrößert wird. Der Einfluß der Pulsung auf den thermischen Widerstand wird mit zunehmender Pulsfrequenz immer kleiner, da die Temperaturschwankungen innerhalb einer Pulsperiode abnehmen. Die Wärmekapazitäten beeinflussen durch die Dauerbelastung nicht den Temperaturverlauf.

c) *Kurzzeitbetrieb mit Impulsstrom*

Die thermische Reaktanz $Z_{(th)JC}$ des Thyristors ist größer als im Falle a, da hier, wie in b, die Temperaturspitzen berücksichtigt werden müssen. Wegen der großen thermischen Zeitkonstante des Kühlkörpers ist seine thermische Impedanz für Blockbetrieb (a) und Pulsbetrieb (c) gleich groß.

5.2.4.4 *Statische Thyristorkennlinien*

Das **Bild 5.2.12** zeigt für einen Flachbodenthyristor die Abhängigkeit des $Z_{(th)JC}$ vom Stromflußwinkel α_i und von der Lastzeit t_L. Die unterste Kennlinie $Z_{(th)0JC}(t)$ gilt für einen Gleichstromblock von der Dauer t_L. Für $t_L > 5$ s gehen über

$$Z_{(th)0JC} \rightarrow R_{(th)JC} \quad \text{und} \quad Z_{(th)JC} \rightarrow (R_{(th)JC} + R_{(th)p}).$$

Oberhalb dieser Zeitgrenze liegt für diesen Thyristor Dauerlast vor.
Die entsprechenden Kennlinien für eine Scheibenzelle sind in **Bild 5.2.13** wiedergegeben. Die thermische Ersatzschaltung ist dadurch komplizierter, da sowohl über die Anode wie auch über die Katode Verlustwärme an je einen Zellenboden abgegeben wird. Die thermischen Impedanzen des Thyristors ergeben sich aus der Ersatzschaltung, wenn die Punkte a, k, 0 miteinander verbunden werden. Soll nur die Anodenseite der Scheibenzelle mit einem Kühlkörper versehen werden, so sind in der Ersatzschaltung die Punkte a und 0 zu verbinden, und es gelten in Bild 5.2.13 die gestrichelten Kennlinienäste. Aus der Kennliniengabelung läßt sich entnehmen, daß im Bereich $t_L < 0{,}3$ s die Verlustleistung im wesentlichen in der Wärmekapazität des Kristalls gespeichert wird.
Die erheblich größere Masse des Kühlkörpers kommt in der thermischen Speicherkapazität zum Ausdruck. Deshalb ist bei ihm, um Dauerbetriebsverhältnisse zu erhalten, eine wesentlich längere Lastdauer t_L notwendig. Für den in **Bild 5.2.14a** gezeigten Kühlkörper einer Flachbodenzelle ist in **Bild 5.2.14b** die thermische Impedanz $Z_{(th)K}$ in Abhängigkeit von t_L für natürliche Luftkühlung (NLK) und verstärkte Luftkühlung (VLK) in Abhängigkeit von t_L angegeben. Der Einfluß einer Pulsung auf $Z_{(th)k}$ ist, wenn $f_p > 10$ Hz ist, wegen der großen Wärmekapazität zu vernachlässigen.

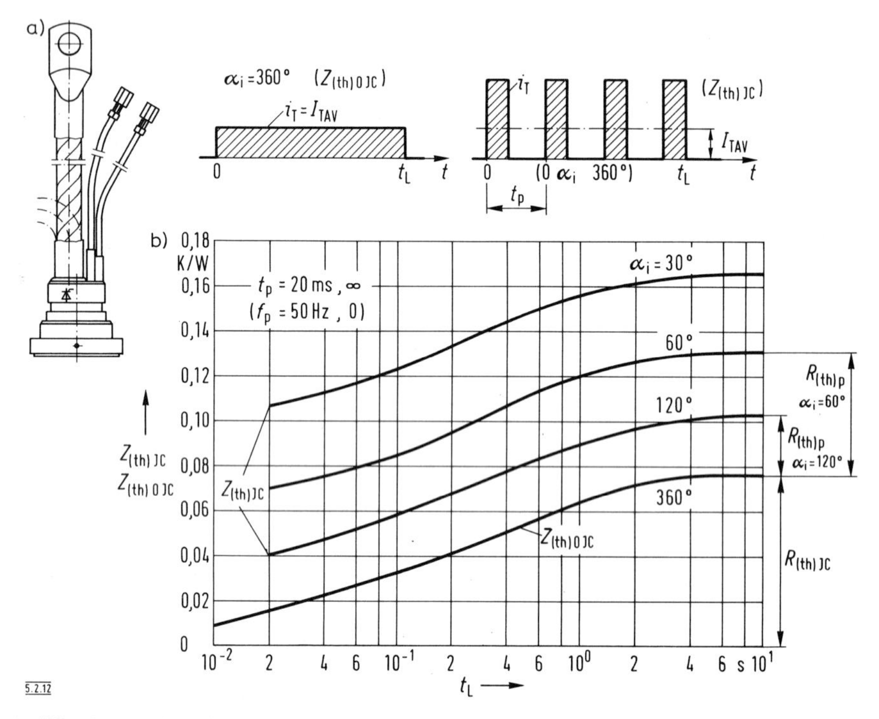

Bild 5.2.12 Thermische Zellenimpedanz in Abhängigkeit von Lastdauer und Stromflußwinkel – Flachbodenthyristor

Bei verstärkter Luftkühlung läßt sich $R_{(th)K}$ durch höhere Luftgeschwindigkeit v_L herabsetzen. Bei natürlicher Luftkühlung steigt der Wärmewiderstand $R_{(th)K}$ mit kleiner werdender Verlustleistung an, da die niedrigere Kühlkörpertemperatur zu weniger Luftauftrieb verhilft, so daß die Kühlluftgeschwindigkeit abnimmt.

5.2.5 Ein- und Ausschaltevorgang

Die Ein- und Ausschaltevorgänge müssen bei selbstgeführten Stromrichtern schon bei der Thyristorauswahl berücksichtigt werden, weil die Schaltfrequenz f_p wesentlich höher als bei netzgeführten Stromrichtern liegt und dabei die Stromänderungsgeschwindigkeit $\mathrm{d}i_T/\mathrm{d}t$ sowie die Spannungsänderungsgeschwindigkeit $\mathrm{d}u_T/\mathrm{d}t$ hoch sind. Sowohl für f_p wie auch für die zulässigen $\mathrm{d}i_T/\mathrm{d}t$ und $\mathrm{d}u_T/\mathrm{d}t$ gibt es obere Grenzen, die sich zwar im Laufe der Entwicklung stetig nach oben verschieben, die aber durchaus noch verbesserungswürdig sind. Die Änderungsgeschwindigkeiten müssen oft durch äußere Beschaltung der Ventile herabgesetzt werden.

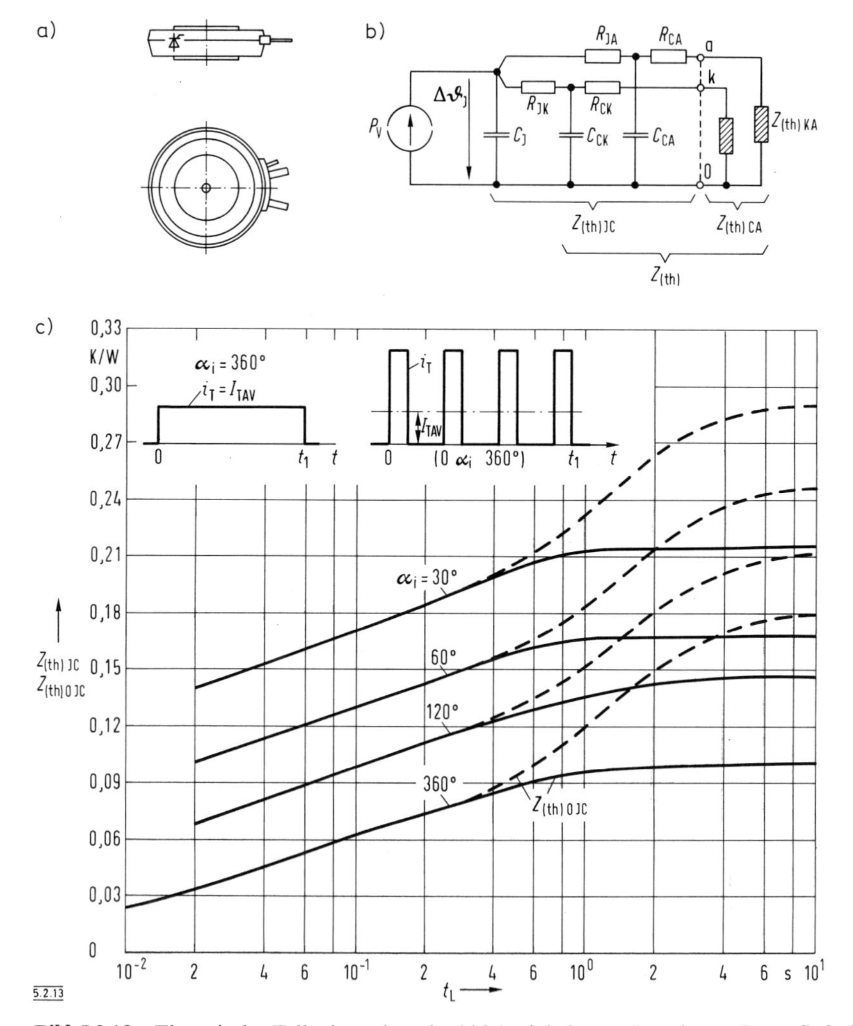

Bild 5.2.13 Thermische Zellenimpedanz in Abhängigkeit von Lastdauer, Stromflußwinkel und Anzahl der Kühlkörper – Scheibenthyristor

5.2.5.1 Einschaltevorgang

5.2.5.1.1 *Ungewollte Zündung*

Der Thyristor kann ungewollt durchschalten, infolge zu hoher Blockierspannung U_{DRM} oder zu großer Anstiegsgeschwindigkeit $+\mathrm{d}u_T/\mathrm{d}t$. Die erste Fehlerursache wird durch eine ausreichende Spannungsreserve und gegebenenfalls durch eine Stromrichter-Eingangsbeschaltung beseitigt. Die $\mathrm{d}u_T/\mathrm{d}t$-Durchschaltung beruht

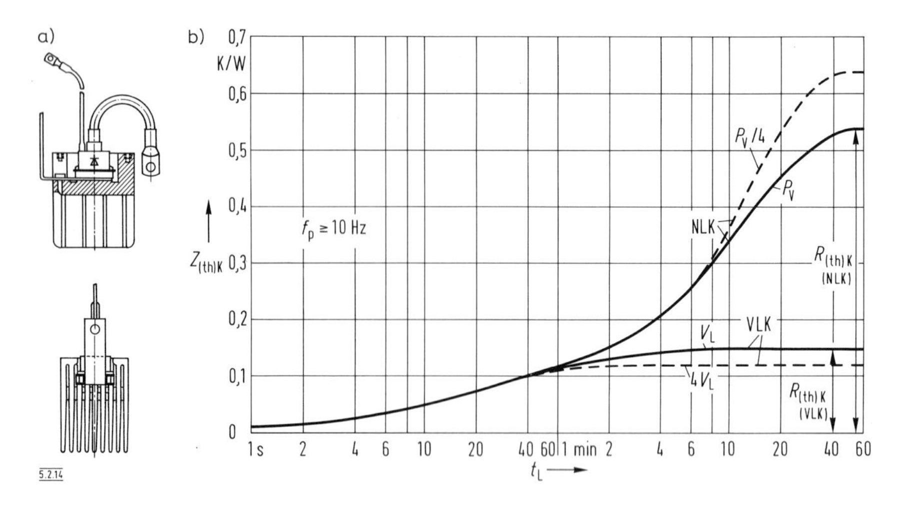

Bild 5.2.14 Thermische Kühlkörperimpedanz in Abhängigkeit von der Lastdauer für natürliche und verstärkte Luftkühlung

auf der Wirkung des über die Sperrschicht S43 (stellt einen Kondensator dar) bei großem du_T/dt fließenden Verschiebestromes als Zündstrom. Diese Grenze läßt sich nach oben verschieben durch sogenannte »Shorts«, die in die Sperrschicht punktuell eingebaut sind, die über die katodenseitige Metallisierung den PN-Übergang S43 kurzschließen und den Verschiebestrom abführen.

5.2.5.1.2 *Gesteuerte Zündung*

Das **Bild 5.2.15** zeigt den durch einen Zündimpuls i_G verursachten Einschaltvorgang. Bevor der Thyristor durchschaltet, müssen genügend positive Ladungsträger in die Basisschicht P3 (Bild 5.2.2) eingeströmt sein. Es erfolgt dann ein Anstieg der Rekombination, so daß die über die Sperrschicht S23 fließenden Injektionsströme $\alpha_A \cdot I_F$ bzw. $\alpha_k(I_F + I_G)$ ebenfalls ansteigen. Die stromabhängigen Faktoren α_A, α_K erreichen schließlich in einem engen Bereich die Durchschaltwerte $\alpha_A + \alpha_K = 1$. Bis dahin ist die Zündverzugszeit t_{gd} vergangen, bei der die am Thyristor liegende Spannung 10% eingebrochen ist. Die Zeit t_{gd} ist abhängig von der Steilheit und der Höhe des Zündstromes i_G. Die eigentliche Durchschaltung erfolgt in der Zeit t_{gr}, allerdings ist die Zündung erst zum Zeitpunkt t_{za} vollständig abgeschlossen. Während der Spannungsverlauf durch den Thyristor bestimmt wird, ist der Stromverlauf durch den Lastkreis vorgegeben und im wesentlichen eine Funktion der Lastkreisinduktivität.

Das Einschalten des Thyristors wird nun dadurch erschwert, daß die entscheidende mittlere Sperrschicht, in Bild 5.2.1 mit S23 bezeichnet, nicht über die ganze Kristallfläche homogen in den Durchlaßzustand übergeht. Vielmehr wird der dem Gate G benachbarte Bereich zuerst umgeschaltet, und die Durchschaltefront

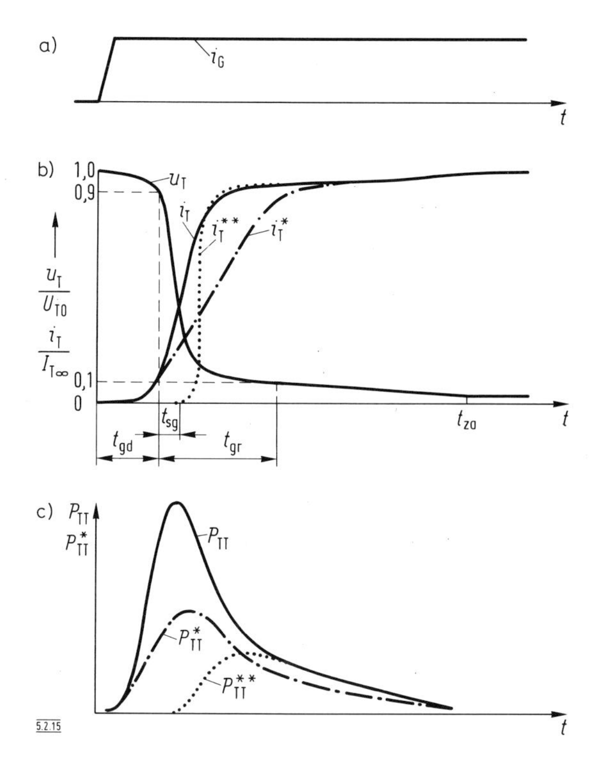

Bild 5.2.15 Zeitlicher Verlauf der Einschaltverluste für drei unterschiedliche Stromanstiege

wandert bei einem Thyristor mit Zentralgate **(Bild 5.2.16a)** mit einer relativ niedrigen Geschwindigkeit von etwa 0,1 mm/μs in Richtung Kristallrand. Je größer der Kristalldurchmesser ist, um so länger dauert die flächenspezifische Durchschaltung. Dadurch steht unmittelbar nach t_{gd} nur ein Teilquerschnitt für den Durchlaßstrom zur Verfügung; entsprechend langsam muß i_T ansteigen, damit keine örtliche Überhitzung erfolgt.

Während beim netzgeführten Stromrichter die Stromanstiegsgeschwindigkeit unter $(0{,}01\, I_{TN})/\mu s$ bleibt, sind bei selbstgeführten Stromrichtern wesentlich höhere Stromsteilheiten erwünscht. Die Durchschaltezeit läßt sich durch das in **Bild 5.2.16b** gezeigte Fingergate wesentlich herabsetzen. Je geringer der Abstand der Finger voneinander ist, um so schneller läuft die Durchschaltung ab. Voraussetzung ist, daß genügend steile und hohe Zündimpulse dem Gate zugeführt werden. Die größeren Gateabmessungen gehen auf Kosten der den Laststrom führenden Kristallfläche; deshalb wird das Fingergate nur für solche Anwendungen vorgesehen, bei denen die hohe Stromsteilheit di_T/dt tatsächlich benötigt wird.

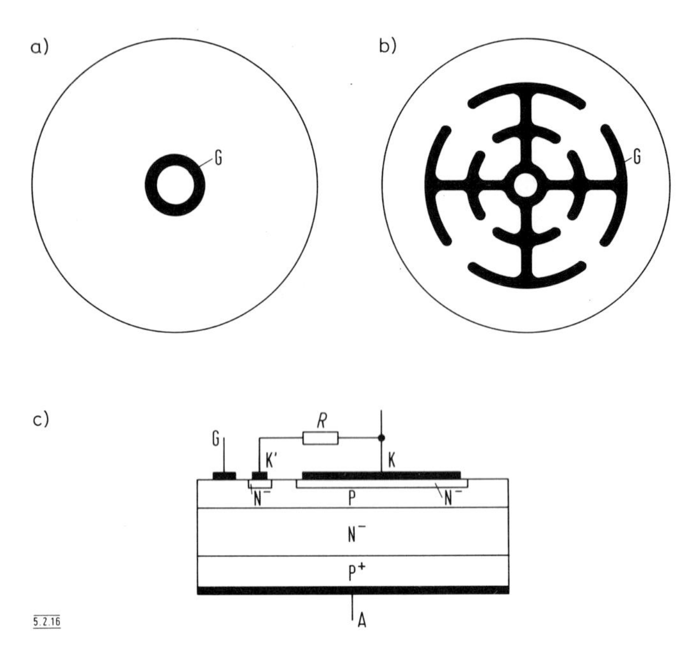

Bild 5.2.16 Gateformen
a) Zentralgate
b) Fingergate
c) integrierte Zündstromverstärkerstufe

5.2.5.1.3 *Einschaltverlustleistung*

Die Einschaltverlustleistung in der Zeit t_{za} ist gleich dem Produkt aus Thyristorspannung u_T und Thyristorstrom i_T. Sie läßt sich durch Beeinflussung des zeitlichen Verlaufs von i_T herabsetzen. In Bild 5.2.15b sind drei Stromverläufe eingezeichnet, für die in Bild 5.2.15c die Einschaltverlustleistungen über t aufgetragen sind. Der Stromverlauf i_T ergibt sich, wenn im Lastkreis eine konstante Induktivität enthalten ist. Der hohe Maximalwert der Einschaltverlustleistung wiegt um so schwerer, da zu ihrem Zeitpunkt nur ein Teil des Kristallquerschnittes durchgeschaltet ist. Dem Stromverlauf i_T^* liegt eine wesentlich größere konstante Lastkreisinduktivität zugrunde. Die sich jetzt ergebende Durchschaltverlustleistung P_{TT}^* ist wesentlich kleiner als P_{TT}. Eine noch kleinere Verlustleistung P_{TT}^{**} ergibt sich, wenn in dem Lastkreis eine Sättigungsdrossel mit rechteckiger Hystereseschleife wirksam ist. Hierdurch läßt sich der Beginn des Stromes i_T^{**} um die Zeit t_{sg} herausschieben, er setzt erst ein, wenn der Thyristor zu einem wesentlichen Teil oder ganz durchgeschaltet hat. Bei entsprechend großer Verzögerungszeit t_{sg} läßt sich die Einschaltverlustleistung auf sehr kleine Werte bringen, was bei hoher Pulsfrequenz notwendig ist.

5.2.5.1.4 *Zündstromverstärkung*

Alle Maßnahmen, die bei einem Thyristor die $\mathrm{d}i_T/\mathrm{d}t$-Grenze erhöhen, setzen die Zündleistung herauf, was ein aufwendigeres Impulssteuergerät notwendig macht. Das läßt sich durch eine Zündstromverstärkerstufe vermeiden, deren Prinzip aus **Bild 5.2.16c** zu ersehen ist. Sie besteht aus einem kleinen Hilfsthyristor Hty, dessen Katode K′ zwischen Gate G und der Hauptkatode K angeordnet ist. K′ ist mit K über einen Widerstand R verbunden. Durch das Gate wird Hty gezündet. Der Katodenstrom ruft an R einen Spannungsabfall hervor, um den K′ gegenüber K positiv angehoben wird. Dadurch bildet sich ein kräftiger Löcherstrom aus, der den Hauptthyristor zündet. Die Zündleistung wird demnach dem Leistungskreis entnommen. Der Widerstand R muß groß genug sein, um die Einschaltstromspitze von Hty zu begrenzen, und klein genug, um den Haltestrom des Hilfsthyristors fließen zu lassen.

Die wichtigste Ausführung des Zündstromverstärkers ist der Querfeld-Emitter, bei dem der Widerstand des Hilfsthyristors in die Kristallstruktur integriert ist. Der Querfeld-Emitter stellt keine hohen Anforderungen hinsichtlich strommäßiger Übersteuerung an das Impulssteuergerät, um eine hohe $\mathrm{d}i_T/\mathrm{d}t$-Grenze des Hauptthyristors zu gewährleisten.

5.2.5.2 Ausschaltevorgang

5.2.5.2.1 *Stromverlauf*

Der Übergang in den Sperrzustand wird meist dadurch eingeleitet, daß sich die den Strom i_T treibende Spannung u_h umpolt. Anschließend nimmt i_T nach Maßgabe der Lastinduktivität ab und wird nach **Bild 5.2.17a** im Zeitpunkt t_0 null. Der Thyristor zeigt danach insofern unvollkommene Ventileigenschaften, als der Strom nach t_0 nicht null bleibt, sondern während der Zeit t_s (Spannungsnachlaufzeit) in negativer Richtung weiter fließt. Hierdurch werden die äußeren Sperrschichten S 23 und S 43 des Thyristors von Ladungsträgern befreit. Zum Zeitpunkt $t_{sp} = t_0 + t_s$ ist dieser Vorgang beendet. Danach geht der Rückstrom sehr schnell in der Zeit t_f (Fallzeit) gegen null, und der Thyristor übernimmt Sperrspannung. Der Rückstromsprung bei t_{sp} ruft an der Lastkreisinduktivität eine Spannungsspitze hervor, die sich, wie in Bild 5.2.17a angedeutet, zu der statischen Sperrspannung addiert und durchaus die zulässige Sperrspannung überschreiten kann. Durch die in Abschnitt 5.2.6 behandelte Thyristorbeschaltung (Trägerstaubeschaltung) wird die Überspannung auf ein erlaubtes Maß herabgesetzt.

5.2.5.2.2 *Nachlaufladung*

Das in Bild 5.2.17a schraffierte Dreieck stellt die Nachlaufladung Q_s dar. Sie ist nach dem Diagramm von **Bild 5.2.17b** abhängig vom auszuschaltenden Strom I_{TM} und von der Stromänderungsgeschwindigkeit $-\mathrm{d}i_T/\mathrm{d}t$, mit der der Laststrom abnimmt. Mit

$$Q_s = I_{RRM}\, t_s/2 \quad \text{und} \quad t_s = I_{RRM} \Big/ \left| -\frac{\mathrm{d}i_T}{\mathrm{d}t} \right|$$

ergibt sich

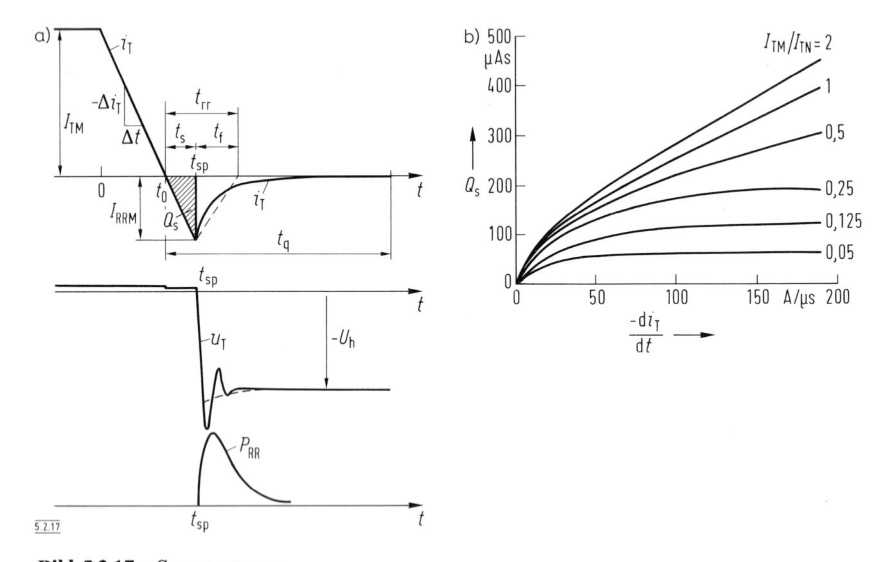

Bild 5.2.17 Sperrvorgang
a) Zeitlicher Verlauf von Thyristorstrom, Thyristorspannung und Sperrverlustleistung
b) Abhängigkeit der Speicherladung vom abzuschaltenden Strom

$$I_{RRM} = \sqrt{2|-di_T/dt|Q_s} \quad . \tag{5.2.10}$$

I_{RRM} dient zur Bemessung der Trägerspeicherbeschaltung.
Nach Ablauf der in Bild 5.2.17a mit t_{rr} bezeichneten Sperrverzugszeit ist der Thyristor in Sperrichtung sperrfähig.

5.2.5.2.3 *Freiwerdezeit*

Erst nach Ablauf der Freiwerdezeit t_q, die zum Ausräumen der mittleren Sperrschicht S 23 benötigt wird, vermag der Thyristor auch in Durchlaßrichtung zu sperren. Die Freiwerdezeit nimmt mit der Kristalltemperatur und in geringerem Maße mit $-di_t/dt$ zu. Sie ist eine wichtige Kenngröße bei Frequenzthyristoren, da sie bei selbstgeführten Stromrichtern die Pulsfrequenz nach oben maßgeblich bestimmt. Außerdem hängt von ihr der Aufwand für die Löscheinrichtungen ab, da mindestens für die Dauer der Freiwerdezeit am Thyristor Spannung in Sperrichtung gehalten werden muß.
Eine kurze Freiwerdezeit t_q setzt voraus, daß ab $t = t_0 + t_s$ am Thyristor mindestens eine Spannung von 50 V in Sperrichtung anliegt. Diese Bedingung kann unter Umständen nicht erfüllt werden, wenn zu ihm eine Diode antiparallel liegt (siehe hierzu Abschnitt 5.3.2).

Die in Bild 5.2.16b gezeigten verzweigten Gates können t_q wesentlich herabsetzen, wenn im Freiwerdezeitraum das Gate einen negativen Stromimpuls erhält. Dann werden nämlich über das Gate ein Teil der restlichen freien Ladungsträger abgeleitet. Umgekehrt führt ein positiver Störimpuls, der während der Freiwerdezeit das Gate erreicht, zu einer Verlängerung von t_q.

5.2.5.2.4 *Ausschaltverlustleistung*

Die während des Ausschaltvorganges auftretende Verlustleistung P_{RR} setzt im Zeitpunkt t_{sp} ein. Sie steigt, wie in Bild 5.2.17a gezeigt, steil an und geht nach dem Abklingen von i_T in die statische kleine Sperrverlustleistung über. Der Scheitelwert von P_{RR} kann einige kW betragen. Die Verlustleistung teilt sich allerdings dem Kristall gleichmäßig über den Querschnitt mit. Die Ausschalt-Verlustenergie

$$E_{RR} = \int_{t_{sp}}^{(t_{sp}+t_f)} u_T(t) \cdot i_T(t)\, dt \tag{5.2.11}$$

wird wesentlich von I_{RRM} und damit nach Gl. (5.2.10) von der Nachlaufladung Q_s und Stromsteilheit $-di_T/dt$ bestimmt. Bei netzgeführten Stromrichtern sind beide Kenngrößen klein, so daß die Ausschaltverluste gegenüber den statischen Durchlaßverlusten vernachlässigt werden können.

Die Ausschaltverlustleistung läßt sich durch Beseitigung der Sperrspannung über eine zum Thyristor antiparallele Diode praktisch zu null machen, allerdings sind an die räumliche Anordnung der Diode und an ihre Kenngrößen, wie in Abschnitt 5.3.2 ausgeführt, besondere Anforderungen zu stellen.

5.2.5.3 Gesamtverluste bei schnellem Schaltbetrieb

Bei einem schnellen Schaltbetrieb, wie er bei einem selbstgeführten Stromrichter vorliegt, treten neben den Durchlaßverlusten wesentliche Einschalt- und Ausschaltverluste auf. Die Durchlaßverluste werden bestimmt von der Amplitude von i_T, vom Stromflußwinkel und in geringerem Maße von der Kurvenform des Stromes (Sinusverlauf oder Rechteckform). Die Schaltverluste sind abhängig von mehreren Einflußgrößen; in erster Linie aber von der Schalthäufigkeit und den Stromänderungsgeschwindigkeiten beim Ein- und Ausschalten.

Für die in **Bild 5.2.18a** gezeigten trapezförmigen Stromverläufe

$$|+di_T/dt| = |-di_T/dt|, \quad t_e = 1/(2f_p)$$

ist in **Bild 5.2.18b** die Verlustenergie $E_{p\,tot}$ einer Pulsung in Abhängigkeit von der Stromamplitude I_{TM} angegeben. Die Gesamtverlustleistung ist

$$P_{v\,tot} = E_{p\,tot} f_p . \tag{5.2.12}$$

Die Kennlinien sind für die Pulsfrequenzen $f_p = 50$; 125; 500; 2500 Hz und drei Stromänderungsgeschwindigkeiten $di_T/dt = 25$; 50; 100 A/µs angegeben. Während

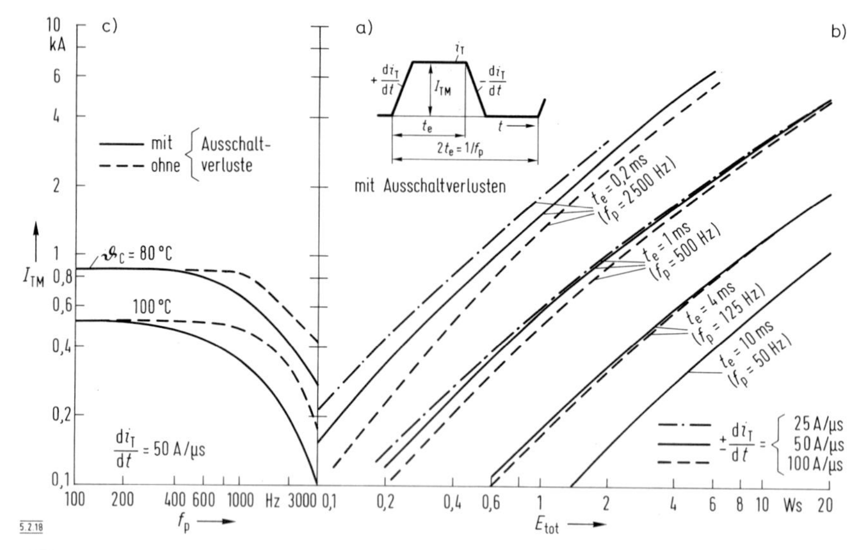

Bild 5.2.18
a) Modellschaltzyklus
b) Gesamtverlustenergie je Schaltzyklus
c) zulässige Schaltfrequenz

bei $f_p = 50$ Hz die Stromsteilheit keine Rolle spielt – weil die Schaltverluste zu vernachlässigen sind –, nimmt ihr Einfluß mit steigender Pulsfrequenz zu.
Das Diagramm in **Bild 5.2.18c** zeigt für konstante Zellenbodentemperatur ϑ_c die zulässige Stromamplitude I_{TM} in Abhängigkeit von der Pulsfrequenz f_p, und zwar bei $di_T/dt = 50$ A/µs. Beim vorliegenden Frequenzthyristor nimmt die Belastbarkeit oberhalb von $f_p = 1000$ Hz stark ab. Die beiden gestrichelten Kennlinien gelten für den Fall, daß durch eine antiparallele Diode die Ausschaltverluste vernachlässigbar klein gemacht werden. Der Frequenzbereich erhöht sich dadurch etwa um den Faktor 1,5. Die höheren Pulsfrequenzen lassen sich allerdings nur realisieren, wenn dafür Vorsorge getroffen wird, daß durch die Diode nicht die Freiwerdezeit wesentlich zunimmt.

5.2.6 Ventilbeschaltung

5.2.6.1 RC-Beschaltung

Die in Bild 5.2.17a gezeigte Sperr-Überspannung beim Abriß des Sperrstromes (t_{sp}) macht bei höherer Stromsteilheit $-di_T/dt$ die Thyristorbeschaltung (C_{Ts}, R_{Ts}) nach **Bild 5.2.19a** erforderlich. Zu ihrer Berechnung wird vom Ersatzschaltbild nach **Bild 5.2.19b** ausgegangen. Wird die Zeitzählung bei t_{sp} begonnen und die Rückstromfallzeit $t_f = 0$ gesetzt, so sind für die Differentialgleichung

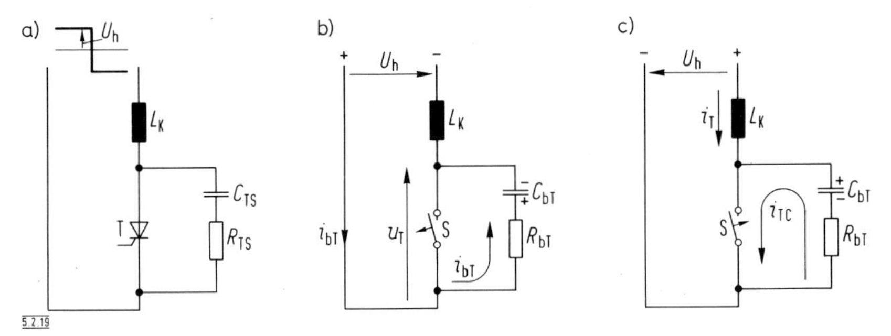

Bild 5.2.19 *RC*-Beschaltung eines Thyristors
a) Schaltung
b) Ausschalten
c) Einschalten

$$L_k \frac{\mathrm{d}i_{bT}}{\mathrm{d}t} + R_{bT} i_{bT} + \frac{1}{C_{bT}} \int i_{bT} \mathrm{d}t = U_h \tag{5.2.12}$$

und daraus

$$\frac{\mathrm{d}^2 i_{bT}}{\mathrm{d}t^2} + 2d \frac{\mathrm{d}i_{bT}}{\mathrm{d}t} + \omega_{0r}^2 i_{bT} = 0$$

$$d = \frac{R_{bT}}{2L_k} \quad ; \quad \omega_{0r}^2 = \frac{1}{L_k C_{bT}} \tag{5.2.13}$$

die Anfangsbedingungen

$$i_{bT}(+0) = I_{RRM} \quad ; \quad \frac{\mathrm{d}i_{bT}(+0)}{\mathrm{d}t} = \frac{U_h - I_{RRM} R_{bT}}{L_k} \tag{5.2.14}$$

gültig. Es wird die Dämpfung für den aperiodischen Grenzfall vorgegeben durch $d = \omega_{0r}$

$$\frac{\mathrm{d}^2 i_{bT}}{\mathrm{d}t^2} + 2d \frac{\mathrm{d}i_{bT}}{\mathrm{d}t} + d^2 i_{bT} = 0 \tag{5.2.15}$$

$$\circ\!\!-\!\!\bullet$$

$$i_{bT}(p) = \frac{U_h/L_K}{(p+d)^2} + I_{RRM} \frac{p}{(p+d)^2} \tag{5.2.16}$$

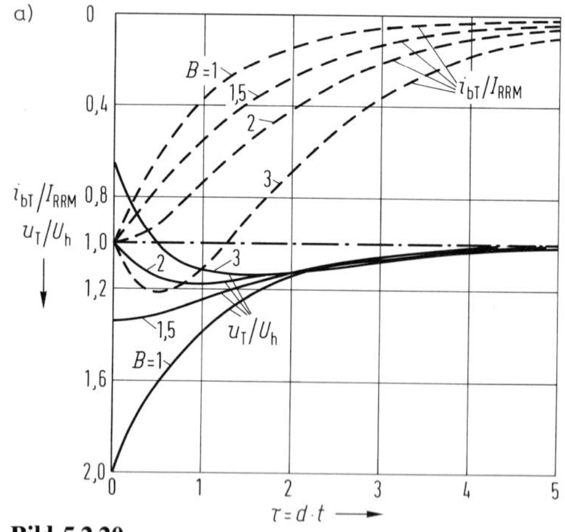

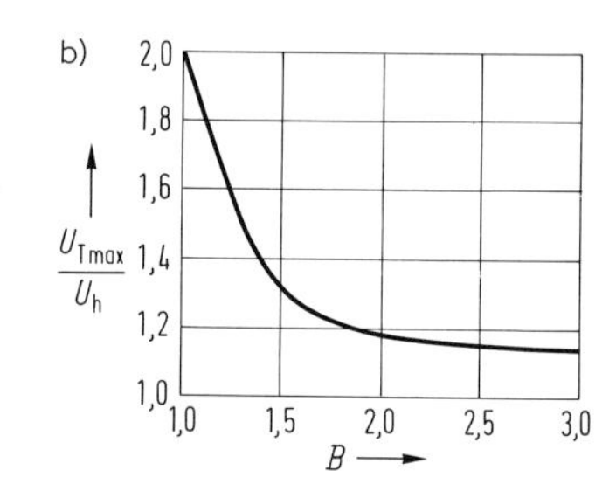

Bild 5.2.20
a) Ausschaltspannung und Beschaltungsstrom
b) maximale Ausschaltspannung

$$i_{bT}(\tau)/I_{RRM} = [(B-1)\tau + 1]\, e^{-\tau} \tag{5.2.17}$$

mit der Veränderlichen $\tau = d \cdot t$. Die Konstante ist $B = 2\,U_h/(R_{bT}\,I_{RRM})$ und unter Berücksichtigung von Gl. (5.2.10)

$$B = \frac{\sqrt{2}\,U_h}{R_{bT}\sqrt{|-\mathrm{d}i_T/\mathrm{d}t| \cdot Q_s}}\,. \tag{5.2.18}$$

In **Bild 5.2.20a** ist gestrichelt der Stromverlauf nach Gl. (5.2.17) für $B = 1$; 1,5; 2; 3 aufgetragen. Die am Thyristor liegende Sperrspannung ist

$$u_T(\tau) = U_h - L \cdot d\,\frac{\mathrm{d}i_{bT}}{\mathrm{d}\tau}\,. \tag{5.2.19}$$

Gl. (5.2.17) in Gl. (5.2.19) eingesetzt, ergibt mit dem Anfangswert $u_T(+0) = 2/B$

$$u_T(\tau)/U_h = 1 - (1/B)\,[(B-1)\,(1-\tau) - 1]\, e^{-\tau}\,. \tag{5.2.20}$$

Der Verlauf der Sperrspannung ist voll ausgezogen in Bild 5.2.20a eingezeichnet. Die Maximalspannungen sind in **Bild 5.2.20b** über B aufgetragen. Wird $B = 1{,}5$ gesetzt, da $B < 1{,}5$ zu hohen Überspannungen führt, so ist der Beschaltungswiderstand zu wählen

$$R_{bt} = \frac{2\sqrt{2}}{3} \frac{U_h}{\sqrt{|-di_T/dt| Q_s}} \quad (5.2.21)$$

und der Beschaltungskondensator

$$C_{bT} = 1/(L_k d^2) = 4 L_k / R_{bT}^2$$

$$C_{bT} = 4{,}5 \frac{L_k}{U_h^2} (|-di_T/dt| \cdot Q_s) \; .$$

Der Kondensator wird, wenn U_h wieder entgegengesetztes Vorzeichen annimmt, umgeladen auf die in **Bild 5.2.19c** angegebene Polarität und entlädt sich nach dem erneuten Zünden des Thyristors über das Ventil mit dem Strom

$$i_{TC} = \frac{U_h}{R_{bT}} e^{-t/(R_{bT} C_{bT})} \quad (5.2.23)$$

mit dem Maximalwert

$$I_{TC\,max} = \frac{U_h}{R_{bT}} = \frac{3}{2\sqrt{2}} \sqrt{|-di_T/dt| \cdot Q_s} \; , \quad (5.2.24)$$

und seine Abklingzeit ist

$$t_{TC} = 3 R_{bt} C_{bT} = 9\sqrt{2} \frac{L_k}{U_h} \sqrt{|-di_T/dt| \cdot Q_s} \; . \quad (5.2.25)$$

5.2.6.2 Zweiteilige RC-Beschaltung

Der Maximalwert des Entladestromes $I_{TC\,max}$ beansprucht den Thyristor zu einem Zeitpunkt, da erst ein Teil des Kristalls durchgeschaltet ist. Vom Thyristor-Hersteller werden deshalb für R_{bT} Mindestwerte, für C_{bT} Höchstwerte festgelegt, die nicht unter- bzw. überschritten werden dürfen. Können diese Grenzen nicht eingehalten werden, so ist die in **Bild 5.2.21a** gezeigte zweiteilige Beschaltung anwendbar. Zur Begrenzung der Sperrüberspannung sind die beiden *RC*-Glieder über die Diode Db parallel geschaltet. Beim Zünden des Thyristors dagegen entlädt sich, wie aus **Bild 5.2.21b** zu ersehen ist, nur der Kondensator C_{bT1} über das Ventil. Der Kondensator C_{bT2} ist bei der Umpolung der Spannung U_h, wegen Sperrung der Diode Db, nicht umgeladen worden, sondern hat über den eigenen Entladewiderstand R_e seine Ladung abgegeben. Werden die Zeitkonstanten beider Zweige gleich gemacht, d.h. $C_{bT1} R_{bT1} = C_{bT2} R_{bT2}$, so ergibt sich für die Parallelschaltung

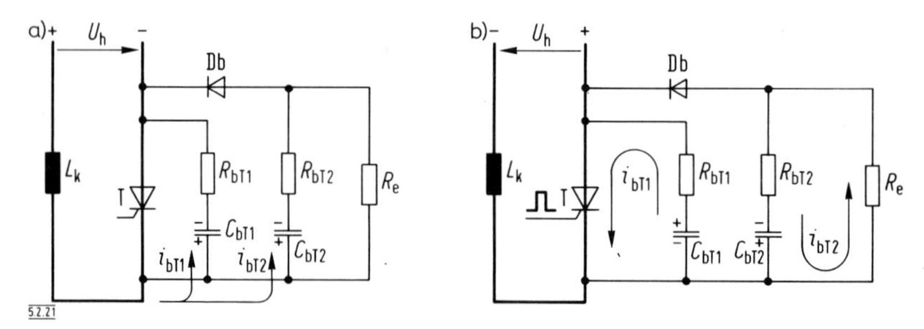

Bild 5.2.21 Zweiteilige Beschaltung zur Verkleinerung der Entladestromspitze
a) Stromverlauf bei Ausschalten von T
b) Einschalten von T

$$C_{bT} = C_{bT1} + C_{bT2} \tag{5.2.26}$$

$$R_{bT} = \frac{C_{bT1}}{C_{bT1} + C_{bT2}} R_{bT1} \,. \tag{5.2.27}$$

Der Entladewiderstand bleibt dabei unberücksichtigt.

5.2.7 Kurzzeitige strommäßige Überlastbarkeit

Jedes Bauelement eines Industriebetriebes muß überlastbar sein. Schon allein deshalb, weil die tatsächliche Belastung nie genau vorausgesagt werden kann. Deshalb müssen z. B. besonders hohe Sicherheitszuschläge bei der spannungsmäßigen Bemessung der Thyristoren gemacht werden. Die strommäßige Bemessung der Thyristoren muß die betriebsmäßig bedingten kurzzeitigen Überlasten sowie die Beanspruchung im Störungs- und Kurzschlußfall berücksichtigen.

5.2.7.1 Betriebsmäßige Überlast

Während des Lastspiels einer Arbeitsmaschine treten Betriebszustände auf, bei denen der Motor kurzzeitig ein besonders großes Moment abgeben muß. Meist ist das mit der Beschleunigung oder Verzögerung von Massen verbunden. Die Ursache hierfür kann aber auch ein großes Losbrechmoment sein. Die verhältnismäßig große thermische Speicherkapazität des Motors erlaubt ohne Typenvergrößerung seine Überlastung für die Dauer von Sekunden oder gar Minuten, wenn nur die effektive Belastung über die Spieldauer innerhalb der zulässigen Grenzen bleibt. Derartige betriebsmäßige Überlastungen lassen sich nach Höhe und Dauer durch eine regelungstechnische Momenten- bzw. Strombegrenzung überwachen.
Die geringere thermische Speicherkapazität des Thyristors schränkt seine betriebsmäßige kurzzeitige Überlastbarkeit ein, so daß eine gewisse strommäßige Überbemessung nicht zu umgehen ist. Die Berücksichtigung eines zeitweiligen Überstro-

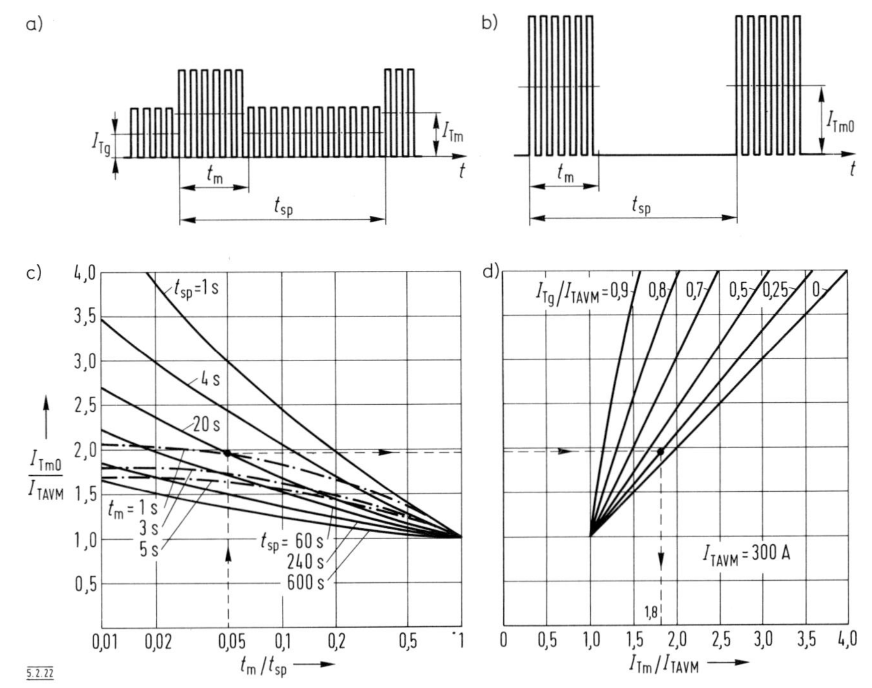

Bild 5.2.22 Zulässiger Thyristorstrom I_{Tm} bei periodischer Spitzenbelastung
a, c) Mit Vorbelastung
b, d) ohne Vorbelastung

mes soll anhand des in **Bild 5.2.22a** gezeigten einfachen Lastspieles erläutert werden. Der Thyristor wird danach mit einem Dauerimpulsstrom mit einem Mittelwert I_{Tg} belastet, der periodisch im Abstand t_{sp} für die Dauer t_m auf den Mittelwert I_{Tm} ansteigt. Ist kein Dauerstrom (Grundlast) vorhanden, so liegt der in **Bild 5.2.22b** gezeigte Verlauf vor. Der Verlauf a läßt sich in den Verlauf b so umrechnen, daß in beiden Fällen die Kristalltemperatur die gleiche ist. Eine Umrechnung auf eine gleiche Strom-Zeitfläche wäre dabei falsch, da die beiden Komponenten Grundlast I_{Tg} und zeitweilige zusätzliche Aussetzlast mit $I_{Tm} - I_{Tg}$ in bezug auf die Erwärmung des Thyristors unterschiedlich bewertet werden müssen. Bei der Grundlast liegt der in Bild 5.2.10b wiedergegebene Lastfall mit dem thermischen Widerstand

$$R_{(th)tot} = R_{(th)JC} + R_{(th)p} + R_{(th)K}$$

vor. Der thermische Widerstand für die Aussetzlast ergibt sich in etwa aus dem in Bild 5.2.11c gezeigten Lastfall zu $Z_{(th)tot} \approx Z_{(th)JC} + Z_{(th)K}$ (genau stimmt diese Gleichung nur für eine einmalige Impulsserie der Dauer t_m). Da $R_{(th)tot} > Z_{(th)tot}$ ist,

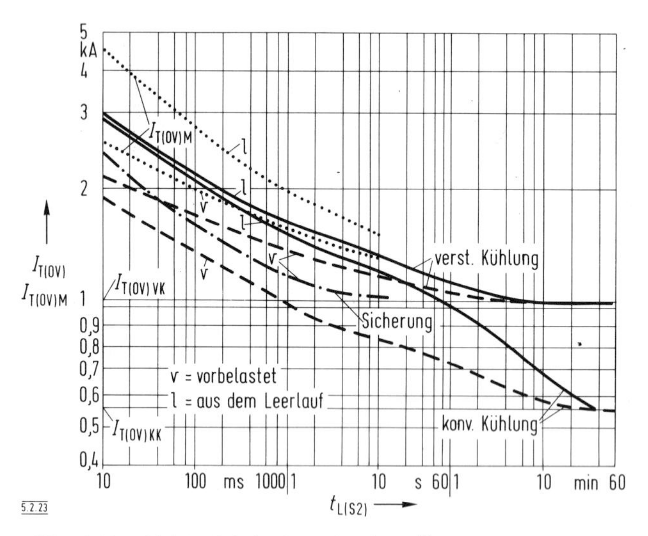

Bild 5.2.23 Abhängigkeit des zulässigen Überstromes bei Kurzzeitbetrieb von Lastdauer, Kühlung und Vorbelastung

muß bei der Ermittlung von I_{Tm0} die Grundlast höher als die Aussetzlast bewertet werden. Aus **Bild 5.2.22d** ist für einen Netzthyristor mit $I_{TAVM} = 300\,A$ und verstärkter Luftkühlung die Zuordnung von I_{Tm0} und I_{Tm} zu ersehen. Der Parameter ist der Grundlaststrom I_{Tg}.
In **Bild 5.2.22c** ist die Abhängigkeit des Stromes I_{Tm0} von der relativen Überlastdauer t_m/t_{sp} mit der Spieldauer t_{sp} als Parameter wiedergegeben. Strichpunktiert sind die Kennlinien konstanter Überlastdauer $t_m = 1$; 3; 5 s eingezeichnet. Bei größeren Antriebsleistungen haben Antriebslastspiele meist $t_{sp} \geq 20$ s. Bei diesem Thyristor würde somit nur bei einer Überlastdauer $t_m < 3$ s das Verhältnis I_{Tm0}/I_{TAVM} wesentlich über 1 liegen. Trotzdem sollte, wenn das Lastspiel nicht genau bekannt ist, $I_{TAVM} = I_{Tm}$ gesetzt werden. Eine Ausnahme bilden ausgesprochene Beschleunigungsantriebe, z. B. für Zentrifugen. Deren Lastspiele sind im allgemeinen genau bekannt, außerdem ist die Grundlast vernachlässigbar klein. Bei nicht zu großer Lastdauer t_m und kleinem Verhältnis t_m/t_{sp} lohnt es sich, die dynamische Reserve des Thyristors zu berücksichtigen und den Thyristor nach dem Diagramm von Bild 5.2.22d auszuwählen. Bei Aussetzbetrieb ist es mitunter auch ratsam, den Aufwand bei verstärkter Kühlung und bei natürlicher Kühlung (dafür größere Thyristoren) gegeneinander abzuwägen.
Neben der periodischen Überlastbarkeit des Thyristors ist auch die einmalige Überlastbarkeit wichtig, wie sie z. B. beim Anfahren und Stillsetzen im Extremfall beim Nothalt der Arbeitsmaschine in Anspruch genommen wird. In **Bild 5.2.23** ist für einen Thyristor $I_{T(OV)}$ der Überstrom bei Kurzzeitbetrieb, bei dem die Steuerbarkeit des Ventils erhalten bleibt, über der Lastzeit mit verstärkter Kühlung

sowie Konvektionskühlung mit/ohne Vorlast aufgetragen. Bei kurzen Lastzeiten ($t_L < 1$ s) hat die Art der Kühlung einen geringen, die Vorbelastung dagegen einen großen Einfluß auf $I_{T(OV)}$. Umgekehrt ist bei großen Lastzeiten der Einfluß der Vorbelastung abgeklungen, dagegen bewirkt der unterschiedliche thermische Widerstand beider Kühlungsarten unterschiedliche zulässige Stromwerte.

5.2.7.2 Störungsüberlast

Während die vorstehend beschriebenen Überströme zu keiner Abschaltung führen dürfen, lassen sich die durch Störungen verursachten Überlastungen nicht immer mit Strombegrenzung, Reglersperre, Impulssperre beherrschen. Teilen sich trotz Eingangsbeschaltung (siehe Abschnitt 6.4.5) höhere Netzüber- oder Netzstörspannungen den Thyristoren mit, so muß mit der Zerstörung einiger Thyristoren gerechnet werden. Einen wirkungsvollen Überspannungsschutz gibt es nicht.
Günstiger verhält es sich bei durch Störungen verursachten Überströmen. Da der Thyristor für eine gewisse Zeit sehr hohe Überströme aushalten kann, bleibt genügend Zeit, um die gefährdeten Ventile über Schmelzsicherungen oder Schnellschalter abschalten zu können. Nach dem Ansprechen von Schmelzsicherungen muß eine längere Betriebsunterbrechung in Kauf genommen werden.
Der höchste Wert des Kurzzeit-Überstromes wird als Grenzstrom $I_{T(OV)M}$ bezeichnet, bei dem der Thyristor vorübergehend (bis die Kristalltemperatur wieder abgesunken ist), seine Sperrfähigkeit in Durchlaßrichtung und seine Steuerfähigkeit verlieren kann. In Bild 5.2.23 ist $I_{T(OV)M}$ über der Überlastzeit t_L, ohne und mit Vorbelastung aufgetragen.
Die Kühlungsart spielt beim Grenzstrom $I_{T(OV)M}$ keine Rolle, da bei der kurzen Stromflußdauer kaum Wärme über den Kühlkörper und die Luft abgeführt wird.
Für die Bemessung von Schmelzsicherungen zum Schutz von Thyristoren ist noch das Grenzlastintegral A_{Tgr} wichtig. Zum Abschmelzen der Sicherung ist eine bestimmte Wärmeenergie erforderlich, ihr ist das Integral des Quadrates des über die Sicherung fließenden Stromes proportional (Schmelzintegral A_s). Hierzu kommt das vom Sicherungslichtbogen bis zum Löschen in Anspruch genommene Löschintegral A_l. Die Löschung erfolgt innerhalb von höchstens 10 ms. Andererseits läßt sich für den Thyristor ein Stoßstromgrenzwert I_{TSM} bestimmen, der nur aus einer sinusförmigen Halbwelle mit der Basis $t_{gr} = 10$ ms besteht, bei dem er noch keine bleibende Schädigung erfährt. Daraus ergibt sich das Grenzlastintegral

$$A_{Tgr} = \int i_T^2 \, dt = I_{TSM}^2/(4f) > (A_s + A_l); \quad \text{bei} \quad f = 50\,\text{Hz}. \tag{5.2.28}$$

Es muß größer als die Summe der beiden Sicherungsintegrale sein, damit der Thyristor beim Auslösen der Sicherung thermisch keinen Schaden erleidet. Das Grenzlastintegral ist abhängig von der Vorbelastung und wird mit abnehmender Stromflußzeit $t_{gr} < 5$ ms kleiner, wobei A_{Tgr} bei großen Kristallquerschnitten mehr einbüßt als bei kleinen. Die Zuordnung von Thyristor und Sicherung wird in Abschnitt 6.5.7 behandelt.

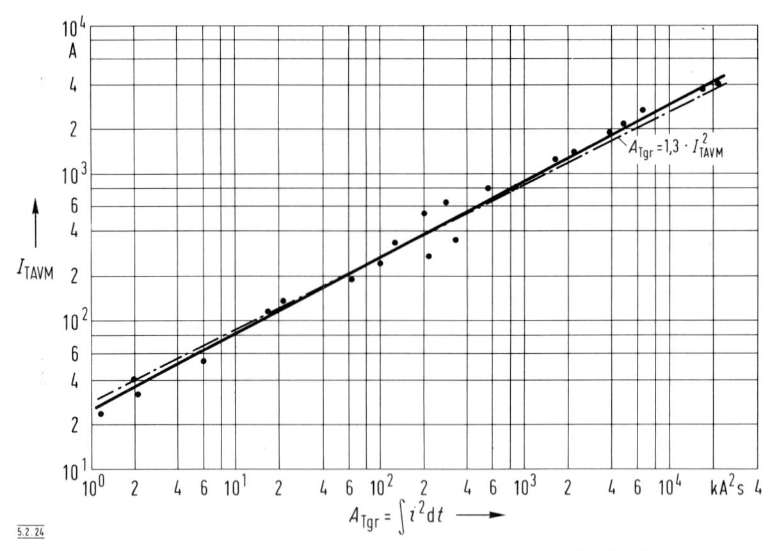

Bild 5.2.24 Grenzlastintegrale A_{Tgr} einer Thyristortypenreihe in Abhängigkeit vom Dauergrenzstrom I_{TAVM}

In **Bild 5.2.24** ist für eine Typenreihe von Netzthyristoren der Dauergrenzstrom I_{TAVM} über dem Grenzlastintegral aufgetragen. Der streuende Verlauf läßt sich durch die voll ausgezogene Gerade annähern, die in etwa der Funktion von $A_{Tgr} = 1{,}3\, I^2_{TAVM}$ entspricht.

5.2.8 Zündung der Thyristoren

5.2.8.1 Anforderungen an den Zündimpuls

Die Zündung des Thyristors erfolgt durch einen über das Gate nach der Katode fließenden Stromimpuls. In **Bild 5.2.25a** ist der Verlauf eines Zündimpulses wiedergegeben. Stromanstieg und Stromabfall werden in erster Linie durch die Übertragungsglieder zwischen Impulsgenerator und Thyristor begrenzt. Die Dachschräge ruft der Impulsübertrager bei magnetischer Potentialtrennung hervor. An den Zündimpuls werden folgende Anforderungen gestellt:

1. Die Impulsamplitude I_G muß genügend groß sein, damit eine sichere Zündung erfolgt. Wie aus **Bild 5.2.25b** zu ersehen, ist der Bereich sicherer Zündung verhältnismäßig weit, so daß eine Übersteuerung des Gates unkritisch ist.
2. Die Steilheit der Impulsstirn $+\,\mathrm{d}i_G/\mathrm{d}t$ muß möglichst hoch sein, damit bereits zu Beginn der Ausbreitung der Durchschaltefront nahezu der volle Gatestrom fließt. Nach erfolgter Durchschaltung bringt ein weiterer Anstieg des Gatestromes keine Vorteile. Die Anstiegszeit soll $t_d = 1\ \mu s$ möglichst nicht übersteigen.

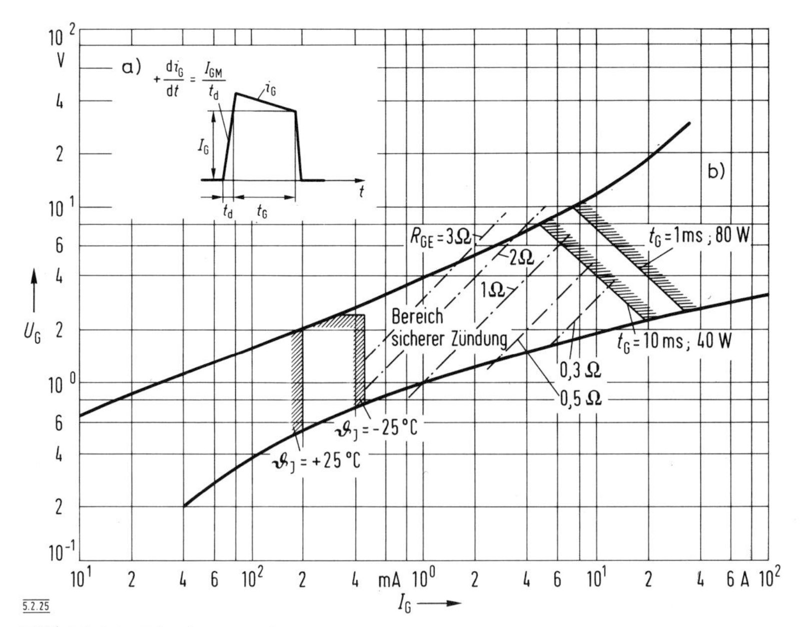

Bild 5.2.25 Thyristorzündung
a) Zündimpuls mit Kenngrößen, b) Grenzen sicherer Zündung

3. Der Impuls muß solange anstehen (t_g), bis der Thyristorstrom i_T den Wert des Einraststromes I_L überschritten hat. Dieser Zeitraum ist bei selbstgeführten Stromrichtern und bei netzgeführten Stromrichtern, die mit induktivitätsarmer Gegenspannung – z. B. Batterieladegeräte – belastet sind, am kleinsten (< 0,1 ms). Netzgeführte Stromrichter mit Wechselstromausgang, wie Wechselstrom- und Drehstromsteller, brauchen Zündimpulse von der Breite $t_G = (180° - \alpha)/(180° \cdot 2f)$, wenn α der Zündwinkel ist, also maximal $t_G = 10$ ms.

Bei der Steuerung von Thyristoren liegt die Signalinformation nicht im zeitlichen Verlauf des Zündimpulses; dieser ist über den Aussteuerbereich möglichst konstant zu halten. Es ist zwischen der Anschnittsteuerung bei netzgeführten Stromrichtern und der Impulsbreitensteuerung bei selbstgeführten Stromrichtern und Gleichstromstellgliedern zu unterscheiden.

5.2.8.2 Impulserzeugung für die Anschnittsteuerung

Dieses Steuerverfahren wurde bereits bei den Quecksilberdampfgefäßen angewendet. Die dabei gebrauchten magnetischen Impulssteuergeräte auf Transduktorbasis wurden gleichzeitig mit der praktischen Einführung der Thyristoren durch transistorisierte Geräte ersetzt. Dafür sprach die wesentlich kleinere Zündimpulsleistung der Thyristoren und die Notwendigkeit, den zeitlichen Verlauf der Zündim-

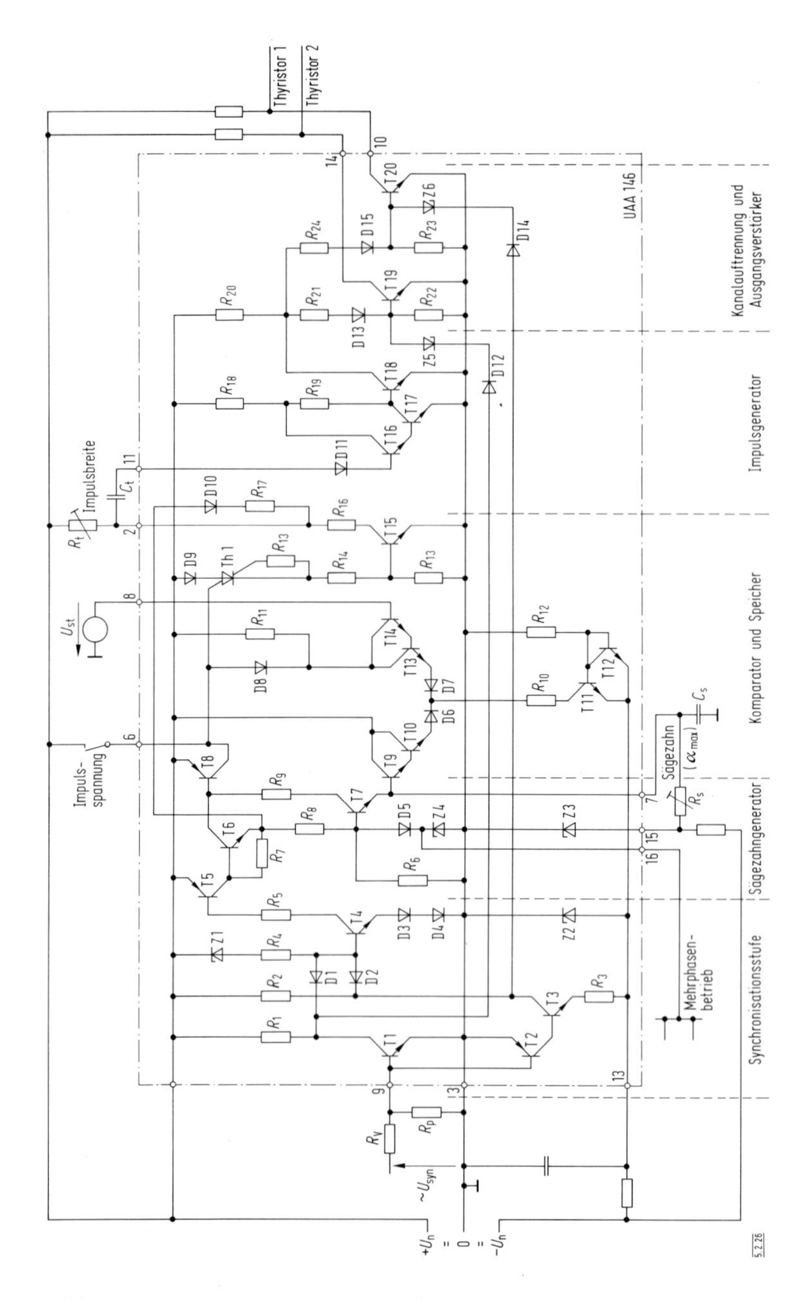

Bild 5.2.26 Integrierte Impulssteuerschaltung UAA 146 der Fa. Telefunken

pulse hinsichtlich Stirnsteilheit, Impulshöhe und Impulsdauer zu optimieren. Der Wunsch, gleichzeitig die räumlichen Abmessungen zu verkleinern, erfüllte sich zunächst nicht. Ein sechspulsiges Impulssteuergerät nahm ein ganzes Magazin ein, da jeder Einzelimpuls eine Vielzahl diskreter Transistoren, Dioden, Widerstände und Kondensatoren notwendig machte. Damit verbunden war eine entsprechend große Ausfallanfälligkeit, zumal das niedrige Leistungsniveau der transistorisierten Geräte die magnetische und kapazitive Störspannungseinkopplung begünstigte.

Diese Anfangsschwierigkeiten sind durch die Entwicklung von auf einem Kristall integrierten Impulssteuerschaltungen vollständig überwunden worden, die kleiner, betriebssicherer, komfortabler und unvergleichlich billiger als die aus diskreten Elementen aufgebauten Schaltungen sind. Es soll hier nur der Impulssteuer-IC UAA 146 von Telefunken betrachtet werden, dessen Schaltung **Bild 5.2.26** zeigt.

Beim Anschnittsteuerverfahren wird der Zündimpuls an dem Nulldurchgang einer Bezugswechselspannung U_{syn} orientiert. Sie ist in **Bild 5.2.27** eingezeichnet. Alle darunter gezeichneten Oszillogramme geben die Spannung des als Index angegebenen Anschlusses gegen die Nullschiene (Anschluß 3) an. Infolge der weiten Übersteuerung der Transistoren T 1, T 2 hat u_9 Rechteckform. Um bei Drehstromschaltungen gleiche Steuerkennlinien bei allen IC zu erhalten, werden in diesem Fall alle Anschlüsse 15 und 16 parallel geschaltet.
Der Sägezahngenerator bewirkt, daß beim Nulldurchgang von u_{syn} der Kondensator C_s des Sägezahngenerators schnell aufgeladen wird. Anschließend erfolgt, wie u_7 zeigt, die Entladung, und zwar über R_s längs des annähernd linearen Astes der Exponentialfunktion. Im Komparator sind die Sägezahnspannung und die Steuerspannung U_{st} (genau eine ihr proportionale Spannung) gegeneinander geschaltet. Sobald die Sägezahnspannung u_7 kleiner wird als u_8, erfolgt die Zündung des löschbaren Thyristors Th 1. Er wird beim folgenden Nulldurchgang gelöscht und läßt sich erst wieder beim nächsten regulären Sägezahnvergleich durchschalten. Dadurch können keine äußeren Störspannungen im Bereich 0 bis α Fehlzündungsimpulse auslösen. Über einen äußeren Impulssperrschalter, der auf Anschluß 6 wirkt, kann Th 1 beliebig lange gesperrt werden. Das Setzen des Speichers Th 1 triggert eine monostabile Kippstufe. Die Ansprechdauer der Kippstufe t_d ist durch C_t und R_t einstellbar. Anschließend werden die verstärkten Rechteckimpulse während der positiven Halbwelle von u_{syn} auf Ausgang 14 und während der negativen Halbwelle auf Ausgang 10 geschaltet.
Der Schwenkbereich der Zündimpulse ist annähernd 180°. Er läßt sich einengen, und zwar $\alpha \geq \alpha_{min}$ durch Amplitudenbegrenzung von U_8 und $\alpha < \alpha_{max}$ durch entsprechende Verkürzung der Entladezeit von C_s über Verkleinerung von R_s. Während die Minimalbegrenzung von α nur selten benötigt wird (überwiegend bei einphasigen Stromrichtern mit Motorbelastung), ist die Maximalbegrenzung von α immer bei Wechselrichteraussteuerung notwendig, um ein Kippen zu verhindern.

Die Qualität eines Anschnittsteuer-IC's wird in erster Linie durch die Linearität und Konstanz der Steuerkennlinie $\alpha = f(U_{st})$ bestimmt. Sie ist wichtig für sechspulsi-

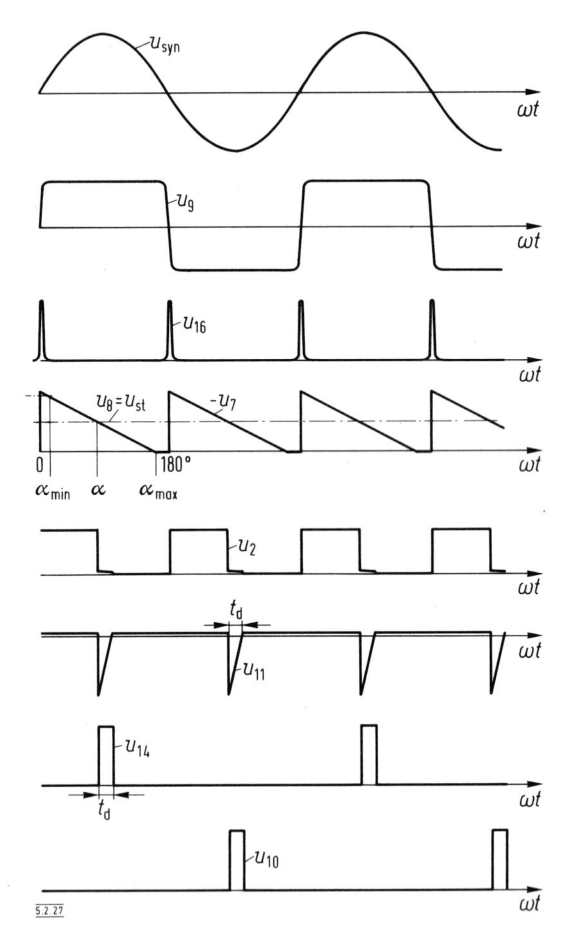

Bild 5.2.27 Spannungsverläufe der Impulssteuerschaltung UAA 146

ge Stromrichterschaltungen – in erster Linie der voll gesteuerten Drehstrombrückenschaltung VDB –, da durch unterschiedliche Zündwinkel der Thyristoren die geringe Gleichspannungswelligkeit verlorengeht, wodurch die Motorverluste ansteigen und die Lückgrenze sich in Richtung größeren Ankerstroms verschiebt.

Natürlich kann das beste Impulssteuergerät nur dann symmetrische Impulse liefern, wenn das Dreiphasensystem, von dem die Synchronisierspannungen abgenommen werden, in sich symmetrisch ist. Soweit hierfür das öffentliche Drehstromnetz herangezogen wird, ist diese Bedingung immer erfüllt. Trotzdem können sich Synchronisationsschwierigkeiten durch Spannungsverzerrungen erge-

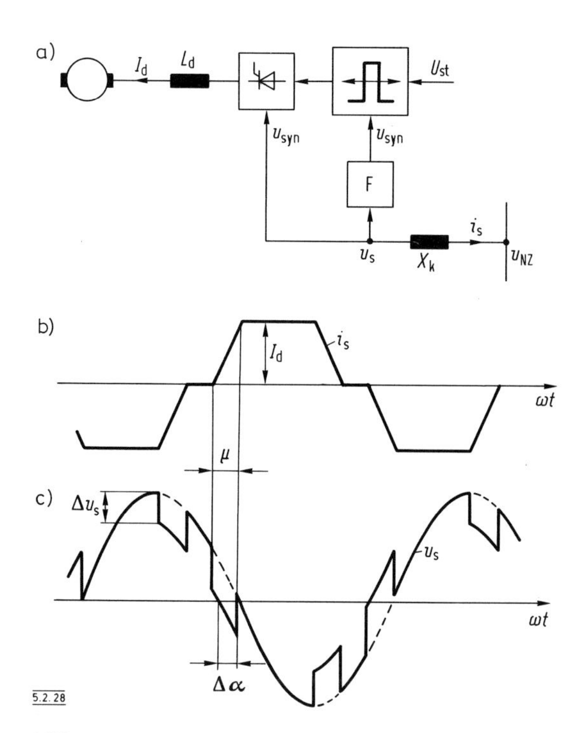

Bild 5.2.28 Kurvenformverzerrung der Speisespannung eines netzgeführten Stromrichters
a) Schaltung
b) Netzstrom bei vollständiger Glättung
c) Kommutierungseinbrüche

ben, hervorgerufen durch den Wechselstrom des eigenen oder eines fremden Stromrichters. In **Bild 5.2.28a** ist ein dreiphasiger netzgeführter Stromrichter mit seiner Einspeisung stark vereinfacht wiedergegeben. Der Strom i_s, dessen zeitlichen Verlauf **Bild 5.2.28b** zeigt, ruft an der Kommutierungsreaktanz X_k, die auch die Streureaktanz eines Transformators sein kann, einen nicht sinusförmigen Spannungsabfall hervor, so daß am Stromrichter die in **Bild 5.2.28c** wiedergegebene verzerrte Wechselspannung U_s liegt. Sie weist sogenannte Kommutierungseinbrüche auf, die mit α ihre Lage auf der Sinuskurve verändern. Die Synchronisation des Impulssteuersatzes wird hierdurch gestört, wenn sie, wie in Bild 5.2.28c angenommen, im Bereich des Spannungsnulldurchganges liegt. Es ergibt sich bei dem betreffenden Thyristor der Winkelfehler $\Delta\alpha$, während er bei den anderen Ventilen des Stromrichters unbedeutend oder null sein kann. Die Ausgangsspannung wird deshalb eine erhöhte Welligkeit aufweisen.
Dieses Fehlverhalten läßt sich durch das in Bild 5.2.28a eingezeichnete Tiefpaßfilter F beseitigen, das die Amplituden der Spannungsoberschwingungen herabsetzt.

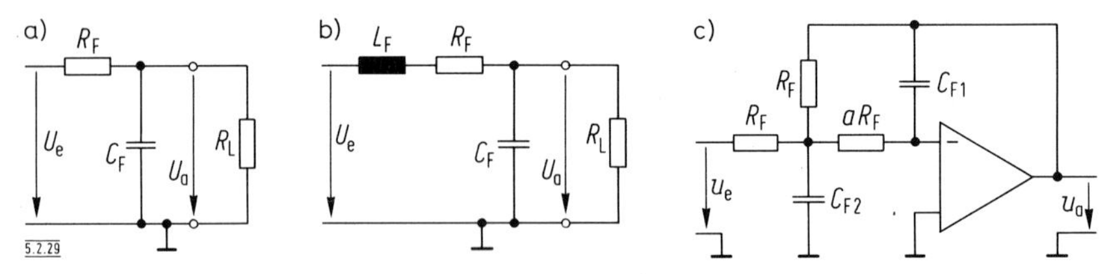

Bild 5.2.29 Filterschaltungen für die synchrone Steuerspannung
a) RC-Filter
b) LC-Filter
c) Aktivfilter

5.2.8.3 Synchronisationsfilter

5.2.8.3.1 *RC-Synchronisationsfilter*

Am einfachsten ist das in **Bild 5.2.29a** gezeigte RC-Filter. Ist $R_F \ll R_L$, was durchaus angenommen werden kann, so befindet sich das Filter im Leerlauf, und der Frequenzgang ist

$$F_F(j\omega) = \frac{U_{a(\nu)}}{U_{e(\nu)}} = \frac{1}{1 + j\nu\omega_{(1)} C_F R_F} \tag{5.2.29}$$

ν = Ordnungszahl der Harmonischen $\omega_{(1)} = 2\pi f_{Nz} = 2\pi \cdot 50\,\text{Hz} = 314\,\text{s}^{-1}$.
Die für die Synchronisation verantwortliche Grundwelle erfährt eine Phasenverschiebung. Macht man sie gleich 60° el., so läßt sie sich durch zyklische Vertauschung der Anschlüsse für das Impulssteuergerät eliminieren. Das ist der Fall für

$$\omega_{(1)} C_F R_F = \tan(\varphi_1) = \tan(60°) = \sqrt{3}.$$

Damit wird

$$\boxed{\left|\frac{U_{a(\nu)}}{U_{e(\nu)}}\right| = \frac{1}{\sqrt{1 + 3\nu^2}}}\,. \tag{5.2.30}$$

In **Bild 5.2.30** ist die Betragskurve in Dezibel aufgetragen

$$|U_{a(\nu)}/U_{e(\nu)}|_{dB} = 20 \cdot \log(U_{a(\nu)}/U_{e(\nu)}).$$

Wird C_F frei gewählt, so ist zu bemessen

$$\boxed{R_F = \frac{\sqrt{3}}{\omega_{(1)} C_F} = \frac{5513 \cdot 10^{-6}}{C_F}}\,, \qquad R_F \text{ in } \Omega, \quad C \text{ in F}. \tag{5.2.31}$$

5.2.8.3.2 *LC-Synchronisationsfilter*

Eine höhere Selektivität besitzt das in **Bild 5.2.29b** gezeigte *LC*-Filter. Wird wieder R_L zu unendlich angenommen, so ist

$$\frac{U_a}{U_e} = \frac{1}{1-\omega^2 L_F C_F + j\omega L_F/R_F} = \frac{1}{1-\Omega^2 + j\Omega\sqrt{L_F/C_F}/R_F}, \tag{5.2.32}$$

mit $\Omega = \omega \cdot \sqrt{L_F C_F}$; $\Omega_1 = \omega_{(1)} \cdot \sqrt{L_F C_F}$. Auch hier soll die Phasendrehung der Grundwelle $\varphi_1 = 60°$ gewählt werden

$$\tan\varphi_1 = \tan 60° = \sqrt{3} = \frac{\Omega_1 \sqrt{L_F/C_F}}{R_F(1-\Omega_1^2)}. \tag{5.2.33}$$

Gl. (5.2.33) in Gl. (5.2.32) eingesetzt, ergibt

$$\frac{U_a}{U_e} = \frac{1}{1-\Omega^2 + j\dfrac{\Omega}{\Omega_1}\sqrt{3}(1-\Omega_1^2)}$$

$$\boxed{\left|\frac{U_{a(\nu)}}{U_{e(\nu)}}\right| = \frac{1}{\sqrt{(1-\nu^2\Omega_1^2)^2 + 3\nu^2(1-\Omega_1^2)^2}}}, \tag{5.2.34}$$

wird $\nu = 1$ gesetzt, so vereinfacht sich Gl. (5.2.34) zu

$$\left|\frac{U_{a(1)}}{U_{e(1)}}\right| = \frac{1}{2(1-\Omega_1^2)}, \text{ daraus}$$

$$\Omega_1^2 = 1 - \frac{1}{2|U_{a(1)}/U_{e(1)}|} = \omega_1^2 L_F C_F. \tag{5.2.35}$$

Für $\omega_1 = 2\pi \cdot 50$ 1/s ergibt sich aus Gl. (5.2.35)

$$\boxed{L_F C_F = 10^{-5}\left(1 - \frac{1}{2}|U_{a(1)}/U_{e(1)}|\right)}. \tag{5.2.36}$$

Der Widerstand ist nach Gl. (5.2.33) zu bemessen

$$R_F = \sqrt{\frac{L_F}{3\,C_F}\,\frac{\Omega_1}{1-\Omega_1^2}}\,. \tag{5.2.37}$$

L_F oder C_F sind wieder frei wählbar. In das Diagramm von Bild 5.2.30 ist die Filterkennlinie, Gl. (5.2.34), für die Grundwellenüberhöhung $|U_{a(1)}/U_{e(1)}| = 2$ eingezeichnet. Wird z. B. $C_F = 2{,}2\,\mu F$ gewählt, so ist $L = 3{,}41\,H$; $\Omega_1 = 0{,}86$; $R = 2278\,\Omega$. Die Induktivität muß somit verhältnismäßig groß sein.

5.2.8.3.3 *Aktives Synchronisationsfilter*

Auf eine Induktivität kann bei dem in **Bild 5.2.29c** angegebenen Aktivfilter verzichtet werden. Mit ihm läßt sich eine Filterkennlinie

$$\left|\frac{U_{a(\nu)}}{U_{e(\nu)}}\right| = \frac{1}{\sqrt{(1-\nu^2)^2 + 2\,\nu^2}} \tag{5.2.38}$$

durch die Einstellung

$$C_{F1} = \frac{\sqrt{2}}{\omega_{(1)} R_F (1+2a)} \tag{5.2.39}$$

$$C_{F2} = \frac{1}{\omega_{(1)}^2\, C_{F1}\, R_F^2\, a} \tag{5.2.40}$$

erreichen.

Beispiel: $\omega_{(1)} = 2\pi \cdot 50\,Hz = 314\,s^{-1}$; $R_F = 10\,k\Omega$; $a = 10$
$C_{F1} = 0{,}021\,\mu F$; $C_{F2} = 1{,}13\,\mu F$.

Die Filterkennlinie nach Gl. (5.2.38) ist in **Bild 5.2.30** aufgetragen. Bei der wichtigsten sechspulsigen Stromrichterschaltung, der voll gesteuerten Drehstrombrückenschaltung (VDB), treten, wie in Abschnitt 6.2.3.4 im einzelnen ausgeführt, die ungeradzahligen Harmonischen mit Ausnahme der mit durch drei teilbaren Ordnungszahlen, also = 5, 7, 11, 13, ... auf. Am wenigsten wird nach Bild 5.2.29 die 5te Harmonische gedämpft. Der Filterfaktor 0,12 (*RC*-Filter) geht bei dem Aktivfilter auf 0,04 herunter.

5.2.8.4 *Impulsverstärkung und Potentialtrennung*

Die von den Anschnittsteuer-IC's abgegebenen Zündimpulse haben eine Amplitude von z. B. 20 mA an 750 Ω; selbst durch Transformation über einen Impulsübertrager

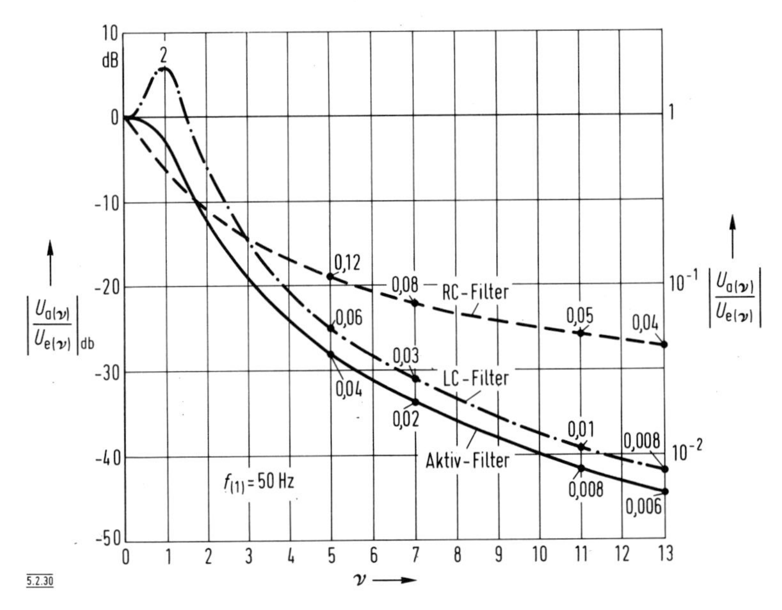

Bild 5.2.30 Dämpfungskennlinien für die Filter nach Bild 5.2.29

läßt sich kein größerer Impulsstrom als 100 mA erreichen, so daß sich nur Thyristoren bis $I_{TAVM} \approx 10$ A direkt ansteuern lassen. In allen anderen Fällen muß eine Impulsverstärkerstufe zwischengeschaltet werden. Weiterhin empfiehlt sich, zwischen Impulssteuergerät und Thyristor eine Potentialtrennung vorzusehen, da zumindest in Brückenschaltungen der Thyristor über eine Netzperiode großen Potentialsprüngen ausgesetzt ist, während das Impulssteuergerät mit der auf Nullpotential liegenden Informationselektronik verbunden ist. Die Reihenfolge von Impulsverstärkung und Potentialtrennung ist umkehrbar, wenn auch die Verstärkung vor der Trennung meist die technisch einfachere Lösung ist. In diesem Falle muß allerdings das Potentialtrennglied die Steuerinformation (Zündwinkel α) und die Impulsenergie übertragen.

5.2.8.4.1 *Magnetischer Impulsübertrager*

Dafür eignet sich der magnetische Impulsübertrager. Hierbei handelt es sich um einen unipolar (nur in einer Richtung) ausgesteuerten Stromwandler, der wie Wechselstromwandler eine große Hauptinduktivität und eine möglichst kleine Streuung – bei ausreichender Spannungsfestigkeit zwischen Primär- und Sekundärwicklung – haben soll. In **Bild 5.2.31a** ist eine typische Schaltung zwischen Impulssteuergerät IG und Thyristor wiedergegeben. Der Leistungstransistor TL kann auch eine Darlington-Anordnung sein. Die dann vorhandene geringere Schaltgeschwindigkeit läßt sich in ihrer Wirkung auf die Impulsfront durch die

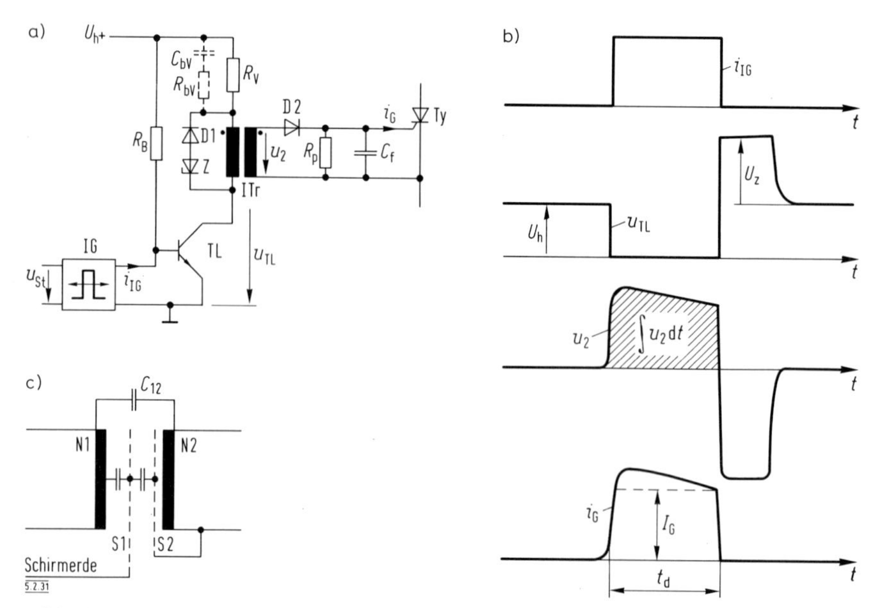

Bild 5.2.31 Potentialtrennung über magnetische Impulsübertrager
a) Schaltung
b) Impulsumformung durch den Übertrager
c) kapazitive Kopplung durch den Übertrager

gestrichelte Beschaltung C_{bv}, R_{bv} zum Teil kompensieren. Wie der Verlauf von u_{TL} in **Bild 5.2.31b** zeigt, tritt am Transistor – während der Rückmagnetisierung des Übertragers – eine Überspannung auf, die durch die Zenerdiode Z auf U_z begrenzt werden kann. Die Sekundärspannung u_2 zeigt eine Dachschräge, die von der zunehmenden Sättigung des Übertragers mit steigender Spannungszeitfläche verursacht wird. Die Steilheit der Vorderfront des Impulses wird maßgeblich durch die Übertragerstreuung bestimmt. Die Diode D2 sorgt dafür, daß der Sekundärkreis während der Abmagnetisierung stromlos bleibt. Der Kondensator C_F soll hochfrequente Störimpulse kurzschließen, die ungewollt den Thyristor zünden könnten. Die Übertragung von Störspannungen vom Thyristor zur Informationselektronik erfolgt auch über die Schaltkapazität der Wicklungen gegeneinander. Durch elektrostatische Schirme (leitfähige Folien, die jedoch keinen Kurzschlußkreis bilden dürfen) läßt sich diese Kopplung weitgehend beseitigen. Das **Bild 5.2.31c** zeigt einen Übertrager mit zwei Schirmen, von denen der eine mit der Sekundärwicklung verbunden, der andere an das zentral an Masse liegende Schirmleiternetz angeschlossen ist.

Die unipolare Aussteuerung macht die in **Bild 5.2.32a** gezeigte Hystereseschleife mit niedriger Remanenz B_r notwendig, um einen hohen Induktionshub ΔB zu erhalten. Mit Rücksicht auf die Dachschräge muß der Magnetisierungsstrom

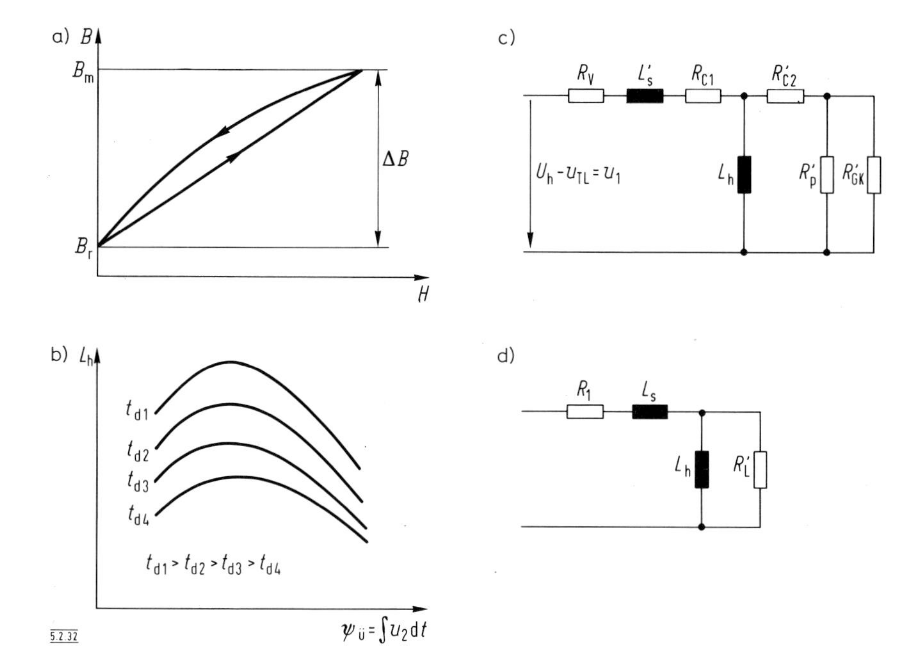

Bild 5.2.32 Impulsübertrager
a) Hystereseschleife
b) Hauptinduktivität in Abhängigkeit von Spannungszeitfläche und Impulsdauer
c) Ersatzschaltung
d) vereinfachte Ersatzschaltung

$I_\mu \leq 0{,}2\, I_G N_2/N_1$ sein, und die auf N_1 bezogene Hauptinduktivität hat die Bedingung zu erfüllen

$$L'_h \geq \frac{N_1/N_2}{I_\mu} \int u_2 \, dt = \frac{5}{I_G} \left(\frac{N_1}{N_2}\right)^2 \int u_2 \, dt. \tag{5.2.41}$$

Allerdings ist L'_h nach **Bild 5.2.32b** auch von der Impulsdauer t_d abhängig. Bei mittelfrequenten Impulsserien ist der Übertrager nur mit einem Teil seiner normalen Spannungszeitfläche belastbar. Die Streuinduktivität darf, wenn eine hohe Stromsteilheit di_2/dt verlangt wird und die Schaltzeit des Transistors vernachlässigt werden kann, höchstens sein

$$L'_s \leq \frac{1}{3} \frac{U_h}{di_2/dt} \frac{N_1}{N_2}. \tag{5.2.42}$$

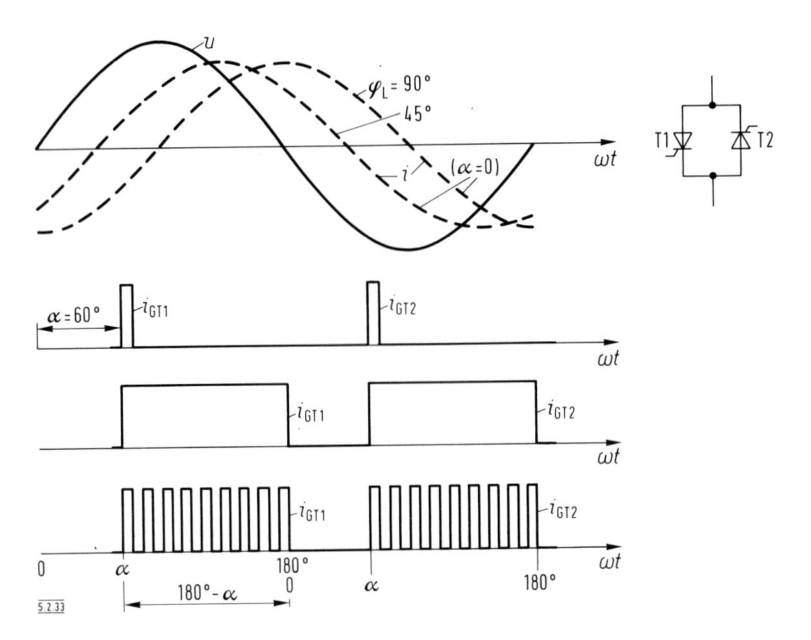

Bild 5.2.33 Einzelimpuls, Blockimpuls und Serienimpuls für Wechselstromsteller

Die Ersatzschaltung ist in **Bild 5.2.32c** angegeben. R_{C1}, R_{C2} sind die Kupferwiderstände der Wicklungen, während R_p den Vorbelastungswiderstand des Übertragers darstellt (er soll die Nichtlinearität der Gate-Katoden-Strecke R_{GK} vermindern). Damit ist

$$R'_L = \left(\frac{N_1}{N_2}\right)^2 \cdot \left(R_{C2} + \frac{R_p \cdot R_{Gk}}{R_p + R_{Gk}}\right) = \left(\frac{N_1}{N_2}\right)^2 \cdot (R_{C2} + R_{pG}). \tag{5.2.43}$$

Dann ist die sekundäre Spannungszeitfläche

$$\psi_ü = \int u_d \, dt = R_{pG} \int i_2 \, dt \approx \frac{U_h t_d \cdot R'_{pG}}{R_v + R_{C1} + R'_{C2} + R'_{pG}} \frac{N_2}{N_1}. \tag{5.2.44}$$

L'_h, L'_s und $\int u_2 \, dt$ werden von den Wandlerherstellern listenmäßig angegeben.

Die Baugröße des Impulsübertragers ist proportional der Spannungszeitfläche $\psi_ü$ und diese nach Gl. (5.2.44) abhängig von der Impulsdauer t_d. Bis zu $t_d \leq 0{,}5$ ms und $I_G = 5$ A; $U_G = 5$ V lassen sich Übertrager mit kleinen Abmessungen und kleinen Streureaktanzen realisieren. Ein Wechselstromsteller kommt bei vorwiegend induktiver Belastung nach **Bild 5.2.33** mit dieser Impulslänge nicht aus. So würde

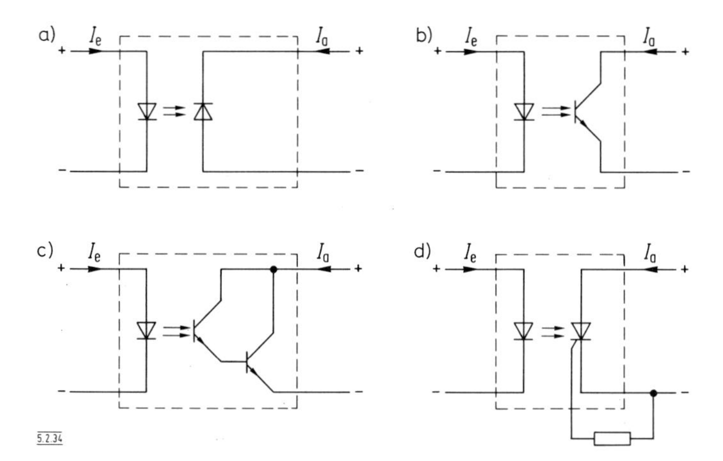

Bild 5.2.34 Optokopplerschaltungen

die Zündung der Thyristoren im Zündwinkel $\alpha = 60°$ im Fall eines Lastwinkels $\varphi_L = 45°$, nicht jedoch bei $\varphi_L = 90°$, möglich sein. Diese Unsicherheit wird mit einem Langimpuls von der Länge

$$t_d = \frac{180° - \alpha}{180°} \frac{1}{2f} \leq 10\,\text{ms}$$

beseitigt. Der dann notwendige große Impulsübertrager läßt sich dadurch umgehen, daß nach Bild 5.2.33 der lange Impulsblock in eine Impulsserie aufgelöst wird. Die Serienfrequenz kann einige kHz betragen. Zwischen zwei Einzelimpulsen muß die Pause groß genug sein für eine volle Rückmagnetisierung des Impulsübertragers. Die Rückmagnetisierungszeit läßt sich in der Schaltung nach Bild 5.2.31a durch Erhöhung der Zenerdioden-Ansprechspannung herabsetzen.

5.2.8.4.2 *Optokoppler*

Ein ganz anderes Potentialtrennglied stellt der Optokoppler dar. Das **Bild 5.2.34a** zeigt die einfachste Koppleranordnung. Sie besteht aus einer GaAs-Lumineszenz-Diode als Sender und einer Silizium-Fotodiode als Empfänger. Die Eigenschaften dieses Koppelelementes werden durch den Kopplungsfaktor $K_{f0} = \Delta I_a / \Delta I_e$, durch die Grenzfrequenz f_{gr}, oberhalb der der Koppelfaktor auf $K_f = K_{f0} / \sqrt{2}$ absinkt, und durch die Ein-Ausschaltezeit gekennzeichnet.

	Fotodiode	Fototransistor	Darlander-Fototransistor	Fotothyristor
Kopplungs-faktor	0,001 bis 0,01	< 1	> 1	Triggergrenzstrom $I_{etr} = 10\,mA$
Grenz-frequenz	10 MHz	0,3 MHz	0,1 MHz	$I_{a\,Dauer} = 0{,}3\,A$
Ein-Aus-schalte-zeit	10 ns	2 µs	10 µs	$I_{a\,10ms} = 5\,A$

Tabelle 5.2.2: Kenndaten von Optokopplern mit unterschiedlichen Empfängern

Nach **Tabelle 5.2.2** ist der Kopplungsfaktor sehr klein, die Grenzfrequenz dagegen sehr groß. Einen wesentlich größeren Kopplungsfaktor hat der Optokoppler mit Fototransistor nach **Bild 5.2.34b.** Die Einschaltezeit ist mit $t_e = 2\,\mu s$ noch brauchbar, dagegen bei der Version mit Darlander-Transistor **(Bild 5.2.34c)** zu groß. Der Vollständigkeit halber ist in **Bild 5.2.34d** der Optokoppler mit Fotothyristor angegeben. Diese Kombination ist für die Überwachungsfunktion geeignet, da der Kurzzeit-Kopplungsfaktor $5\,A/0{,}01\,A = 500$ sehr groß ist; allerdings muß der Thyristor durch Maßnahmen im Sekundärkreis wieder zurückgesetzt werden.

Der Optokoppler kann nur die Zündinformation, nicht aber die Zündleistung übertragen. Sie muß auf der Thyristorseite bereitgestellt werden. Das **Bild 5.2.35a** zeigt eine Schaltung, bei der der Fototransistor und der nachgeschaltete Leistungstransistor T 2 eine eigene Spannungsversorgung haben, die über den Transformator Tr potentialfrei versorgt wird. Bei der Anordnung nach **Bild 5.2.35b** dagegen wird die Impulsenergie aus dem Hauptleistungskreis entnommen. Der Ladekondensator C_i, der die Impulsleistung liefert, wird über den Stromwandler Sw laststromabhängig aufgeladen, wobei die Zenerdiode Zi dafür sorgt, daß die Nennspannung nicht überschritten wird. Ist der Thyristor Ty stromlos, so sorgt eine sperrspannungsabhängige Aufladung von C_i über R_u, Du für die Bereitstellung der Impulsenergie.

5.2.8.5 Impulserzeugung zur Pulsbreitensteuerung

Die Anschnittsteuerung ist nur für netzgeführte Stromrichter anwendbar, da zum Sperren der Ventile die Wechselspannung des Lastkreises benötigt wird. Die damit verbundenen Nachteile, wie große Steuerblindleistung und große Welligkeit der Ausgangsspannung (bei Gleichstromausgang) bzw. hohe Oberschwingungsamplituden bei Wechselspannungsausgang, lassen sich durch Impulssteuerung der Ventile umgehen. Hierauf ist bereits in dem Abschnitt 3.6.8 eingegangen worden. Als besonders vorteilhaft hat sich die Sinuspulsung (Abschnitt 3.6.8.1.3) erwiesen. Allerdings erhöhte sich durch die Sinuspulsung der gerätemäßige Aufwand für die Frequenzsteuerung eines Käfigläufermotors, so daß dieses Steuerverfahren erst

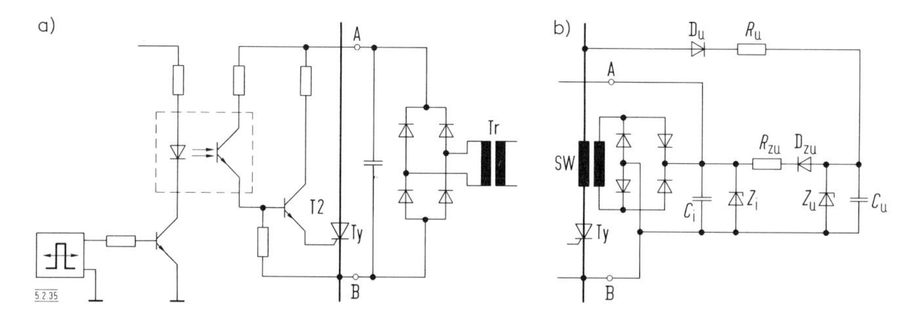

Bild 5.2.35 Lastseitige Impulsverstärkung bei Optokopplern
a) Mit potentialfreier Spannungsversorgung
b) Entnahme der Impulsenergie aus dem Lastkreis

durch die Integration der Steuerlogik auch für kleinere Motorleistungen wirtschaftlich anwendbar wurde.

In **Bild 5.2.36** ist die Wirkschaltung des integrierten Sinuspulssteuergerätes HEF 4752 V der Firma Philips wiedergegeben. Die Gesamtschaltung umfaßt den netzgeführten Stromrichter NSR, bestehend aus einem ungesteuerten Gleichrichter und einem antiparallelen Wechselrichter (zur Nutzbremsung), dem Gleichstromzwischenkreis KD, dem selbstgeführten Wechselrichter SWR, der Zündimpuls-Leistungsstufe IL, dem eigentlichen Impulssteuer-IC und der vorgeschalteten Analogsteuerung AS.

Die Analogsteuerung hat vor allem die Ständerfrequenz (f_s), entsprechend der Solldrehzahl, vorzugeben. Um ein Kippen des Motors bei schnellen Änderungen von n_{soll} zu vermeiden, werden – da keine Schlupfüberwachung vorgesehen ist – die maximale Beschleunigung $(+\,dn/dt)_{max}$ und die maximale Verzögerung $(-\,dn/dt)_{max}$ und damit die Änderungsgeschwindigkeit der Motorfrequenz f_s begrenzt. Weitere Aufgaben der Analogsteuerung sind: Bestimmung der Phasenfolge $(\pm n/|n|)$, Vorgabe der Amplitude der Motorspannung in Abhängigkeit von der Frequenz (U_s/f_s), Momentenbegrenzung im Treibbetrieb durch Absenkung von f_s um Δf_{sTr}, Momentenbegrenzung im Bremsbetrieb durch Erhöhen von f_s um Δf_{sBr} und Überwachung der Energierückspeisung im Bremsbetrieb über die Zwischenkreisspannung U_d (steigt sie über U_{dgr} an, wird durch Δf_{sBr} das Bremsmoment herabgesetzt).

Das IC-DS ist sowohl für Transistorsteuerung wie auch für Thyristorsteuerung geeignet. Im ersten Fall gibt es Impulsblöcke, im zweiten Impulsserien (siehe Bild 5.2.33) mit Rücksicht auf die Baugröße der magnetischen Impulsübertrager ab. Weiterhin ist dafür gesorgt, daß die Pulsfrequenz $f_p = p_z \cdot f_s$ nicht den Wert $f_{p\,max}$ mit Rücksicht auf die Freiwerdezeit, Speicherzeit usw. übersteigt und das Tastverhältnis nicht kleiner als τ_{pmin} wird.

Wie bereits in Abschnitt 3.6.8.1.3 ausgeführt, soll sich der Schwankungsbereich von f_p über den Drehzahlstellbereich in Grenzen halten. Deshalb muß p_z – wie auch Bild

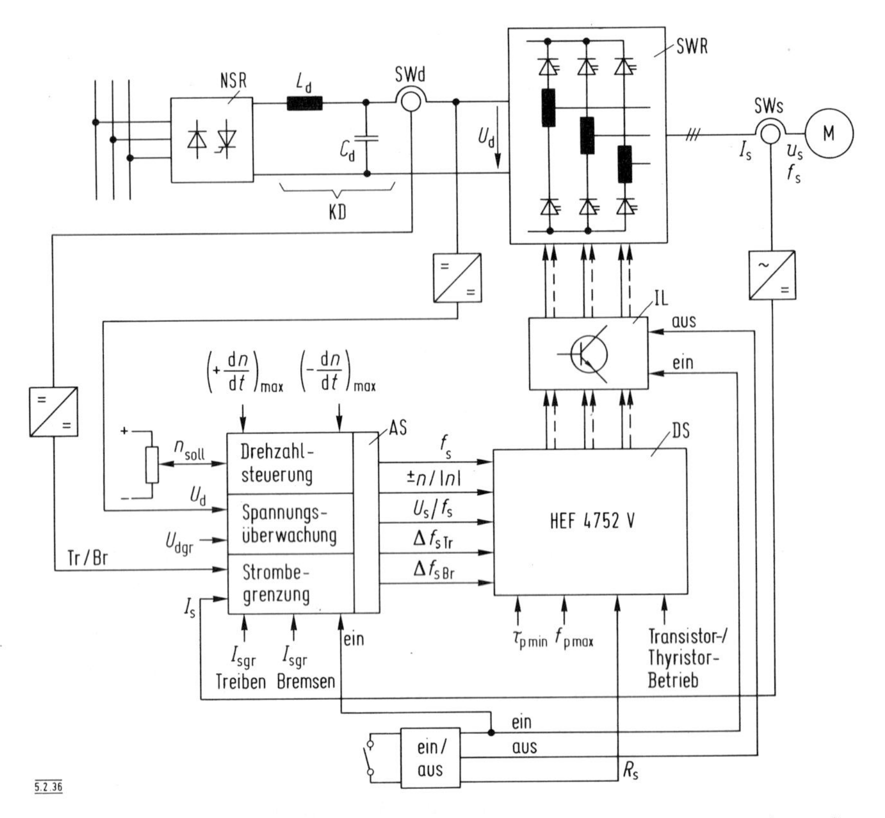

Bild 5.2.36 Sinusimpulssteuerung eines statischen Umrichters mit dem integrierten Steuergerät HEF 4752 V der Fa. Philips

3.6.19 zeigt – in Abhängigkeit von der Ständerfrequenz f_s stufenweise umgeschaltet werden. In **Bild 5.2.37** ist f_p über f_s für die integrierte Steuerschaltung HEF 4752 V aufgetragen. Die Umschaltpunkte bei steigender und fallender Drehzahl sind gegeneinander versetzt, um ein mehrfaches Umschalten zu vermeiden.

5.2.9 Thyristorschalter

Die Einschränkung, daß sich alle Thyristoren bis auf die in Abschnitt 5.3.3 behandelten Abschaltthyristoren nur gesteuert zünden lassen und erst in Sperrung gehen, wenn der Laststrom den Haltestromwert unterschreitet, läßt sich durch eine gesteuerte Löscheinrichtung beseitigen. In der Regel wird bei einem Thyristor die Ausschaltbedingung durch die Entladung eines Kondensators in Sperrichtung erfüllt. Bei selbstgeführten Wechselrichtern werden oft über einen Löschkonden-

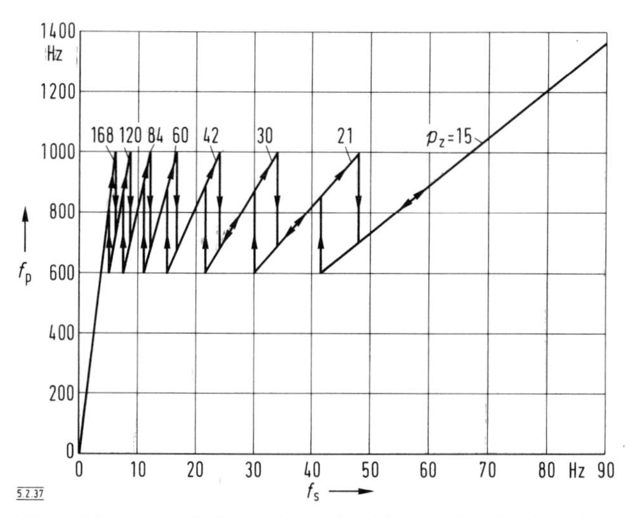

Bild 5.2.37 Umschaltung der Pulszahl je Halbwelle der Motor-Wechselspannung (p_z) bei dem Steuergerät HEF 4752 V

sator wechselweise mehrere Thyristoren gelöscht. Demgegenüber soll in diesem Abschnitt jeder Thyristor seine eigene Löscheinrichtung haben. Der dadurch sich ergebende Thyristorschalter Ts wird in seiner Anwendung als Gleichstromsteller zur Drehzahlsteuerung eines Gleichstrommotors behandelt.

5.2.9.1 Umschwinglöschschaltung

Die Löschschaltung wird dadurch kompliziert, daß es nicht mit einer einmaligen Entladung des Löschkondensators getan ist, sondern dieser immer wieder in der richtigen Polarität aufgeladen werden muß, wobei die Ladeenergie in der Regel dem Lastkreis entnommen wird. Das **Bild 5.2.38a** zeigt die Umschwinglöschschaltung. Neben dem Hauptthyristor TL ist der Löschthyristor Ts vorhanden, durch den die Entladung des Löschkondensators C_s eingeleitet wird. Außerdem sind der Umschwingzweig (L_U, D_U) und der Rückladezweig (L_r, D_r) vorhanden. Der Lastkreis muß auf der Einspeiseseite induktivitätsfrei sein; ist das nicht der Fall, so wird die Stoßbelastbarkeit durch einen Ladekondensator C_h sichergestellt. Der Verbraucher muß eine induktive Komponente L_M enthalten, die ihrerseits – um Ausschaltüberspannungen zu vermeiden – die Freilaufdiode Df notwendig macht.
Die Steuerung des Gleichstrommotors erfolgt, wie bereits in Bild 4.7.7 gezeigt, durch periodisches Schalten von TL, vorzugsweise bei konstanter Pulsfrequenz $f_p = 1/T_p$ über die relative Einschaltdauer $\tau_p = t_L/T_p$ (Pulsbreitensteuerung). In Bild 5.2.38 (0)...(V) sind die einzelnen Betriebszustände der Umschwinglöschschaltung wiedergegeben.
Beim ersten Einschalten ist TS nach (0) zu zünden. Dadurch wird über den Verbraucher C_s auf U_h aufgeladen. Der Lastkreis wird nach (I) durch Zünden von

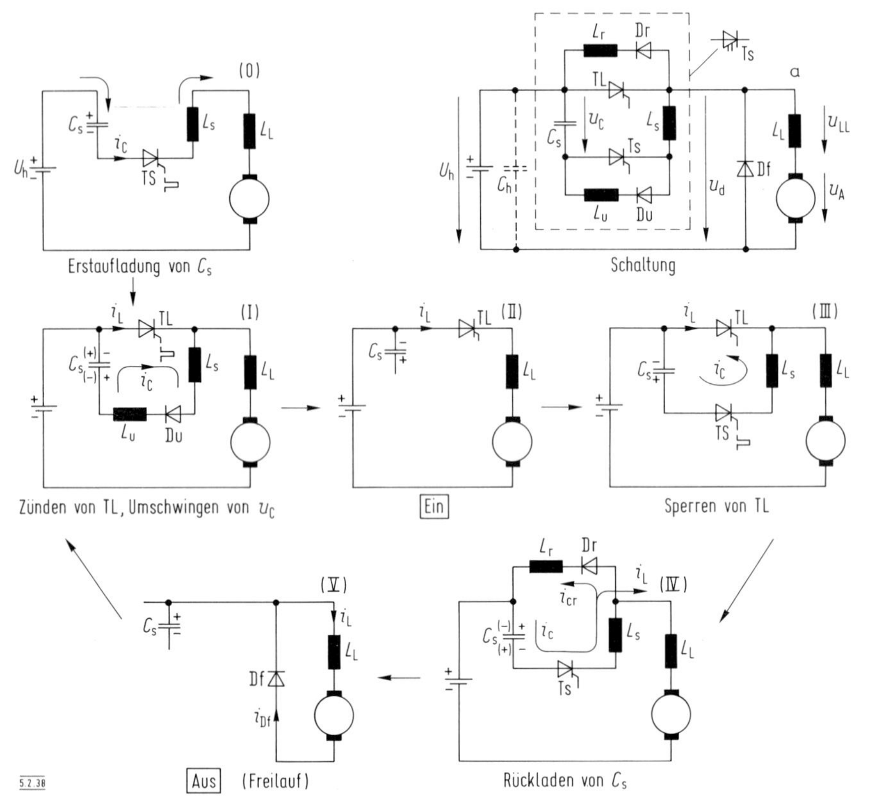

Bild 5.2.38 Gleichstromstellglied mit Umschwinglöschschaltung

TL geschlossen. Gleichzeitig wird C_s periodisch gedämpft entladen. Sobald die Kondensatorspannung den entgegengesetzten Scheitelwert angenommen hat, unterbricht DU den Umladestrom. Während der folgenden Einschaltezeit (II) bleibt die Ladung von C_s unverändert. Nach (III) ist zum Sperren von TL der Löschthyristor TS zu zünden. Die Induktivität L_s sorgt dafür, daß die $\mathrm{d}i/\mathrm{d}t$-Grenze bei TS nicht überschritten wird. Nachdem TL in Sperrung gegangen ist, wird der Löschkondensator C_s weiter umgeladen (IV), und zwar über den Lastkreis mit i_L und über den Rückladekreis mit i_{cr}. Ist die Rückladung beendet, so ist der Transistorschalter TS stromlos, nicht jedoch der Verbraucher, da der Laststrom über die Freilaufdiode weiter fließt (V).

Das **Bild 5.2.39** zeigt den zeitlichen Verlauf der Spannungen u_d, u_c und der Ströme i_L, i_c, i_{TL}, i_{Df} in den Bereichen (I) bis (V) für kleinen Laststrom. Der Einschaltbereich (II) und der Ausschaltbereich (V) sind, wie durch Schraffur angedeutet, stark verkürzt wiedergegeben. Die Diagramme von Bild 5.2.39a gelten ohne, die Diagramme von

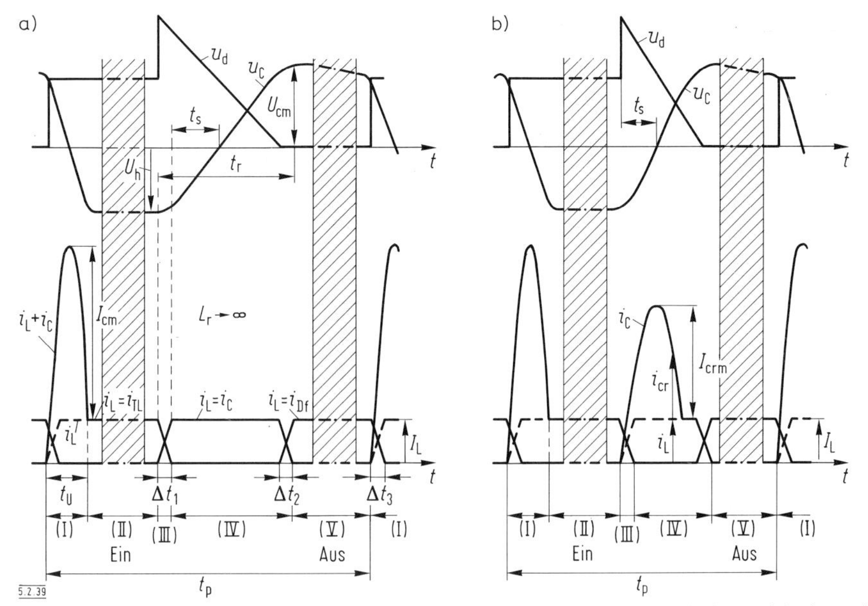

Bild 5.2.39 Strom- und Spannungsverlauf bei der Umschwinglöschschaltung (a) ohne, (b) mit Rückschwingzweig (L_r, Dr)

Bild 5.2.39b mit Rückladezweig (L_r, Dr). Ein Vergleich von Bild 5.2.39a und Bild 5.2.39b macht deutlich, daß durch die Stromkomponente i_{cr} die Rückladezeit t_r herabgesetzt wird, die ja die Mindestausschaltezeit von TL bestimmt. Dadurch läßt sich entweder der Mindestlaststrom herabsetzen oder die Pulsfrequenz $f_p = 1/t_p$ vergrößern.

Bei großem Laststrom wird bereits durch I_L der Kondensator so schnell zurückgeladen, daß wegen L_r der Strom i_{cr} vernachlässigbar klein bleibt. Das ist erwünscht, da t_r einen unteren Grenzwert nicht unterschreiten darf. Durch die stetige Rückladung wird sichergestellt, daß für die Zeit t_s an dem eben in Sperrung gegangenen Thyristor TL Spannung in Sperrichtung liegt und nach Abschnitt 5.2.5.2 die Ausschaltebedingung des Lastthyristors bei $t_s \geq t_q$ erfüllt ist.

Bemessung der wichtigsten Komponenten:

Lastinduktivität L_L

Während TL sperrt, fließt der Laststrom über die Freilaufdiode Df weiter. Soll in diesem Betriebszustand I_L nur um $\delta i_L = K_f I_{LN}$ absinken, gilt nach dem Induktionsgesetz

$$\boxed{L_L = L_M + L_v = U_h/(K_f I_{AN} f_p)} \quad , \qquad (5.2.45)$$

L_M Ankerinduktivität, L_v Zusatzinduktivität.

Stromanstiegsbegrenzungsdrossel L_s

Die Induktivität L_s hat die Anstiegsgeschwindigkeit des Kondensatorstromes entsprechend der für TS zulässigen Stromsteilheit $(\mathrm{d}i/\mathrm{d}t)_m$ zu begrenzen

$$\boxed{L_s = U_h/(\mathrm{d}i/\mathrm{d}t)_m} \; . \tag{5.2.46}$$

Die Kommutierungszeit beim Übergang des Stromes von TL auf TS ist

$$\Delta t_1 = L_s \frac{I_{L\,max}}{U_h} = \frac{U_h}{(\mathrm{d}i/\mathrm{d}t)_m} \; . \tag{5.2.47}$$

Während der Kommutierung nimmt die Kondensatorspannung um Δu_c ab

$$\Delta u_c = \frac{1}{C_s} \int_0^{\Delta t_1} i_c \, \mathrm{d}t = \frac{1}{C_s} \frac{I_{L\,max} \Delta t_1}{2} = \frac{L_s}{2 C_s} \frac{I^2_{L\,max}}{U_h} \; . \tag{5.2.48}$$

Löschkondensator C_s

Wird vorausgesetzt, daß die Kondensatorspannung am Ende des Bereiches (II) gleich U_h ist, so muß, damit $t_s \geq t_q$ ist, $C_s \geq I_L \cdot t_q/(U_h - \Delta u_c)$ sein. Dies in Gl. (5.2.48) eingesetzt

$$\boxed{C_s \geq \frac{I_{L\,max} t_q}{U_h} + \frac{L_s}{2} \left(\frac{I_{L\,max}}{U_h} \right)^2} \; . \tag{5.2.49}$$

Der Löschkondensator ist für den größten Laststrom und die kleinste Speisespannung U_h zu bemessen. Am Ende der periodisch gedämpften Rückladung tritt durch Resonanzüberhöhung die maximale Kondensatorspannung U_{cm} auf

$$U_{cm} = U_h + I_{L\,max} \sqrt{L_s/C_s} \; . \tag{5.2.50}$$

Es kann davon ausgegangen werden, daß im Ausschaltebereich (V) die Kondensatorspannung wieder auf U_h zurückgeht.

Umschwingdrossel L_u

Durch Zünden von TL wird im Bereich (I) der auf U_h mit der in Bild 5.2.38 eingeklammerten Polarität aufgeladene Kondensator über L_u, D_u, L_s und TL kurzgeschlossen. Ist der Wirkwiderstand dieses Kreises klein, so ergibt sich der Umschwingstrom

$$i_c(t) = U_h \sqrt{C_s/(L_u + L_s)} \sin\left(t/\sqrt{C_s \cdot (L_u + L_s)}\right) \tag{5.2.51}$$

mit dem Maximalwert

$$I_{cm} = U_h \sqrt{C_s/(L_u + L_s)} \,. \qquad (5.2.52)$$

Über L_u läßt sich der maximale Kondensatorstrom begrenzen, der neben dem Laststrom den Thyristor kurzzeitig überlastet

$$\boxed{L_u = (U_h/I_{cm})^2 C_s - L_s} \,. \qquad (5.2.53)$$

Durch L_u wird die vom Laststrom unabhängige Umschwingzeit t_u festgelegt, die gleichzeitig die minimale Einschaltzeit $t_{L\,min}$ ist. Aus Gl. (5.2.51) läßt sich entnehmen

$$t_u / \sqrt{C_s \cdot (L_u + L_s)} = \pi$$

und damit

$$\boxed{t_u = t_{L\,min} = \pi \sqrt{C_s \cdot (L_u + L_s)}} \,. \qquad (5.2.54)$$

Rückladedrossel L_r
Ersetzt man in Gl. (5.2.51) L_u durch L_r, so erhält man einen Ausdruck für den Rückladestrom. L_r muß mit Rücksicht auf die Schonzeit für $I_{L\,max}$ bemessen werden. In diesem Fall befindet sich der Strom i_{dr} im Anfangsbereich, in dem die Näherung gilt

$$i_{er}(t) = U_h t/(L_r + L_s)$$

und mit $t = 2 C_s U_h / I_{L\,max} = t_r$ wird am Ende des Rückladebereiches

$$I^*_{cr} = i_{cr}(t_r) = 2 C_s U_h^2 / [I_{L\,max}(L_r + L_s)] \,. \qquad (5.2.55)$$

Soll das Verhältnis $I^*_{cr}/I_{L\,max} = K_r$ sein, wobei $K_r \approx 0{,}1$ gewählt wird, um zu verhindern, daß der Rückladezweig bei Grenzstrombelastung wesentlich die Schonzeit t_s verkürzt, so ergibt sich aus Gl. (5.2.55)

$$\boxed{L_r = 2 (U_h / I_{L\,max})^2 C_s / K_r - L_s} \,. \qquad (5.2.56)$$

Der Scheitelwert des Rückladestromes – er tritt nur bei niedrigem Laststrom auf – ist

$$I_{crm} = I_{L\,max} \sqrt{K_r/2} \,.$$

Beim Strom-Stellbereich $I_{L\,max}/I_{L\,min} = K_i$ ist

$$I_{crm}/I_{L\,min} = K_i \sqrt{K_r/2} \,. \qquad (5.2.57)$$

Für $K_i = 10$; $K_r = 0{,}1$ ist $I_{crm}/I_{L\,min} = 2{,}24$.

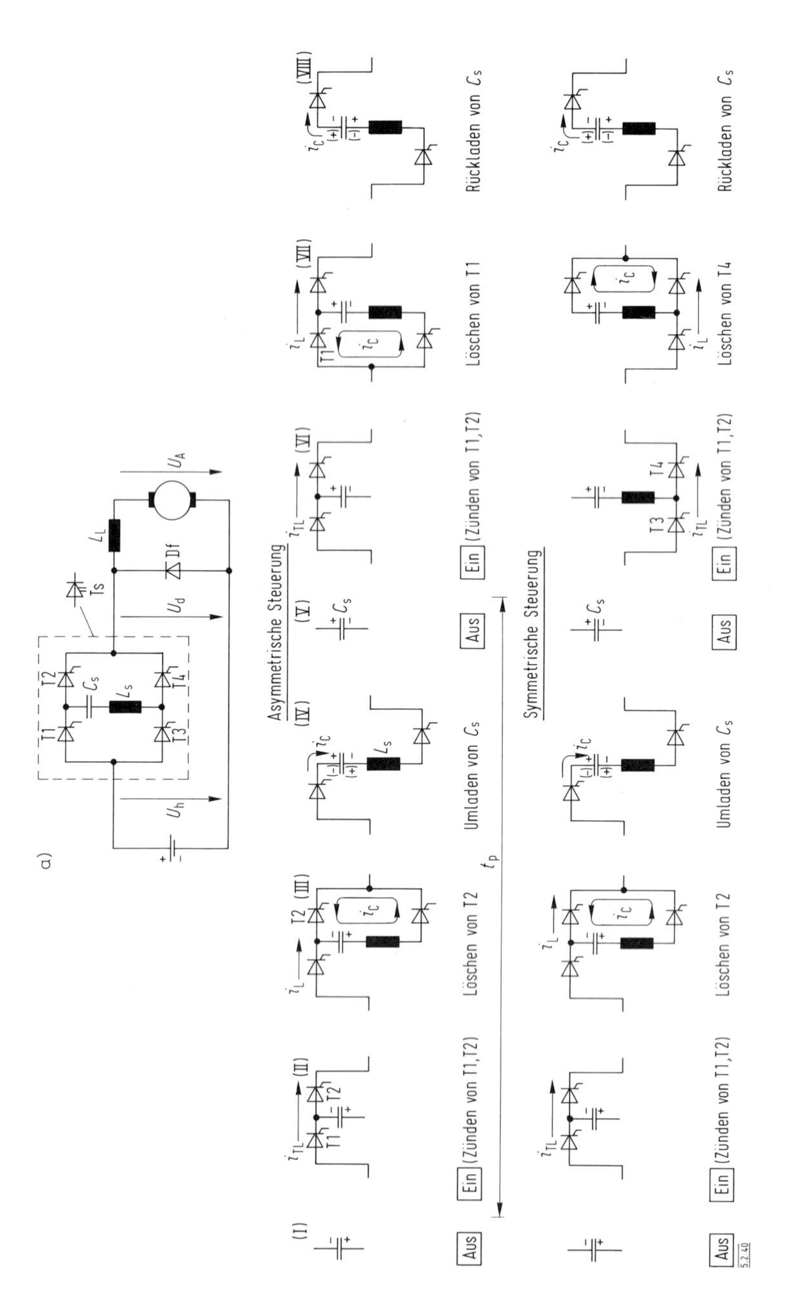

Bild 5.2.40 Gleichstromstellglied mit Gegentaktlöschschaltung

Halbleiterbemessung
Der Lastthyristor TL muß im allgemeinen $I_{L\,max}$ als Dauerstrom und zusätzlich kurzzeitig den Umschwingstrom führen können. Im Gegensatz dazu ist der Löschthyristor nur kurzzeitig während (III), (IV) im ungünstigsten Fall mit $I_{L\,max}$ belastet. Die Freilaufdiode Df muß den maximalen Laststrom auf die Dauer führen können. Spannungsmäßig ist die Diode – wegen der Spannungsspitze zu Beginn des Rückladeabschnittes (IV) – für die doppelte Speisespannung U_h zu bemessen.

5.2.9.2 Gegentaktlöschschaltung
Die Umschwinglöschschaltung macht innerhalb einer Pulsperiode ein zweimaliges Umladen des Löschkondensators erforderlich. Die Umladezeiten gehen für die Steuerung verloren, und außerdem sind die Kondensatorverluste von der Zahl der Umladungen abhängig. Bei der in **Bild 5.2.40** wiedergegebenen Gegentaktlöschschaltung entfällt der Umschwingvorgang. Der Schaltungsaufbau ist einfacher; dafür sind doppelt so viele Thyristoren wie bei der Umschwinglöschschaltung notwendig.
Nach Bild 5.2.40 sind zwei Aussteuerungsarten möglich. Bei der asymmetrischen Steuerung sind T1 und T2 die Leistungsthyristoren und T3 und T4 die Löschthyristoren; sie sind deshalb unterschiedlich zu bemessen. Im Gegensatz dazu üben bei der symmetrischen Steuerung alle Thyristoren abwechselnd die Funktion des Lastthyristors und die des Löschthyristors aus.
Die einzelnen Betriebszustände (I) bis (VIII) – während der Pulsung – sind aus Bild 5.2.40 zu ersehen. Sie umfassen aber zwei Pulsperioden. Die Umladung (III) bzw. Rückladung (VII) erfolgt mit dem Laststrom. Dadurch ist auch hier eine Mindestsperrzeit erforderlich. Eine Mindestdurchschaltezeit muß nur mit Rücksicht auf den Mindestlaststrom eingehalten werden. Der zeitliche Verlauf der Spannungen u_d, u_c und der Ströme i_{TL}, i_c, i_{Df} sind – für L_L zu unendlich angenommen – in **Bild 5.2.41** angegeben. Innerhalb einer Pulsperiode wird der Kommutierungskondensator nur einmal umgepolt, da in zwei aufeinander folgenden Pulsperioden verschiedene Löschthyristoren (III: T4; VII: T3) angesteuert werden.
Bis zu mittleren Leistungen wird im allgemeinen der asymmetrischen Steuerung der Vorzug gegeben, da sich eine gewisse Einsparung durch die geringe Typenleistung der Löschthyristoren ergibt. Bei großen Leistungen dagegen empfiehlt sich die symmetrische Steuerung.

5.2.9.3 Thyristorsteller
In Abschnitt 4.7.3 wurde bereits die Oberschwingungsbelastung des Motors durch den Gleichstromsteller erläutert. Es wurde dabei zwischen Eintakt-Pulsschaltung und die für Reversierantriebe in Frage kommende Gegentakt-Pulsschaltung unterschieden. Hier soll nur die erstere betrachtet werden.
Die Kombination Ts, Df, L_L stellt einen Gleichspannungstransformator dar. Die Anordnung nach **Bild 5.2.42a** transformiert in Energierichtung die Gleichspannung U_h herunter, die Anordnung nach **Bild 5.2.42b** transformiert in Energierichtung die Spannung U_A herauf. Dabei zeigt Bild 5.2.42a eine Treibschaltung und Bild 5.2.42b eine Bremsschaltung. In beiden Fällen liefert nach **Bild 5.2.42c** die Lastinduktivität

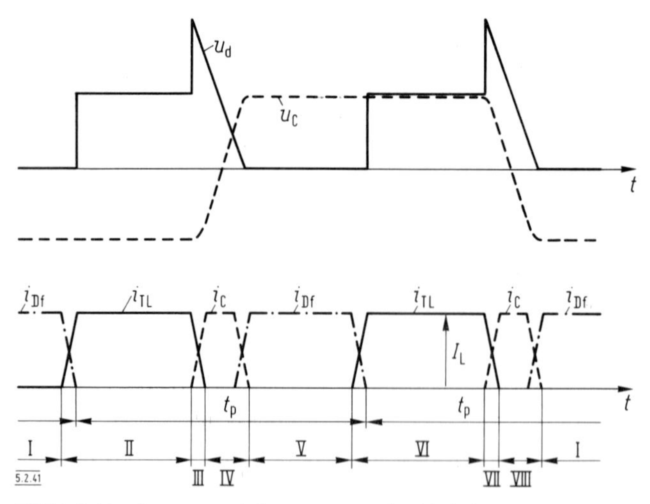

Bild 5.2.41 Strom- und Spannungsverlauf bei der Gegentaktlöschschaltung

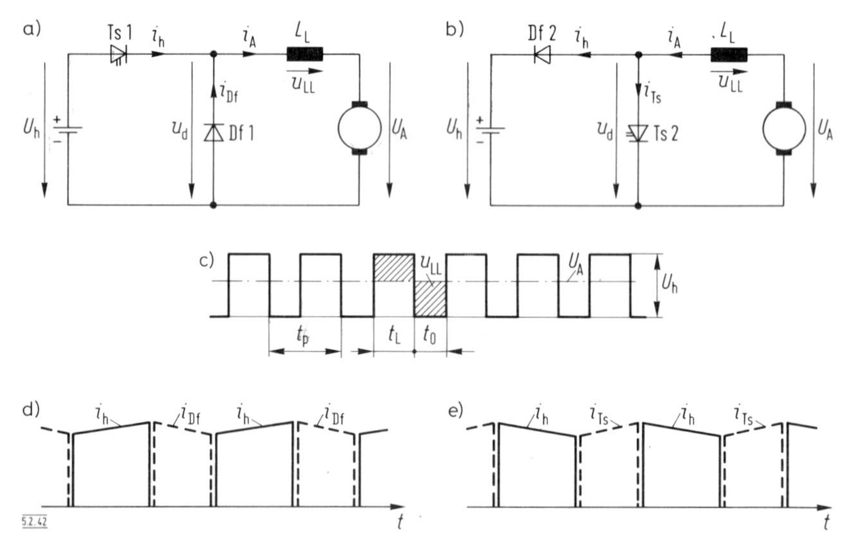

Bild 5.2.42 Gleichstrom-Stellantrieb für (a, c, d) Treibbetrieb, (b, c, e) Bremsbetrieb

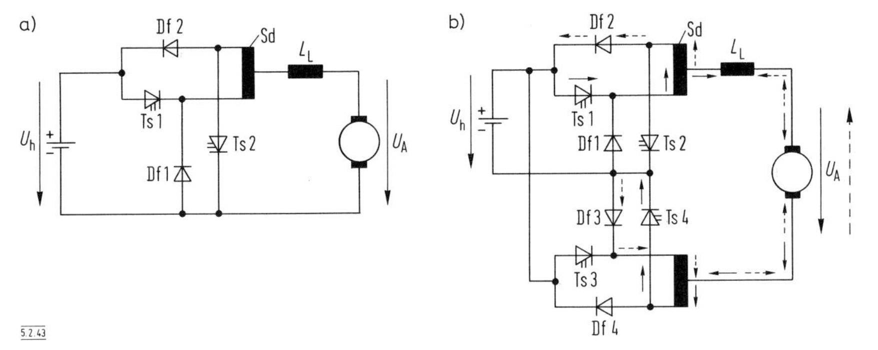

Bild 5.2.43
a) Einrichtungs-Gleichstrom-Stellantrieb für Treib- und Bremsbetrieb
b) Vierquadranten-Stellglied

die schraffierten, für die Anpassung notwendigen Spannungszeitflächen. Die Stromverläufe sind im Treibbetrieb **(Bild 5.2.42d)** und Bremsbetrieb **(Bild 5.2.42e)** unterschiedlich, da – im Gegensatz zu Bild 5.2.42d – bei der Bremsschaltung die Stromkomponente i_h während des Einschaltbereiches abnimmt, i_{Ts} während des Ausschaltbereiches dagegen zunimmt. Der induktive Energiespeicher wird nach Zünden von Ts 2 über den Kurzschlußstrom aufgeladen und nach dem Sperren von Ts 2 durch den Strom i_h wieder entladen. Dafür ist wegen der durch U_h negativ vorgespannten Diode Df 2 Voraussetzung, daß die Spannung $u_d = u_{LL} + U_A$ größer als U_h ist.
Die beiden Schaltungen, Bild 5.2.42a und b lassen sich nach **Bild 5.2.43a** zusammenfassen. Die beiden Pulsschaltungen werden über eine Saugdrossel Sd parallelgeschaltet. Die Saugdrossel verhütet beim Übergang zwischen Treib- und Bremsbetrieb hohe Ausgleichsströme, da der Strom in der neu eingeschalteten Pulsgruppe nur so schnell ansteigen kann, wie er in der bisher stromführenden Pulsgruppe abnimmt. Für den Bremsbetrieb ist natürlich Voraussetzung, daß die Speisespannungsquelle die rückgelieferte Energie ohne unzulässige Spannungssteigerung aufnehmen kann. Im Fall eines Reversierantriebs mit Nutzbremsung muß die Pulsschaltung nach **Bild 5.2.43b** vervollständigt werden. Bei der einen Drehrichtung erfolgt die Pulsung über Ts 1 (Treiben) bzw. Ts 2 (Bremsen). Die Ventile Ts 4 und Df 3 sind durchgeschaltet und führen den Strom zurück, wie die voll ausgezogenen Strompfeile (Treiben) bzw. die gestrichelten Strompfeile (Bremsen) zeigen. Bei der entgegengesetzten Drehrichtung vertauschen die beiden Pulsgruppen ihre Rollen.

5.3 Spezielle Thyristoren

Mit dem im vorstehenden Abschnitt behandelten Thyristor lassen sich alle bei Leistungsstellgliedern auftretenden Steueraufgaben erfüllen. Der Anreiz für die Entwicklung von Sonderthyristoren bestand in erster Linie in dem Wunsch, den schaltungsmäßigen Aufwand herabzusetzen. So sind beim Triac und beim rückwärtsleitenden Thyristor nur halb so viele Ventile einschließlich Aufbau notwendig wie beim Normalthyristor. Der gesteuert löschbare Thyristor erlaubt sogar, die aufwendige Löschschaltung fortfallen zu lassen. Auf der anderen Seite werden diese Vereinfachungen mit Zugeständnissen hinsichtlich schlechterer Kenndaten erkauft, wie z.B. niedrigerer $\mathrm{d}i_T/\mathrm{d}t$- und $\mathrm{d}u_T/\mathrm{d}t$-Grenzen.

5.3.1 Triac

Bei der Steuerung von Wechselspannung und Wechselstrom sind stets zwei Thyristoren gegenparallel geschaltet. Sie werden in ihrer Durchlaßhalbwelle mit dem gleichen Zündwinkel angesteuert. Es war naheliegend, die beiden Thyristoren auf einem Kristall zu integrieren. Der Kostenvorteil ist bei kleinen Schaltleistungen relativ größer als bei großen Einheiten, deshalb werden Triacs nur bis zu effektiven Durchlaßströmen < 100 A bevorzugt.

5.3.1.1 Besondere Betriebseigenschaften

Der Triac wird durch die gleichen Kenngrößen wie der symmetrisch sperrende Thyristor beschrieben (siehe Abschnitt 5.2). Einen deutlichen Unterschied stellen nur die niedrigeren $\mathrm{d}u_T/\mathrm{d}t$- und $\mathrm{d}i_T/\mathrm{d}t$-Grenzwerte dar. Sie werden durch zwei Betriebszustände festgelegt:

- Beim Einschalten der Netzspannung U_h darf die Spannungssteilheit den Wert $(\mathrm{d}u_T/\mathrm{d}t)_{cr}$, z.B. 50 V/µs, nicht überschreiten, da sonst der Triac ungewollt durchschaltet. Am ungünstigsten ist die Einschaltung während des Maximums von U_h.
- Besondere Beachtung verdient die Abkommutierung des Triacs, an dessen Ende das Ventil beim Unterschreiten des Haltestromes in Sperrung geht und anschließend die treibende Spannung als wiederkehrende Sperrspannung wirksam wird. Die während der Abkommutierung zulässige Stromsteilheit $-(\mathrm{d}i_T/\mathrm{d}t)_q$, z.B. 2 A/µs, – sie beträgt nur ca. 10% der zulässigen Stromanstiegssteilheit $+(\mathrm{d}i_T/\mathrm{d}t)_{cr}$ –, macht bei Wechsel- oder Drehstromstellern keine Schwierigkeit, da der Triacstrom nicht sprunghaft gegen null geht. Anders verhält es sich bei der wiederkehrenden Spannung; diese kann springen, so daß die niedrige kritische Spannungssteilheit nach vorausgegangenem Durchlaßstrom $(\mathrm{d}u_T/\mathrm{d}t)_q$, z.B. 5 V/µs, vor allem bei einer Belastung mit induktiver Komponente, zusätzliche Schutzmaßnahmen – wie eine RC-Beschaltung – notwendig macht.

5.3.1.2 Begrenzung von $\mathrm{d}u_T/\mathrm{d}t$

Die Abkommutierung beim Wechselstromsteller ist für drei Lastverhältnisse aus Bild 5.3.1 zu ersehen. Die Schaltkapazitäten werden vernachlässigt. Nach **Bild 5.3.1a** soll der Triac Tr zunächst nicht beschaltet sein. Die zeitlichen Verläufe der am Triac liegenden Spannung u_T und des Laststromes i_L sind für $L_L = 0$ in **Bild 5.3.1b** wiedergegeben. Am Ende des Stromflusses ($\omega t = \pi$) ist die wiederkehrende Spannung $U_{hw} = 0$. Bei gemischter Last $0 < (\varphi_L = \arctan(X_L/R_L)) < 90°$ tritt eine wieder-

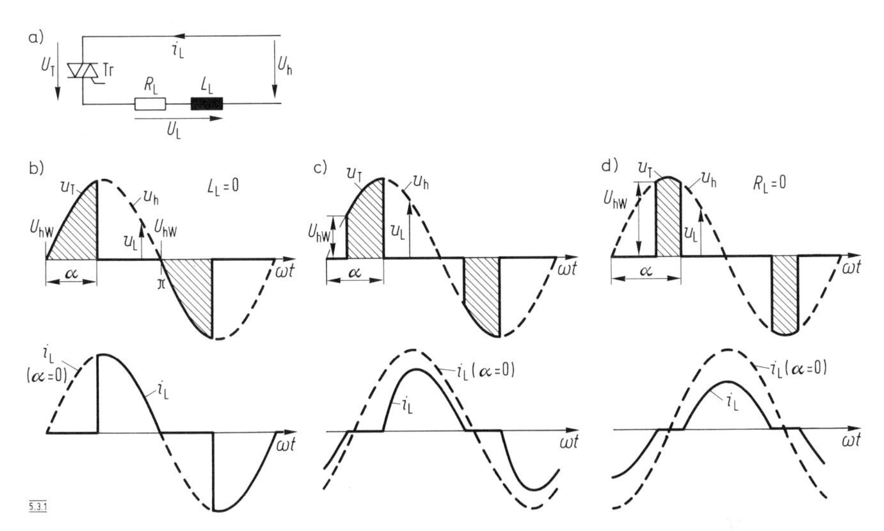

Bild 5.3.1 Spannungs- und Stromverlauf am Triac

kehrende Spannung U_{hw} nach **Bild 5.3.1c** auf und, wie aus **Bild 5.3.1d** zu ersehen ist, in stärkerem Maße bei rein induktiver Belastung. Dann kann im ungünstigsten Zündwinkel ($\alpha = 90°$) $U_{hw} = \sqrt{2}\, U_h$ werden. Der Laststrom geht unmittelbar vor der Sperrung des Triac verhältnismäßig langsam gegen null, so daß der in Bild 5.2.17a gezeigte Rückstrom-Maximalwert I_{RRM} klein bleibt und deshalb bei den folgenden Betrachtungen vernachlässigt wird.

Um ein ungewolltes Durchzünden des Triac beim sprunghaften Anstieg der wiederkehrenden Spannung zu vermeiden, muß du_T/dt unter den Grenzwert $(du_T/dt)_q$ verkleinert werden. Das ist – wie in **Bild 5.3.2a** gezeigt – mit Hilfe des Beschaltungsgliedes R_{bT}, C_{bT} möglich. Wie in **Bild 5.3.2b** gezeigt, wird die gestrichelt gezeichnete senkrechte Vorderfront von u_T durch den voll gezeichneten Verlauf ersetzt.

Die Bemessung der Ventilbeschaltung ist bereits im Abschnitt 5.2.6 behandelt worden. Während dort – wegen der kleinen Kommutierungsreaktanz – eine Dämpfung entsprechend dem aperiodischen Grenzfall vorgegeben wurde, ist hier – wegen der ungleich größeren Lastinduktivität L_L – nur eine periodische Dämpfung möglich. Ausgegangen wird von der Differentialgleichung

$$L_L \frac{di_{bT}}{dt} + (R_{bT} + R_L)\, i_{bT} + \frac{1}{C_{bT}} \int i_{bT}\, dt = U_{Tw}\,. \tag{5.3.1}$$

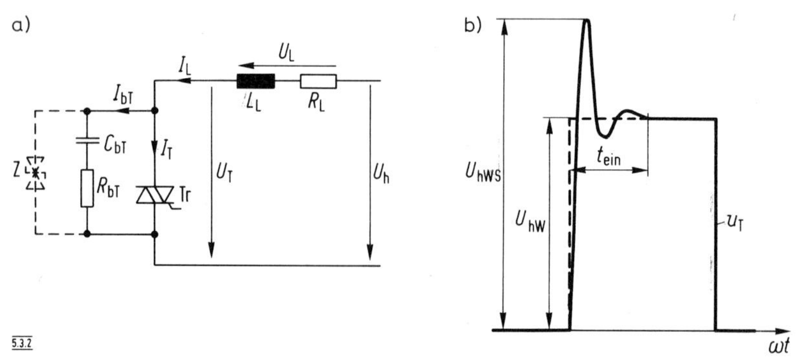

Bild 5.3.2 Triac-Beschaltung zur Verringerung der Ausschaltüberspannung und der Anstiegsgeschwindigkeit der wiederkehrenden Spannung

Mit

$$d=(R_{bT}+R_L)/(2L_L)=bR_L/(2L_L);\quad b=(R_{bT}+R_L)/R_L;\quad \omega_{0r}=1/\sqrt{L_L C_{bT}}\ .$$

läßt sich schreiben

$$\frac{d^2 i_{bT}}{dt^2}+2d\frac{i_{bT}}{dt}+\omega_{0r}^2 i_{bT}=0\ . \tag{5.3.2}$$

Anfangsbedingungen $i_{bT}(+0)=0;\quad \dfrac{di_{bT}(+0)}{dt}=\dfrac{U_{hw}}{L_L}$

$$i_{bT}(p)=\frac{U_h/L_L}{(p+p_1)(p+p_2)} \tag{5.3.3}$$

$p_{1,2}=d\mp j\sqrt{\omega_{0r}^2-d^2}=d\mp j\omega_0$

$$i_{bT}=\frac{U_h}{\omega_r L_L}e^{-dt}\sin\omega_0 t,\quad \text{mit dem Dämpfungsmaß } \gamma=\frac{d}{\omega_0}$$

$$i_{bT}=\frac{U_h}{\omega_r L_L}e^{-dt}\sin(dt/\gamma)\ . \tag{5.3.4}$$

Die am Triac liegende Spannung ist

$$u_T=U_{hw}-L_L\frac{di_{bT}}{dt}-R_L i_{bT}\ . \tag{5.3.5}$$

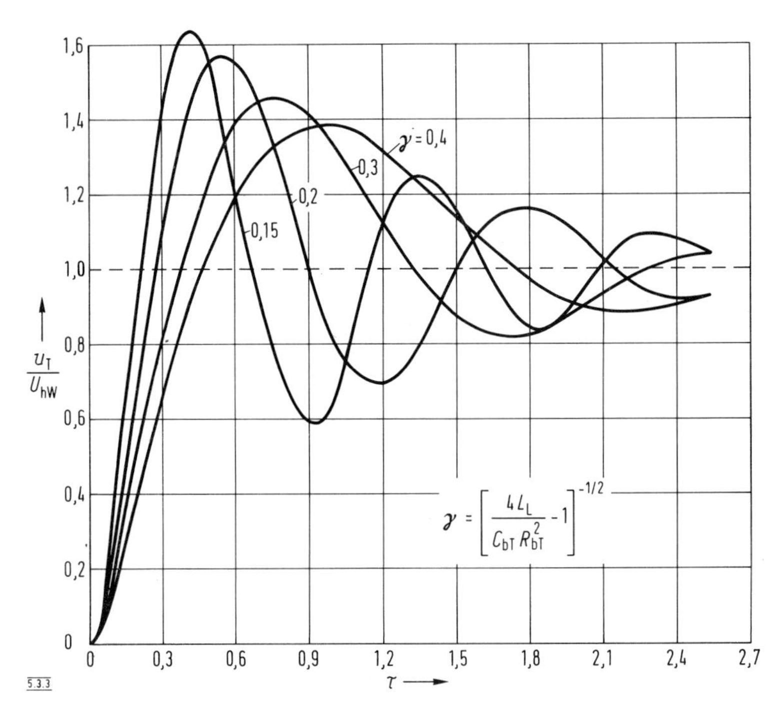

Bild 5.3.3 Einschwingen der am Triac liegenden wiederkehrenden Spannung in Abhängigkeit von der Beschaltung

Gl. (5.3.4) in Gl. (5.3.5) eingesetzt, ergibt

$$\frac{u_T}{U_{hw}} = 1 + e^{-dt}\left[\frac{d}{\omega_0}\left(1 - \frac{2}{b}\right)\sin(dt/\gamma) - \cos(dt/\gamma)\right]$$

und mit der bezogenen Veränderlichen $\tau = d \cdot t$

$$\frac{u_T(\tau)}{U_{hw}} = 1 + e^{-\tau}[\gamma(1 - 2/b)\sin(\tau/\gamma) - \cos(\tau/\gamma)]. \tag{5.3.6}$$

In **Bild 5.3.3** ist die Übergangsfunktion nach Gl. (5.3.6) für vier Dämpfungsmaße γ wiedergegeben. Von besonderer Bedeutung ist die maximale Anstiegsgeschwindigkeit

$$\frac{d}{U_{hw}}\frac{du_T(\tau)}{d\tau} = d\sqrt{4\left(1 - \frac{1}{b}\right)^2 + \left(\frac{1}{\gamma} - \gamma + \frac{2\gamma}{b}\right)^2}\, e^{-\tau}\cos\left(\frac{\tau}{\gamma} - \arctan\varphi_c\right) \tag{5.3.7}$$

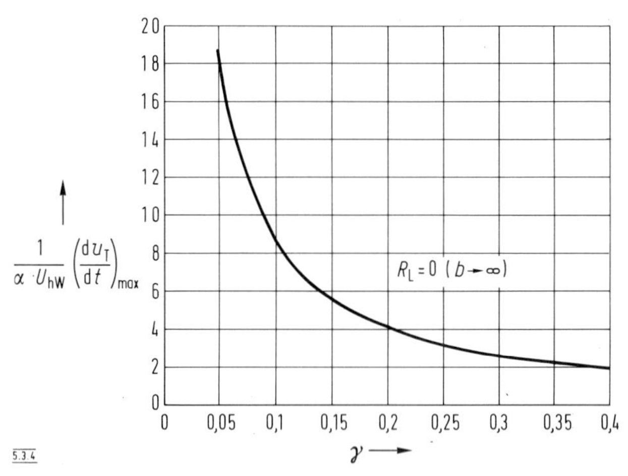

Bild 5.3.4 Maximale Anstiegsgeschwindigkeit der wiederkehrenden Spannung

$$\varphi_c = \frac{(1/\gamma) - \gamma + 2\gamma/b}{2(1 - 1/b)}. \tag{5.3.8}$$

Das Maximum liegt bei der verhältnismäßig schwachen Dämpfung von Gl. (5.3.7) bei

$$\tau_m = \gamma \arctan \varphi_c. \tag{5.3.9}$$

Gl. (5.3.9) in Gl. (5.3.7) eingesetzt, ergibt

$$S_{um} = \frac{1}{d \cdot U_{hw}} \left(\frac{du_T}{dt}\right)_{max} = \sqrt{4\left(1 - \frac{1}{b}\right)^2 + \left(\frac{1}{\gamma} - \gamma + \frac{2\gamma}{b}\right)^2}\ e^{-\tau_m}. \tag{5.3.10}$$

Die größte Steilheit ergibt sich bei rein induktiver Belastung $R_L = 0 (b \to \infty)$. Dafür ist mit $A = [(1/\gamma) - \gamma]/2$

$$S_{um} = 2\sqrt{1 + A^2}\ e^{-\gamma \arctan A} \tag{5.3.11}$$

$$\boxed{\left(\frac{du_T}{dt}\right)_{max} = 2d \cdot U_{hw} \sqrt{1 + A^2}\ e^{-\gamma \arctan A}}. \tag{5.3.12}$$

In **Bild 5.3.4** ist $S_{um} = [(du_T/dt)_{max}]/(d \cdot U_{hw})$ über dem Dämpfungsmaß γ aufgetragen. Im Bereich $\gamma < 0{,}15$ nimmt du_T/dt stark zu, außerdem tritt ein starkes

Überschwingen der Spannung auf; dieser Bereich ist deshalb möglichst zu vermeiden.
Bemessung des Beschaltungszweiges

$$S_{um} \cdot d \cdot U_{hw} = \left(\frac{du_T}{dt}\right)_{max} = \left(\frac{du_T}{dt}\right)_q \cdot K_{si}, \tag{5.3.13}$$

wenn K_{si} (z. B. = 0,4) der Sicherheitsfaktor ist. Wegen $R_{bT} = d \cdot 2L$ ist mit Gl. (5.3.13)

$$\boxed{R_{bT} = \left(\frac{du_T}{dt}\right)_q \frac{2L_L K_{si}}{S_{um} U_{hw}}}\ . \tag{5.3.14}$$

Der Beschaltungskondensator läßt sich bestimmen aus

$$\gamma = \frac{d}{\omega_r} = \frac{1}{\sqrt{\frac{\omega_{0r}^2}{d^2} - 1}} = \frac{1}{\sqrt{\frac{4L_L}{C_{bT} R_b^2} - 1}} \tag{5.3.15}$$

$$\boxed{C_{bT} = \frac{4L_L}{R_b^2} \frac{\gamma^2}{1+\gamma^2}}\ . \tag{5.3.16}$$

Die Einschwingzeit, innerhalb der das Ausgleichsglied in Gl. (5.3.6) auf weniger als 5% abklingt, ist

$$\boxed{t_{ein} = 3/d = 6L_L/R_{bT}}\ . \tag{5.3.17}$$

Das **Bild 5.3.5** zeigt für ein Beispiel, wie C_{bT} und R_{bT} von dem gewählten Dämpfungsmaß γ abhängen; außerdem sind das Überschwingverhältnis U_{hws}/U_{hw} und die Einschwingzeit t_{ein} angegeben.
Die durch das Beschaltungsglied begrenzte Spitzenspannung U_{hws} wird u. U. noch durch Störspannungsspitzen des Netzes vergrößert, so daß dann das in Bild 5.3.2a gestrichelt eingezeichnete Spannungsbegrenzungsglied Z notwendig wird. Hierfür kommen bei kleinen Leistungen die Gegeneinanderschaltung von zwei Zenerdioden oder ein Metalloxid-Varistor, bei großen Leistungen ungepolte Selen-Überspannungsdioden in Frage (Bemessung der Begrenzungsglieder nach Abschnitt 6.4.5.3). Die im Beschaltungswiderstand R_{bT} im ungünstigsten Fall ($\alpha = 180°$) umgesetzte Verlustleistung ist

$$P_{RbT} = \frac{U_h^2 R_{bT}}{R_{bT}^2 + 1/(\omega_{Nz} C_{bT})^2} \tag{5.3.18}$$

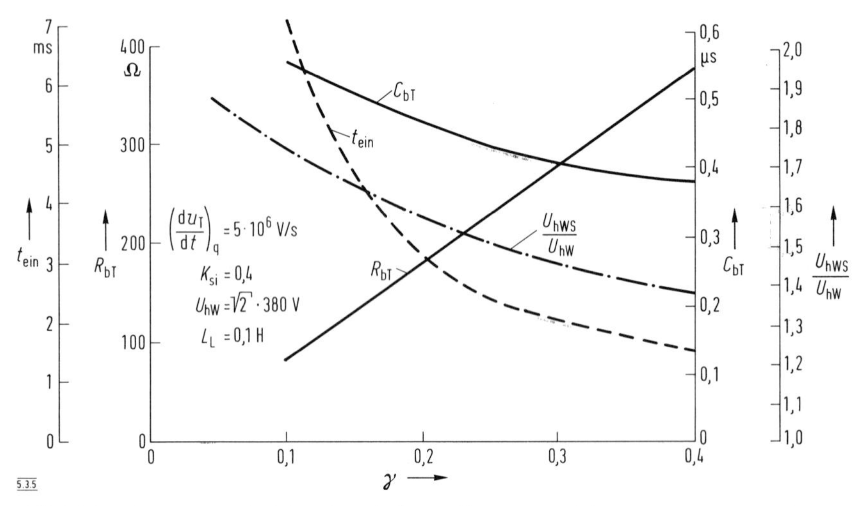

Bild 5.3.5 Bemessung der Triac-Beschaltung für ein Beispiel

R_{bT} ist zusätzlich darauf zu überprüfen, ob der Entladestromstoß des Beschaltungskondensators den für den Triac zulässigen Wert übersteigt. In einem solchen Fall muß ein größeres Dämpfungsmaß γ vorgegeben werden.
Die vorstehende Beschaltung sorgt auch dafür, daß beim Zuschalten der Netzspannung nicht die zulässige Spannungssteilheit überschritten wird.

5.3.1.3 Zündung des Triac

Die Leistungsanschlüsse des Triac sind ungepolt. Legt man die positiven Spannungsrichtungen von U_T und U_G nach **Bild 5.3.6a** fest, so ergeben sich in bezug auf die Zuordnung der Vorzeichen von U_T und U_G die in **Bild 5.3.6b** gezeigten vier Quadranten. Hiervon fällt der Quadrant II aus, da bei der Kombination $-U_T$, $+U_G$ zur Zündung ein hoher Gatestrom notwendig ist. Die Quadranten I und III werden benutzt, wenn der Triac über eine Wechselspannung gezündet werden soll, während eine Gleichspannungszündung die Quadranten III und IV in Anspruch nimmt.
Die einfachste Wechselspannungszündung zeigt **Bild 5.3.7a.** Beim Schließen des Schalters S wird der Triac gezündet, sobald I_G den Mindestzündstrom überschreitet. Für Antriebe findet ausschließlich die Gleichspannungszündung – das **Bild 5.3.7b** zeigt ein Beispiel – Anwendung. Das integrierte Impulssteuergerät Ig liefert Impulsserien von der Länge $180° - \alpha$, die bereits in Bild 5.2.33 dargestellt worden sind. Der Transistor T1 arbeitet als Leistungsverstärker. Der meist vorhandene Impulsübertrager wie auch die Zellenbeschaltung sind hier fortgelassen worden. Die Gleichspannungssteuerung benötigt eine zusätzliche Gleichspannungsversorgung, hat aber den Vorteil, daß sie von dem Last-Phasenwinkel, der sich ja bei der Motorbelastung laufend ändert, unabhängig ist.

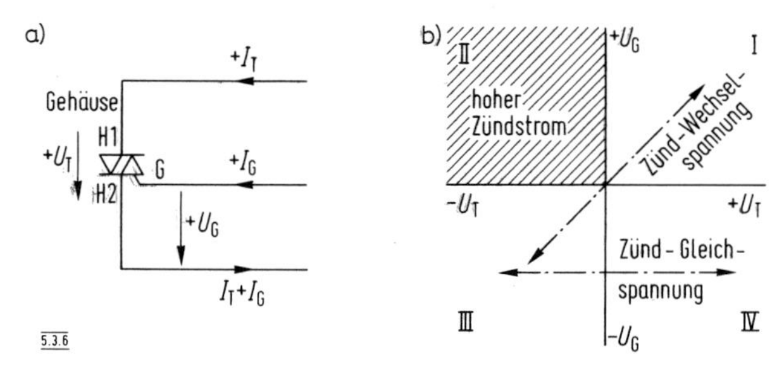

Bild 5.3.6 Zündbereiche des Triac

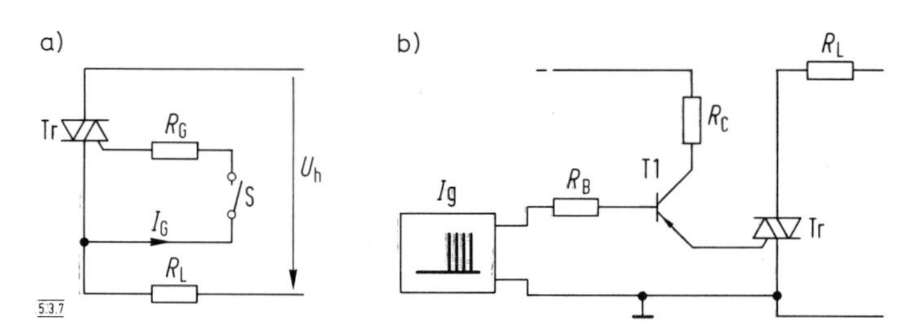

Bild 5.3.7 Triac mit
a) Wechselstromzündkreis
b) Gleichstromzündkreis

5.3.2 Rückwärtsleitender Thyristor (RLT)

Im Bereich selbstgeführter Wechselrichter (siehe Bild 7.2.6), gibt es Thyristorschaltungen, bei denen das Ventil entgegen Durchlaßrichtung nicht zu sperren braucht oder bei denen die Sperrfunktion durch die Gegenparallelschaltung einer Diode gänzlich aufgehoben werden muß. Allerdings beeinflußt die Diode das Ausschaltverhalten des schnellen Thyristors, da die kurze Freiwerdezeit eine Spannung in Sperrichtung von mindestens 50 V voraussetzt. Dieser Nachteil läßt sich dadurch beheben, daß die Diode mit einer geeigneten Zündverzögerung ausgestattet wird. Das **Bild 5.3.8a** zeigt die Gegenparallelschaltung von zwei diskreten Ventilen. Sie kommt nicht ohne Verbindungsleitungen aus, deren Induktivität den Kommutierungsvorgang zwischen Thyristor und Diode beeinflußt. Das **Bild 5.3.8c** zeigt den Stromübergang bei sinusförmigem Gesamtstrom *i*. In **Bild 5.3.8d** ist der Verlauf von u_T mit und ohne Schaltinduktivität wiedergegeben. Nachdem im Zeitpunkt t_1 der Thyristor gesperrt hat, kommutiert der Strom auf den Diodenzweig, dabei tritt die Spannung $u_L = L_{Lt}\,di/dt$ mit dem Anfangswert U_{TL} als Thyristorspannung auf. Bei t_2 geht sie bereits durch null, so daß nur die Schonzeit $t_H/2$ gegenüber der Schonzeit t_H für $L_{Lt} = 0$ zur Verfügung steht. Die Spannungsspitze U_{TD} wird durch die

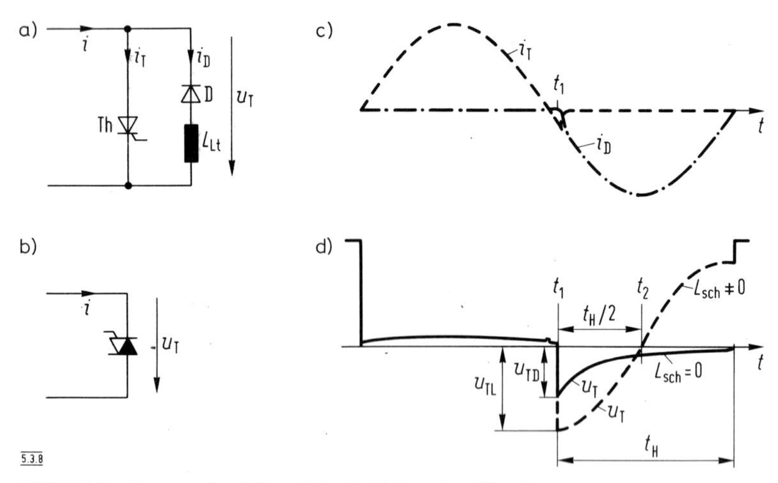

Bild 5.3.8 Sperrverlauf des rückwärtsleitenden Thyristors

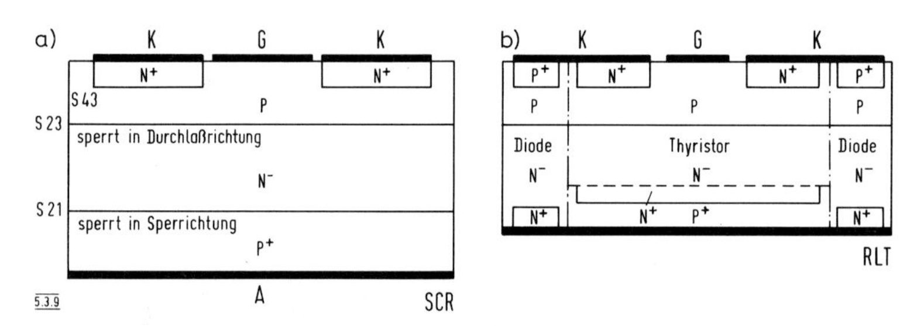

Bild 5.3.9 Kristallaufbau des
a) symmetrisch sperrenden Thyristors
b) des rückwärts leitenden Thyristors

Zündverzögerung der Diode gezielt verursacht. Die Induktivität L_{Lt} ist mit Sicherheit null, wenn die Diode mit dem Thyristor integriert wird.
In **Bild 5.3.9a** ist die Kristallstruktur eines symmetrisch sperrenden Thyristors (SCR) wiedergegeben. Da infolge der Gegenschaltung einer Diode der PN-Übergang S21 nicht benötigt wird (die Sperrspannung in Sperrichtung kann höchstens gleich der Durchlaßspannung der Diode sein), wird nach **Bild 5.3.9b** ein zusätzlicher Bereich N^+ eingeführt, der es erlaubt, den Bereich N^- dünner zu gestalten. Da außerdem die Dicke von P^+ herabgesetzt werden kann, läßt sich die Gesamtdicke reduzieren, was den Durchlaßspannungsabfall und die Freiwerdezeit herabsetzt. Die ringförmig ausgebildete Diode ist in Bild 5.3.9b eingezeichnet. Die strichpunktierten Geraden deuten Vorkehrungen an, die den Ladungsträgeraustausch zwischen Thyristor- und Diodenteil verhindern.

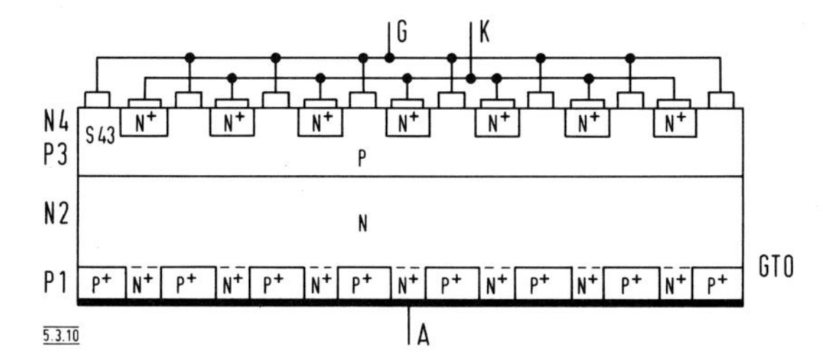

Bild 5.3.10 Kristallaufbau des Abschaltthyristors

Durch die Verkleinerung der Freiwerdezeit und die induktivitätsfreie, enge Kopplung von Thyristor und Diode läßt sich gegenüber dem SCR die Schaltfrequenz von 10 kHz auf 25 kHz heraufsetzen, so daß der Thyristor in den Frequenzbereich des Transistors eindringt und diesen im Bereich mittlerer und großer Leistungen ergänzt.
Die Ansteuerung RLT unterscheidet sich nicht von der des SCR. Während bei kleineren Leistungen die übliche RC-Beschaltung ausreicht, wird darüber die RCD-Beschaltung bevorzugt, die im nächsten Abschnitt behandelt wird.

5.3.3 Abschaltthyristor (GTO)

Der rückwärts leitende Thyristor verkleinert durch seine kleine Freiwerdezeit den Aufwand für die Löscheinrichtung. Beim Abschaltthyristor kann ganz auf zusätzliche Löschmittel verzichtet werden. Allerdings wird dieser Vorteil erkauft durch niedrigere Sperrspannung, niedrigeren zulässigen abschaltbaren Dauerstrom und geringeres Grenzlastintegral. Weiterhin werden höhere Anforderungen an die Thyristorbeschaltung und an den Impulsgenerator gestellt.

5.3.3.1 Wirkungsweise

Die Struktur eines Abschaltthyristors zeigt **Bild 5.3.10.** Sie unterscheidet sich von der eines normalen Thyristors zunächst durch die Unterteilung von Gate und Katode in viele schmale Streifen, von der Breite 0,1 bis 0,4 mm. Durch diese enge Verzahnung von beiden wird erreicht, daß der Gatestrom sich nahezu gleichzeitig auf die ganze Katodenfläche auswirkt, was vor allem für den Ausschaltevorgang wichtig ist. Natürlich wird hierdurch auch die Einschaltezeit verkürzt, so daß die $\mathrm{d}i_\mathrm{T}/\mathrm{d}t$-Grenze hoch liegt.
Nach Bild 5.3.10 ist der Bereich P1 durch N^+-Felder teilweise kurzgeschlossen. Diese Maßnahme, durch die der Thyristor seine Sperrfähigkeit in Sperrichtung verliert, hat die Aufgabe, den Stromfaktor α_A soweit herabzusetzen, daß – bei einem Laststrom größer als dem Einraststrom – die Summe $(\alpha_\mathrm{A} + \alpha_\mathrm{B})$ nur wenig größer als 1 ist. Wird in Gl. (5.2.4) der Leckstrom des PN-Überganges S 23 vernachlässigt, so ergibt sich

$$I_T = \frac{\alpha_K I_G}{(\alpha_A + \alpha_K) - 1} \quad (5.3.19)$$

mit dem Stromverhältnis

$$\beta = \frac{I_T}{I_G} = \frac{\alpha_K}{(\alpha_A + \alpha_K) - 1}\,. \quad (5.3.20)$$

Der Thyristor schaltet aus, sobald über einen negativen I_G-Impuls $\alpha_K < (1 - \alpha_A)$ gemacht wird. Die Ausschaltebedingung läßt sich praktisch mit $\beta_{aus} < 7$ erfüllen. Ein sicheres Ausschalten setzt steile und in der Amplitude möglichst über I_T/β_{aus} hinausgehende Löschimpulse voraus, um ein teilweises Sperren, verbunden mit der strommäßigen Überlastung der nachhinkenden Bereiche, zu vermeiden. Durch einen hohen Löschimpuls wird ein wesentlicher Teil des Laststromes über das Gate abgeführt und dadurch α_K auf kleine Werte gebracht.

5.3.3.2 Einschalten

Die hohe zulässige Stromsteilheit macht keine auf das Einschalten abgestimmte Maßnahme notwendig, zumal die mit Rücksicht auf das Ausschalten notwendige *RC*D-Beschaltung auch bei induktiver Belastung den Stromanstieg ausreichend verlangsamt.

Während beim symmetrisch sperrenden und beim rückwärts leitenden Thyristor im eingeschalteten Zustand – wegen $(\alpha_A + \alpha_K) \gg 1$ – die innere Schleifenverstärkung groß ist, so daß das Ventil schon bei kleinem Laststrom sicher leitend gehalten wird, liegen beim Schaltthyristor die Verhältnisse ungünstiger. Zunächst sind, der geringeren Schleifenverstärkung wegen, Einrast- und Haltestrom größer. Mit Erreichen des Haltestromes ist noch nicht sichergestellt, daß der Abschaltthyristor über den ganzen Querschnitt gleichmäßig durchgeschaltet ist, und auch nicht, daß sich nach Ende des Zündimpulses die stromführenden Zonen über den restlichen Querschnitt ausbreiten. Die volle Durchschaltung bei Haltestrom gewährleistet dagegen ein an den Zündimpuls anschließender Dauergatestrom in Höhe des oberen Zündstromes. Das Ventil bleibt dann auch durchgeschaltet, wenn der Laststrom unter den Haltestrom absinkt. Von Vorteil ist auch, daß der Dauergatestrom die Durchlaßspannung und damit die Durchlaßverluste merklich vermindert.

5.3.3.3 Ausschalten

Zum Ausschalten wird durch einen negativen impulsförmigen Gatestrom kurzzeitig ein so großer Teil des Laststromes über das Gate abgeleitet, daß $(\alpha_A + \alpha_K) < 1$ wird und – ausgehend von den unmittelbar an den Gatestreifen benachbarten Katodenbereichen – das Umklappen in den Sperrzustand über die Katodenstreifen läuft.

Die Abschaltung des über einen Wirkwiderstand R_L fließenden Stromes I_T zeigt **Bild 5.3.11.** Der mit der Steilheit von beispielsweise 10 A/µs ansteigende negative Lösch-

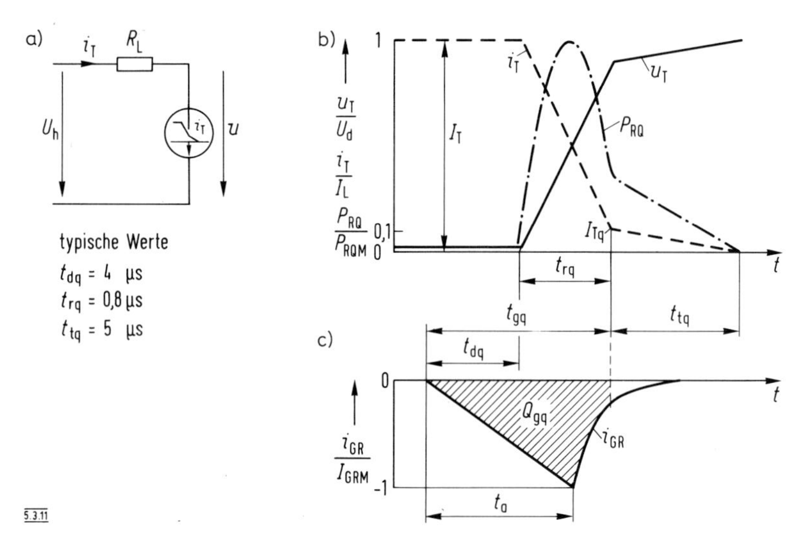

Bild 5.3.11 Sperrverlauf des Abschaltthyristors bei Wirkbelastung

Gatestrom i_{GR} läßt nach der Löschverzugszeit t_{dq} den Strom i_T in der Abschaltezeit t_{rq} sehr schnell bis auf einen Rest, den Schweifstrom I_{Tq}, abnehmen. Der Schweifstrom, er wird von den in den Bereichen N 2 und P 1 durch Rekombination sich ausgleichenden Ladungsträgern bestimmt, geht langsamer gegen null. Er läßt sich nicht durch den Gatestrom beeinflussen. Mit i_T ist auch die wiederkehrende Spannung festgelegt

$$u_T = U_h - i_T R_L .$$

Die Sperrverlustleistung ist $P_{RQ} = i_T \cdot u_T = i_T U_h - i_T^2 R_L$; sie ist in Bild 5.3.11 strichpunktiert eingezeichnet. Wegen des schnellen Anstiegs der wiederkehrenden Spannung ist sie verhältnismäßig groß.

Von praktischer Bedeutung ist die in **Bild 5.3.12a** angegebene Wirkbelastung mit einer mehr oder weniger großen induktiven Komponente. Wenn möglich, wird man die Last mit einer Freilaufdiode DL versehen, um hohe Abschaltüberspannungen zu vermeiden. Selbst dann bleibt die Leitungs- und Verdrahtungsinduktivität L_{Lt} übrig. Da unter dem Einfluß von L_{Lt} sich i_L in der kurzen Abschaltezeit nur wenig ändert, kann der Abschaltthyristor nur sperren, wenn ein Parallelzweig, z. B. mit dem Kondensator C_{bT}, geschaffen wird, in den der den Thyristorstrom i_T übersteigende Teil von i_L, somit $i_{bT} = i_L - i_T$, kommutieren kann. Die Ersatzschaltung besteht nach **Bild 5.3.12b** aus den beiden Konstantstromquellen und dem Kondensator. Nach Bild 5.3.12a enthält der Beschaltungszweig zur Begrenzung des Entladestromes beim Einschalten von Th einen Widerstand R_{bT}, der während des

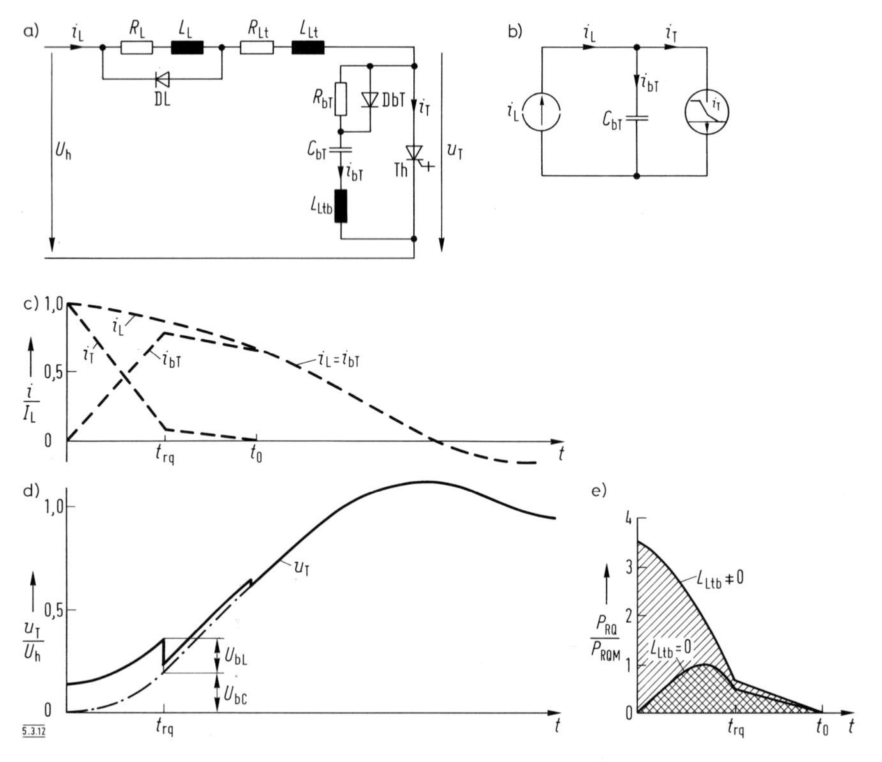

Bild 5.3.12 *RC*D-Beschaltung des Abschaltthyristors
a) Lastkreis
b) Stromersatzschaltung; Abschaltvorgang
c) Stromverlauf
d) wiederkehrende Spannung
e) Sperrverlustleistung mit und ohne Beschaltungsinduktivität

Ausschaltens von Th durch eine schnelle Diode DbT überbrückt wird. Dagegen ist die Leitungsinduktivität L_{Ltb} des Beschaltungskreises durchaus unerwünscht und muß durch geeignete Anordnung der Bauteile so klein wie möglich gemacht werden.

Die Kommutierung von i_L in den Beschaltungszweig ist in **Bild 5.3.12c** wiedergegeben. Die wiederkehrende Spannung für $L_{Ltb} = 0$ ist als strichpunktierter Verlauf aus dem Diagramm nach **Bild 5.3.12d** zu ersehen. Durch L_{Ltb} addiert sich im Ausschaltbereich eine Spannung hinzu

$$U_{bL} = L_{Ltb} \frac{di_{bT}}{dt} = \text{konst.}$$

In **Bild 5.3.12e** ist der zeitliche Verlauf der Ausschaltverlustleistung P_{QR} mit und ohne Induktivität L_{Ltb} wiedergegeben. Durch die angenommene Induktivität wird die Abschaltverlustenergie

$$E_{RQ} = \int_0^{t_0} u_T \cdot i_T \, dt \tag{5.3.21}$$

gegenüber den Verhältnissen beim induktivitätsfreien Beschaltungszweig etwa vervierfacht. Die Abschaltverlustenergie wird weiter durch die Einschaltverzögerung der Diode DbT vergrößert. Der Beschaltungszweig muß somit eine schnelle Diode, einen induktivitätsarmen Kondensator und kurze Verbindungsleitungen haben.

5.3.3.4 RCD-Beschaltung

Sowohl die RCD-Beschaltung wie auch die einfache RC-Beschaltung begrenzen die Abschaltüberspannung. Während aber bei der RCD-Beschaltung die wiederkehrende Spannung stetig ansteigt, tritt bei der RC-Beschaltung im Augenblick der Sperrung des Thyristorstromes ein Spannungssprung $I_{T0} \cdot R_{bT}$ (I_{T0} Abschaltstrom) auf, wie auch Bild 5.2.20 zeigt. Ein derartiger Sprung der wiederkehrenden Spannung ist beim Abschaltthyristor unzulässig.

Die wiederkehrende Spannung u_T soll für die Ausschaltung eines idealen Schalters (d.h. $i_T = 0$) bei einem Anfangsstrom I_{L0} anhand der Ersatzschaltung **Bild 5.3.13a** bestimmt werden. Der Beschaltungswiderstand R_{bT} kann als von der Diode DbT kurzgeschlossen fortgelassen werden. Wieder ist die Differentialgleichung des Schaltkreises

$$\frac{d^2 i_L}{dt^2} + 2d \frac{d i_L}{dt} + \omega_{0r}^2 i_L = 0.$$

Mit

$$d = R_{Lt}/(2L_{Lt}); \quad \omega_{0r} = 1/\sqrt{C_{bt} L_{Lt}}$$

und den Anfangsbedingungen

$$i_L(+0) = I_{L0}; \quad d i_L(+0)/dt = (U_h - I_{L0} R_{Lt})/L_{Lt}$$

lautet die Bildfunktion

$$i_L(p) = I_{L0} \frac{p}{(p+p_1)(p+p_2)} + \frac{U_h}{L_t} \frac{1}{(p+p_1)(p+p_2)} \tag{5.3.22}$$

$$p_{1,2} = d \mp j \sqrt{\omega_{0r}^2 - d^2} = d \mp j\omega_0. \tag{5.3.23}$$

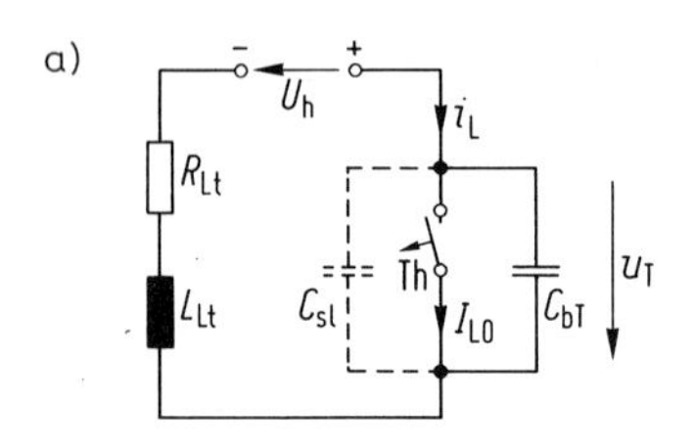

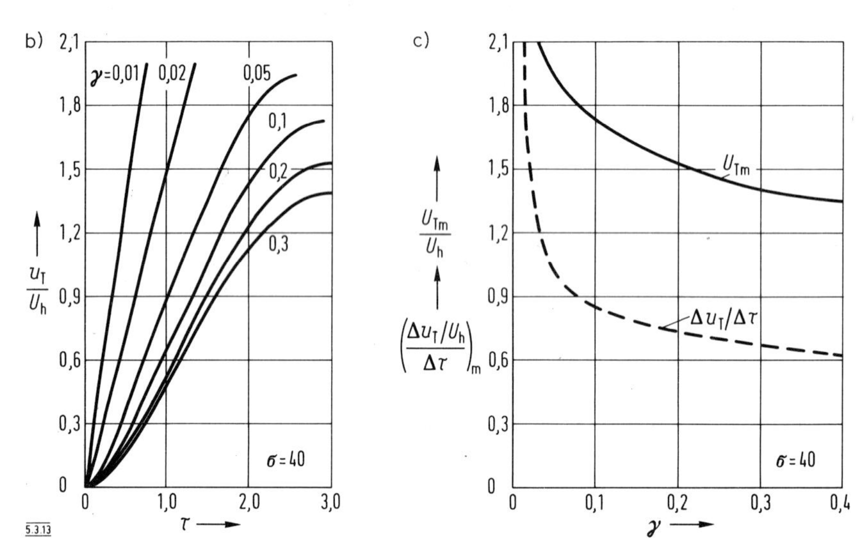

Bild 5.3.13 Abhängigkeit der wiederkehrenden Spannung von der Beschaltung

Mit dem Dämpfungsmaß $\gamma = d/\omega_0$, der Abkürzung $\sigma = 2\,U_h/(I_{L0}\,R_{Lt})$ und der bezogenen Veränderlichen $\tau = \omega_0\,t$ ist

$$i_L(\tau) = I_{L0}\,e^{-\gamma\tau}[\cos\tau - \gamma(1-\sigma)\sin\tau]. \qquad (5.3.24)$$

Die Spannung

$$u_T(\tau) = \frac{1}{\omega_0\,C_{bT}} \int i_L(\tau)\,d\tau + K \qquad (5.3.25)$$

ergibt mit Gl. (5.3.24)

$$\frac{u_T(\tau)}{U_h} = \left[-\cos\tau + \left(\frac{1}{\sigma\gamma} - \gamma \right) \sin\tau \right] e^{-\gamma\tau} + 1 \quad . \qquad (5.3.26)$$

Gl. (5.3.26) gilt, bis bei $\tau_0 = \arctan[1/(\gamma(1-\sigma))] + \pi$ der Strom $i_L(\tau)$ durch null geht und die in Bild 3.5.12a angegebene Diode DbT sperrt, wodurch der große Beschaltungswiderstand R_{bT} eingeschaltet wird. In **Bild 5.3.13b** sind die Kennlinien im gültigen Bereich von Gl. (5.3.26) wiedergegeben. In **Bild 5.3.13c** ist die aus Bild 5.3.13b zu entnehmende maximale Steigung $[(\Delta u_T/\Delta\tau)/U_h]_m$ in Abhängigkeit vom Dämpfungsmaß γ aufgetragen. Werden die Übergangsfunktionen von Bild 5.3.13b durch Geraden mit der Steigung nach **Bild 5.1.13c** angenähert, so läßt sich, wenn t_{au} die gewünschte Anstiegszeit der Spannung u_T von 0 bis U_h ist, schreiben

$$\frac{\Delta u_T}{\Delta t} = \frac{U_h}{t_{au}} = \left(\frac{\Delta u_T/U_h}{\Delta\tau} \right)_m \frac{U_h}{\sqrt{L_{Lt} C_{bT}}}$$

und daraus

$$C_{bT} = \frac{t_{au}^2}{L_{Lt}} \left(\frac{\Delta u_T/U_h}{\Delta\tau} \right)_m^2 \quad . \qquad (5.3.27)$$

Die maximale Spannung U_{Tm} ergibt sich aus Gl. (5.3.26) zu

$$\frac{U_{Tm}}{U_h} = \sqrt{1 + \left(\frac{1}{\sigma\gamma} - \gamma \right)^2} \, e^{-\gamma\tau_0} \quad . \qquad (5.3.28)$$

Dabei kann wegen der geringen Dämpfung des Systems

$$\gamma \approx \frac{d}{\omega_{0r}} = \frac{R_{Lt}}{2} \sqrt{\frac{C_{bT}}{L_{Lt}}} \qquad (5.3.29)$$

gesetzt werden. Die maximale Spannung U_{Tm} ist in Bild 5.3.13c in Abhängigkeit vom Dämpfungsmaß γ aufgetragen.

Die Bemessung des Entladewiderstandes R_{bT} ist nach unten durch den Entladestrom beim Wiedereinschalten des Thyristors und nach oben durch die Entladezeit begrenzt. Die Entladezeit muß genügend unter der minimalen Einschaltezeit liegen, um sicherzustellen, daß der Kondensator vor der folgenden Ausschaltung des Thyristors vollständig entladen ist.

Die vorstehende Berechnung geht insofern von vereinfachenden Annahmen aus, als der Thyristor Th eben kein idealer Schalter ist, weil der Strom i_T nicht plötzlich unterbrochen wird, sondern nach Bild 5.3.11 stetig gegen null geht. Der Fehler liegt aber auf der sicheren Seite, so daß die tatsächliche Anstiegsgeschwindigkeit und der tatsächliche Maximalwert der wiederkehrenden Spannung etwas kleiner als berechnet sind.

5.3.3.5 Ansteuerung

Ein Teil der Einsparungen, die durch den Wegfall der Löscheinrichtungen möglich sind, werden durch den aufwendigeren Steuergenerator kompensiert. Die Einschaltebedingung unterscheidet sich wenig von der eines normalen Thyristors; sie soll deshalb hier nicht noch einmal betrachtet werden. Eine Besonderheit ist nur der mitunter zweckmäßige Gate-Dauerstrom in der Durchlaßphase. Er macht in bezug auf die Generator- und Übertragungsglieder Überlegungen notwendig, wie sie bei Langimpulsen angestellt werden.

Der die Ausschaltung bewirkende Rückwärts-Steuerstrom I_{RGM} ist wesentlich größer als der obere Zündstrom I_{GT}. Bei einem Abschaltthyristor mit dem periodisch abschaltbaren Durchlaßstrom $I_{TQRM} = 90$ A und der positiven periodischen Spitzenspannung $U_{DRM} = 1200$ V ist $I_{GT} = 0{,}4$ A; $I_{RGM} = 28$ A und somit $I_{RGM}/I_{GT} = 70$. Die Abschaltladung

$$Q_{gq} = \int_0^{t_{gq}} i_{GR}\,dt = 10^2\,\mu As$$

ist immer noch klein gegenüber dem Schalt-Stromzeitintegral

$$Q_T = I_{TQRM}/f_p = 90\,A/10\,000\,s = 9 \cdot 10^3\,\mu As$$

mit $Q_T/Q_{gq} = 90$. Bei niedrigerer Pulsfrequenz ist dieses Verhältnis entsprechend größer.

Das **Bild 5.3.14** zeigt den einfachsten Impulsgenerator ohne Potentialtrennung. Die Leerlaufspannung U_{RI} soll in der Größenordnung der zulässigen Sperrspannung des PN-Übergangs S 43 (U_{RGM}) liegen. Weiterhin muß die Steilheit des Gatestromes $-di_G/dt$ so groß sein, daß nach Ablauf des Löschverzuges t_{dq} der Gatestrom i_{GR} seinem Maximalwert nahe gekommen ist.

Das macht Stromsteilheiten von $|di_G/dt| > 10$ A/µs erforderlich. Trotzdem muß der Gatekreis eine kleine Induktivität L_R enthalten, die dafür sorgt, daß der Löschgatestrom einen genügend flach abfallenden Ast hat, so daß der Sperrzustand des PN-Übergangs S43 innerhalb der Löschzeit t_{rq} erhalten bleibt.

5.4 Bipolare Leistungstransistoren

Der Transistor war der erste steuerbare Halbleiter, der zunächst auf Germaniumbasis, später in Siliziumausführung als Klein-Signalverstärker die Elektronenröhre

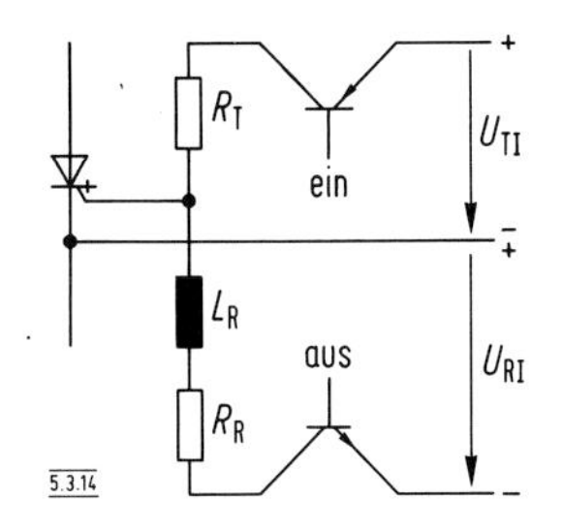

Bild 5.3.14 Impulsleistungsstufe für einen Abschaltthyristor

ablöste. Die Entwicklungsanstrengungen der 50er Jahre hatten die Überwindung der Unvollkommenheiten des Transistors, vor allem die geringe Spannungsfestigkeit und die Temperaturabhängigkeit der Betriebsparameter, zum Gegenstand. Als Leistungstransistor fand er in erster Linie in der Unterhaltungselektronik Anwendung. Der Leistungsbedarf industrieller Stellglieder ist in der Regel so groß, daß der Transistor im Schaltbetrieb arbeiten muß; damit stand er von Anfang an in Konkurrenz mit dem als Schalter konzipierten Thyristor, der mit unvergleichlich größerer Schaltleistung gebaut werden kann.
Es lassen sich, je nach Dotierung, PNP- und NPN-Transistoren bis zu mittleren Schaltleistungen ausführen. Darüber hinaus stehen nur NPN-Transistoren zur Verfügung. Das ist bedauerlich, da sich mit zwei komplementären Transistorgruppen das Leistungsstellglied von Vierquadrantenantrieben sehr vereinfachen ließe.

5.4.1 Wirkungsweise und Aufbau

Das **Bild 5.4.1** zeigt die Schichtenfolge eines PNP-Transistors. Bei der angegebenen Polarität der außen angelegten Spannung ist der PN-Übergang S 21 in Durchlaßrichtung und S 23 in Sperrichtung gepolt. Die Basisschicht N 2 ist dünn, so daß, wie in **Bild 5.4.1b** gezeigt, der Löcherstrom I_E zum überwiegenden Teil durch die Basisschicht hindurch diffundiert und unter dem Einfluß des am PN-Übergang S 23 liegenden Potentials in die Kollektorschicht gelangt. Der als Steuergröße wirkende Basisstrom I_B setzt sich aus drei Komponenten zusammen:

- Der Elektronenstrom I_{BE} diffundiert nach P 1, denn S 21 ist in Durchlaßrichtung gepolt, wo sich die Elektronen mit einem Teil des Löschstromes vereinigen (rekombinieren);
- I_{BB} dient zur Rekombination des Teils $(1-\alpha)I_E$ des Hauptlöcherstromes I_E;
- I_{BC} ist der Sperrstrom des PN-Übergangs S 23.

Wird I_{BE} vernachlässigt, so gelten die Stromgleichungen für

P 3: $$I_c = \alpha I_E + I_{BC} \quad (5.4.1)$$

N 2: $$I_B = (1-\alpha) I_E - I_{BC}. \quad (5.4.2)$$

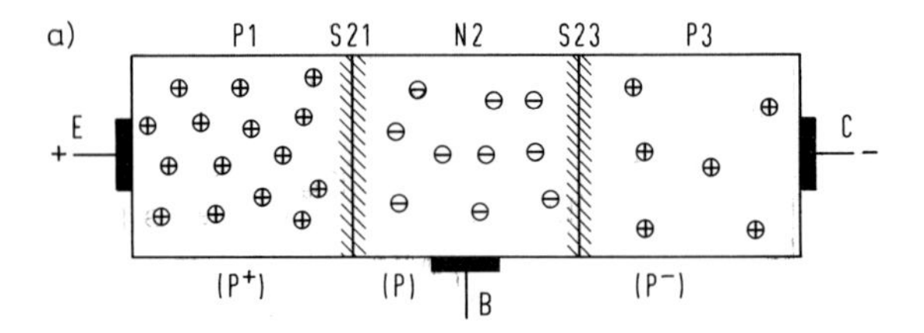

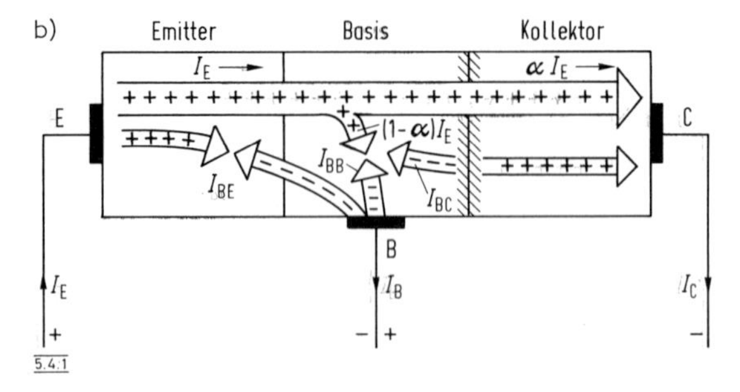

Bild 5.4.1 Bipolarer Transistor
a) Dotierung und PN-Übergänge
b) Elektronen- und Löcherströme

Gl. (5.4.2) in Gl. (5.4.1) eingesetzt, ergibt

$$I_c = I_B \frac{\alpha}{1-\alpha} + \frac{1}{1-\alpha} I_{BC}.$$

Für $I_B \gg I_{BC}$ läßt sich das zweite Glied gegen das erste vernachlässigen, und die Stromverstärkung ist mit

$$\beta = \frac{\Delta I_c}{\Delta I_B} = \frac{\alpha}{1-\alpha} \tag{5.4.3}$$

um so größer, je mehr sich α dem Wert 1 nähert.
Das **Bild 5.4.2** zeigt den Aufbau eines Leistungstransistors. Die Basis ist entsprechend dem Fingergate eines Thyristors ausgebildet. Die Stärke von P2 unter den Emitterbereichen h_B bestimmt die Stromverstärkung β und die Grenzfrequenz. Sollen beide hoch sein, so ist h_B klein zu wählen (z. B. 10 µm). Bei Hochspannungstransistoren ($U_{CE} > 100$ V) erhöht sich damit aber die Gefahr des Durchbruchs zweiter Art. Darunter versteht man einen thermischen Durchbruch unter den Rändern der Emitterbereiche bereits vor Erreichen des über den ganzen Transistorquerschnitt gemittelten Grenzstromes. Er kommt dadurch zustande, daß an diesen

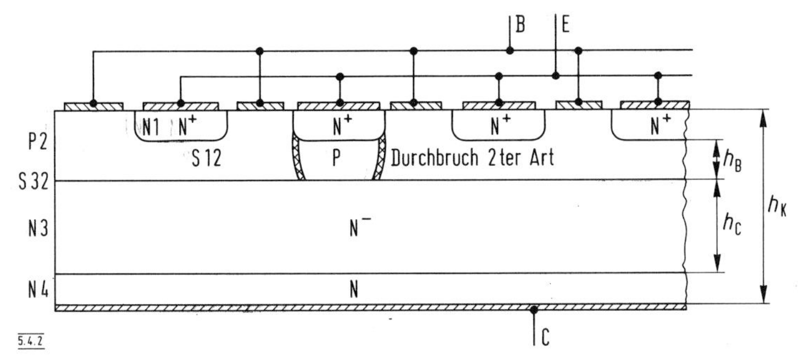

Bild 5.4.2 Kristallaufbau und Anordnung der Elektroden eines bipolaren Leistungstransistors

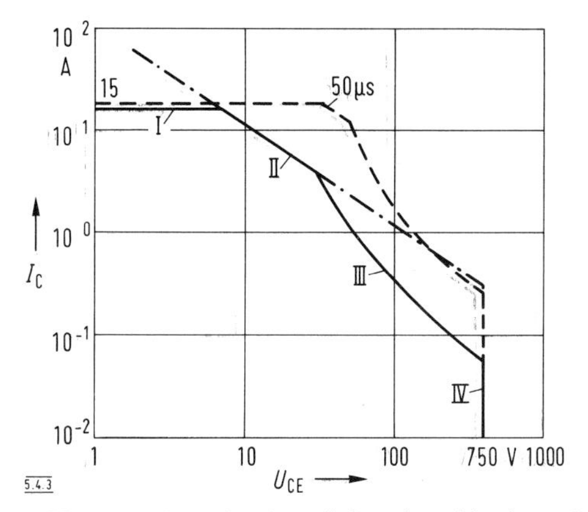

Bild 5.4.3 Grenzlastkennlinien eines bipolaren Leistungstransistors für Dauer- und Kurzzeitbetrieb

Stellen – infolge einer Feldkonzentration – die Stromdichte größer wird und diese durch zunehmende Verlustwärme und entsprechende Temperaturerhöhung auf immer größere Werte ansteigt.

Die Stärke h_c des Bereiches N3 wird durch die Sperrspannung U_{CEm} bestimmt. Allerdings nehmen mit h_c (z.B. 100 µm) auch die Sättigungsspannung und damit auch die Verluste des durchgeschalteten Transistors zu. Die Schicht N4 ist niederohmig, ihr kommt als Übergang zu der Kollektorelektrode nur eine untergeordnete Bedeutung zu.

Den zulässigen Betriebsbereich eines Leistungstransistors zeigt **Bild 5.4.3.** Im I_c-U_{CE}-Diagramm wird der Grenzbereich I durch den maximalen Kollektorstrom (begrenzt durch die Kontaktierung) bestimmt. Die im Kristall zulässige Verlustleistung – sie stellt sich in der logarithmischen Darstellung als strichpunktierte Gerade dar – legt den Bereich II fest. Wird diese Grenze überschritten, so setzt der

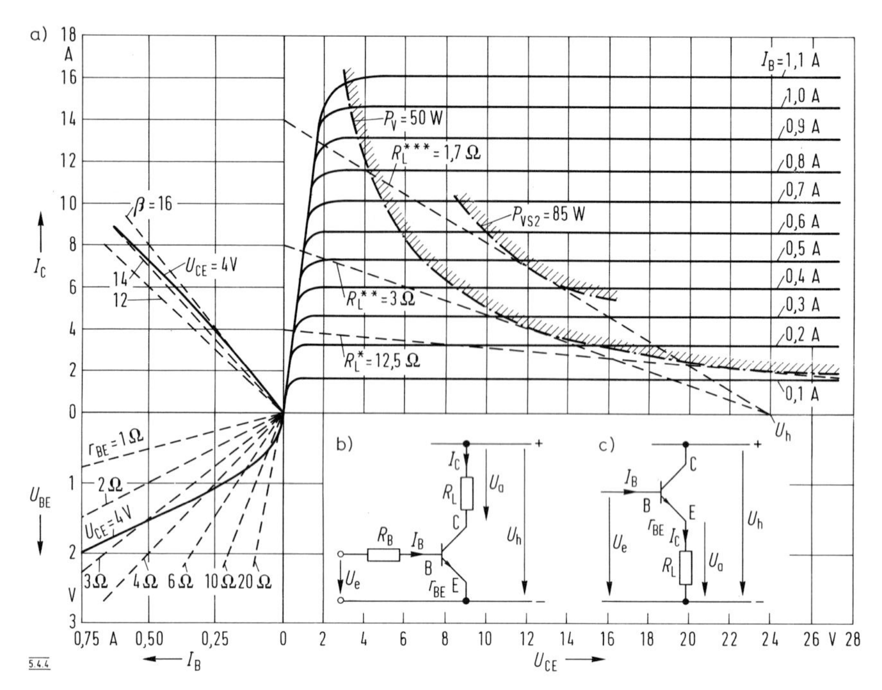

Bild 5.4.4
a) Betriebskennlinien und Lastgeraden eines bipolaren Leistungstransistors
b) Emitterschaltung
c) Kollektorschaltung

Durchbruch erster Art (Lawinendurchbruch) ein. Die mittlere Verlustleistung muß im Bereich III – wegen der Gefahr des Durchbruchs zweiter Art – zurückgenommen werden. Daran schließt sich, durch die Spannungsfestigkeit des Transistors bestimmt, die Grenze IV an. Die voll ausgezogene Grenze gilt für stetige Aussteuerung. Sie begrenzt die Dauerlast, wenn der äußere thermische Widerstand, den in erster Linie der Kühlkörper bestimmt, entsprechend klein ist. Wie die in Bild 5.4.3 gestrichelt gezeichnete Grenzkurve zeigt, läßt sich im Schaltbetrieb der Transistor erheblich höher belasten; allerdings ist dafür Sorge zu tragen, daß die Durchsteuerzeit – im vorliegenden Fall 50 µs – nicht überstiegen wird.

5.4.2 Stetige Aussteuerung

Stetig gesteuerte Transistor-Stellglieder beschränken sich auf Ausgangsleistungen von einigen 100 W. Darüber lohnt sich der höhere Schaltungsaufwand beim Schaltbetrieb des Transistors gegenüber den hohen Transistorverlusten bei Teilaussteuerung. In dem Maße, wie sich der Aufwand für die Schaltsteuerung durch

integrierte Elemente vermindert, wird der Leistungsbereich des stetigen Stellgliedes eingeengt werden.
Wenn sich die dynamischen Anforderungen an den Transistor im stetigen Betrieb in Grenzen halten, finden bevorzugt Darlington-Leistungstransistoren (siehe Abschnitt 5.4.3.3) Anwendung. In **Bild 5.4.4a** ist das Kennlinienfeld eines Einzeltransistors wiedergegeben. Bei dem hier vorliegenden Niederspannungstransistor ist der Durchbruch zweiter Art nicht zu befürchten, so daß die Bemessung nach der zulässigen Verlustleistung erfolgen kann. Die Diagramme gelten für die in **Bild 5.4.4b** gezeigte Emitterschaltung mit Widerstandslast (R_L). Diese Schaltung zeichnet sich durch hohe Stromverstärkung β aus, besitzt aber einen niedrigen Eingangswiderstand r_{BE}, der sich zudem über den Aussteuerbereich in weiten Grenzen ändert. Um den Änderungsbereich einzugrenzen, wird meist ein Vorwiderstand R_B vorgesehen.
In **Bild 5.4.4c** ist die häufig bei Leistungstransistoren angewendete Kollektorschaltung angegeben. Sie zeichnet sich vor allem durch einen hohen Eingangswiderstand R_e aus, so daß sich ein Vorwiderstand erübrigt. Zum Vergleich sind in folgender **Tabelle 5.4.1** die Näherungsgleichungen für die Leistungsverstärkung $V_p = P_a/P_e$, die Spannungsverstärkung $V_U = U_a/U_e$ und der Eingangswiderstand angegeben.

	Emitterschaltung	Kollektorschaltung
$V_p =$	$\beta^2 R_L/(R_B + r_{BE})$	$\beta^2/(\beta + r_{BE}/R_L)$
$V_U =$	$\beta R_L/(R_B + r_{BE})$	$1/(1 + r_{BE}/(\beta R_L))$
$R_e =$	$R_B + r_{BE}$	$r_{BE} + \beta R_L$

Tabelle 5.4.1: Leistungsverstärkung, Spannungsverstärkung, Eingangswiderstand der Transistor-Grundschaltungen

Bei stetigen Transistor-Stellgliedern ist es oft notwendig, mehrere Transistoren parallel zu schalten. Eine gleichmäßige Stromaufteilung trotz der Exemplarstreuung läßt sich dadurch erreichen, daß jedem Transistor ein Emitterwiderstand nachgeschaltet wird.
In dem I_c-U_{BE}-Diagramm von Bild 5.4.4a stellt sich die zulässige Verlustleistung P_v als Hyperbel dar. Die Widerstandsgerade darf höchstens die Verlusthyperbel tangieren. $R_L^* = 12{,}5\,\Omega$ ist bei $U_h = 50$ V und $R_L^{**} = 3\,\Omega$ ist bei $U_h = 24$ V zu wählen. Liegt eindeutig Kurzzeitbetrieb S 2 vor, so kann die Grenzverlustleistung auf P_{vS2} vergrößert und der Lastwiderstand auf R_L^{***} verkleinert werden.

5.4.3 Schaltbetrieb

Die Vorteile des Schaltbetriebes lassen sich nur bei genügend hoher Schaltfrequenz von mehr als 10 kHz ausnutzen. Eine so hohe Schaltfrequenz setzt genügend kleine Schaltverluste und niedrige Einschalt- und Ausschaltzeiten voraus.

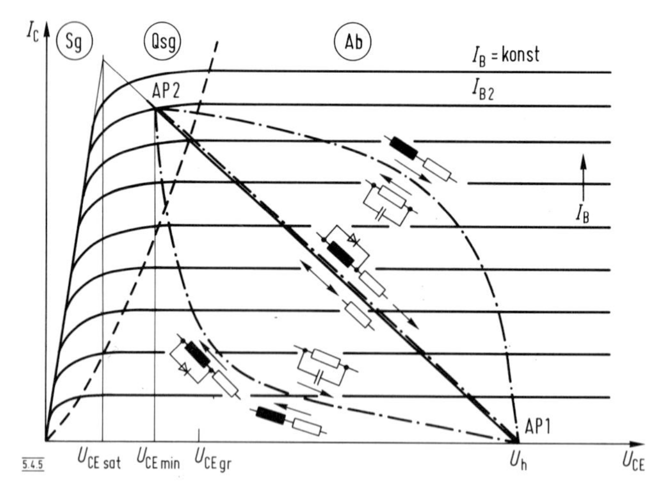

Bild 5.4.5 Lastkennlinien für Ein- und Ausschalten bei unterschiedlichen Belastungsarten

5.4.3.1 Steuerbereich

Das gesamte I_c-U_{CE}-Kennlinienfeld läßt sich in die in **Bild 5.4.5** angegebenen Bereiche: Ab = Arbeitsbereich, Qsg = Quasisättigungsbereich, Sg = Sättigungsbereich unterteilen. Im Bereich Ab ist der Transistor eine durch I_B gesteuerte Konstantstromquelle, deren hoher Innenwiderstand bewirkt, daß I_c annähernd unabhängig von U_{CE} ist. Die Lage des in Bild 5.4.2 mit S32 bezeichneten, in Sperrichtung beaufschlagten PN-Übergangs ist konstant. Dagegen weitet sich bei weiterer Durchsteuerung infolge der kleinen Kollektor-Emitterspannung die Basisschicht durch die Injizierung von Löchern in den N^--Bereich aus. Damit verliert der Transistor seinen Charakter als Konstantstromquelle; er befindet sich im Bereich der Quasisättigung (Qsg), sein Innenwiderstand nimmt ab. Schließlich ist an der Sg-Grenze der N^--Bereich ganz mit Löchern überschwemmt. Der Innenwiderstand und U_E nehmen sehr kleine Werte an. Der in Bild 5.4.5 mit AP2 bezeichnete Arbeitspunkt des leitenden Transistors muß nun innerhalb des Qsg-Bereiches liegen, da an der Sg-Grenze die Ausschaltezeit so hohe Werte annimmt, daß bei hoher Schaltfrequenz der Transistor nicht mehr in Sperrung geht.
In Bild 5.4.5 sind die Übergänge zwischen AP1 (des gesperrten Transistors, bestimmt durch U_h) und AP2 für verschiedene Belastungsarten eingezeichnet. Die höchste Belastung stellt die Aufsteuerung (AP1 → AP2) bei kapazitiver Lastkomponente und die Absteuerung (AP2 → AP1) bei induktiver Lastkomponente dar, während die Blindkomponenten in entgegengesetzter Wirkungsrichtung eine Entlastung des Transistors bringen. Von besonderer praktischer Bedeutung ist die Last mit induktiver Komponente. Durch eine Freilaufdiode über die Induktivität läßt sich die Absteuerung auf die mit Wirklast zurückführen, während die Aufsteuerung durch die Freilaufdiode nicht beeinflußt wird.

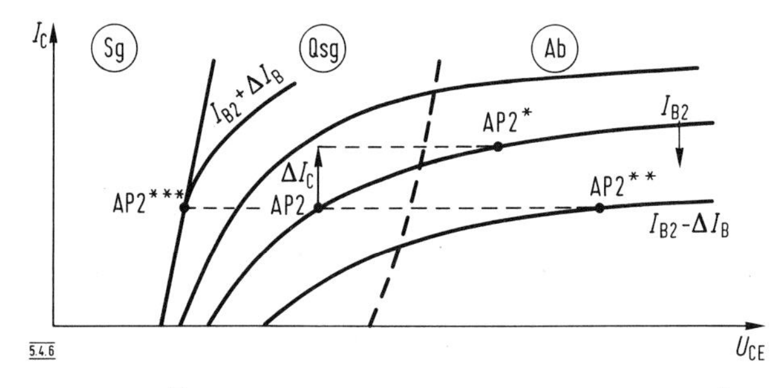

Bild 5.4.6 Änderung des Sättigungszustandes bei kleinen Änderungen des Kollektorstromes oder des Basisstromes

Zum Unterschied gegenüber dem Thyristor muß beim Transistor der Arbeitspunkt AP 2 über I_B im Qsg-Bereich gehalten werden und darf nicht im Sättigungsbereich liegen. In **Bild 5.4.6** ist das Umfeld von AP 2 groß herausgezeichnet. Zunächst wird angenommen, daß der Kollektorstrom um ΔI_c bei unverändertem Basisstrom ansteigt. Der Arbeitspunkt wandert nach AP 2*, d. h., der Transistor wird entsättigt. Das gleiche ist der Fall, wenn I_c konstant bleibt, aber I_B um ΔI_B abnimmt und sich dadurch der Arbeitspunkt nach AP 2** verschiebt. Wird dagegen I_B bei unverändertem I_c um ΔI_B vergrößert, so wandert der Arbeitspunkt an die Sättigungsgrenze nach AP 2***. Von diesen drei Fehlsteuerungen vergrößert die letzte nur die Ausschaltezeit, während die beiden ersten – wegen der Entsättigung und der damit verbundenen Vergrößerung der Durchlaßverluste – eine ernste Gefährdung des Transistors darstellen. Der Basisstrom muß somit möglichst genau dem Kollektorstrom nachgeführt werden.

5.4.3.2 Schaltkreisbeschaltung

Für Antriebe wird der Leistungstransistor ohmsch-induktiv mit und ohne Gegenspannung belastet, dabei ändert sich der Laststrom schnell in weiten Grenzen. Bei dieser Aufgabenstellung sind – nach **Bild 5.4.7a** – eine Reihe Schaltmaßnahmen zu treffen, um eine Anpassung des Basisstromes an die Belastung zu gewährleisten und eine thermische oder spannungsmäßige Überlastung des Transistors zu vermeiden.

Ist U_{Tr} die Ausgangsspannung des Treibers, so wird bei einem Spannungssprung mit der eingezeichneten Polarität ein positiver Basisstrom, der über C_B an den Dioden DB vorbeifließt, der Transistor leitend schalten. Nachdem C_B aufgeladen ist, wird die treibende Spannung um U_{DB} und, nachdem I_c angesprungen ist, zusätzlich um U_{DE} zurückgenommen. Die anfängliche Übersteuerung der Basis verkürzt die Einschaltezeit. Zur Sperrung wird U_{Tr} auf null geschaltet, und die Spannung $-(U_{DE} + U_{DB})$ sorgt für einen negativen Basisstrom, der TL sperrt. Die Diode Df führt den Basisstrom entsprechend I_c nach. Hierfür ist die Spannungsgleichung maßgeblich

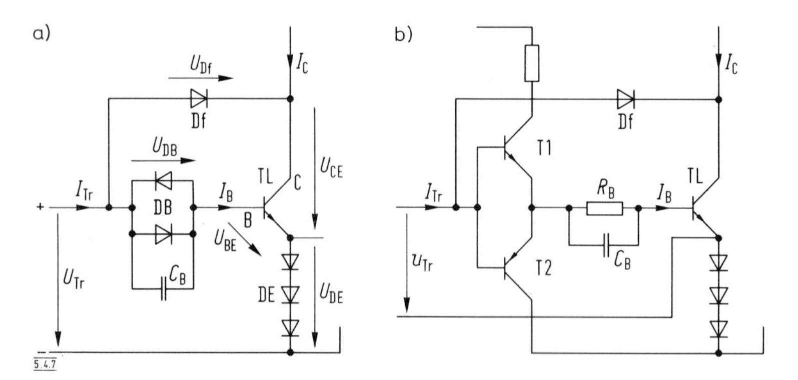

Bild 5.4.7 Schalttransistor-Endstufe mit Basisstromnachführung

$$U_{DB} + U_{BE} - U_{Df} - U_{CE\,min} = 0. \tag{5.4.4}$$

Da die ersten drei Diodenspannungen von den Strömen wenig abhängen, ist

$$U_{CE\,min} = U_{DB} + U_{BE} - U_{Df} \approx \text{konst.} \tag{5.4.5}$$

Bei zu großem Basisstrom hat U_{CE} die Tendenz nach $U_{CE\,sat}$ – siehe Bild 5.4.5. Dadurch öffnet Df, und ein Teil des Stromes I_{Tr} wird an der Basis vorbei in den Kollektorkreis abgeleitet. Der Treiberstrom I_{Tr} muß für den ungünstigsten Fall, d. h. für $I_{C\,max}$, bemessen werden. Die Anpassung des Basisstromes an durch innere oder äußere Fehler hervorgerufene Über-Kollektorströme ist deshalb nicht möglich, vielmehr muß dem Überstrom mit einer sofortigen Sperrung des Leistungstransistors begegnet werden. Eine genauere und schnellere Nachführung des Basisstromes ist mit der Schaltung – nach **Bild 5.4.7b** – möglich. Der positive Basisstrom wird über T1, der negative über T2 eingeschaltet.
Ein vollständiger Lastkreis, bestehend aus dem Schalttransistor und dem Gleichstrommotor, ist in **Bild 5.4.8** wiedergegeben. Das Schaltglied und der Motor sind über die Freilaufdiode DL in der Sperrphase von TL entkoppelt, um die Welligkeit von I_L kleinzuhalten und nicht beherrschbare, durch die große Induktivität L_L hervorgerufene Ausschaltüberspannungen zu vermeiden. Durch die kleine Induktivität L_{bg} erfolgt eine Begrenzung der Stromanstiegsgeschwindigkeit, um die Einschaltverluste klein zu halten. Sie muß, um Ausschaltüberspannungen zu vermeiden, durch eine eigene Freilaufdiode überbrückt werden. Schließlich ist noch eine die Ausschaltverluste verkleinernde *RC*D-Beschaltung vorhanden.
Im folgenden soll der Ein- und Ausschaltevorgang bei einer periodischen Pulsung des Leistungstransistors TL betrachtet werden. Durch die Freilaufdiode DL und die Lastinduktivität L_L fließt in den Ausschaltebereichen der Laststrom weiter, indem der induktive Energiespeicher bei ausgeschaltetem TL die Antriebsleistung liefert. Er wird in den Einschaltbereichen wieder über TL aufgeladen.

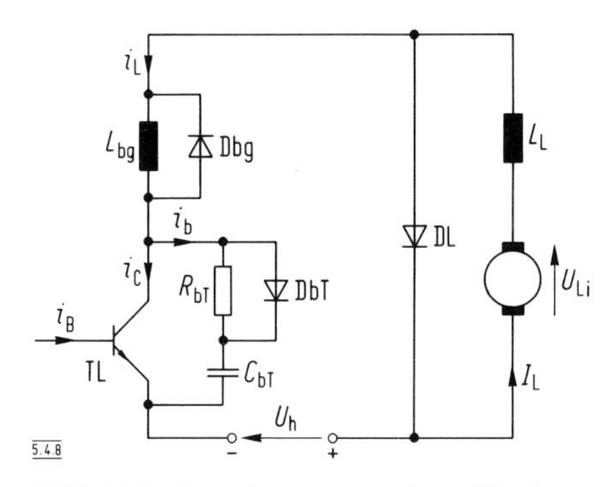

Bild 5.4.8 Impulssteuerung eines Gleichstrommotors mit Transistorbeschaltung und Freilaufdiode

5.4.3.3 Einschaltvorgang

Durch die mit I_L vorgestromte Diode DL ist der Lastzweig zu Beginn des Einschaltvorganges für den Transistor TL kurzgeschlossen, und i_C würde ohne L_{bg} auf den Wert von I_L springen; danach geht DL in Sperrung, und das normale Lastverhältnis ist wieder hergestellt. Das setzt einen entsprechend schnellen Anstieg von i_B voraus. Ist der Basisstromanstieg weniger steil, so fällt u_{BC} zu langsam auf $U_{CE\,min}$ – siehe Bild 5.4.5 – ab, und die Einschaltverluste sind entsprechend hoch. Das läßt sich durch schnelleren Basisstromanstieg oder/und langsameren Kollektorstromanstieg erreichen. Der Beschleunigung des Basisstromes ist der Vorzug zu geben, da ein zu langsamer Kollektorstromanstieg die maximal mögliche Pulsfrequenz begrenzt.

Ein beschleunigter Anstieg des Basisstromes läßt sich nach **Bild 5.4.9a** durch den Kondensator C_B erreichen. Die Treiberstufe mit dem Innenwiderstand R_{iTr} gibt eine Spannung u_{Tr} in Form einer Schrittfunktion mit der Schrittweite t_{Tr} und dem Endwert U_{Tr} ab, so daß im eingeschwungenen Zustand $I_{B0} = U_{Tr}/(R_{iTr} + R_B)$ fließt. Mit den Abkürzungen

$$\varrho = R_B/R_{iTr}; \quad T_B = \frac{R_{iTr} R_B}{R_{iTr} + R_B} C_B; \quad \varepsilon = t_{Tr}/T_B; \quad \tau = t/T_B$$

ist der zeitliche Verlauf des bezogenen Basisstromes

$$0 < \tau < \varepsilon: \qquad i_B/I_{B0} = [\tau + \varrho(1 - e^{-\tau})]/\varepsilon \tag{5.4.6}$$

$$\varepsilon < \tau < \infty: \qquad i_B/I_{B0} = [\varepsilon + \varrho\, e^{-\tau}(e^{\varepsilon} - 1)]/\varepsilon . \tag{5.4.7}$$

Die vorstehenden Funktionen sind in **Bild 5.4.9b** für drei ε-Werte wiedergegeben. Mit zunehmender Schrittweite t_{Tr} nimmt die Stromüberhöhung ab; die Verkürzung

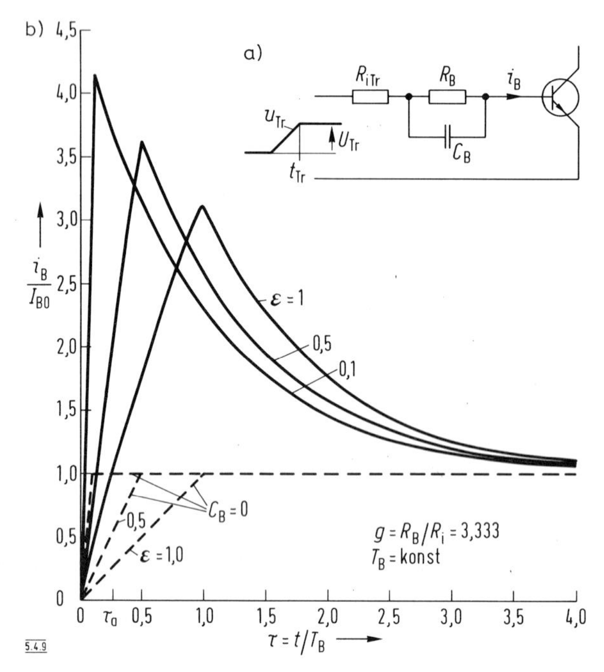

Bild 5.4.9 Einfluß des Vorhaltkondensators C_B auf den Basisstromanstieg

der bezogenen Ansteuerzeit um den Faktor τ_a/ε ist aber immer noch erheblich. Soll der Einschwingvorgang nach $\bar{t}_{ein}/10 = 1/(20 \cdot f_p)$ abgeklungen sein, so darf T_B nicht größer als $T_B = 1/(60 \cdot f_p)$ sein. Für $f_p = 15\,\text{kHz}$ erhält man $T_B = 1{,}1\,\mu\text{s}$.
Bei der Betrachtung des Kollektorkreises während des Einschaltens soll nach **Bild 5.4.10a** ein sprunghafter Verlauf von i_B vorausgesetzt werden. Die Freilaufdiode DL stellt, wie in **Bild 5.4.10b** angedeutet, einen Kurzschluß dar. Die Freilaufdiode Dbg ist dagegen stromlos und deshalb hier fortgelassen worden. Um eine Anstiegszeit t_{ri} zu erhalten, muß

$$L_{bg} = U_h t_{ri}/I_C \qquad (5.4.8)$$

sein. Da der Strom I_C langsam ansteigt, dagegen i_B springt, ist die Fallzeit von u_{CE} nach dem gestrichelten Verlauf sehr kurz und die Einschaltverlustleistung entsprechend klein. Die Verhältnisse werden durch den Entladestrom i_{bT} des – bei der vorangegangenen Ausschaltung mit der in Bild 5.4.10b eingezeichneten Polarität aufgeladenen – Beschaltungskondensators C_{bT} ungünstiger. Dieser läßt in der Spannungsfallzeit t_{fU} den Strom i_C erheblich ansteigen, was wiederum t_{fU} vergrö-

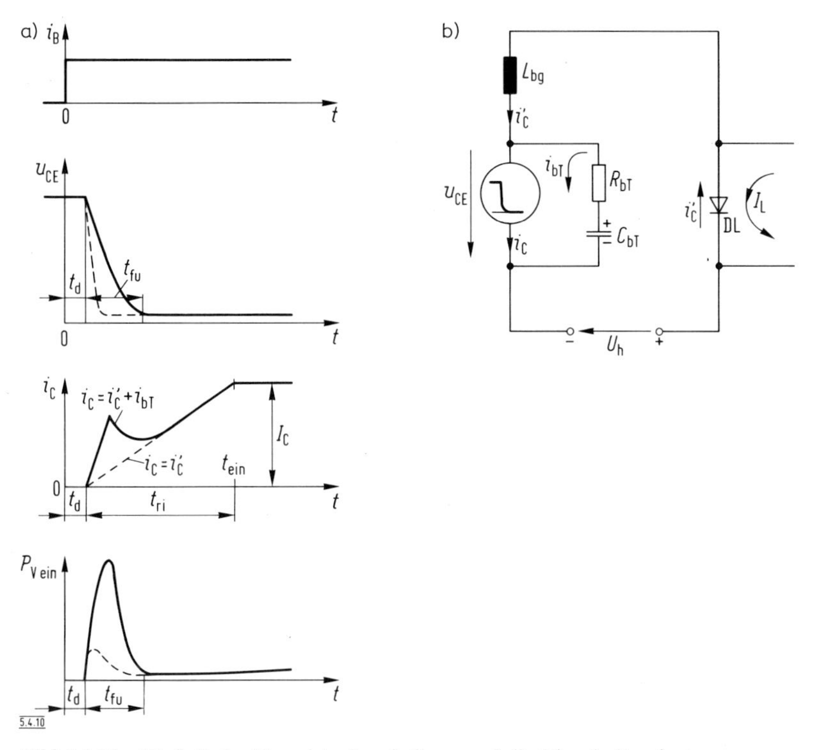

Bild 5.4.10 Einfluß der Transistorbeschaltung auf die Einschaltverluste

ßert. Damit ergibt sich eine wesentlich größere Einschaltverlustleistung $P_{v\,ein}$. Kleine Einschaltverluste setzen somit einen kleinen Beschaltungskondensator voraus. Auf der anderen Seite bringt eine zu große Begrenzungsinduktivität L_{bg} keine weitere wesentliche Minderung der Verluste.
Anstelle der konstanten Induktivität L_{bg} läßt sich auch eine Schaltdrossel verwenden. Hierbei handelt es sich um eine luftspaltlose Drossel mit einem für unipolare Magnetisierung geeigneten weichmagnetischen Werkstoff, dessen Magnetisierungskennlinie Bild 5.2.32a zeigt. Innerhalb des Induktionshubes ΔB hat die Drossel die mittlere Induktivität

$$\bar{L}_{bg} = \frac{N^2 A_{Fe}}{l_{Fe}} \bar{\mu}_r \mu_0 \tag{5.4.9}$$

und sperrt praktisch den Kollektorkreis.
$\mu_0 = 125{,}6 \cdot 10^{-6}$ H/m; N = Windungszahl; A_{Fe} = Kernquerschnitt; l_{Fe} = Kernlänge; $\bar{\mu}_r \approx (4000 + 1000)/2 = 2500$.

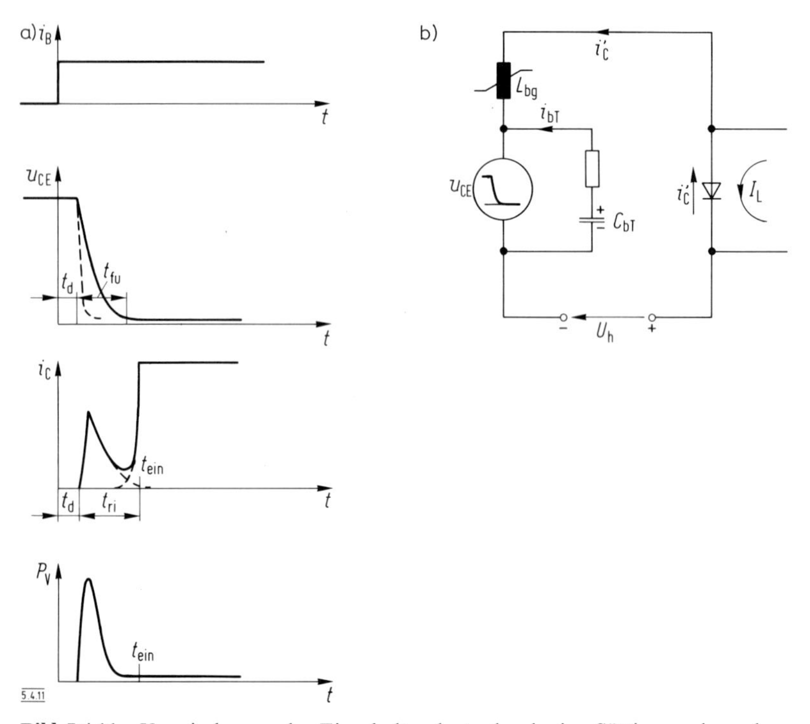

Bild 5.4.11 Verminderung der Einschaltverluste durch eine Sättigungsdrossel

Die Sättigungsdrossel sperrt – $t_{fU} = 0$ angenommen – für die Zeit

$$t_{ri} = N A_{Fe} \Delta B / U_h \tag{5.4.10}$$

den Kollektorkreis. ΔB = Induktionshub in Tesla ($1\,T = 1\,Vs/m^2$).
Das **Bild 5.4.11** zeigt das Einschalten mit Sättigungsdrossel. Der Kollektorstrom während der Verzugszeit t_{ri} ist der Entladestrom von C_{bt}. Mit der Sättigungsdrossel läßt sich bei gleicher Einschaltezeit t_{ein} eine kleinere Einschaltverlustleistung erreichen als mit der linearen Drossel.

5.4.3.4 Ausschaltvorgang

Das Ausschalten wird – wie in **Bild 5.4.12a** gezeigt – durch einen negativen Basisstrom erreicht. Nach dem Sprung von i_B vergeht die Speicherverzugszeit t_s, bis u_{CE} ansteigt und i_C fällt. Wie bereits gesagt, hängt die Verzugszeit vom Sättigungszustand des Transistors vor dem Ausschalten ab. War er fälschlicherweise voll gesättigt, ist sie mit t_{ssg} sehr groß, befand sich dagegen der Transistor in Quasisättigung, so ist sie mit t_s wesentlich kleiner.

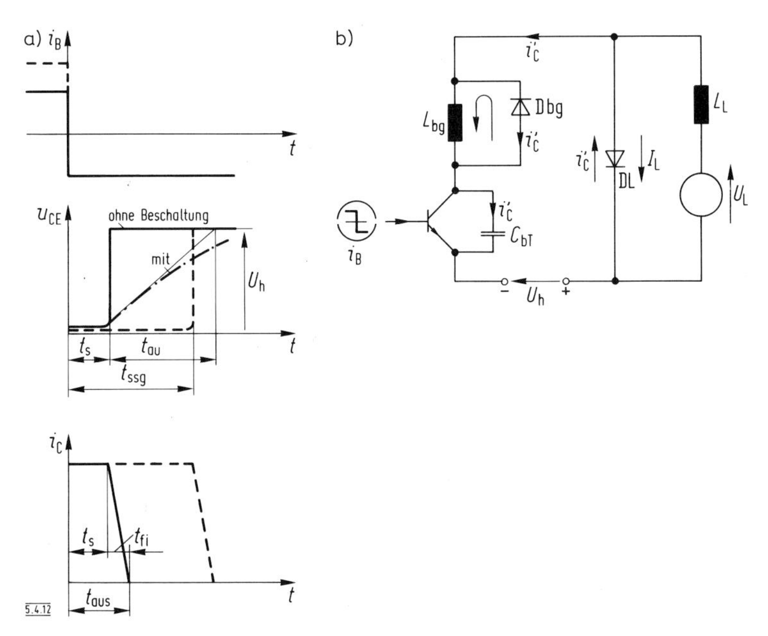

Bild 5.4.12 Einfluß der Transistorbeschaltung auf den Ausschaltvorgang

Gewisse Schwierigkeiten bereiten die aus **Bild 5.4.12b** zu ersehenden Induktivitäten. Zwar besitzen sie Freilaufdioden, doch diese stellen keine idealen Kurzschließer dar, da erst die Verzögerungszeit t_d vergehen muß, ehe sie leitend werden. In der Zwischenheit belasten sie den Transistor mit einer Spannungsspitze. Diese Gefahr wird durch den Beschaltungskondensator C_{bT} (der Widerstand R_{bT} ist über die Diode DbT kurzgeschlossen) vermieden, da i_C' – obwohl i_C wegen i_B schnell gegen null geht – langsamer abnimmt und deshalb die anfänglich induzierten Störspannungen entsprechend klein sind. Neben der durch die Freilaufdioden überbrückten Lastinduktivität sind die Leitungs- und Schaltinduktivität L_{Lt} und der zugehörige Widerstand R_{Lt} zu berücksichtigen. Die durch L_{Lt} hervorgerufene Überspannung wird ebenfalls durch C_{bT} begrenzt. Da hier wie beim Abschaltthyristor neben der Überspannungsbegrenzung die Begrenzung der Anstiegsgeschwindigkeit der wiederkehrenden Spannung wichtig ist, ist der RCD-Beschaltung gegenüber der einfachen RC-Beschaltung der Vorzug zu geben.
Die Bemessung von C_{bT} muß nach der zulässigen Spannung U_{cEm} und der gewünschten Anstiegszeit der wiederkehrenden Spannung t_{au} erfolgen. Dabei sollte $t_{au} \geq 2t_{fi}$ gewählt werden, um die Ausschaltverluste klein zu halten.
Nach Gl. (5.3.27) ist

$$C_{bT} = \frac{t_{au}^2}{L_{Lt}} \left(\frac{\Delta u_T / U_h}{\Delta \tau} \right)_m^2 . \qquad (5.4.11)$$

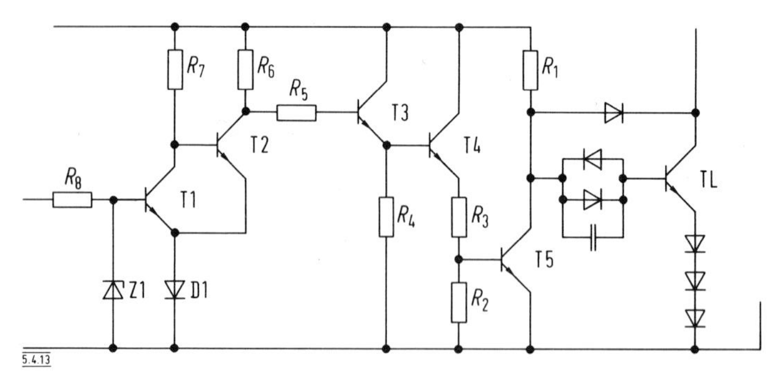

Bild 5.4.13 Treiberschaltung, aufgebaut aus Einzelthyristoren

5.4.3.5 *Treiberschaltungen*

Ist eine Potentialtrennung zwischen Informationselektronik und Endtransistor notwendig, so wird sie, da die Übertragung des Dauer-Basisstromes bei hoher Basis-Steuerleistung über das Trennglied aufwendig ist, auf niedrigem Leistungsniveau vor dem Treiber durchgeführt. Als Potentialtrennglied bietet sich der Optokoppler wegen seiner hohen Grenzfrequenz und seiner Fähigkeit an, auch Gleichspannungen zu übertragen. Der Treiber ist in erster Linie ein Leistungsverstärker, der im Durchlaßbereich des Stellgliedes einen positiven Basisstrom und im Sperrbereich einen negativen Basisstrom hoher Flankensteilheit liefert. In **Bild 5.4.13** ist ein aus Einzeltransistoren aufgebauter Treiber wiedergegeben. Er setzt sich aus dem Spannungsanpassungsteil (T1 und T2), dem Impedanzwandler (T3 und T4) und dem Endtransistor T5 zusammen. Zur Sperrung von TL wird T5 leitend geschaltet, und zum Durchschalten von TL wird T5 gesperrt.

Der allgemeinen Tendenz folgend, aus Kostengründen diskret aufgebaute Transistorschaltungen durch integrierte Anordnungen zu ersetzen, sind auch integrierte Treiber entwickelt worden. Das **Bild 5.4.14** macht die Funktionen des integrierten Treibers UAA 4002 der Firma Thomson deutlich. Das IC benötigt eine positive und eine negative Versorgungsspannung, die intern konstant gehalten und überwacht werden. Für den positiven und den negativen Basisstrom sind getrennte Ausgänge vorhanden. Hierdurch ergibt sich die Möglichkeit, zur Sperrung den negativen Basisstrom über eine sehr kleine Induktivität L_B stetig ansteigen zu lassen. Dadurch wird die Rekombination der Ladungsträger in der Kollektorschicht erleichtert und die Abschaltezeit etwas verkürzt. Die Spannung U_{CE} des eingeschalteten Transistors wird nach unten über die Fangdiode Df begrenzt ($U_{CE} > U_{CE\,min}$), um den Arbeitspunkt im Quasisättigungsbereich zu halten, und nach oben überwacht ($U_{CE\,min} < U_{CE\,gr}$), um im Fall der Entsättigung den Transistor sperren zu können. Eine Sperrung erfolgt auch, wenn die IC-Überwachung einen zu hohen Kollektorstrom feststellt. Der Grenzwert wird nicht nur durch den Transistor, sondern auch durch den vom Treiber gelieferten maximalen Basisstrom bestimmt. Schließlich

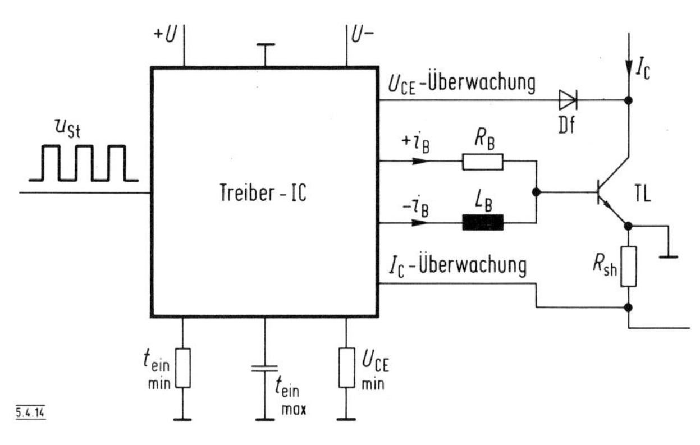

Bild 5.4.14 Integrierter Treiber UAA 4002 der Fa. Thomson

wird die Einschaltezeit t_{ein} nach oben überwacht, da sonst kein Schaltbetrieb mehr vorliegt, und nach unten begrenzt, um die vollständige Entladung des Beschaltungskondensators sicherzustellen.

5.4.4 Transistoren in Darlington-Schaltung

Die niedrige Stromverstärkung der Leistungstransistoren bedingt eine hohe Steuerleistung und einen niedrigen Eingangswiderstand. Beides macht bei der Aussteuerung durch einen Regelverstärker niedriger Leistung einen mehrstufigen Zwischenverstärker notwendig. Eine Möglichkeit zur Erhöhung des Eingangswiderstandes stellt die Kollektorschaltung – Bild 5.4.4c – dar. Mit einem zusätzlichen Transistor läßt sich die Leistungsverstärkung ohne weitere Schaltglieder erhöhen, wenn – wie in **Bild 5.4.15a** gezeigt – die Basis-Emitter-Strecke des Leistungstransistors T2 in die Emitterzuleitung des Anpassungstransistors T1 eingeschleift wird. Die gesamte Stromverstärkung ist

$$\beta = \beta_1 \beta_2 + \beta_1 + \beta_2 \tag{5.4.12}$$

und der Eingangswiderstand

$$\boxed{r_e = r_{BE1} + \beta_1 r_{BE2}} \, . \tag{5.4.13}$$

Von Nachteil ist, daß der Reststrom des gesperrten Transistors T1 in T2 um den Faktor β_2 verstärkt wird, so daß der Reststrom der gesperrten Darlington-Anordnung verhältnismäßig groß ist. Zur Verminderung des Reststromes wird – wie in Bild 5.4.15b gezeigt – der Widerstand R_{B2} vorgesehen, mit dem sich die Stromverstärkung ergibt

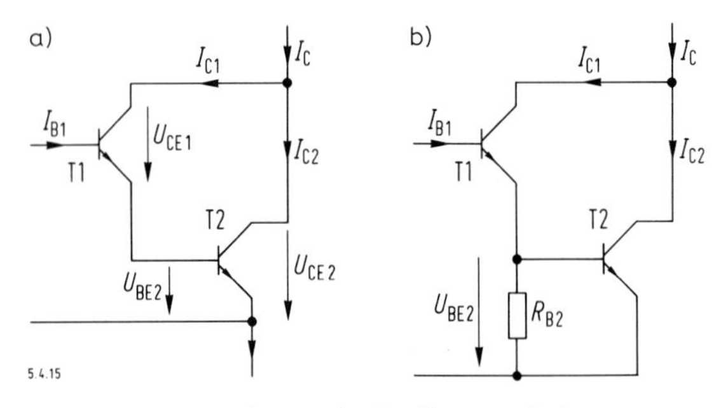

Bild 5.4.15 Transistoren in Darlingtonschaltung

$$\boxed{\beta = \beta_1 + \frac{\beta_2 + \beta_1 \beta_2}{1 + r_{BE2}/R_{B2}}} \quad . \tag{5.4.14}$$

Der Basis-Emitter-Widerstand von T2, r_{BE2}, ist bei kleinem Reststrom groß, so daß $\beta \rightarrow \beta_1$ geht, während r_{BE2} im Aussteuerbereich kleine Werte annimmt und die Stromverstärkung weniger mindert.
Die Sättigungsspannung der durchgeschalteten Darlington-Anordnung ist

$$U_{CE\,sat} = U_{CE\,sat\,1} + U_{BE2} \,.$$

Der einfache Aufbau des Darlington-Verstärkers aus zwei Transistoren und einem Widerstand erleichtert die Integration auf einem Kristall.
Der Treibertransistor T1 muß, um den Leistungstransistor T2 weit genug durchzuschalten und dessen Durchlaßverluste klein zu halten, stark gesättigt werden. Das wirkt sich beim Ausschalten in langen Speicherzeiten aus, die noch durch die zunächst kleine Spannung U_{CE1} vergrößert wird. Erst nach der Sperrung von T1 läuft der Sperrvorgang bei T2 an. Im ganzen ergibt sich dadurch eine lange Ausschaltzeit.
Die Darlington-Transistorkombination schaltet schnell ein. Dabei ist der Treibertransistor hoch belastet, da er bei hohem Kollektorstrom für die Zeit der Einschaltverzögerung von T2 mit hoher Spannung U_{CE1} betrieben wird.
Der integrierte Darlington-Transistor ist für den Schaltbetrieb weniger gut geeignet. Seine Hauptanwendung findet er bei stetigen Leistungsverstärkern, zumal in seinem Leistungsbereich komplementäre Paare zur Verfügung stehen, die den Aufbau von Gegentaktverstärkern wesentlich vereinfachen.

5.5 Feldeffekt-Leistungstransistoren

Bei den in Abschnitt 5.4 behandelten bipolaren Transistoren sind sowohl Elektronen wie auch Löcher am Energietransport beteiligt. Bipolare Transistoren zeichnen

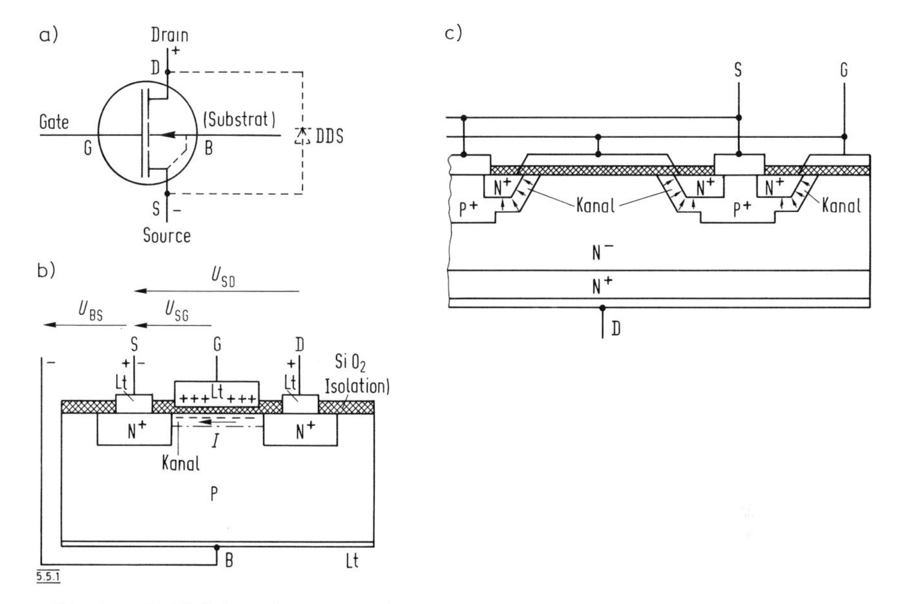

Bild 5.5.1 Feldeffekt-Leistungstransistor
a) Schaltsymbol
b) Wirkungsweise
c) Kristallaufbau und Elektrodenanordnungordnung

sich durch gutes Durchlaßverhalten aus, also durch niedrige Sättigungsspannung. Für das Schaltverhalten sind bei vollständiger Sättigung Speichervorgänge von Nachteil, die, um im Bereich der Quasisättigung zu bleiben, ein Kollektorstrom-abhängiges Nachführen des Basisstromes notwendig macht. Die Belastbarkeit der bipolaren Transistoren wird dadurch zusätzlich begrenzt, daß der Kollektorstrom einen negativen Temperaturkoeffizienten besitzt und dadurch ein Durchbruch zweiter Art eintreten kann. Die vorstehenden Nachteile treten beim Feldeffekt-Transistor nicht auf. Von den vielen, in den letzten Jahren entwickelten Varianten soll hier nur der für die Leistungsstellglieder Bedeutung erlangende Anreicherungstyp des MOSFET's (Metalloxid-Silizium-Feldeffekttransistor) behandelt werden.

5.5.1 Wirkungsweise

Das Schaltungssymbol ist in **Bild 5.5.1a** wiedergegeben. Zunächst soll die Anordnung nach **Bild 5.5.1b** betrachtet werden. In das P-dotierte Substrat sind zwei N-leitende Inseln eindiffundiert. Erhält der Substrat-Anschluß B ein negatives Potential gegen den Source-Anschluß S, so ist der Übergang PN_s^+ gesperrt und damit der Drain-Anschluß D von S getrennt. Die Gate-Elektrode G bildet mit dem Substrat einen Kondensator. Wird zwischen G und S eine Spannung mit der

angegebenen Polarität angelegt, so bildet sich im Substrat unter der G-Elektrode ein mit Elektronen angereicherter Kanal, der, je nach Größe der Spannung U_{SG}, eine mehr oder weniger niederohmige Brücke zwischen S und D darstellt. Bei der gezeigten Anordnung ist der Kanalwiderstand wegen der Kanallänge und des Umstandes, daß nur Elektronen am Strom beteiligt sind, ungleich größer als beim bivalenten Transistor.
Von außerordentlicher Bedeutung ist der positive Temperaturkoeffizient des Kanalstromes, d.h., mit zunehmendem Strom steigt der Kanalwiderstand an. Die Parallelschaltung von MOSFET's ist somit unproblematisch, da ein beispielsweise überlasteter Transistor sich durch seinen Temperaturgang automatisch entlastet. Deshalb ist es auch möglich, MOSFET-Leistungstransistoren durch Parallelschaltung von mehreren Tausend auf einem Kristall integrierten Einzeltransistoren zu bilden.
Das **Bild 5.5.1c** zeigt den von Siemens entwickelten SIPMOS-Leistungstransistor. Die Anordnung ist so gewählt, daß gegenüber Bild 5.5.1b der Kanalquerschnitt wesentlich größer und die Kanallänge wesentlich kürzer sind. Beide Maßnahmen verkleinern den Durchlaßwiderstand $R_{DS\,ein}$ des durchgeschalteten Transistors. Außerdem ist eine inverse Diode DDS integriert, so daß das Schaltungssymbol, wie in Bild 5.5.1a gestrichelt angedeutet, ergänzt werden muß. Auf einem Chip von $4\,mm^2$ sind etwa 3000 Einzeltransistoren durch entsprechende Ausbildung der S- und der G-Elektroden (in Bild 5.5.1c nicht dargestellt) parallel geschaltet.

5.5.2 Statisches Betriebsverhalten

Da beim Feldeffekt-Transistor kein Durchbruch zweiter Art auftritt, wird die Belastungsgrenze festgelegt durch

- maximalen Drainstrom I_{Dm}
  Wie aus **Bild 5.5.2** zu ersehen ist, nimmt er mit abnehmender Einschaltezeit zu, d.h., der Transistor ist im Impulsbetrieb bemerkenswert überlastbar.
- maximale Verlustleistung
  Sie ist von der Wärmeabfuhr über den Kühlkörper und im Impulsbetrieb von der Einschaltezeit abhängig. Die Verlustleistung kann, da ein Durchbruch nicht zu befürchten ist, voll ausgenutzt werden.
- maximale Drain-Source-Spannung U_{DSm}
  Sie ist unabhängig von der Betriebsart. SIPMOS-Leistungstransistoren werden mit U_{DSm} bis 1000 V angeboten.

Neben so wichtigen, vor allem für den Schaltbetrieb wertvollen Vorteilen zeigt der in **Bild 5.5.3** wiedergegebene Anfangsbereich des Steuerkennlinienfeldes $I_D = f(U_{DS})$ mit U_{GS} als Parameter den Nachteil des größeren Durchlaßwiderstandes, der in der größeren Sättigungsspannung und in entsprechenden Durchlaßverlusten zum Ausdruck kommt. Die Entwicklungsanstrengungen der führenden Hersteller waren deshalb schwerpunktmäßig auf Verkleinerung des Durchlaßwiderstandes gerichtet.

Da Leistungstransistoren in erster Linie für Stellantriebe verwendet werden, deren Gleichstrom- und Wechselstrom-Stellmotoren vor allem für hohe Überlastbarkeit –

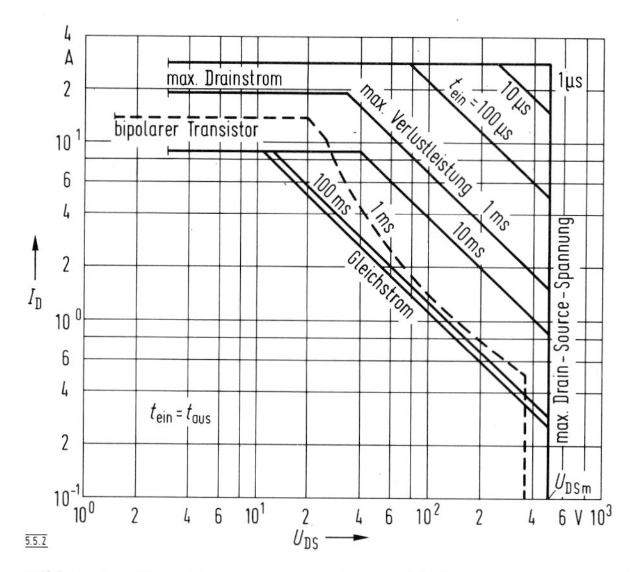

Bild 5.5.2 Grenzlastkennlinien eines Feldeffekt-Leistungstransistors für Dauer- und Schaltbetrieb

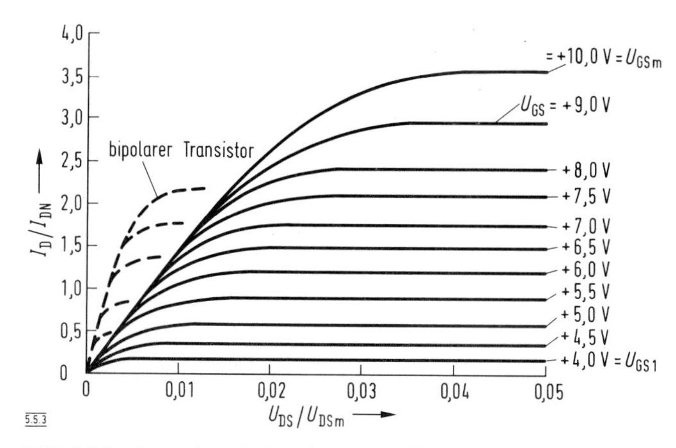

Bild 5.5.3 Steuerkennlinien eines Feldeffekt-Leistungstransistors

hohes Beschleunigungsmoment – und weniger für hohen Wirkungsgrad gebaut werden, ist auch beim Leistungsstellglied Überlastbarkeit wichtiger als Wirkungsgrad. Bei durchlaufenden Antrieben ist dagegen die Wertung entgegengesetzt. Bei stetiger Aussteuerung des Stellgliedes ist zu beachten, daß die Steuerspannung U_{GS} erst einen Schwellenwert U_{GS1} – in Bild 5.5.3 gleich 4 V – überschreiten muß, ehe der Transistor aufgesteuert wird. Diese Nichtlinearität kann durch eine entsprechende Vorspannung ausgeglichen werden.

5.5.3 Schaltbetrieb

5.5.3.1 Gate-Kreisbeschaltung

Der Eingangswiderstand des Transistors läßt sich – wie in **Bild 5.5.4a** gezeigt – durch die Parallelschaltung der Kapazität C_{GS} und des Widerstandes R_{GS} ersetzen. Dabei ist $R_{GS} > 10^6\,\Omega$, kann also vernachlässigt werden, während die Eingangskapazität von Leistungstransistoren in der Größenordnung von einigen nF liegt. Diese verhältnismäßig große Eingangskapazität macht, obgleich die Steuerung wirkleistungsfrei erfolgt, in der Regel eine Treiberstufe mit dem Ausgangswiderstand R_{Tr} notwendig. Zunächst bleiben die Beschaltungsglieder R_r, C_r, R_p unberücksichtigt. Wird für die Treiberspannung der Verlauf nach **Bild 5.5.4b** zugrunde gelegt, so muß für die Aufsteuerung

$$u_{GS} = U_{Tr}(1 - e^{-t/T_G}), \tag{5.5.1}$$

mit $T_G = C_{GS} \cdot R_{Tr}$, und für die Absteuerung

$$u_{GS} = U_{Tr}\, e^{-t/T_G} \tag{5.5.2}$$

angesetzt werden. Bei der Aufsteuerung vergeht, bis sich U_{GS} auf die Aussteuerung des Transistors auswirkt, – infolge der Schwellenspannung U_{GS1} – eine Verzugszeit

$$t_{t\,auf} = T_G \ln\left(\frac{U_{Tr}}{U_{Tr} - U_{GS1}}\right),$$

und die Aufsteuerzeit ist

$$\boxed{t_{auf} = T_G\left[3 - \ln\left(\frac{U_{Tr}}{U_{Tr} - U_{GS1}}\right)\right]} \tag{5.5.3}$$

Die Absteuerung wird durch die Schwellenspannung verkürzt. Für die Absteuerzeit gilt die Beziehung

$$\boxed{t_{ab} = T_G \ln(U_{Tr}/U_{GS1})}\;. \tag{5.5.4}$$

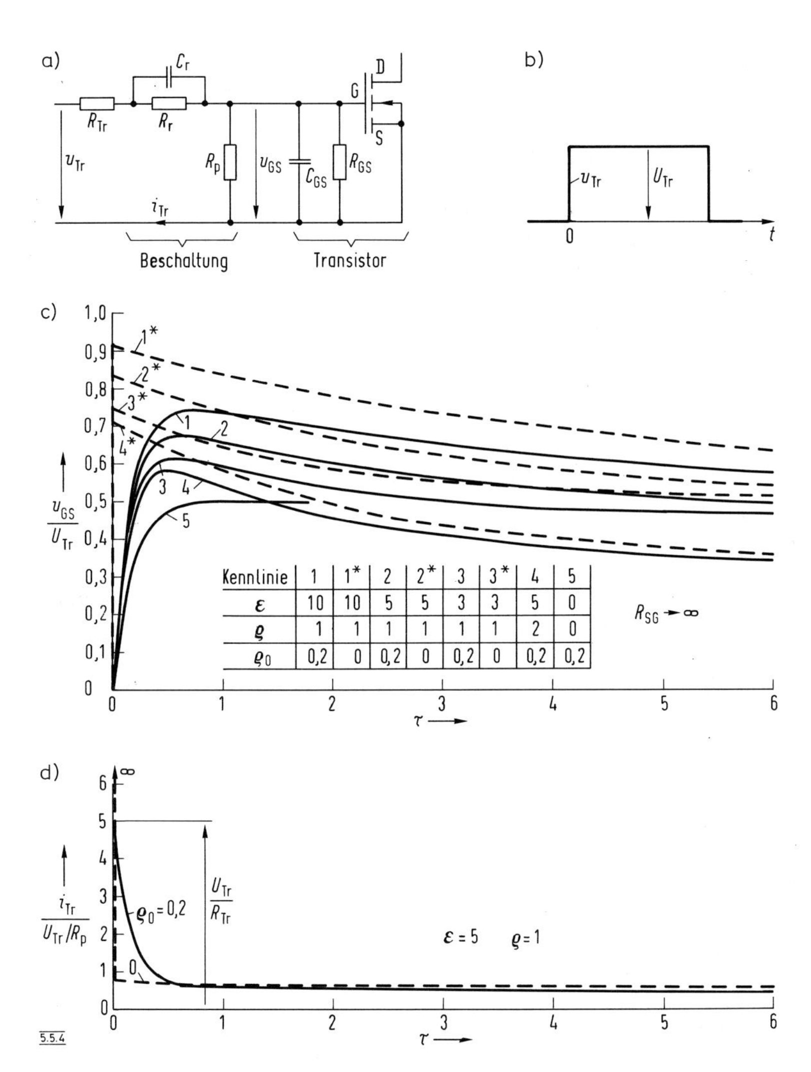

Kennlinie	1	1*	2	2*	3	3*	4	5
ε	10	10	5	5	3	3	5	0
ϱ	1	1	1	1	1	1	2	0
ϱ_0	0,2	0	0,2	0	0,2	0	0,2	0,2

Bild 5.5.4 Feldeffekt-Transistor
a) Eingangsschaltung
b) Treiberspannung
c) zeitlicher Verlauf der Gate-Sourcespannung
d) Treiberstrom beim Einschalten

Das Einschalteverhalten läßt sich durch Übersteuerung des Gate ($U_{Tr} \approx U_{GSm}$) verbessern, da der bei bipolaren Transistoren im Fall der Übersättigung auftretende Speichereffekt hier nicht zu befürchten ist. Eine entsprechende Abschaltzeitverkürzung macht einen Gegentakttreiber erforderlich.
Eine wirkungsvollere Dynamikverbesserung läßt sich mit der in Bild 5.5.4a angegebenen Beschaltung erreichen, die im Prinzip auch bei bipolaren Transistoren Anwendung findet – siehe Bild 5.4.9. Der Gesamtkreis enthält hier zwei Energiespeicher, C_r und C_{GS}. Der Widerstand R_p macht die Verlustlosigkeit des Transistoreinganges zunichte, setzt aber gleichzeitig die Empfindlichkeit gegenüber kapazitiv oder induktiv eingekoppelten Störspannungen herab.
Für die Aufsteuerung gilt die Differentialgleichung

$$\frac{d^2 u_{GS}(t)}{dt^2} + B \frac{du_{GS}(t)}{dt} + A \cdot u_{GS}(t) = \frac{U_{Tr}}{T_{GS}^2 \varepsilon \cdot \varrho_0}, \qquad (5.5.5)$$

mit

$$T_{GS} = R_p C_{GS} \quad ; \quad \varrho = \frac{R_r}{R_p} \quad ; \quad \varrho_0 = \frac{R_{Tr}}{R_p} \quad ; \quad \varepsilon = \frac{R_r C_r}{R_p C_{GS}} \quad ;$$

$$B = \frac{\varrho_0 + \varrho + \varepsilon(1 + \varrho_0)}{T_{GS} \varepsilon \varrho} \quad ; \quad A = \frac{1 + \varrho_0 + \varrho}{\varepsilon T_{GS} \varrho_0}. \qquad (5.5.6)$$

Werden die Anfangsbedingungen

$$u_{GS}(+0) = 0; \quad du_{GS}(+0)/dt = U_{Tr}/(R_{Tr} C_{GS})$$

berücksichtigt, so ergibt sich

$$\frac{u_{GS}(t)}{U_{Tr}} = \frac{1}{1 + \varrho + \varrho_0} + \frac{1}{\sqrt{B^2 - 4A}} \times$$
$$\times \left[\left(\frac{-p_2}{1 + \varrho + \varrho_0} + \frac{1}{\varrho_0 T_{GS}} \right) e^{-p_1 t} + \left(\frac{p_1}{1 + \varrho + \varrho_0} - \frac{1}{\varrho_0 T_{GS}} \right) e^{-p_2 t} \right] \qquad (5.5.7)$$

$$p_1 = B/2 - \sqrt{B^2/4 - A} \quad ; \quad p_2 = B/2 + \sqrt{B^2/4 - A}.$$

In **Bild 5.5.4c** ist der Verlauf von u_{GS} nach Gl. (5.5.7) über der bezogenen Zeit $\tau = t/T_{GS}$ für verschiedene Werte von R_r und C_r aufgetragen. Die gestrichelten Kennlinien gelten für einen starren Treiber ($R_{Tr} = 0$), die voll ausgezogenen für einen Treiber mit höherem Innenwiderstand ($R_{Tr} = 0{,}2\, R_p$). Die tatsächlichen Kennlinien werden zwischen diesen beiden Grenzfällen liegen. Wird die Treiberspannung zu $U_{Tr} = 2\, U_{GSm}$ bemessen (U_{GSm} ist aus Bild 5.5.3 zu entnehmen), so ist $\varepsilon = 3$, $\varrho = 1$ selbst bei $\varrho_0 = 0{,}2$ eine brauchbare Bemessung. Gegenüber der Kennlinie 5 ($R_r = 0$; $C_r = 0$; $U_{Tr} = U_{GS}$) ergibt sich eine deutlich schnellere Aufsteuerung, die bei einem leistungsfähigeren Treiber ($\varrho < 0{,}2$) noch kürzer sein würde.

Die Strombelastung des Treibers erhält man mit Gl. (5.5.7) nach

$$i_{\mathrm{Tr}} = \frac{u_{\mathrm{GS}}(t)}{R_{\mathrm{GS}}} + C_{\mathrm{GS}} \frac{\mathrm{d}u_{\mathrm{GS}}(t)}{\mathrm{d}t} = \frac{1}{R_{\mathrm{GS}}} \left[u_{\mathrm{GS}}(\tau) + \frac{\mathrm{d}u_{\mathrm{GS}}(\tau)}{\mathrm{d}\tau} \right]. \tag{5.5.8}$$

Die aus Bild 5.5.4d zu ersehende hohe Stromspitze beim Anspringen von u_{Tr} ist $I_{\mathrm{Trm}} = U_{\mathrm{Tr}}/R_{\mathrm{Tr}}$. Der Strom geht danach zurück auf

$$I_{\mathrm{Tr}} = U_{\mathrm{Tr}}/(R_{\mathrm{Tr}} + R_{\mathrm{r}} + R_{\mathrm{p}}) = U_{\mathrm{Tr}}/[(\varrho_0 + \varrho + 1)\, R_{\mathrm{p}}].$$

Bei der Absteuerung wird der zeitliche Verlauf von u_{GS} durch die homogene Differentialgleichung

$$\frac{\mathrm{d}^2 u_{\mathrm{GS}}(t)}{\mathrm{d}t^2} + B \frac{\mathrm{d}u_{\mathrm{GS}}(t)}{\mathrm{d}t} + A u_{\mathrm{GS}}(t) = 0 \tag{5.5.9}$$

mit den Anfangsbedingungen

$$u_{\mathrm{GS}}(+0) = \frac{U_{\mathrm{Tr}}}{1 + \varrho + \varrho_0} \tag{5.5.10}$$

$$\frac{\mathrm{d}u_{\mathrm{GS}}(+0)}{\mathrm{d}t} = \frac{U_{\mathrm{Tr}}}{T_{\mathrm{GS}}} \left[-\frac{1}{\varrho_0 + \varrho} + \frac{1}{\varepsilon} \frac{\varrho}{\varrho_0 + 1} \right] \tag{5.5.11}$$

bestimmt. Die Lösung ist

$$u_{\mathrm{GS}}(t) = \frac{1}{\sqrt{B^2 - 4A}} \left\{ \left[\frac{\mathrm{d}u_{\mathrm{GS}}(+0)}{\mathrm{d}t} + u_{\mathrm{GS}}(+0)\,(B - p_1) \right] \mathrm{e}^{-p_1 t} - \right.$$
$$\left. - \left[\frac{\mathrm{d}u_{\mathrm{GS}}(+0)}{\mathrm{d}t} + u_{\mathrm{GS}}(+0)\,(B - p_2) \right] \mathrm{e}^{-p_2 t} \right\}. \tag{5.5.12}$$

Die nach Gl. (5.5.12) berechneten Übergangsfunktionen sind in **Bild 5.5.5** aufgetragen. Voraussetzung ist dabei, daß der Gate-Source-Kreis beim Abschalten von U_{Tr} nicht aufgetrennt, sondern im Treiber kurzgeschlossen wird, damit C_{GS} durch C_{r} auf negatives Potential umgeladen werden kann. Die Zeit, bis zu der u_{GS} den Schwellenwert unterschreitet, ist weniger von ε und damit von C_{r} als von ϱ_0, d.h. dem Kurzschlußwiderstand R_{Tr}, abhängig.

5.5.3.2 Schaltzeiten

Das **Bild 5.5.6** zeigt den Verlauf von i_{D} und u_{DS} während eines Ein- und Ausschaltvorganges, wenn der vorstehend berechnete Verlauf der Gate-Spannung u_{GS} zugrunde gelegt wird. Beim Einschalten steigt, sobald $u_{\mathrm{GS}} > U_{\mathrm{GS1}}$ wird, zunächst der Strom i_{D} an, der im Kanal die Influenzladung aufbaut. Ist das in der Zeit t_{du} weit

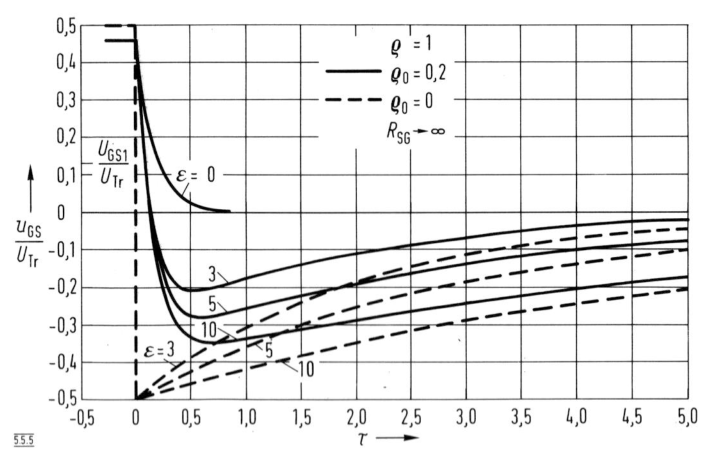

Bild 5.5.5 Zeitlicher Verlauf der Gate-Source-Spannung beim Ausschalten

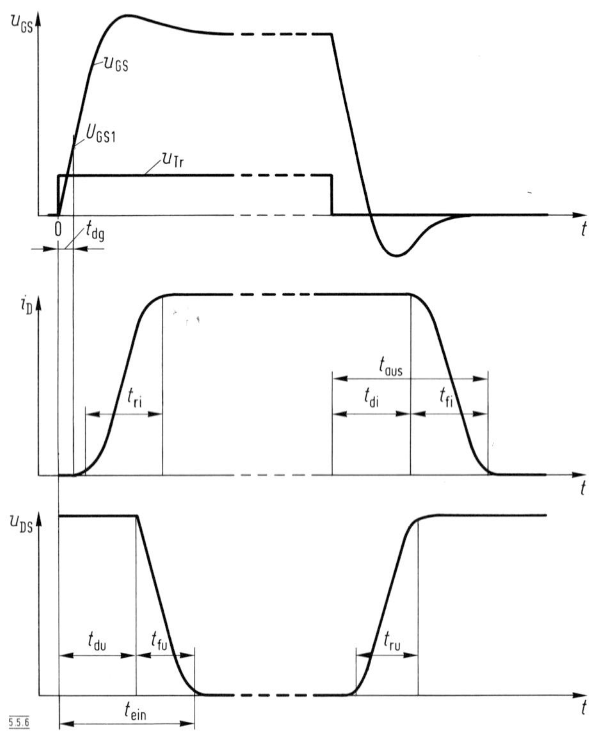

Bild 5.5.6 Ein- und Ausschaltvorgang beim Feldeffekt-Leistungstransistor

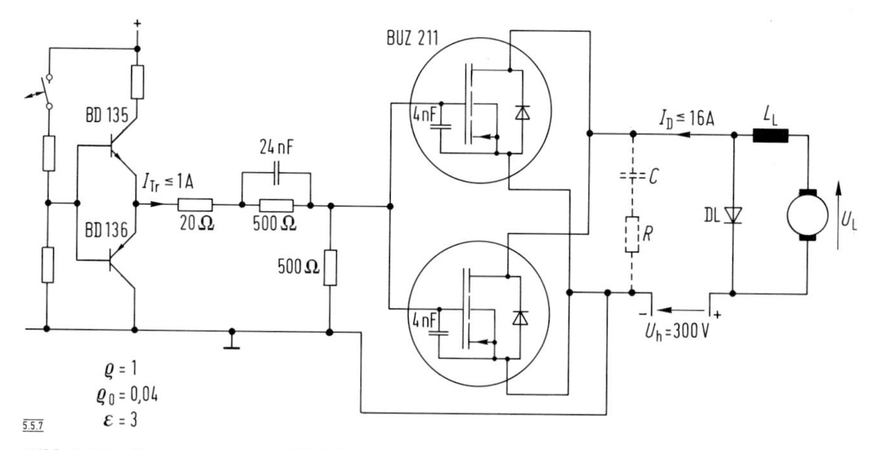

Bild 5.5.7 Steuerung eines Gleichstrommotors über zwei parallele Feldeffekt-Transistoren

genug geschehen, wird der Kanal leitend, und die Spannung u_{DS} bricht zusammen. Die Summe von Verzögerungszeit t_{du} und Fallzeit t_{fu} ist die Einschaltzeit.
Beim Ausschalten steigt, sobald $u_{GS} < U_{GS1}$ wird, zunächst die Spannung u_{DS} an, während der Strom i_D in der Verzögerungszeit t_{di} erst die Influenzladung abbauen muß, ehe er in der Fallzeit t_{fi} gegen null gehen kann. Die Schaltzeiten sind temperaturunabhängiger als die der bipolaren Transistoren. Die Steuerspannung u_{GS} braucht nicht i_D angepaßt zu werden. Zur Erzielung kurzer Schaltzeiten muß nur $\pm du_{GS}/dt$ genügend groß sein, was durch einen genügend niederohmigen, schnellen Treiber und die in Abschnitt 5.5.3.1 behandelte Gate-Kreisbeschaltung sichergestellt wird.

5.5.3.3 Steuerschaltung

Das **Bild 5.5.7** zeigt die Pulssteuerung eines Gleichstrommotors. Um Abschaltüberspannungen zu vermeiden, ist eine Freilaufdiode DL vorgesehen. Der Feldeffekt-Transistor benötigt keine *RC*D-Beschaltung. Nur, wenn wegen großer Schaltinduktivität Überspannungsspitzen zu erwarten sind, kann eine leichte *RC*-Beschaltung zweckmäßig sein. Das Schaltverhalten des Transistors braucht über das *RC*-Glied nicht beeinflußt zu werden.
In Bild 5.5.7 sind zwei Transistoren parallel geschaltet. Das ist beim Feldeffekt-Transistor, der ja aus der Parallelschaltung von vielen Elementartransistoren besteht, ohne die bei bipolaren Transistoren notwendigen Stromaufteilungswiderstände in der Emitterzuleitung möglich. Allerdings sind die bei Parallelschaltungen immer notwendigen symmetrischen Schaltungsaufbauten erforderlich.
Als Treiber eignet sich der auch bei bipolaren Transistoren angewandte komplementäre Emitterfolger – Bild 5.4.7b –, der, sowohl ein- wie auch ausgeschaltet, einen niedrigen Innenwiderstand besitzt. Die Bemessung der Treibertransistoren muß nach dem kurzzeitigen Stromimpuls in den Schaltzeitpunkten erfolgen. Die mittlere

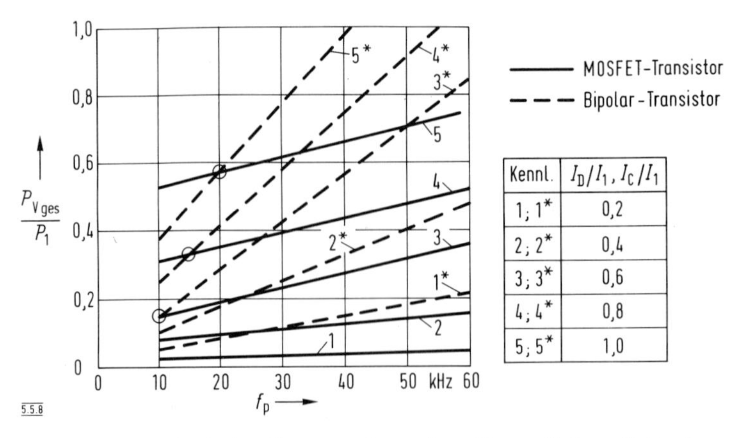

Kennl.	I_D/I_1, I_C/I_1
1; 1*	0,2
2; 2*	0,4
3; 3*	0,6
4; 4*	0,8
5; 5*	1,0

Bild 5.5.8 Vergleich der Gesamtverluste eines Steuergliedes mit bipolarem Transistor mit Feldeffekt-Transistor in Abhängigkeit von der Pulsfrequenz

Belastung ist klein. Wegen der hohen Stoßbelastbarkeit der Feldeffekttransistoren kann es Vorteile bringen, den Treiber mit zwei komplementären Feldeffekttransistoren zu bestücken.

5.5.3.4 Vergleich von Feldeffekttransistoren und bipolaren Transistoren

Das Bild 5.5.7 zeigt, daß im Schaltbetrieb beim Feldeffekt-Transistor trotz des leistungslosen Steuerverfahrens im ganzen von einer leistungsfreien Steuerung keine Rede sein kann, wenn auch die Treiberverluste nur kurzzeitig auftreten und damit den Wirkungsgrad der Gesamtanordnung nur unwesentlich verschlechtern. Der Wirkungsgrad wird dagegen beeinflußt durch den höheren Durchlaßwiderstand des Feldeffekttransistors. In Zukunft wird er weiter verkleinert werden können, allerdings wohl nicht, ohne eine Vergrößerung der Kapazität C_{GS} in Kauf nehmen zu müssen.

Geht man davon aus, daß beide Transistorarten nicht sehr unterschiedliche innere Schaltverluste haben, so ergeben sich für den Feldeffekttransistor dadurch, daß er ohne die mit Verlust behaftete *RC*D-Beschaltung auskommt, niedrigere Gesamt-Schaltverluste. Im Hinblick auf die Verluste läßt sich nach Macek [5.22] der in **Bild 5.5.8** wiedergegebene Vergleich anstellen. Vorteile bietet im Bereich niedriger Pulsfrequenz und hoher Strombelastung der bipolare Transistor; hier wirken sich die geringeren Durchlaßverluste aus. Bei hoher Pulsfrequenz dagegen sind die geringeren Gesamt-Schaltverluste zugunsten des Feldeffekttransistors ausschlaggebend.

Von großer praktischer Bedeutung ist, daß der bipolare Schalttransistor durch die äußere Schaltung im Bereich optimaler Betriebseigenschaften gehalten werden muß. Abweichungen hiervon haben schwerwiegende Folgen. So bringt bei der

Basisstromnachführung ein zu großes I_B eine hohe Speicherzeit und ein zu kleines I_B die Entsättigung und damit unzulässig hohe Verluste. Der Feldeffekttransistor ist dagegen vom äußeren Schaltkreis unabhängig, wenn nur der aus Bild 5.5.2 zu ersehende zulässige Arbeitsbereich nicht überschritten wird und die Änderungsgeschwindigkeit der Eingangsgröße $\pm \mathrm{d}u_{GS}/\mathrm{d}t$ genügend groß ist.

6 Antriebe mit netzgeführten Stromrichtern

Der netzgeführte (wechselspannungsgeführte) Stromrichter dient vorwiegend zur Steuerung von Gleichstrommotoren. Diese Kombination, im folgenden einfach Stromrichterantrieb genannt, soll in diesem Abschnitt in erster Linie betrachtet werden. Die Anwendung des netzgeführten Stromrichters ist aber nicht nur auf Gleichstromantriebe beschränkt. Auch der in Abschnitt 3.8.3 behandelte Direktumrichter zur Speisung von Synchronmotoren setzt sich aus netzgeführten Stromrichtern zusammen. Schließlich verwendet die untersynchrone Stromrichterkaskade – nach Abschnitt 3.3.3 – einen netzgeführten Stromrichter.
Eine Sonderstellung nimmt der wechselspannungsgeführte Stromrichter des selbstgeführten Synchronmotors (Abschnitt 3.8.1) ein, da bei ihm an die Stelle der Netzspannung die Motorspannung getreten ist, wodurch die Gesamtanordnung etwa die Eigenschaften eines Gleichstromantriebes erlangt.
Während bei den vorstehenden Schaltungen immer ein Gleichstromkreis vorhanden ist, fehlt dieser beim Drehstromsteller bzw. Wechselstromsteller. Welche Einflüsse dieses Steuerglied auf den Motor hat, wurde für den Schleifringläufermotor in Abschnitt 3.3.2 und für den Käfigläufermotor in Abschnitt 3.5 erläutert.

6.1 Wirkungsweise

Die den netzgeführten Stromrichtern zugrunde liegenden Gesetzmäßigkeiten sollen anhand der einfachsten zweipulsigen Schaltung, der einphasigen Mittelpunktschaltung (EM) betrachtet werden. Sie ist in **Bild 6.1.1a** mit Belastung durch einen

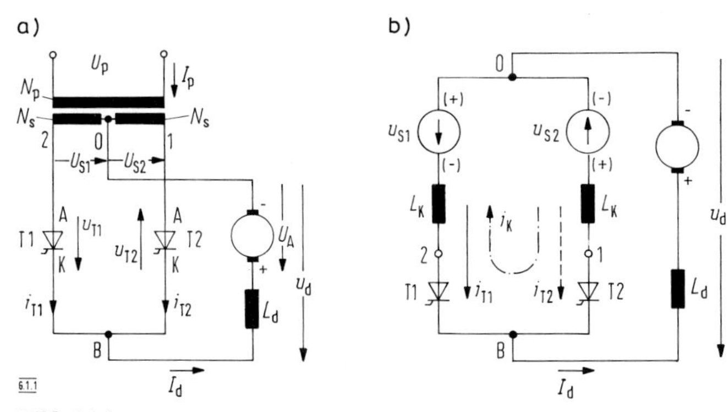

Bild 6.1.1
a) Einphasige Mittelpunktschaltung
b) Kommutierungsersatzschaltung

Gleichstrommotor mit der Gegenspannung U_A bei vollständiger Glättung des Gleichstromes I_d über L_d wiedergegeben.

6.1.1 Kommutierung

Beim netzgeführten Stromrichter werden die Thyristoren im zeitlichen Abstand $1/(p_{SR} f_{Nz})$ gezündet. Dabei ist p_{SR} die Pulszahl als die Anzahl der während einer Periode der Netzspannung erfolgenden Stromübergänge (Kommutierungen) von einem Thyristor bzw. von einer Thyristorgruppe zur folgenden. Im vorliegenden Fall ist $p_{SR} = 2$. Im übrigen arbeitet der netzgeführte Stromrichter nach folgenden Gesetzmäßigkeiten:

a) Eine Zündung kann innerhalb einer Kommutierungsgruppe nur bei dem Thyristor erfolgen, an dem die größte positive Spannung (Augenblickswert) liegt.
b) Unter dem Einfluß der Induktivität L_d kann der einmal gezündete Thyristor, auch wenn die treibende Spannung zu ihm in Sperrichtung gepolt ist, stromführend bleiben.
c) Der stromführende Thyristor geht in Sperrung, wenn das folgende Ventil gezündet wird. Der zeitliche Ablauf der Kommutierung wird durch die wechselstromseitige Reaktanz X_K (Netzreaktanz, Transformator-Streureaktanz, Reaktanz von zusätzlichen Kommutierungsdrosseln) bestimmt.
d) Die Betriebseigenschaften bei vollkommener Glättung und unvollkommener Glättung weichen nur wenig voneinander ab, vorausgesetzt, der Gleichstrom wird zu keinem Zeitpunkt null, so daß kein Lücken des Stromes auftritt.

Zur Erläuterung des Kommutierungsvorganges wird die EM-Schaltung durch die Ersatzschaltung **Bild 6.1.1b** ersetzt. Anstelle des Transformators treten die Spannungsquellen u_{S1} und u_{S2}; die entkoppelte Streuung berücksichtigt die Induktivitäten L_K. Zunächst soll der Thyristor T1 stromführend sein. In der Halbwelle, in der u_{S1} und u_{S2} die in **Bild 6.1.1b** in Klammern gesetzte Polarität haben, wird die Kommutierung durch die Zündung von T2 eingeleitet. Da beide Thyristoren jetzt leitend sind, beginnt der Kurzschlußstrom i_K zu fließen. Sobald allerdings $(i_{T1} - i_K) < 0$ wird, geht T1 in Sperrung, und i_K fließt als Laststrom I_d über den Lastkreis weiter. Welche Zeit der Kommutierungsvorgang in Anspruch nimmt, wird durch die Höhe des Gleichstromes und durch die Induktivitäten L_K bestimmt. Bei dieser Schaltung ist während der Kommutierung die ungeglättete Gleichspannung

$$u_d = U_d + u_{d\sim} = U_A + u_{d\sim} = 0.$$

Aus **Bild 6.1.2** sind die zeitlichen Verläufe von u_d, i_{T1}, i_{T2} und i_p für drei Zündwinkel $\alpha = 0°$, $45°$ und $135°$ zu ersehen. Der Zündwinkel α wird dabei vom natürlichen Kommutierungspunkt aus gerechnet. Das ist der Zeitpunkt, in dem die Kommutierung des ungesteuerten Gleichrichters beginnt. Er liegt bei der EM-Schaltung im Nulldurchgang der Speisespannung.
In **Bild 6.1.3** ist der Kommutierungskreis besonders herausgezeichnet. Der die

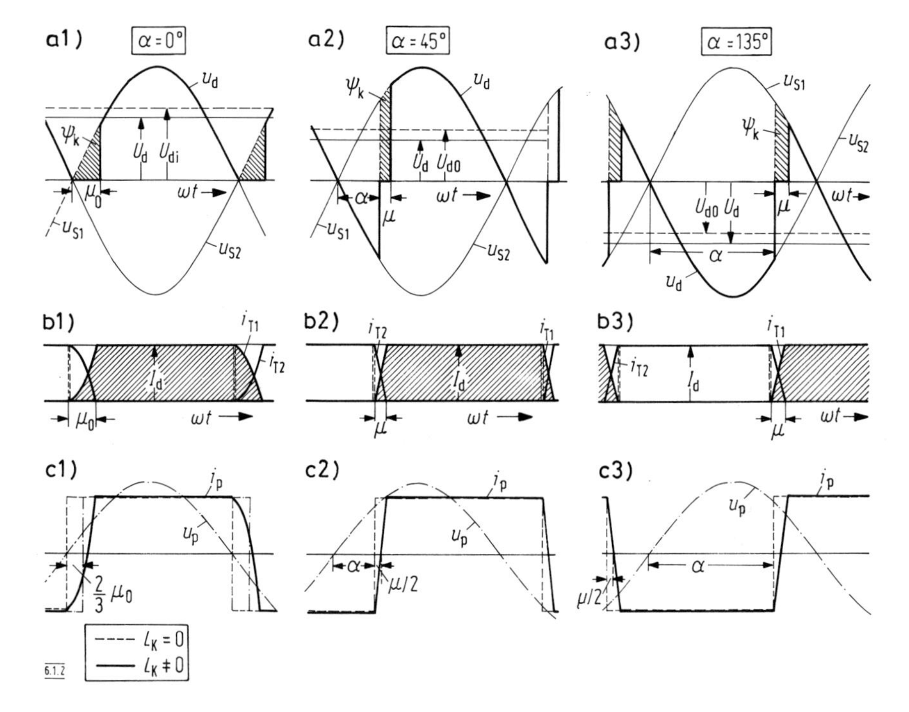

Bild 6.1.2
a) Kommutierungs-Spannungszeitfläche
b) Überlappungswinkel
c) zeitlicher Verlauf des Netzstromes

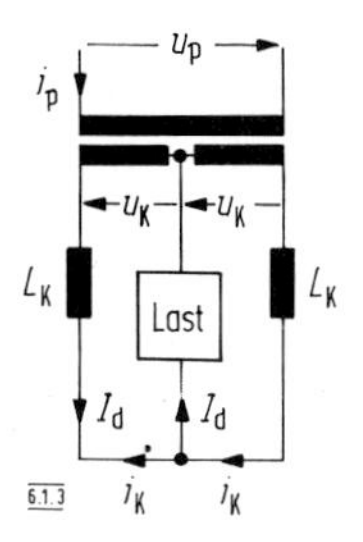

Bild 6.1.3 Kommutierungskreise

Induktivität L_d enthaltende Lastkreis hat nur insofern Einfluß auf den Stromübergang, wie er I_d konstant hält und damit die Gleichung $i_{T1}+i_{T2}=I_d$ erzwingt. Während der Kommutierung wirkt die Spannung

$$
\begin{aligned}
2u_k &= L_k \frac{d i_{k2}}{dt} + L_k \frac{d i_{k1}}{dt} = L_k \left[\frac{d i_k}{dt} - \frac{d(I_d - i_k)}{dt}\right] \\
&= 2L_k \frac{d i_k}{dt} = 2X_k \frac{d i_k}{d\omega t} = 2\sqrt{2}\, U_s \sin\omega t,
\end{aligned} \tag{6.1.1}
$$

mit $\omega = 2\pi f_{Nz}$. Die während der Kommutierung an L_k abfallende Spannung wird am besten durch die während der Kommutierungszeit (gemessen als Überlappungswinkel μ) an ihr liegende Kommutierungs-Spannungszeitfläche ψ_k bestimmt

$$
\psi_k = \int_{\alpha}^{\alpha+\mu} u_k \, d\omega t = \sqrt{2}\, U_s \int_{\alpha}^{\alpha+\mu} \sin\omega t \, d\omega t = \sqrt{2}\, U_{sN}\, [\cos\alpha - \cos(\alpha+\mu)] \tag{6.1.2}
$$

und nach Gl. (6.1.1)

$$
\psi_k = X_k \cdot \Delta I_k = X_k I_d = X_k I_{dN} \cdot i_d^* = X_k I_{sN} i_d^* = 2u_{kT} U_{sN} i_d^*, \tag{6.1.3}
$$

mit $i_d^* = I_d/I_{dN}$. Dabei ist $u_{kT} \cdot U_{pN}$ die Spannung, die an den Transformator gelegt werden muß, damit in den kurzgeschlossenen Sekundärwicklungen Nennstrom fließt; $u_{kT} = U_{pk}/U_{pN}$. Die Größen μ und ψ_k sind in Bild 6.1.2 eingezeichnet. Die beiden Ausdrücke für ψ_k gleichgesetzt

$$
\cos\alpha - \cos(\alpha+\mu) = \sqrt{2}\, u_{kT} i_d^* = 2d_x, \tag{6.1.4}
$$

In der Form $\cos\alpha - \cos(\alpha+\mu) = K_x u_{kT} i_d^* = 2d_x$ bei $i_d^* = I_d/I_{dN}$ oder

$$
\boxed{\mu = \arccos(\cos\alpha - 2d_x) - \alpha} \tag{6.1.5}
$$

gilt die Gleichung auch für andere Schaltungen, wie die einphasige Brückenschaltung (VEB) und die Drehstrombrücke (VDB), nur die Konstante d_x hat unterschiedliche Werte. Der Überlappungswinkel bei $\alpha = 0$ wird als Anfangsüberlappung mit

$$
\mu_0 = \arccos[1 - K_x u_{kT} i_d^*] \tag{6.1.6}
$$

bezeichnet. In **Bild 6.1.4** ist Gl. (6.1.5) mit $K_x \cdot u_{kT} \cdot i_d^* = 2d_x$ als Parameter aufgetragen. Der Überlappungswinkel ist am größten bei $\alpha_{min} = 0$ (höchste Gleichrichteraussteuerung) und $\alpha_{max} = 180° - \mu_0$ (höchste Wechselrichteraussteuerung). Das Minimum liegt im Bereich von $\alpha = 90°$. Die drei Teilbilder von Bild 6.1.2 für $\alpha = 0$; 45° und 135° gelten für den gleichen Gleichstrom ($i_d^* =$ konst). Deshalb sind nach Gl. (6.1.3) auch die schraffierten Kommutierungs-Spannungszeitflächen ψ_k, unabhängig von ihrer Form, konstant.

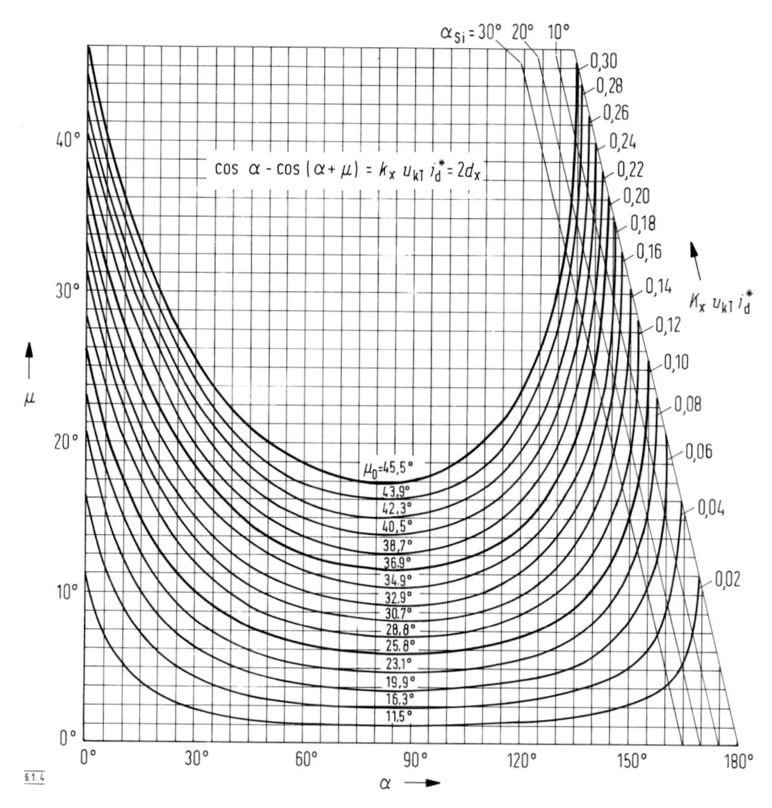

Bild 6.1.4 Nomogramm zur Bestimmung des Überlappungswinkels μ aus der Kurzschluß-spannung u_{kT}, dem Laststrom i_d^* und dem Zündwinkel α

Durch die Überlappung verlieren die Ströme i_{T1}, i_{T2} und i_p ihren rechteckigen Verlauf. Im Aussteuerbereich $20° < \alpha < 160°$ erlangen sie Trapezform, wobei i_p gegenüber der Lage ohne Überlappung eine Phasenverschiebung um ungefähr $\mu/2$ erfährt. Im Bereich $\alpha < 20°$ läßt sich der verschliffene Verlauf von i_p durch den in Bild 6.1.2a3 strichpunktierten, um $2\mu/3$ verschobenen Rechteckstrom annähern.

6.1.2 Steuerverhalten

Die maximale Gleichspannung ergibt sich beim Übergang des Stromes von einem Ventil zum anderen im natürlichen Kommutierungspunkt (Zündverzögerungswinkel $\alpha = 0$); die sich dann einstellende Leerlaufspannung ist die ideelle Leerlaufspannung. Bei der EM-Schaltung ist

$$U_{di} = \frac{1}{\pi} \int_0^{\pi} u_s \, d\omega t = \frac{\sqrt{2}}{\pi} U_s \int_0^{\pi} \sin \omega t \cdot d\omega t = \frac{2\sqrt{2}}{\pi} U_{sN}. \tag{6.1.7}$$

Die Steuerkennlinie $U_d = f(\alpha)$ ergibt sich aus

$$U_d = \frac{1}{\pi} \int_{\alpha}^{\alpha+\pi} \sqrt{2}\, U_{sN} \sin \omega t \cdot d\omega t = \frac{2\sqrt{2}}{\pi} U_{sN} \cos \alpha$$

(L)
$$\boxed{U_d = U_{di} \cos \alpha} \tag{6.1.8}$$

für lückfreien Gleichstrom, d.h. bei einer Belastung mit induktiver Komponente. Bei ohmscher Belastung ist dagegen

(R)
$$\boxed{U_d = \frac{1}{\pi} \int_{\alpha}^{\pi} \sqrt{2}\, U_s \cdot \sin \omega t \cdot d\omega t = U_{di}\,(1 + \cos \alpha)/2}\ , \tag{6.1.9}$$

denn bei dieser Belastung sperrt der bisher stromführende Thyristor beim Nulldurchgang der Speisespannung. Das **Bild 6.1.5** zeigt die beiden Steuerkennlinien. Im Falle L liefert der Stromrichter für $\alpha > 90°$ eine negative Spannung. Da der Gleichstrom über den ganzen Aussteuerbereich positiv ist, ändert sich mit dem Vorzeichen der Spannung auch die Energierichtung, d.h., bei $\alpha > 90°$ und lückfreiem Strom wird Energie vom Verbraucher in das Versorgungsnetz zurückgespeist, der Stromrichter befindet sich im Wechselrichterbetrieb. Natürlich ist ein Wechselrichterbetrieb nur bei Verbrauchern möglich, die Energie speichern können. Verhältnismäßig kleine Energie wird in Induktivitäten gespeichert, so daß der Stromrichter nur kurzzeitig im Wechselrichterbetrieb bleibt. Trotzdem ist die Wechselrichterwirkung für die Steuerung des Stromes von Erregerwicklungen von Bedeutung, da sie die Entregungszeit wesentlich verkürzt.
Bei der Ankerspeisung von Gleichstrommotoren wird die Energie mechanisch als kinetische Energie in den umlaufenden Massen und mitunter als potentielle Energie bei durchziehenden Lasten (Kranhubwerke, Schrägaufzüge, Fahrzeugantriebe während Bergfahrt usw.) gespeichert. Bei Antrieben für Prüfstände von Motoren, Getrieben, Bremsen usw. kann der Wechselrichterbetrieb die Hauptbetriebsart sein.

6.1.3 Unvollständige Glättung

Eine auch nur annähernd vollständige Glättung des Gleichstromes ist bei zweipulsigen Stromrichtern zur Ankerspeisung von Gleichstrommotoren – wegen der hierfür erforderlichen unwirtschaftlich großen Glättungsinduktivitäten – nicht möglich. Dadurch weicht die Steuerkennlinie in Abhängigkeit vom Induktivitätsverhältnis L_d/L_k vom Verlauf – Bild 6.1.5 – ab. Das **Bild 6.1.6** zeigt, nach Möltgen

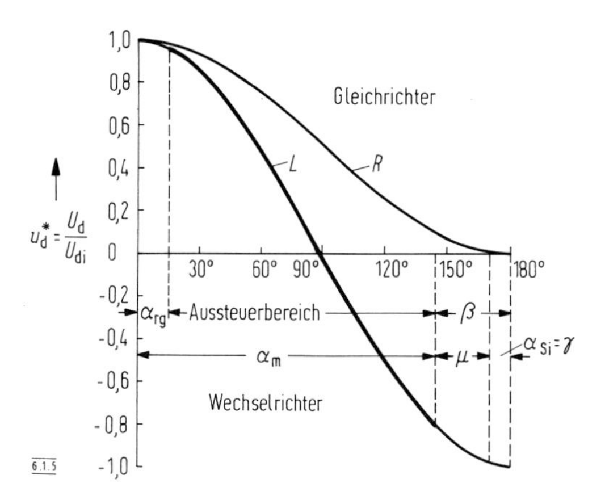

Bild 6.1.5 Steuerkennlinie des voll gesteuerten zweipulsigen Stromrichters bei ungeglättetem (R) und geglättetem Gleichstrom (L)

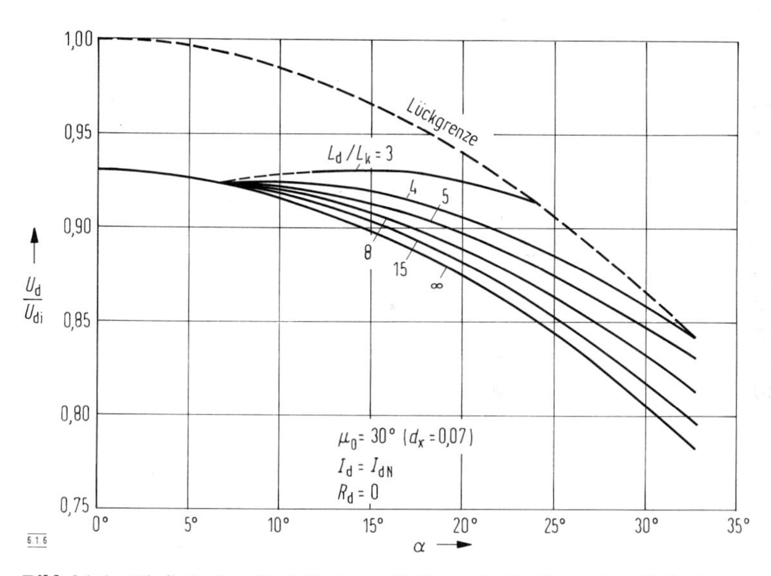

Bild 6.1.6 Einfluß des Verhältnisses L_d/L_k auf die Steuerkennlinie bei unvollständiger Glättung

[0.33], die Abhängigkeit der Steuerkennlinie vom Verhältnis L_d/L_k für $\mu_0 = 30°$, $I_d = I_{dN} =$ konst und $R_d = 0$. Die einzelnen Kennlinien enden an der gestrichelt gezeichneten Lückgrenze.

Die große Masse der zweipulsigen Stromrichter, überwiegend in Brückenschaltung und kleiner Leistung, wird mit kleiner Kommutierungsinduktivität L_k betrieben

($\mu_0 \leq 15°$), so daß ihr Einfluß auf die Steuerkennlinie – lückfreier Betrieb vorausgesetzt – allein durch ihren Spannungsabfall (d_x) berücksichtigt werden soll. Unabhängig davon bleibt das in Abschnitt 6.1.7 behandelte Lückproblem.

6.1.4 Spannungsmäßige Bemessung

Der durch die Kommutierungsreaktanz $X_k = 2\pi f_{Nz} L_k$ verursachte Spannungsabfall wird zweckmäßigerweise auf die ideelle Leerlaufspannung U_{di} bezogen

$$d_x = \frac{\Delta U_d}{U_{di}} = \frac{U_{di} - U_{d(\alpha=0)}}{U_{di}} = \frac{\psi_k}{U_{di}\pi} \tag{6.1.10}$$

und mit Gl. (6.1.3) bei $i_d^* = I_d/I_{dN}$

$$d_x = u_{kT}\, i_d^* / \sqrt{2} \quad \text{allgemein} \tag{6.1.11}$$

$$d_x = K_x u_{kT}\, i_d^*/2 = d_{xN}\, i_d^* \,.$$

Bei der Bemessung der frei wählbaren Speisespannung U_s sind zu berücksichtigen:

- der größte zu erwartende Netzspannungseinbruch $d_{u-} = (U_{pN} - \Delta U_p)/U_{pN}$,
- der maximale induktive Spannungsabfall $d_{xm} = d_{xN}\, i_{dm}^*$,
- der Wirkspannungsabfall $d_r = R_d \cdot I_{dN} \cdot i_{dm}^*/U_{AN}$,
- die Regelreserve α_{rg},

sowie im Wechselrichterbetrieb:

- der Zündverfrühungswinkel β,
- der Sicherheitswinkel α_{si}.

6.1.4.1 Gleichrichter

Wie Bild 6.1.5 zeigt, ist die Steigung der Steuerkennlinie $\mathrm{d}u_d^*/\mathrm{d}\alpha$ bei $\alpha = 0$ ebenfalls null. Damit im Nennarbeitspunkt die Verstärkung des Drehzahlregelkreises noch genügend groß ist, muß er nach $\alpha_{rg} = 10$ bis $20°$ verschoben werden. Die beiden Einflußgrößen β und α_{si} beziehen sich auf die äußerste Wechselrichteraussteuerung; sie können bei einem Stromrichter, der nur als Gleichrichter betrieben wird, unberücksichtigt bleiben.

Ist U_{AN} die Nennankerspannung, die bei dem Gleichstrom $I_{dm} = I_{dN}\, i_{dm}^*$ einstellbar sein soll, so gilt

$$U_{dm} = U_{AN}\,(1 + d_{rN}\, i_{dm}^*) = U_{di}\,(d_{u-} \cdot \cos\alpha_{rg} - d_{xN}\, i_{dm}^*)$$

$$\boxed{U_{di} = \frac{U_{AN}\,(1 + d_{rN}\, i_{dm}^*)}{d_{u-} \cdot \cos\alpha_{rg} - d_{xN}\, i_{dm}^*}} \,. \tag{6.1.12}$$

Bei einem ungesteuerten Gleichrichter ist $\alpha_{rg} = 0$ (Diodengleichrichter)

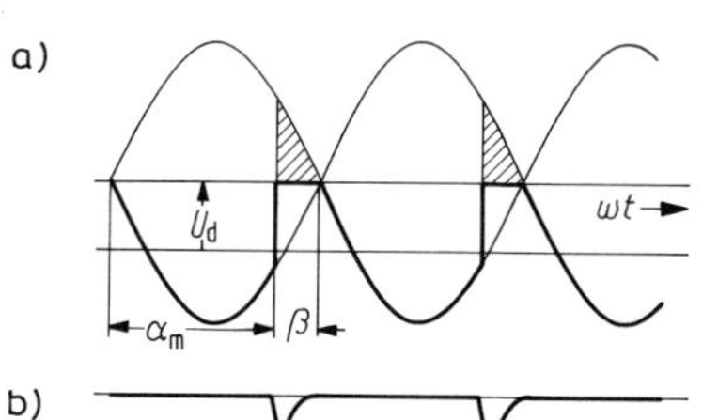

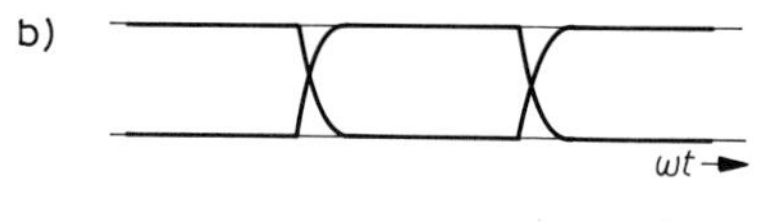

Bild 6.1.7 Äußerste Wechselrichteraussteuerung
a, b) Betrieb an der Kippgrenze
c) Kippung infolge Überstrom

$$U_{di} = \frac{U_{AN}\,(1 + d_{rN}\, i_{dm}^*)}{d_{u-} - d_{xN}\, i_{dm}^*}. \tag{6.1.13}$$

Die Netzspannung hat auch einen positiven Schwankungsbereich

$d_{u+} = (U_{pN} + \Delta U_p)/U_{pN}$.

Dann steigt die Ankerspannung auf (Diodengleichrichter)

$$U_A = U_{di}\,\frac{d_{u+} - d_{xN}\, i_d^*}{1 + d_{rN}\, i_d^*}, \tag{6.1.14}$$

vorausgesetzt, beim Laststrom i_d^* tritt noch kein Lücken ein. Ist dagegen der Gleichstrom praktisch null, so lückt mit Sicherheit der Strom, und die Ankerspannung läuft hoch auf

$$U_{Am} \approx \sqrt{2}\, U_s = \frac{\pi}{2}\, U_{di}.$$

Mit Gl. (6.1.12) ergibt sich die Steuerkennlinie

$$U_A = U_{di}\,\frac{\cos\alpha - d_{xN}\, i_d^*}{1 + d_{rN}\, i_d^*}. \quad \text{(Aussteuerbereich } 0 \le \alpha \le 90°) \tag{6.1.15}$$

6.1.4.2 Wechselrichter

Das **Bild 6.1.7a** und **b** zeigt den Spannungs- und Stromverlauf der EM-Schaltung bei äußerster Wechselrichteraussteuerung. Der Zündwinkel ist nach oben durch $\alpha_m = 180° - \beta$ begrenzt. Der Zündverfrühungswinkel β muß mindestens gleich dem Anfangsüberlappungswinkel μ_0 nach Gl. (6.1.6) sein. Dann ist die Kommutierungs-Spannungszeitfläche gerade groß genug, um, wie in **Bild 6.1.7b** gezeigt, den abgelösten Ventilstrom auf null zu bringen. Ist diese Bedingung nicht erfüllt, also $\beta < \mu_0$, so steht nur die Kommutierungs-Spannungszeitfläche

$$\psi_k = \sqrt{2}\, U_s \int_{180°-\beta}^{180°} \sin \omega t \, d\omega t = \sqrt{2}\, U_s (1 - \cos \beta) = X_k (I_d - I_{d\,min}) < X_k I_d$$

zur Verfügung. Der Strom im abgelösten Thyristor wird nicht zu null, sondern durchläuft nur ein Minimum und steigt danach auf Kurzschlußwerte an. Der Wechselrichter kippt. Dieser Zustand ist in **Bild 6.1.6c** durch Erhöhung des Gleichstromes von I_d auf I_{dsp} herbeigeführt worden. Der Kippvorgang wird genauer in Abschnitt 6.5.5 für 3- bzw. 6pulsige Stromrichterschaltungen behandelt.
Da die Kippgrenze eine absolute Grenze ist, bei deren Überschreiten sofort die Überstromauslösung anspricht, muß mit Rücksicht auf besonders tiefe Netzspannungseinbrüche und/oder unerwartet hohe Überströme bei äußerster Wechselrichteraussteuerung ein Sicherheitswinkel α_{si} vorgesehen werden. Für die äußerste Wechselrichteraussteuerung läßt sich, entsprechend Gl. (6.1.4), schreiben

$$\cos \alpha_m - \cos (\alpha_m + \mu) = \frac{2\, d_{xN}\, i^*_{dm}}{d_{u-}} \tag{6.1.16}$$

$$\cos (180° - \beta) - \cos (180° - \alpha_{si}) = \frac{2\, d_{xN}\, i^*_{dm}}{d_{u-}}$$

$$\beta = 180° - \alpha_m = 180° - \arccos \left[\frac{2\, d_{xN}\, i^*_{dm}}{d_{u-}} + \cos (180° - \alpha_{si}) \right], \tag{6.1.17}$$

und die ideelle Leerlaufspannung muß sein

$$\boxed{U_{di} = \frac{U_{AN} (1 - d_{rN}\, i^*_{dm})}{d_{u-} \cos \beta + d_{xN}\, i^*_{dm}}} \quad ; \quad \text{Wechselrichterbetrieb } (90° > \alpha \geq \beta). \tag{6.1.18}$$

Arbeitet der Stromrichter sowohl im Gleichrichter- wie auch im Wechselrichterbereich, so ist U_{di} nach Gl. (3.1.12) wie auch nach Gl. (3.1.18) zu bestimmen und der größere Wert – er wird sich fast immer nach Gl. (3.1.18) ergeben – zu wählen.

6.1.5 Thyristorbeanspruchung

Für netzgeführte Stromrichter werden in beiden Richtungen sperrende Thyristoren benötigt. Die an sie gestellten Anforderungen hinsichtlich zulässiger Sperrspannung

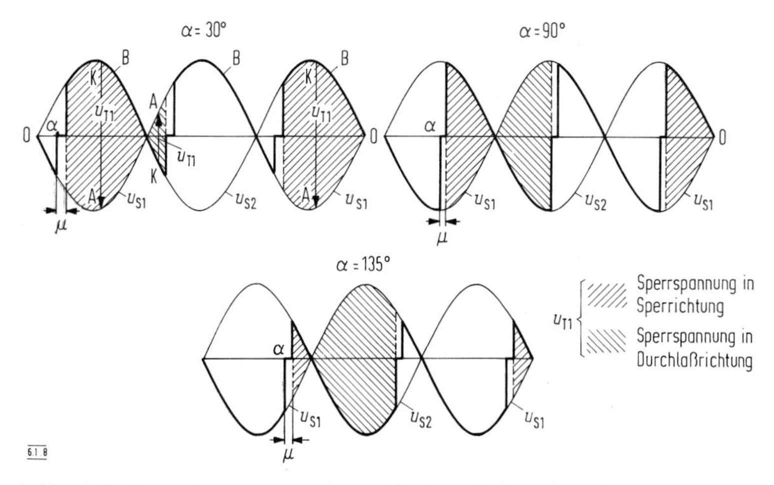

Bild 6.1.8 Sperrspannung an einem Thyristor bei Gleichrichter- und Wechselrichteraussteuerung

sind hoch, da schon bei mittleren Leistungen für den Gleichstrommotor Ankerspannungen von 400 V und mehr gewählt werden und wegen der netzbedingten Störeinflüsse hohe Sicherheitszuschläge zu machen sind. Trotzdem ist heute die Spannungsbemessung unkritisch, da größere Thyristortypen mit Sperrspannungen von über 1500 V zur Verfügung stehen. Auf die – wegen der Streuung der Zündverzögerung – unangenehme Reihenschaltung von Thyristoren kann bei Industrieantrieben immer verzichtet werden.

Schon eher wird die Stromgrenze bei Stromrichtern mit einem Thyristor pro Zweig erreicht, obgleich große Scheiben-Thyristoren Dauerströme von über 1000 A zulassen. Der Gleichstrommotor ist eben für Zeiten, die für den Thyristor wegen seiner kleinen thermischen Zeitkonstanten keine Kurzzeitbelastung darstellen, um 50% oder mehr überlastbar. Trotzdem verzichtet man selbst in Grenzfällen darauf, in den einzelnen Stromrichterzweigen mehrere Thyristoren parallelzuschalten, um die hohen Kosten für den Sonderaufbau und die zusätzlichen Stromausgleichsglieder einzusparen. Dafür schaltet man komplette Stromrichter in Drehstrombrückenschaltung parallel. Wenn den Einzelstromrichtern Kommutierungsdrosseln vorgeschaltet werden, so kann die gleichmäßige Stromaufteilung über eine mit geringen Mitteln zu verwirklichende Stromverhältnisregelung sichergestellt werden. Die Parallelschaltung von zwei Stromrichtern bietet außerdem den Vorteil, daß der Antrieb beim Ausfall eines Einzelstromrichters immer noch mit der anderen Hälfte bei halbem Moment weitergefahren werden kann.

Die Sperrspannungsbeanspruchung des Thyristors ist abhängig vom Zündwinkel α. Bei $\alpha = 0$, der Betriebsart des Dioden-Gleichrichters, liegt am Ventil nur Sperrspannung in Sperrichtung. Das **Bild 6.1.8** zeigt für die EM-Schaltung mit den Bezeichnungen nach Bild 6.1.3 die am Thyristor T1 liegenden Sperrspannungs-

Zeitflächen. Die Sperrspannungs-Zeitflächen in Durchlaßrichtung und in Sperrrichtung sind unterschiedlich schraffiert. Mit zunehmendem Winkel α nimmt die Dauer der Beanspruchung in Sperrichtung ab und die Dauer der Beanspruchung in Durchlaßrichtung zu.
Unmittelbar nachdem der Thyristor im Überlappungsbereich (μ) an das folgende Ventil abgegeben hat, liegt an ihm Spannung in Sperrichtung. Spannung in Durchlaßrichtung kann erst nach dem Nulldurchgang der Speisespannung auftreten. Es bleibt bei dem in Sperrung gegangenen Thyristor genügend Zeit zum Ausräumen der restlichen Ladungsträger. Thyristoren für netzgeführte Stromrichter brauchen somit keine kleine Freiwerdezeit zu haben.
Die Stromänderungsgeschwindigkeit $\mathrm{d}i_T/\mathrm{d}t$ ist wegen der Überlappung niedrig. Selbst bei der Kommutierung des Nennstromes I_{TN} während des kleinen Überlappungswinkels $\mu = 2°$ ist bei $f_{Nz} = 50\,\mathrm{Hz}$ die tatsächliche Stromsteilheit $\pm\,\mathrm{d}i_T/\mathrm{d}t = 0{,}01\,I_{TN}/\mu s$, während der zulässige Wert bei mehr als dem 10fachen liegt.
Die niedrige Stromsteilheit hat zur Folge, daß, wenn eine Thyristorbeschaltung vorhanden ist, auch die Steilheit der wiederkehrenden Spannung bei kleinen Werten bleibt. Das zeigt der Abschnitt 5.2.6 Ventilbeschaltung. Infolge der niedrigen Stromsteilheit nimmt nach Gl. (5.2.18) die Konstante B große Werte an, die, in Gl. (5.2.20) eingesetzt, zu einem langsamen Anstieg der wiederkehrenden Spannung führt. Nur ohne Thyristorbeschaltung ist zu prüfen, ob die Steilheit der wiederkehrenden Spannung unter dem zulässigen Wert bleibt. Auf jeden Fall kann bei netzgeführten Stromrichtern die Beschaltung knapp, d.h. R_{bT} (Gl. (5.2.21)) groß und C_{bT} (Gl. (5.2.22)) klein, gehalten werden.

6.1.6 Wechselkomponenten auf der Gleichstromseite

Die nutzbare Ausgangsgröße des netzgeführten Stromrichters ist die Gleichspannung U_d. An den Ausgangsklemmen zur Verfügung steht aber die ungeglättete Gleichspannung u_d, die neben U_d eine Wechselspannungskomponente $u_d{}^\sim$ enthält. Die Größe von $u_d \sim$ wird vor allem durch die Pulszahl bestimmt, deshalb werden im mittleren bis hohen Leistungsbereich mit der Drehstrombrückenschaltung sechspulsige Stromrichter vorgesehen.

6.1.6.1 Wechselspannungskomponente

Die zweipulsigen Schaltungen zeigen, wie aus Bild 6.1.2 zu ersehen ist, am Gleichspannungsausgang eine große Wechselspannungskomponente $u_{d\sim}$. Sie ist in **Bild 6.1.9a** für fünf Steuerwinkel unter Annahme einer großen Anfangsüberlappung von $\mu_0 = 40°$ herausgezeichnet. Da entsprechend $u_{d\sim}$ die Glättungsinduktivität L_d des Gleichstromkreises zur Erlangung eines genügend kleinen Stromes $i_{d\sim}$ zu bemessen ist und sich dieser nach dem Induktionsgesetz zu

$$i_{d\sim} = \frac{1}{L_d} \int u_{d\sim}\,\mathrm{d}t = \frac{1}{\omega_{Nz} L_d} \int u_{d\sim}\,\mathrm{d}\omega_{Nz} t = \frac{\psi_d}{X_d}$$

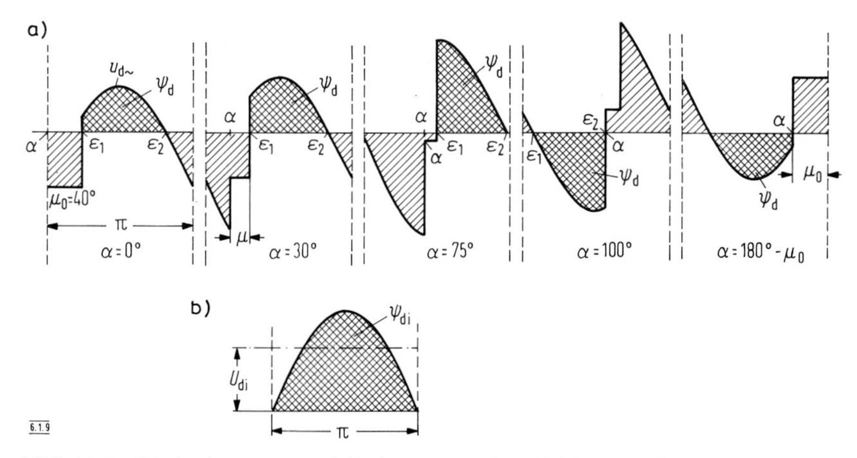

Bild 6.1.9 Wechselspannungszeitflächen ψ_d auf der Gleichstromseite

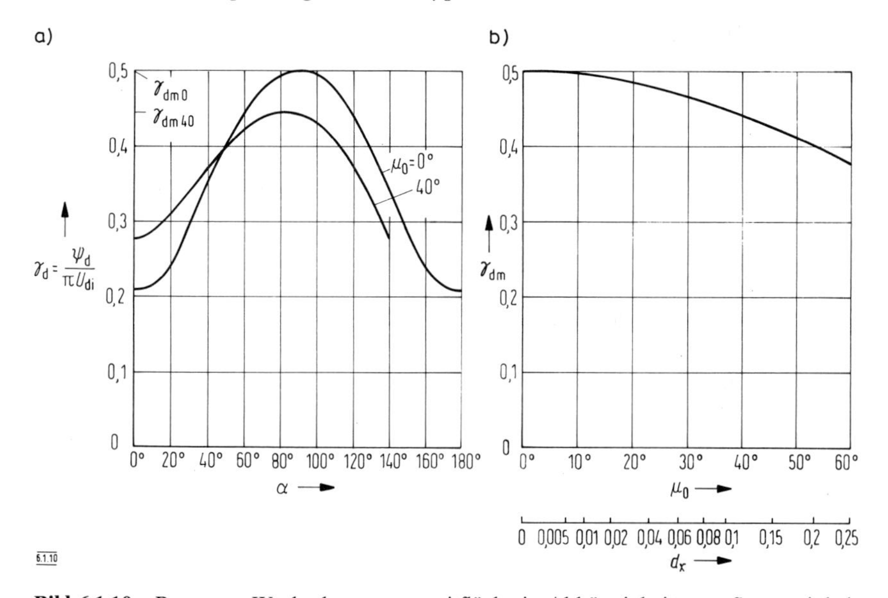

Bild 6.1.10 Bezogene Wechselspannungszeitfläche in Abhängigkeit vom Steuerwinkel

ergibt, ist es zweckmäßig, $u_{d\sim}$ durch die Spannungszeitfläche $\psi_d = \int_{\varepsilon_1}^{\varepsilon_2} u_{d\sim} \cdot d\omega_{Nz} t$ zu kennzeichnen. Bezieht man sie auf die Spannungszeitfläche einer Halbwelle der Speisespannung $\psi_{di} = U_{di} \cdot \pi$, so erhält man für die relative Wechselspannungsbelastung des Verbraucherkreises $\gamma_d = \psi_d/(\pi\, U_{di})$, die in **Bild 6.1.10a** gezeigte Abhängigkeit vom Zündwinkel α. Durch die Überlappung erhöht sich, wie die Kennlinie für

$\mu = 40°$ zeigt, die Welligkeit bei $\alpha = 0$, gleichzeitig geht die maximale Welligkeit herunter. Die Glättungsdrossel wird für den Maximalwert γ_{dm} bemessen. Es ist

$$\gamma_{dm} = (1 + \cos \mu_0)/4 = (1 - d_x)/2. \qquad (6.1.19)$$

In **Bild 6.1.10b** ist γ_{dm} über μ_0 aufgetragen. Für kleine Kommutierungsreaktanz X_k bzw. für kleine bezogene Transformator-Kurzschlußspannung u_{kT} ($d_x \leq 0{,}04$) kann $\gamma_{dm} \approx 0{,}5$ gesetzt werden. Die Wechselspannungskomponente setzt symmetrische Aussteuerung in den beiden Pulsbereichen voraus. Bei unsymmetrischer Aussteuerung, z. B. bei fehlerhaftem Impulssteuergerät, kann sie wesentlich größer sein. Die Wechselspannungskomponente läßt sich auch durch die Fourieranalyse über ihre harmonischen Spannungen mit der Ordnungszahl ν beschreiben. Dabei bestimmt bei vollgesteuerten netzgeführten Stromrichtern die Beziehung

$$\nu = a \cdot p_{SR}, \quad \text{mit } a = 1, 2, 3 \ldots, \qquad (6.1.20)$$

die auftretenden Harmonischen. Bei $p_{SR} = 2$ treten somit alle geradzahligen Harmonischen in Erscheinung. Der Einfluß des induktiven Spannungsabfalls (d_x, μ) auf die Oberschwingungseffektivwerte kann vernachlässigt werden. Das Spektrum hat folgende Effektivwerte **(Tabelle 6.1.1):**

	$\nu =$	2	4	6	8	10	12	w_{ud}	$\sqrt{\sum \left(\frac{U_{d(\nu)}}{\nu U_{di}}\right)^2}$
$\frac{U_{d(\nu)}}{U_{di}}$	$\alpha = 0$	0,47	0,09	0,04	0,02	0,014	0,01	0,48	–
	$\alpha = 90°$	0,94	0,37	0,23	0,18	0,15	0,11	1,07	–
$\frac{U_{d(\nu)}}{\nu U_{di}}$	$\alpha = 0$	0,235	0,0225	0,0067	0,0025	0,0014	0,0033	–	0,236
	$\alpha = 90°$	0,47	0,925	0,0383	0,0225	0,015	0,0092	–	0,481

Tabelle 6.1.1: Frequenzspektrum der ungeglätteten Gleichspannung des voll gesteuerten zweipulsigen Stromrichters (EM, VEB)

Das Verhältnis des Gesamt-Effektivwertes der überlagerten Wechselspannung zu U_{di} wird als Welligkeit

$$w_{ud} = \sqrt{\sum U_{d(\nu)}^2}/U_{di} \qquad (6.1.21)$$

bezeichnet. In Tabelle 6.1.1 sind die Welligkeiten für $\alpha = 0$ und $\alpha = 90°$ angegeben. Sie werden überwiegend von der Wechselspannung mit $\nu = 2$ bestimmt.
Eine weitere Kenngröße für den Wechselspannungsgehalt der ungeglätteten Gleichspannung ist der Formfaktor

$$f_{fu} = \sqrt{1 + w_{ud}^2 \, (U_{di}/U_d)^2}. \qquad (6.1.22)$$

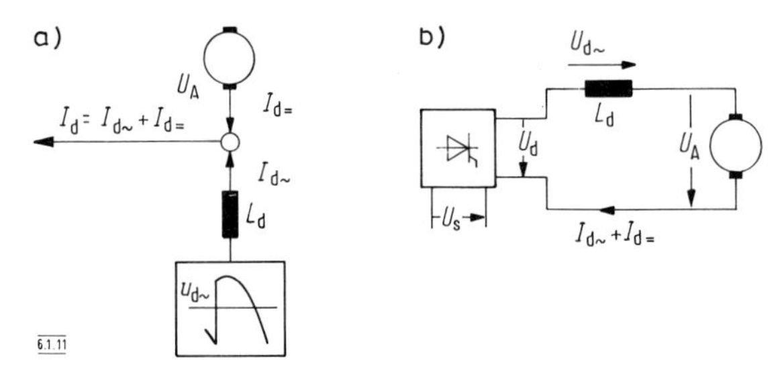

Bild 6.1.11 Funktionelle Abhängigkeit der Gleich- und Wechselstromkomponenten des Gleichstromkreises

Er gibt an, um wieviel der Effektivwert der ungeglätteten Gleichspannung größer ist als die Gleichspannung U_d.

6.1.6.2 Wechselstromkomponente

Wird die Ankerinduktivität als klein gegen die der Glättungsdrossel angenommen, so läßt sich für das Stromverhalten des Lastkreises die in **Bild 6.1.11a** angegebene Ersatzanordnung angeben. Der über den Lastkreis fließende Strom I_d setzt sich aus einer Gleichstromkomponente $I_{d=}$ und einer Wechselstromkomponente $I_{d\sim}$ zusammen. Bei Vernachlässigung der Wirkwiderstände sind beide Komponenten gegeneinander vollständig entkoppelt. Der Gleichstrom wird allein durch das Motormoment bestimmt, während sich der Wechselstrom nach Maßgabe von $U_{d\sim}$ und der Glättungsinduktivität L_d einstellt. Der zugehörige reale Ankerkreis ist in **Bild 6.1.11b** wiedergegeben.

Für $\alpha = 45°$ und $d_x = 0{,}12$ ergibt sich der in **Bild 6.1.12** gezeigte zeitliche Verlauf der Ströme und Spannungen. Aus Bild 6.1.12a läßt sich die in Bild 6.1.12b aufgetragene Wechselspannungskomponente $u_{d\sim}$ entnehmen. Sie ruft einen Strom

$$i_{d\sim} = \frac{1}{\omega_{Nz} L_d} \int u_{d\sim} \, d\omega_{Nz} t = \frac{1}{X_d} \int u_{d\sim} \, d\omega_{Nz} t$$

hervor. Von Interesse ist die maximale Schwankung des Stromes $i_{d\sim}$

$$\Delta I_d = \frac{1}{X_d} \int_{\varepsilon_1}^{\varepsilon_2} u_{d\sim} \, d\omega_{Nz} t = \frac{\psi_d}{X_d} = \frac{\gamma_d \psi_{di}}{X_d} = \frac{\gamma_d \pi U_{di}}{X_d}. \tag{6.1.23}$$

Die bezogene Spannungszeitfläche γ_d ist aus Bild 6.1.10a zu entnehmen.

Die Bemessung der Induktivität des Gleichstromkreises $L_d = L_{Dr} + L_M$ kann nach Gl. (6.1.23) erfolgen

$$L_d = \frac{\gamma_d U_{di}}{2 f_{Nz} \Delta I_d}. \tag{6.1.24}$$

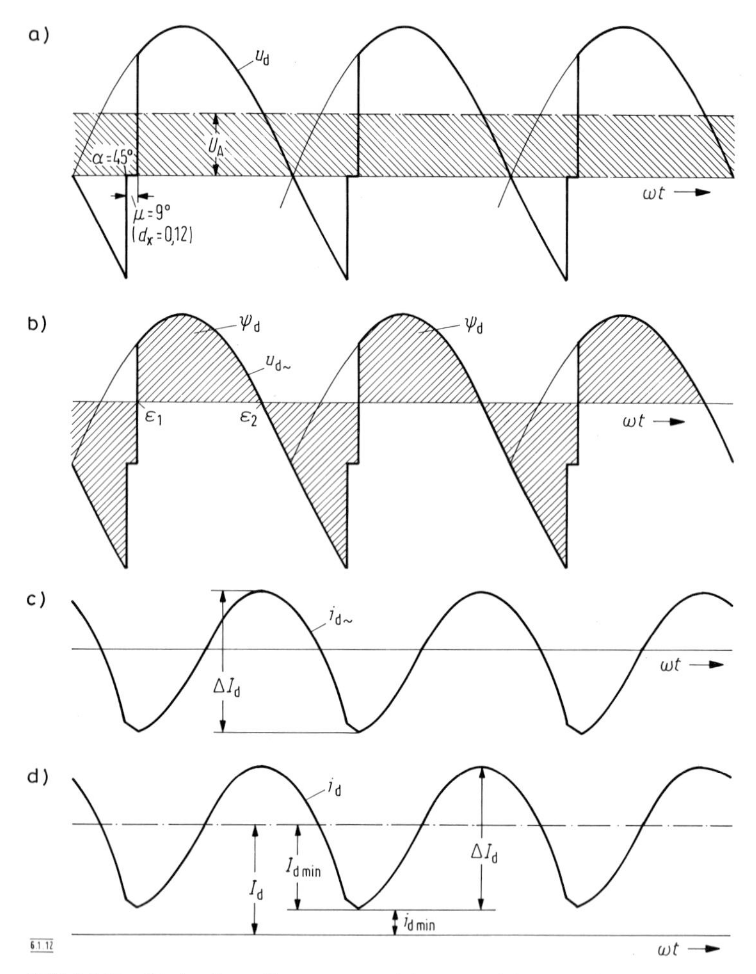

Bild 6.1.12 Verlauf von Spannung und Strom auf der Gleichstromseite bei unvollständiger Glättung

Die Glättungsdrossel soll – wie aus Bild 6.1.12d hervorgeht – so bemessen werden, daß bei einem vorgegebenen minimalen Gleichstrom $I_{d\,min}$ der Strom i_d gerade noch nicht die Null-Linie berührt ($I_{dmin} = I_{dl}$). Dabei ist I_{dl} der Lück-Grenzstrom. In Gl. (6.1.24) ist der Wert für den ungünstigsten Steuerwinkel α einzusetzen. Erstreckt sich der Stellbereich bis $U_d = 0$, so ist γ_{dm} nach Bild 6.1.10b zu wählen. Dem **Bild 6.1.13** liegt diese Aussteuerung zugrunde. Aus dem Stromdiagramm ist $\Delta I_d = (\pi/2)\, I_{dl}$ zu entnehmen. Damit ergibt sich, unter Berücksichtigung von Gl. (6.1.19),

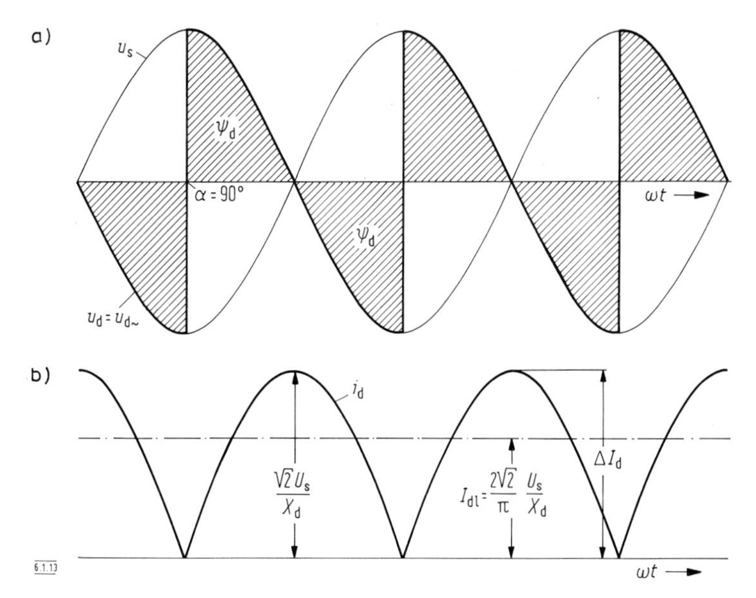

Bild 6.1.13 Verlauf von Spannung und Strom auf der Gleichstromseite bei $\alpha = 90°$ an der Lückgrenze

$$\boxed{L_d = \frac{1 - d_x}{\omega_{Nz}} \frac{U_{di}}{I_{dl}} = 0{,}159 \frac{(1 - d_x)\, U_{di}}{f_{Nz} I_{dl}}} \quad . \tag{6.1.25}$$

Die Bemessung von L_d, entsprechend einer gewünschten Lückgrenze, erfolgt allerdings in der Regel nur bei sechspulsigen netzgeführten Stromrichtern. Bei zweipulsigen Stromrichtern verbieten sich in vielen Fällen die hohen Kosten für die nach Gl. (6.1.25) großen Glättungsdrosseln. Man muß dann den Lückbetrieb in Kauf nehmen und mit wesentlich kleinerer Glättungsdrossel auskommen, die nur den Formfaktor des Gleichstromes mit Rücksicht auf die Kupferverluste und die Kommutierung des Gleichstrommotors in tragbaren Grenzen hält. Hierauf ist bereits in den Abschnitten 4.7.2.2 und 4.7.2.3 ausführlich eingegangen worden. Besonders ist auf Bild 4.7.6 hinzuweisen.

Die Effektivwerte der Wechselstromharmonischen $I_{d(\nu)}$ sind proportional $U_{d(\nu)}/(\nu \cdot U_{di})$. Bei ihnen dominiert noch stärker als bei der Wechselspannungskomponenten die Harmonische mit der niedrigsten Ordnungszahl, deshalb stimmt nach Tabelle 6.1.1 $\sqrt{\sum_{\nu} (U_{d(\nu)}/(\nu \cdot U_{di}))^2}$ beinahe mit $U_{d(2)}/(2 \cdot U_{di})$ überein.

Mit der Stromwelligkeit $w_i = \sqrt{\sum_{\nu} I^2_{d(\nu)}}/I_{d=}$ und $I_{d(\nu)} = U_{d(\nu)}/(\nu\, \omega_{Nz} L_d)$ ergibt sich der Strom-Formfaktor zu

$$f_{\mathrm{fi}}=\sqrt{1+\frac{1}{L_{\mathrm{d}}^{2}}\left(\frac{U_{\mathrm{di}}}{I_{\mathrm{d}}\,\omega_{\mathrm{Nz}}}\right)^{2}\sum_{\nu}\left(\frac{U_{\mathrm{d}(\nu)}}{\nu\cdot U_{\mathrm{di}}}\right)^{2}}$$

und daraus

$$L_{\mathrm{d}}=\frac{U_{\mathrm{di}}}{I_{\mathrm{d}}\,\omega_{\mathrm{Nz}}}\,\frac{1}{\sqrt{f_{\mathrm{fi}}^{2}-1}}\sqrt{\sum_{\nu}\left(\frac{U_{\mathrm{d}(\nu)}}{\nu\cdot U_{\mathrm{di}}}\right)^{2}}\,. \tag{6.1.26}$$

Da das Summenglied aus Tabelle 6.1.1 entnommen werden kann, und zwar bei einem Stromrichter für $\alpha=90^{\circ}$ und einer Diodenschaltung für $\alpha=0^{\circ}$, so läßt sich mit Gl. (6.1.26) die Glättungsinduktivität L_{d} für einen vorgegebenen Formfaktor bestimmen.

$$\boxed{L_{\mathrm{d}}=\frac{0{,}48}{(0{,}24)}\,\frac{U_{\mathrm{di}}}{I_{\mathrm{dN}}\,\omega_{\mathrm{Nz}}}\,\frac{1}{\sqrt{f_{\mathrm{fi}}^{2}-1}}}\;;\quad \begin{matrix}\alpha=90^{\circ}\\ (\alpha=\;\,0^{\circ})\end{matrix} \tag{6.1.26a}$$

und für $f_{\mathrm{fi}}=1{,}2$ (1,44fache Motor-Kupferverluste gegenüber reinem Gleichstrom)

$$L_{\mathrm{d}}=\frac{0{,}725}{(0{,}356)}\,\frac{U_{\mathrm{di}}}{I_{\mathrm{dN}}\,\omega_{\mathrm{Nz}}}\,. \tag{6.1.26b}$$

Soll dagegen die Nennleistung des Motors nicht herabgesetzt werden, ist $f_{\mathrm{fi}}=1{,}05$ mit der Glättungsdrossel

$$L_{\mathrm{d}}=\frac{1{,}5}{(0{,}74)}\,\frac{U_{\mathrm{di}}}{I_{\mathrm{dN}}\,\omega_{\mathrm{Nz}}} \tag{6.1.26c}$$

zu wählen. Die in Klammern stehenden Zahlenwerte gelten für $\alpha=0$. Danach sollte, wie im folgenden Abschnitt gezeigt, über Gl. (6.1.25) die Lückgrenze kontrolliert werden, um festzustellen, wieweit sie in den Arbeitsbereich des Antriebes hineinreicht.

6.1.7 Lückbetrieb

6.1.7.1 Stromverlauf

Der Gleichstrommotor läßt sich mit lückendem Ankerstrom betreiben, wenn die höheren Ankerstrom-Verluste bei der Motorbemessung berücksichtigt werden und die ungünstigen Stelleigenschaften durch geeignete Änderung der Beschaltung des Ankerstromreglers weitgehend kompensiert werden. Für den lückenden Strom im Gleichstromkreis **Bild 6.1.14a** gilt – bei Vernachlässigung des induktiven Spannungsabfalls auf der Wechselstromseite ($d_{\mathrm{x}}=0$, d. h. starre Speisespannung U_{s}) – die Differentialgleichung

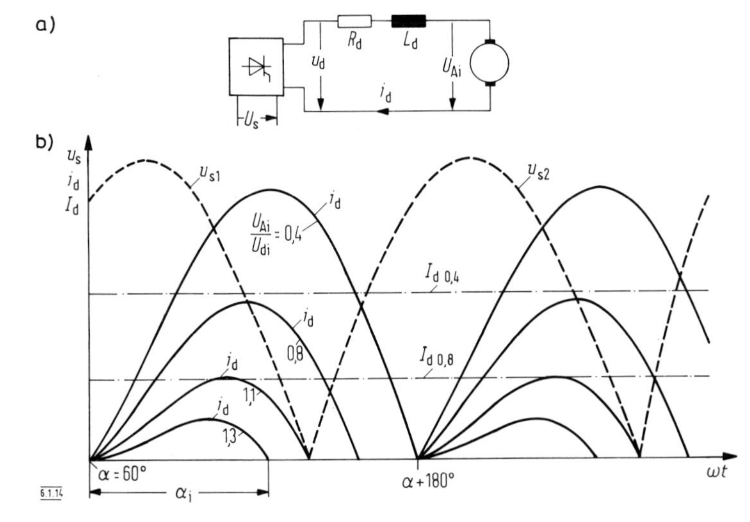

Bild 6.1.14 Stromverlauf im Lückbereich

$$u_d = \hat{U}_s \cos(\omega_{Nz} t + \alpha - 90°) = U_{Ai} + R_d \cdot i_d(t) + L_d \frac{di_d(t)}{dt}.$$

In Exponentialform geschrieben

$$u_d = \hat{U}_s e^{j(\alpha - 90°)} e^{j\omega_{Nz} t} = \hat{U}_1 e^{j\omega_{Nz} t} = U_{Ai} + L_d \left(\frac{i_d^*(t)}{T_A} + \frac{di_d^*(t)}{dt} \right) \tag{6.1.27}$$

Anfangsbedingung $i_d^*(+0) = 0; \quad T_d = L_d/R_d$

$$\hat{U}_1 \frac{1}{p - j\omega_{Nz}} = \frac{U_{Ai}}{p} + L_d \left(\frac{1}{T_d} + p \right) i_d^*(p)$$

$$i_d^*(p) = \frac{\hat{U}_1/L_d}{(p - \omega_{Nz})(p + 1/T_d)} - \frac{U_{Ai}}{L_A} \frac{1}{p(p + 1/T_d)} \tag{6.1.28}$$

$$i_d^*(t) = \frac{\hat{U}_s}{\sqrt{R_d^2 + (\omega_{Nz} L_d)^2}} \left(e^{j(\omega_{Nz} t + \psi)} - e^{j\psi} e^{-t/T_d}\right) - \frac{U_{Ai}}{R_A} \left(1 - e^{-t/T_d}\right), \tag{6.1.29}$$

mit $\psi = \alpha - 90° - \arctan \omega_{Nz} T_d$.

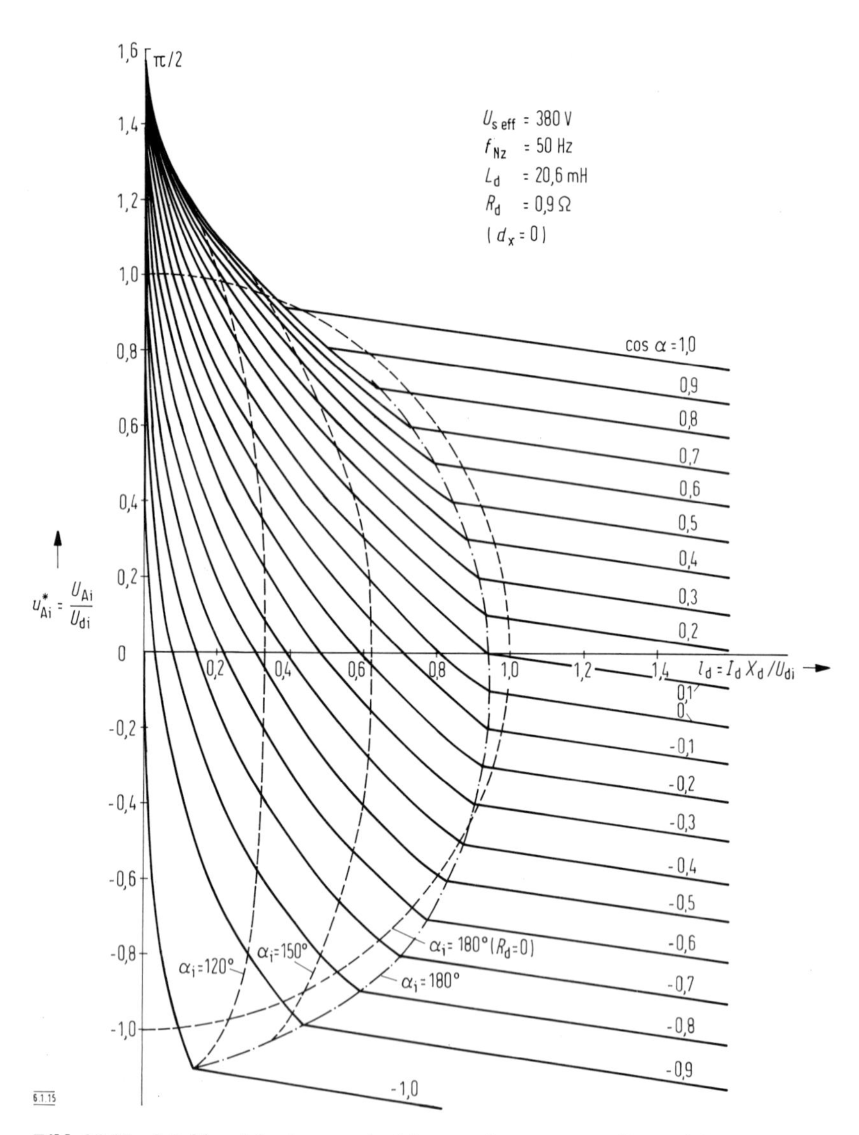

Bild 6.1.15 Lückbereich eines zweipulsigen, voll gesteuerten Stromrichters

Der gesuchte Strom ist der Realteil von i_d^*

$$i_d(t) = \text{Re}\,\{i_d^*(t)\} \tag{6.1.30}$$
$$= \frac{\hat{U}_s}{R_d}\left[\frac{1}{\sqrt{1+(\omega_{Nz}T_d)^2}}\,(\cos(\omega_{Nz}t+\psi) - \cos\psi \cdot e^{-t/T_d}) - \frac{2}{\pi}\,u_{Ai}^*\,(1-e^{-t/T_d})\right],$$

mit $u_{Ai}^* = U_{Ai}/U_{di}$.

Das **Bild 6.1.14b** zeigt den zeitlichen Verlauf des Stromes i_d für $\alpha = 60°$ und $U_{Ai}/U_{di} = 0{,}4;\ 0{,}8;\ 1{,}1;\ 1{,}3$. Bei der kleinsten Gegenspannung $U_{Ai}/U_{di} = 0{,}4$ befindet sich der Arbeitspunkt an der Lückgrenze. Die Gleichstromkomponente ist

$$I_d = \frac{1}{\pi}\int_0^{\alpha_i} i_d(t)\,dt, \tag{6.1.31}$$

wenn mit α_i der Stromflußwinkel bezeichnet wird. Die Gln. (6.1.30) und (6.1.31) gelten für $U_{Ai}/U_{di} \leq (2/\pi)\sin\alpha$, da andernfalls im Zeitpunkt $t = 0$ die treibende Spannung kleiner als die Gegenspannung des Motors ist, wodurch der gezündete Thyristor in Sperrichtung beansprucht wird und keinen Strom führen kann.

6.1.7.2 Lück-Kennlinienfeld

Nach Gl. (6.1.25) ist für $\alpha = 90°$, wenn $d_x = 0$ und $R_d = 0$ gesetzt werden, die Lückgrenze der zweipulsigen vollgesteuerten Stromrichter (EM, VEB) bei

$$l_d = 2\pi \cdot f_{Nz} L_d I_d / U_{di} = X_d I_d / U_{di} = 1 \tag{6.1.32}$$

erreicht. In **Bild 6.1.15** ist das Lück-Kennlinienfeld $u_{Ai} = f(l_d)$ mit $\cos\alpha$ als Parameter für ein Beispiel – nach den Gln. (6.1.30) und (6.1.31) berechnet – wiedergegeben. Die sich bei widerstandsfreiem Gleichstromzweig als Kreis darstellende Lück-Grenzkurve wird durch R_d in Richtung Wechselrichteraussteuerung verzerrt. Die im Lückbereich steil ansteigenden Kennlinien zeigen, daß durch das Lücken der Innenwiderstand des Stellgliedes stark zunimmt, mit allen damit verbundenen Nachteilen, wie hohe Leerlaufspannung und lastabhängige Motordrehzahl. Während die Überspannung durch die meist vorhandene Grundlast des Motors nicht zum Tragen kommt, läßt sich der Drehzahlabfall durch eine Drehzahlregelung vermeiden.
Am schwersten werden durch das Lücken die Wechselrichtereigenschaften des Stromrichters beeinträchtigt. Wie aus **Bild 6.1.16** zu ersehen ist, wird durch das Nullwerden des Stromes die schraffierte negative Spannungszeitfläche abgeschnitten, die für die negative Gleichspannung notwendig ist, so daß bei kleinem Gleichstrom der Stromrichter seine Polarität wechselt. Bremsantriebe, die über einen weiten Momentenbereich eine Arbeitsmaschine oder einen Prüfling abbremsen müssen, benötigen besonders große Glättungsdrosseln. Den Stromrichter wird man deshalb möglichst sechspulsig ausführen.

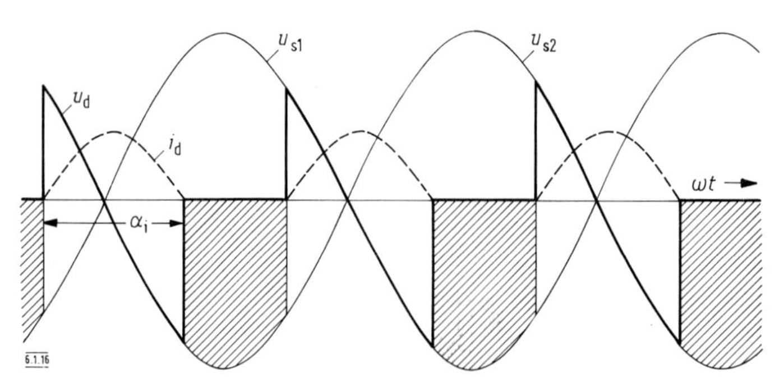

Bild 6.1.16 Ursache des Spannungsanstiegs im Lückbereich

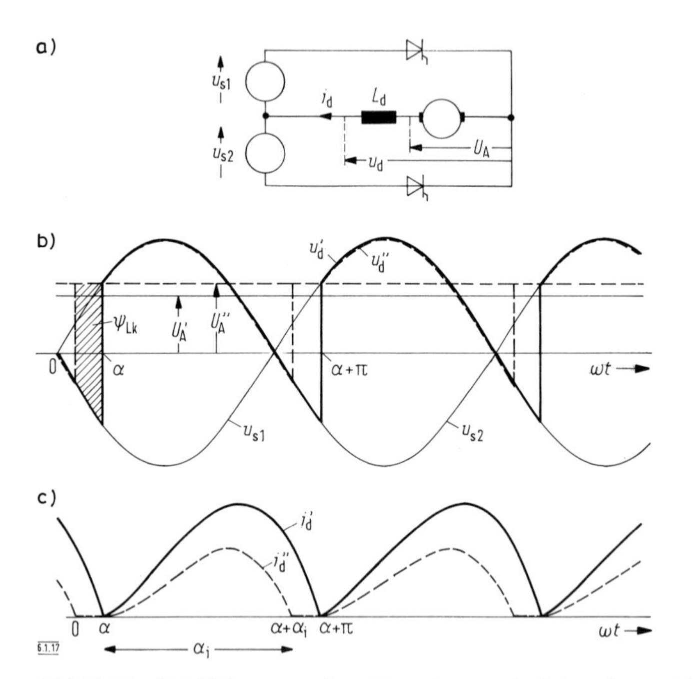

Bild 6.1.17 Stabilitätsgrenze eines über einen zweipulsigen Stromrichter gespeisten Gleichstrommotors

6.1.7.3 Instabilität

Das Lücken kann bei zweipulsigen Stromrichtern, die leer laufende oder schwach belastete Gleichstrommotoren antreiben, im Bereich hoher Aussteuerung zur Instabilität führen. Das **Bild 6.1.17** zeigt den Spannungs- und Stromverlauf bei $\alpha = 40°$. Die Glättungsdrossel L_d soll so gewählt werden, daß beim Strom i'_d gerade die Lückgrenze erreicht ist. Wird nun der Motor entlastet, so daß beim Strom i''_d Lücken eintritt, so steigt im Lückbereich die Gleichspannung U_A um die schraffierte Spannungszeitfläche ψ_{Lk} an. Im vorliegenden Fall ist U''_A gleich dem Augenblickswert des im Winkel α zugeschalteten Thyristors. Damit der Kommutierungsvorgang ablaufen kann, muß aber die am gezündeten Thyristor liegende Spannung größer als die Gegenspannung U''_A sein. Deshalb bleiben beide Thyristoren gesperrt, der Motor läuft aus und die Spannung U_A nimmt ab, bis die Zündbedingung wieder erfüllt ist. Es zeigen sich somit periodische, durch die mechanische Anlaufzeitkonstante in der Frequenz bestimmte Drehzahlschwankungen. Durch eine sehr schnelle Drehzahlregelung läßt sich die Drehzahl stabilisieren.

6.1.7.4 *Lückeinfluß auf die Stelleigenschaften des geregelten Antriebs*

Die Lückgrenze ist am höchsten in der Umgebung von $\alpha = 90°$. Die zugehörige Spannungsgleichung für den lückfreien Betrieb

$$U_{di} = \frac{\Delta I_d \cdot R_d}{\sin(\alpha + \Delta\alpha - 90°) - d_{xN} \Delta I_d / I_{dN}} \tag{6.1.33}$$

läßt sich durch die Näherung

$$U_{di} \approx \frac{\Delta I_d \cdot R_d}{\Delta\alpha - d_{xN} \Delta I_d / I_{dN}}$$

ersetzen. Die Übertragungssteilheit ohne Lücken ist somit

$$V_{Id} = \left(\frac{\Delta I_d}{\Delta\alpha}\right)_{Lf} \approx \frac{1}{(R_d/U_{di}) + d_{xN}/I_{dN}}. \tag{6.1.34}$$

Die Übertragungssteilheit im Lückbereich ist um den Faktor K_{LK} kleiner

$$V_{IdLK} = \left(\frac{\Delta I_d}{\Delta\alpha}\right)_{LK} \approx K_{LK} V_{Id}. \tag{6.1.35}$$

In **Bild 6.1.18** ist das Verhältnis der Stromänderung im Lückbetrieb ΔI_{dLK} zur Stromänderung im lückfreien Betrieb ΔI_{dLf} bei einer Aussteuerungsänderung $\Delta(\cos\alpha) = 0{,}1$ in Abhängigkeit vom bezogenen Strom l_d aufgetragen. Danach wird mit zunehmender Gleichrichteraussteuerung das lückende Stellglied immer unempfindlicher, gleichzeitig verschiebt sich die Lückgrenze nach unten.
Da die Glättungsdrossel im allgemeinen nach Gl. (6.1.25) für $\cos\alpha = 0$ bemessen wird, ist in **Bild 6.1.19** der Lückfaktor K_{LK} für diese Aussteuerung angegeben. Die Übertragungssteilheit im Lückbereich ist dann

$$V_{IdLK} = \frac{K_{LK}}{(R_d/U_{di}) + d_{xN}/I_{dN}}. \tag{6.1.36}$$

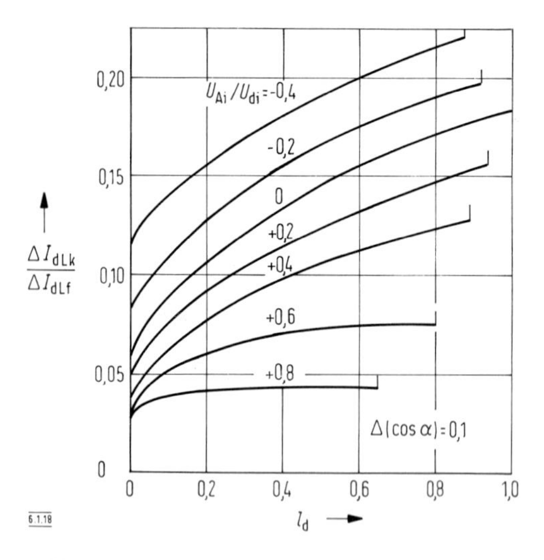

Bild 6.1.18 Steuersteilheit eines zweipulsigen Stromrichters im Lückbereich in Abhängigkeit vom Arbeitspunkt

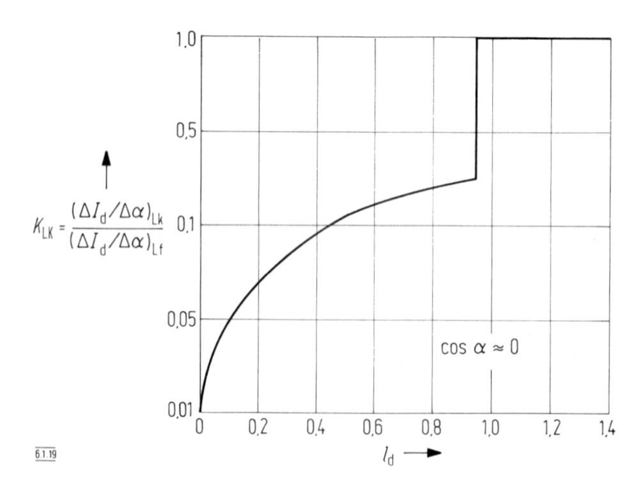

Bild 6.1.19 Lückfaktor in Abhängigkeit vom bezogenen Laststrom

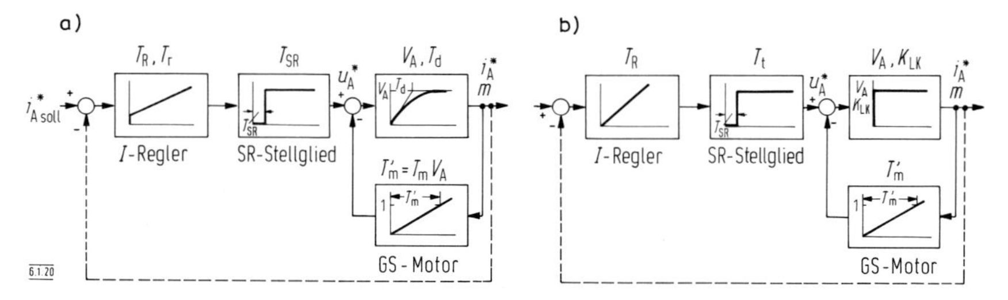

Bild 6.1.20 Wirkschaltung des auf konstanten Strom geregelten Gleichstrommotors bei lückabhängiger Umschaltung der Reglerbeschaltung
a) lückfreier Betrieb
b) Lückbetrieb

Die Funktion $K_{LK} = f(l_d)$ ist unabhängig von der Glättungsdrossel, nur die Zuordnung von I_d und l_d wird über L_d beeinflußt.

Um zu klären, welchen Einfluß der Lückfaktor auf die dynamischen Eigenschaften des im allgemeinen geregelten Antriebes hat, soll kurz auf die optimale Einstellung des Stromregelkreises – dem meist ein Drehzahlregelkreis überlagert ist – eingegangen werden.

Lückfreier Betrieb
Das **Bild 6.1.20a** zeigt die Struktur des aufgeschnittenen Stromregelkreises bei lückfreiem Betrieb. Er besteht aus einem PI-Regler mit dem Frequenzgang $F_{RI}(j\omega)$, dem Stromrichterstellglied – das als Glied mit der Verzugszeit T_{SR} nachgebildet ist – und den beiden Blöcken des Gleichstrommotors (siehe auch Bild 4.5.3). Sein Frequenzgang ist demnach

$$F_{I0}(j\omega) = F_{RI}(j\omega) \cdot F_{SR}(j\omega) \cdot F_M(j\omega)$$
$$= \frac{1 + j\omega T_r}{j\omega T_r} e^{-j\omega T_{SR}} \frac{j\omega T_m V_A}{(1 + J\omega T_d)(1 + J\omega T_m)}.$$

Als Reglereinstellung wird gewählt $T_r = T_d$; $T_R = K_{Ri} \cdot T_d$; somit ist

$$\boxed{F_{RI}(j\omega) = \frac{1 + j\omega T_d}{K_{RI} j\omega T_d}}\,, \tag{6.1.37}$$

wobei K_{Ri}, je nach der gewünschten Dämpfung des Regelkreises, frei wählbar ist. Damit ergibt sich

$$F_{I0}(j\omega) = \frac{V_A T_m}{K_{Ri} T_d} \frac{e^{-j\omega T_{SR}}}{1 + j\omega T_m}. \tag{6.1.38}$$

Lückbetrieb

Für den Lückbetrieb gilt das Wirkschaltbild nach **Bild 6.1.20b.** Der Vorwärtsblock des Motors hat sich vom Verzögerungsglied erster Ordnung mit der Zeitkonstante T_d in ein Proportionalglied mit dem Proportionsfaktor $V_A \cdot K_{LK}$ verwandelt. Der Motorfrequenzgang ist jetzt

$$F_M(j\omega) = \frac{j\omega T_m V_A}{1 + j\omega T_m / K_{LK}}. \tag{6.1.39}$$

Entscheidend ist, daß sich die Nennerzeitkonstante um den Faktor $1/K_{LK}$ vergrößert hat. Da die Ordnung der Differentialgleichung der Regelstrecke durch den Fortfall eines Speichers um eins abgenommen hat, genügt jetzt ein Integralregler mit der Einstellung

$$\boxed{F_{RI}(j\omega) = \frac{1}{K_{Ri}^* j\omega T_m}},$$

so daß sich für den offenen Stromregelkreis ergibt

$$F_{I0}(j\omega) = \frac{V_A}{K_{Ri}^*} \frac{e^{-j\omega T_{SR}}}{1 + j\omega T_m / K_{LK}}.$$

Wird $\boxed{K_{Ri}^* = K_{Ri} K_{LK} T_d / T_m}$ gewählt, so ergibt sich

$$F_{RI}(j\omega) = \frac{1}{K_{RI} j\omega T_d K_{LK}} \tag{6.1.40}$$

$$F_{I0}(j\omega) = \frac{1}{K_{LK}} \frac{V_A T_m}{K_{RI} T_d} \frac{e^{-j\omega T_{SR}}}{1 + j\omega T_m / K_{LK}}. \tag{6.1.41}$$

In **Bild 6.1.21** sind die Betragskennlinien der Gln. (6.1.38) und (6.1.41) aufgetragen. Die beiden mit 20 db/Dekade abfallenden Äste fallen im Durchtrittsbereich zusammen. Dieser Bereich bestimmt entscheidend das Zeitverhalten des geschlossenen Stromregelkreises. Das geht aus seiner Frequenzganggleichung

$$F_I(j\omega) = \frac{1}{1 + 1/F_{I0}(j\omega)} \tag{6.1.42}$$

aufgrund der Näherungen $F_{I0} \ll 1 \rightarrow F_I \approx 0$; $\quad F_{I0} \gg 1 \rightarrow F_I \approx 1$ hervor.

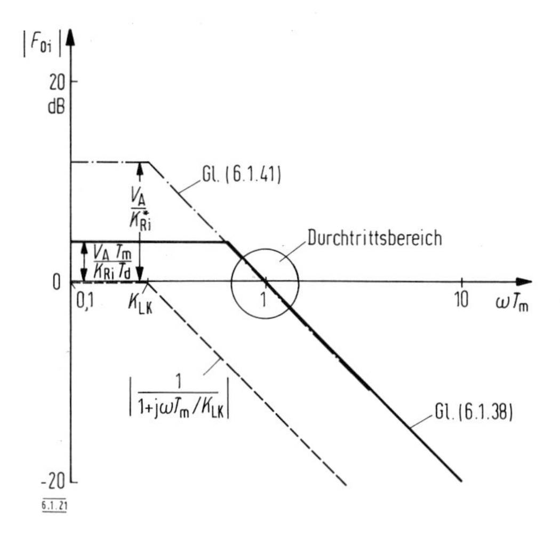

Bild 6.1.21 Vergleich der Betragskennlinien der offenen Regelkreise Bild 6.1.20 bei Einstellung auf gleiches Durchtrittsverhalten

6.1.7.5 Lück-Regleranpassung

Durch das Absinken der Kreisverstärkung ändert sich der Gleichstrom im Lückbereich wesentlich langsamer als bei lückfreiem Strom. Das kann vor allem nicht beim Reversieren einer kreisstromfreien Gegenparallelschaltung hingenommen werden. Abhilfe ist durch einen adaptiven Stromregler möglich. Ein Schaltungsbeispiel (Siemens) zeigt **Bild 6.1.22a.** Es besteht aus der Reihenschaltung einer Proportionalstufe, deren Verstärkungsfaktor umschaltbar ist, einer fest eingestellten PI-Stufe und einer VZI-Stufe, die durch Kurzschließen des Widerstandes R_6 unwirksam gemacht werden kann. Die Umschaltung erfolgt über Feldeffekttransistoren, die leitend werden, sobald der Augenblickswert des gleichgerichteten Wechselstroms einen am Potentiometer P_g einstellbaren Grenzwert überschreitet, also I_d lückfrei ist.

Sind die beiden Schalter offen (Lückbetrieb), so gilt die Bestimmungsgleichung

$$U_a(j\omega) = \left[-\frac{R_1+R_3}{R_1} U_e(j\omega) - \frac{R_5}{R_5+1/(j\omega C_1)} \frac{R_6+1/(j\omega C_2)}{1/(j\omega C_2)} U_a(j\omega) \right] \times \times \frac{V_{20}/(j\omega C_2)}{R_6+1/(j\omega C_2)}, \quad (6.1.43)$$

$$\text{mit } V_{1LK} = \frac{R_2+R_3}{R_1}; \quad T_1 = R_5 \cdot C_1; \quad T_2 = R_6 \cdot C_2;$$

$$\frac{-1}{V_{20}} U_a(j\omega) = \frac{-V_{1LK}}{1+j\omega T_2} U_e(j\omega) + \frac{j\omega T_1}{1+j\omega T_1} U_a(j\omega). \quad (6.1.44)$$

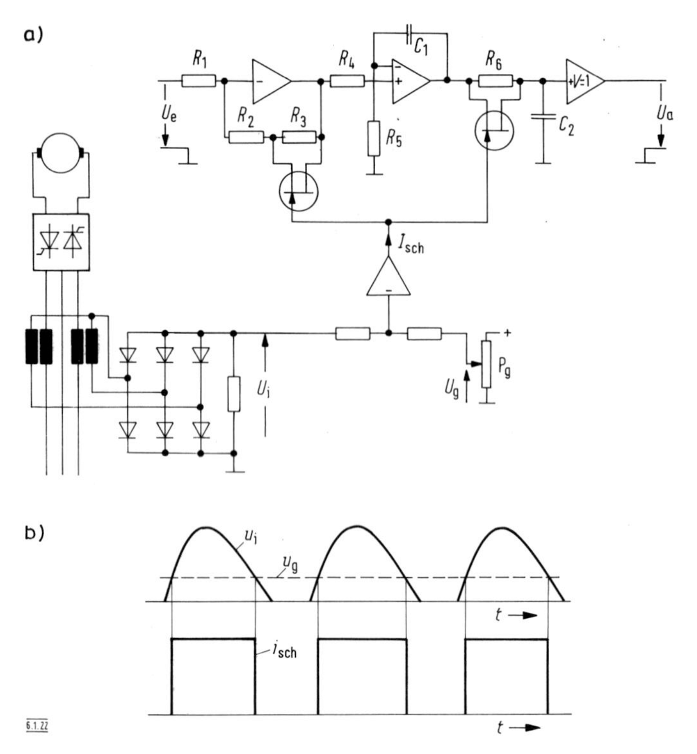

Bild 6.1.22
a) Stromregler mit Lückadaption
b) Festlegung der Umschaltpunkte

Da V_{20} sehr groß ist, kann die linke Seite von Gl. (6.1.44) zu null gesetzt werden.

$$F_{RI}(j\omega) = \frac{U_a(j\omega)}{U_e(j\omega)} = \frac{1}{j\omega T_1/V_{1LK}} \frac{1 + j\omega T_1}{1 + j\omega T_2} \tag{6.1.45}$$

Wird $T_2 = T_1$ gemacht, ist

$$\boxed{F_{RI}(j\omega) = \frac{1}{j\omega T_1/V_{1LK}}} \quad \text{(Lückbereich).} \tag{6.1.46}$$

Aus Gl. (6.1.45) ergibt sich der Reglerfrequenzgang des lückfreien Bereiches, wenn durch Betätigen der Kurzschließer $T_2 = 0$ und $V_{1LK} \rightarrow V_{1Lf} = R_2/R_1$ gesetzt werden

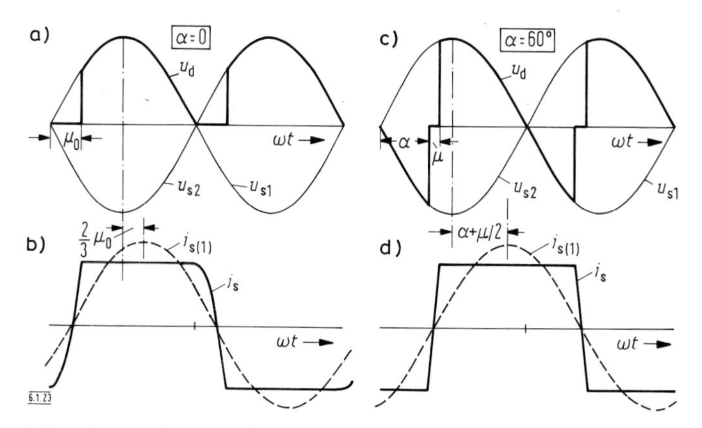

Bild 6.1.23 Phasenwinkel des Grundschwingungsnetzstromes

$$\boxed{F_{RI}(j\omega) = \frac{1 + j\omega T_1}{j\omega T_1 / V_{1Lf}}} \quad \text{(lückfreier Bereich).} \tag{6.1.47}$$

Die Koeffizientenvergleiche zwischen den Gln. (6.1.46) und (6.1.40) sowie den Gln. (6.1.47) und (6.1.37) liefern die Bemessungen

$$\begin{aligned} &\textbf{Lf:} \quad T_1 = T_{1Lf} = R_5 C_1 = T_d; \; V_{1Lf} = R_2/R_1 = 1/K_{RI}; \; T_{2Lf} = 0 \\ &\textbf{LK:} \quad T_1 = T_{1LK} = T_d; \; V_{1LK} = (R_2 + R_3)/R_1 = 1/(K_{LK} K_{RI}); \; T_{2LK} = R_6 C_2 = T_d \end{aligned} \tag{6.1.48}$$

Wie aus **Bild 6.1.22b** zu ersehen, erfolgt in jeder Stromlücke eine zweimalige Umschaltung. Das ist möglich, da nur Widerstände und nicht Kondensatoren ein- und ausgeschaltet werden.

6.1.8 Blindleistungsaufnahme

Ein wesentlicher Nachteil des netzgeführten Stromrichters ist, daß, obgleich der Verbraucher keine Blindleistung aufnimmt, das Steuergerät eine von der Aussteuerung abhängige Blindleistung aus dem Netz benötigt. Dadurch, daß die Aussteuerung auf der Zündverzögerung um den Winkel α beruht, hat der Wechselstrom etwa eine gleich große Phasenverschiebung gegenüber der Speisespannung. Genauer betrachtet, ist zwischen Kommutierungsblindleistung und Steuerblindleistung zu unterscheiden.

6.1.8.1 Kommutierungsblindleistung

Sie tritt auch bei einem ungesteuerten Gleichrichter auf und kommt durch den Überlappungswinkel μ_0 zustande, in dessen Bereich der vorgeschaltete Transformator über die Kommutierungsreaktanzen (Streureaktanzen) kurzgeschlossen ist und damit für das Netz eine induktive Belastung darstellt. Das **Bild 6.1.23a** zeigt den Spannungsverlauf bei $\alpha = 0$ und dem Überlappungswinkel μ_0. Während der Überlappung ist die Spannung null. Der zugehörige Wechselstromverlauf ist aus **Bild 6.1.23b** zu ersehen. Gestrichelt ist der Grundwellenstrom $i_{s(1)}$ eingezeichnet. Er hat gegen die Wechselspannung u_s recht genau eine Phasenverschiebung von $\varphi_1 = (2/3)\,\mu_0$. Der (Grundschwingungs-)Verschiebungsfaktor ist

$$\cos\varphi_1 = P_{s(1)}/S_{s(1)} = \cos\,(2\,\mu_0/3) \qquad (6.1.49)$$

mit der Grundschwingungsscheinleistung

$$S_{(1)} = U_{s(1)} I_{s(1)} = U_s \cdot (2 \cdot \sqrt{2}/\pi)\, I_d = U_{di} I_d.$$

$$\boxed{S_{(1)} = U_{di} I_d} \qquad (6.1.50)$$

Mit Gl. (6.1.6) ist

$$\cos\varphi_1 = \frac{P_{s(1)}}{U_{di} I_d} = \cos\left[\frac{2}{3}\arccos\,(1 - K_x u_{kT} i_d^*)\right] \qquad (6.1.51)$$

$$\alpha = 0: \quad \boxed{\frac{P_{s(1)}}{U_{di} I_d} = \cos\left[\frac{2}{3}\arccos\,(1 - 2\,d_x)\right]}\,. \qquad (6.1.52)$$

Die auf die Scheinleistung bezogene Grundwellen-Blindleistung ist

$$\frac{Q_{s(1)}}{U_{di} I_d} = \sqrt{1 - \left(\frac{P_{s(1)}}{U_{di} I_d}\right)^2} \qquad (6.1.53)$$

und mit Gl. (6.1.52)

$$\alpha = 0: \quad \frac{Q_{s(1)}}{U_{di} I_d} = \sqrt{1 - \cos^2\left[\frac{2}{3}\arccos\,(1 - d_x)\right]}. \qquad (6.1.54)$$

Grundwellen-Blindleistung und -Wirkleistung sind in Abhängigkeit von d_x in **Bild 6.1.24** durch die Kennlinien mit dem Parameter $\alpha = 0$ wiedergegeben.

6.1.8.2 Steuerblindleistung

Die Kommutierungsblindleistung ist null bei starrer Speisespannung, also bei $\mu_0 = 0$ ($d_x = 0$). Dann ist $\cos\varphi_1 = \cos\alpha$.

$$d_x = 0: \quad \frac{P_{s(1)}}{U_{di} I_d} = \cos\alpha \qquad (6.1.55)$$

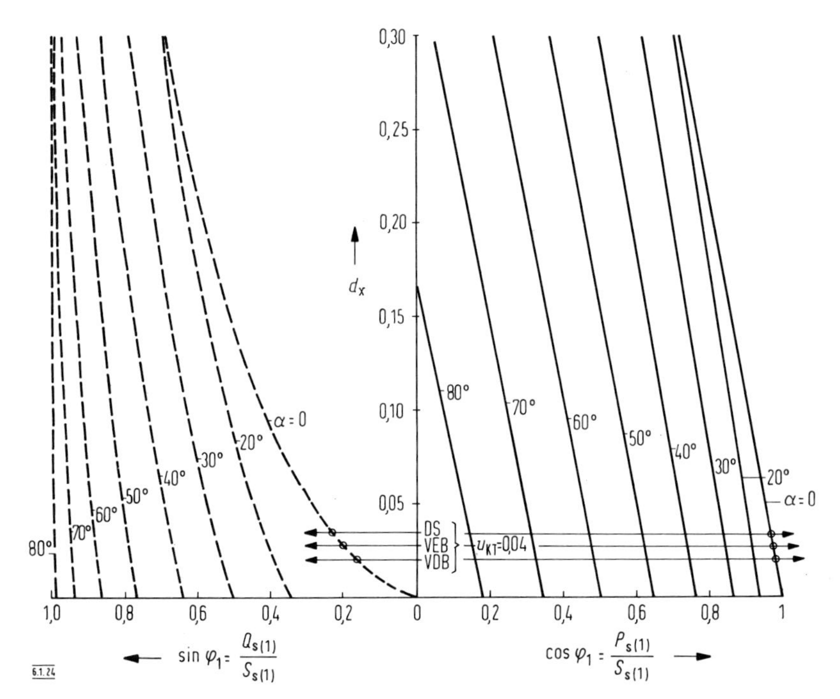

Bild 6.1.24 Wirkleistung $P_{s(1)}$ und Grundschwingungsblindleistung $Q_{s(1)}$ in Abhängigkeit vom Steuerwinkel α und vom induktiven Spannungsabfall d_x

$$d_x = 0: \quad \frac{Q_{s(1)}}{U_{di} I_d} = \sqrt{1 - \cos^2\alpha} = \sin\alpha. \tag{6.1.56}$$

Meist läßt sich die Überlappung jedoch nicht vernachlässigen. **Bild 6.1.23c, d** zeigen den Verlauf von u_d und i_s unter der Annahme von $\mu = 37{,}5°$ ($d_x = 0{,}1$) für $\alpha = 60°$. Bei diesem Steuerwinkel ist der Einfluß der Überlappung geringer, da sie nach Gl. (6.1.5) mit

$$\mu = \arccos\,[\cos\alpha - 1 + \cos\mu_0] - \alpha \tag{6.1.57}$$

auf $\mu = 12{,}9°$ heruntergeht. Der Strom i_s nimmt Trapezform an, und durch die Überlappung erfolgt eine zusätzliche Phasenverschiebung von $\mu/2$. Somit ist

$$\cos\varphi_1 = \cos\,(\alpha + \mu/2). \tag{6.1.58}$$

Gl. (6.1.57) in Gl. (6.1.58) eingesetzt, ergibt unter Berücksichtigung von Gl. (6.1.6)

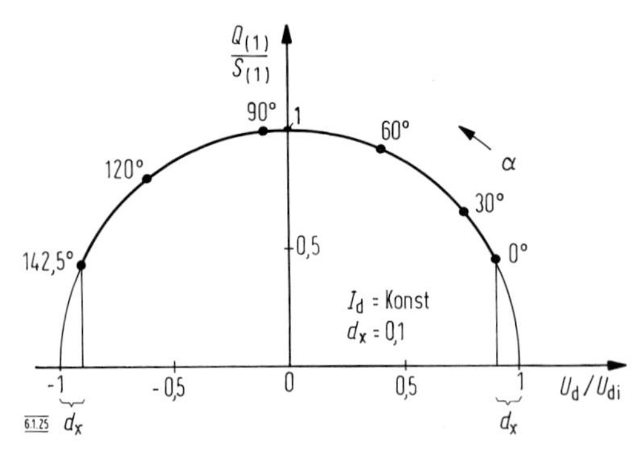

Bild 6.1.25 Blindleistungshalbkreis des voll gesteuerten Stromrichters, Aussteuerbereich unter annähernder Berücksichtigung des induktiven Spannungsabfalls

$$\boxed{\frac{P_{s(1)}}{U_{di} I_d} = \cos \frac{1}{2} [\alpha + \arccos (\cos \alpha - 2 d_x)]} \tag{6.1.59}$$

$$\frac{Q_{s(1)}}{U_{di} I_d} = \sqrt{1 - \cos^2 \frac{1}{2} [\alpha + \arccos (\cos \alpha - 2 d_x)]}\,. \tag{6.1.60}$$

Die zugehörigen Kennlinien sind für den Bereich $\alpha = 20$ bis $80°$ in **Bild 6.1.24** wiedergegeben. Für $\alpha > 90°$ kehrt sich das Vorzeichen von $P_{s(1)}$ um, dagegen bleibt $Q_{s(1)}$ positiv.

Das Diagramm von Bild 6.1.24 gilt unabhängig von der Pulszahl p_{SR} für alle voll gesteuerten Stromrichterschaltungen. Die bezogene Blindleistung $\sin \varphi_1$ im Nennarbeitspunkt läßt sich durch möglichst kleinen Steuerwinkel α_N und kleinen induktiven Spannungsabfall d_{xN} niedrig halten. Da $d_{xN} = 0{,}5\, K_x u_{kT}$ ist, hat auch die Schaltung hierauf Einfluß. Wie in Bild 6.1.24 eingezeichnet, hat bei einer Kurzschlußspannung von $u_{kT} = 0{,}04$ und $\alpha = 0$ die dreiphasige Sternschaltung (DS) wegen $K_x = \sqrt{3}/2$ mit $\sin \varphi_1 = 0{,}23$ den ungünstigsten Wert, gefolgt von der einphasigen Brückenschaltung (VEB) wegen $K_x = \sqrt{2}$ mit $\sin \varphi_1 = 0{,}2$. Da die voll gesteuerte Drehstrombrückenschaltung die Konstante $K_x = 1$ hat, ist $\sin \varphi_1 = 0{,}16$ am niedrigsten. Ohne Überlappung gilt

$$\frac{Q_{s(1)}}{U_{di} I_d} = \frac{Q_{s(1)}}{S_{s(1)}} = \sqrt{1 - \cos^2 \varphi_1} = \sqrt{1 - \cos^2 \alpha} = \sqrt{1 - (U_d/U_{di})^2}\,. \tag{6.1.61}$$

Das ist die Gleichung des in **Bild 6.1.25** angegebenen Blindstromkreises. Die Kommutierungsblindleistung beeinflußt den Blindstromkreis nur wenig; es verschieben sich nur die durch α gekennzeichneten Arbeitspunkte entgegen dem Uhrzeigersinn nach links. Der Aussteuerbereich erstreckt sich von $\alpha = 0$ bis $180° - \mu_0$ (ohne Sicherheitswinkel α_{si}).

6.1.8.3 Blindstromsparende Schaltungen

Zu den blindstromsparenden Schaltungen ist die in Abschnitt 6.2.2 behandelte einphasige halb gesteuerte Brückenschaltung (HEB) zu rechnen. Noch mehr Blindstrom läßt sich einsparen, wenn – nach Bild 6.2.8 – zwei HEB-Schaltungen gleichstromseitig in Reihe geschaltet und nacheinander ausgesteuert werden (Folgesteuerung). Derartige Anordnungen wurden teilweise mit drei Brücken in Reihe für elektrische Lokomotiven vorgesehen. Die Grundwellenblindleistung läßt sich zu null machen, wenn die steuerbaren Ventile in der halbgesteuerten Brückenschaltung mit Löscheinrichtungen versehen werden, so daß jede Spannungshalbwelle von beiden Seiten angeschnitten und dadurch der Grundschwingungs-Netzstrom in Phase mit der Netzspannung gehalten werden kann.
Für große Leistungen kommt als blindstromsparende Schaltung die halb gesteuerte Drehstrombrückenschaltung (HDB) in Frage. Allerdings hat sie den Nachteil einer im Verhältnis zur voll gesteuerten Drehstrombrückenschaltung wesentlich größeren Gleichspannungswelligkeit und eines ungünstigen Oberschwingungsspektrums.

6.1.9 Netzseitige Oberschwingungsströme

Durch die nicht sinusförmige Form der vom netzgeführten Stromrichter aufgenommenen Wechselströme fließen selbst bei sinusförmiger Netzspannung in den Zuleitungen Oberschwingungsströme mit den Ordnungszahlen

$$\boxed{\nu = k \cdot p_{SR} \pm 1}\ , \text{ mit } k = 1, 2, 3 \ldots \qquad (6.1.62)$$

Bei der bisher betrachteten zweipulsigen EM-Schaltung ist also $\nu = 3, 5, 7$ usw., das heißt, vorhanden sind alle ungeradzahligen Harmonischen mit der Amplitude

$$I_{p(\nu)} = (2\sqrt{2}/\pi)\, I_d/\nu, \qquad (6.1.63)$$

vollständige Glättung und starre Speisespannung ($\mu_0 = 0$; $d_x = 0$) vorausgesetzt. Das Oberschwingungsspektrum ist dann vom Zündwinkel α unabhängig.
Durch die Kommutierungsreaktanz wird der Stromverlauf verschliffen, so daß – wie in **Bild 6.2.26** gezeigt – vor allem die höheren Harmonischen abnehmen. Hiervon profitieren die höherpulsigen Schaltungen, da der Abstand der Ordnungszahlen nach Gl. (6.1.62) zunimmt. So sind bei einem sechspulsigen Stromrichter (VDB) nur die Oberschwingungsströme mit $\nu = 5, 7, 11, 13$ vorhanden. Die mit noch höherer Ordnungszahl können, wegen ihrer mit $1/\nu$ abnehmenden Amplitude, meist vernachlässigt werden. Voraussetzung dabei ist eine absolut symmetrische Steuerung des Stromrichters. Unsymmetrische Aussteuerungen durch fehlerhafte oder über Fremdspannungen gestörte Impulssteuergeräte werden vor allem bei hochpul-

sigen Stromrichtern ($p_{SR} \geq 6$) zusätzliche Oberschwingungen des Netzstromes hervorrufen.

6.2 Grundschaltungen

Für die Antriebstechnik haben nur wenige netzgeführte Grundschaltungen praktische Bedeutung. Die bisher betrachtete einphasige Mittelpunktschaltung (EM) gehört schon allein wegen des aufwendigen Transformators nicht dazu. Aufgrund ihres besonders einfachen Aufbaus ist sie aber besonders geeignet, um im Rahmen des Abschnitts 6.1 die Gesetzmäßigkeiten der Anschnittsteuerung zu zeigen. Eindeutig dominiert die voll gesteuerte Drehstrombrückenschaltung (VDB) wegen der gleichmäßigen und oberschwingungsarmen Netzbelastung, der Betriebsmöglichkeit ohne Transformator, des verhältnismäßig kleinen induktiven Spannungsabfalls, der geringen Welligkeit der Gleichspannung und des uneingeschränkten Wechselrichterbetriebes. Der halb gesteuerten Drehstrombrückenschaltung (HDB) kommt dagegen, trotzdem sie nur halb so viele gesteuerte Ventile braucht, keine praktische Bedeutung zu, vorwiegend wegen der großen Welligkeit von Gleichspannung und Gleichstrom, aber auch wegen des ungünstigeren Oberschwingungsspektrums auf der Drehstromseite. Schließlich ist noch die dreiphasige Sternschaltung (DS) zu erwähnen, die – wie die EM-Schaltung – einen ungünstig ausgenutzten Transformator benötigt und meist nicht ohne Glättungsdrossel auskommt. Sie wird im folgenden deshalb nur als Element der Drehstrombrücke betrachtet.
Einphasige netzgeführte Stromrichter finden als voll gesteuerte Brückenschaltung (VEB) oder als halb gesteuerte Brückenschaltung (HEB) im Leistungsbereich unter 10 kW Anwendung. Die halb gesteuerte Version zeichnet sich in erster Linie durch geringere Welligkeit auf der Gleichstromseite aus, während der höhere Verschiebungsfaktor wegen der kleinen Leistung nur bei Traktionsantrieben von Bedeutung ist. Die voll gesteuerte Brückenschaltung bleibt Anwendungen kleiner Leistung vorbehalten, bei denen ein Wechselrichterbetrieb und die damit verbundene Rückspeisung/Bremsung notwendig ist. Die große Welligkeit der Gleichspannung ist dann in Kauf zu nehmen.

6.2.1 Voll gesteuerte einphasige Brückenschaltung (VEB)

Die Brückenschaltung benötigt keinen Transformator, sie kann direkt aus dem Wechselstromnetz gespeist werden. Zur Begrenzung der Kommutierungssteilheit und des Kurzschlußstromes wird in die Wechselstromzuleitung eine Kommutierungsreaktanz X_k gelegt. Die der Kurzschlußspannung u_{kT} entsprechende Kommutierungsreaktanz ist

$$X_k = u_{kT} U_s / I_{sN}. \qquad (6.2.1)$$

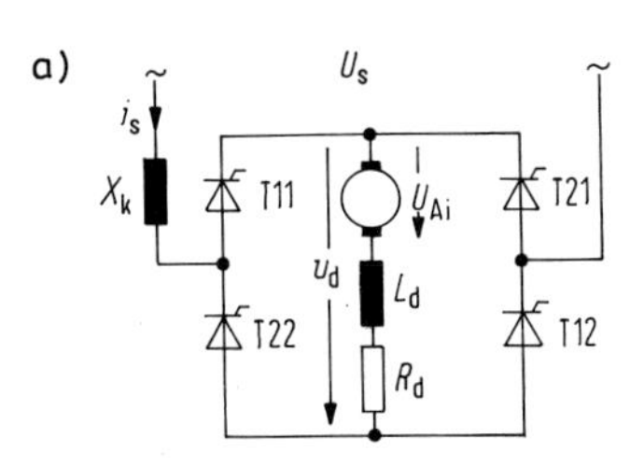

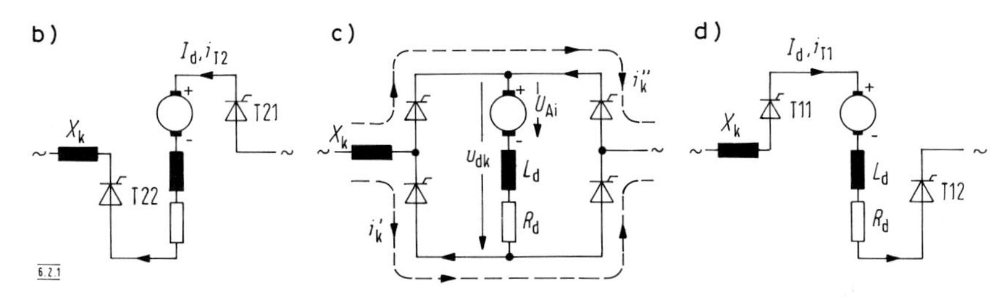

Bild 6.2.1
a) Voll gesteuerte einphasige Brückenschaltung (VEB)
b–d) Kommutierungsvorgang

Wie bei der einphasigen Mittelpunktschaltung (EM) ist

$$U_{di} = \frac{2\sqrt{2}}{\pi} U_s; \quad K_x = \sqrt{2}; \quad I_{Tar} = I_d/2; \quad I_{Teff} = I_d/\sqrt{2};$$

$$d_x = \frac{1}{\sqrt{2}} u_{kT} i_d^* = \frac{I_{sN} X_k}{\sqrt{2}\, U_s} i_d^* = \frac{I_d X_k}{\sqrt{2}\, U_s}. \tag{6.2.2}$$

Die maximale, am Thyristor liegende Sperrspannung ist

$$U_{TRm} = \sqrt{2}\, U_s.$$

Soll die Spannungsanpassung über einen Transformator erfolgen, so muß er die Typenleistung

$$P_{Tr} = U_s I_{sN} = (\pi/(2\sqrt{2}))\, U_{di} I_d = 1{,}11\, U_{di} I_d \tag{6.2.3}$$

haben. Demgegenüber wäre bei der EM-Schaltung ein Transformator mit der Typenleistung $S_{Tr} = 1{,}34\, U_{di} I_d$ erforderlich.
In der Brückenschaltung nach **Bild 6.2.1a** führen – wie aus den Teilbildern von **Bild 6.2.1b** und **d** zu ersehen ist – immer die diagonal gegenüber liegenden Thyristoren

den Laststrom. Der Kommutierungsvorgang des Laststromes von T21, T22 nach T11, T12 ist in **Bild 6.2.1c** wiedergegeben. Durch die Zündung von T11, T12 sind während der Überlappung alle vier Thyristoren leitend, so daß sich die Kurzschlußströme i_k' und i_k'' ausbilden können. Sie kompensieren den Strom der davor leitenden Thyristoren T21, T22, so daß diese in Sperrung gehen. Während der Kommutierung ist $u_d = u_{dk} = 2\,U_{TF}$ (Durchlaßspannung), also praktisch null.
Die Steuerfunktion ist

$$\boxed{U_d = U_{Ai}\,(1 \pm d_r)\,(\cos\alpha - d_x)}\,, \tag{6.2.4}$$

$$\text{mit}\quad d_r = \frac{I_d\,R_d}{U_{Ai}} = \frac{I_d\,(R_A + R_{Dr} + R_{Lt})}{U_{Ai}}, \tag{6.2.5}$$

$+d_r$ Gleichrichteraussteuerung,
$-d_r$ Wechselrichteraussteuerung,
R_A Ankerwiderstand,
R_{Dr} Widerstand der Glättungsdrossel,
R_{Lt} Widerstand der Verbindungsleitungen zwischen Stromrichter und Motor.

Den Spannungs- und Stromverlauf einer VEB-Schaltung bei der Durchsteuerung von der äußersten Gleichrichteraussteuerung bis zur äußersten Wechselrichteraussteuerung zeigt **Bild 6.2.2.** In Bild 6.2.2b und c sind die Ventilströme der beiden Ventilgruppen T11, T12 und T21, T22 wiedergegeben. Als Differenz von beiden erhalten wir den in Bild 6.2.2d gezeigten Wechselstrom i_s. Der Verschiebewinkel ist für die einzelnen Aussteuerungen eingezeichnet.
Im übrigen gelten die in Abschnitt 6.1 gemachten Ausführungen und Zahlenwerte hinsichtlich Gleichspannungswelligkeit, Glättung, Gleichstromwelligkeit, Lücken, wie auch in bezug auf die Blindstrombelastung und die Oberschwingungsbelastung des Netzes uneingeschränkt für die voll gesteuerte einphasige Brückenschaltung (VEB).

6.2.2 Halb gesteuerte einphasige Brückenschaltung (HEB)

Wird kein Wechselrichterbetrieb benötigt, so genügt es nach **Bild 6.2.3a,** nur zwei Brückenzweige mit Thyristoren und die restlichen beiden mit Dioden zu bestücken. Diese Anordnung muß wegen den parallel zur Last liegenden Dioden andere Eigenschaften als die voll gesteuerte Brücke haben. Während bei der Schaltung mit vier Thyristoren die ungeglättete Gleichspannung – nach Bild 6.2.2a – negative Spannungszeitflächen aufweist, können sie bei der HEB nicht auftreten, da die Dioden in Durchlaßrichtung immer durchlässig sind. Dadurch ist die Welligkeit der Gleichspannung erheblich geringer.

6.2.2.1 Kommutierungsvorgang

Der Kommutierungsvorgang und die dabei auftretende Stromführung sind in Bild

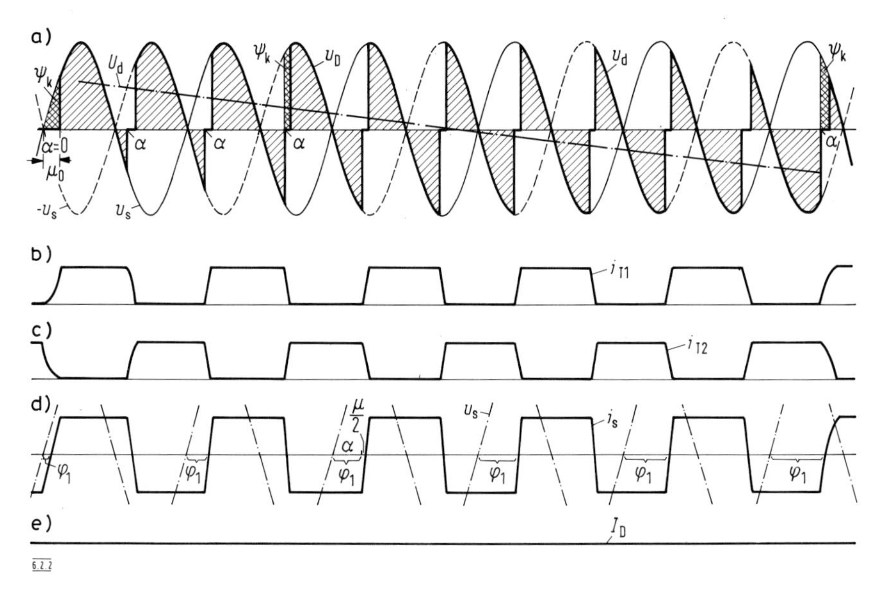

Bild 6.2.2 Durchsteuerung der voll gesteuerten einphasigen Brückenschaltung

6.2.3b bis g wiedergegeben. Die Vorzeichen an den Einspeisepunkten sollen die augenblickliche Polung der Wechselspannung angeben. Es sind immer nur die stromführenden Ventile gezeichnet. Bei dem in **Bild 6.2.3b** festgelegten Augenblick wird der Strom von T2 und D2 geführt, bis u_s durch null geht und das in **Bild 6.2.3c** angegebene Vorzeichen annimmt. Der Thyristor T1 soll zunächst nicht gezündet sein. Der Laststrom I_d findet, da der Strom über T2 abnimmt (Bild 6.2.3c), in den Dioden D1, D2 einen Kurzschluß vor (Freilaufkreis). Er wird durch L_d in der kurzen Zeit voll aufrecht erhalten. T2 geht, nachdem der Thyristorstrom wegen der negativ gepolten Wechselspannung null geworden ist, in Sperrung **(Bild 6.2.3d).** Das **Bild 6.2.3e** stellt den Zustand nach dem Zünden von T1 dar. Der Kommutierungsstrom i_k' fließt in Sperrichtung über D2 und sperrt die Diode. Danach gilt **Bild 6.2.3f.** In **Bild 6.2.3g** ist die erneute Freilaufphase wiedergegeben, die nach dem abermaligen Umpolen der Wechselspannung einsetzt. Im Betriebszustand nach **Bild 6.2.3g, h** fließt der Kommutierungsstrom i_k', der nach dem Zünden von T2 **(Bild 6.2.3i)** die Diode D1 in den Sperrzustand überführt. Auf Bild 6.2.3i folgt wieder der Betriebszustand nach Bild 6.2.3b.

6.2.2.2 Steuerverhalten

In **Bild 6.2.4** sind die zeitlichen Verläufe der Spannungen und Ströme der HEB-Schaltung bei einer Durchsteuerung wiedergegeben, wenn sie an einer starren

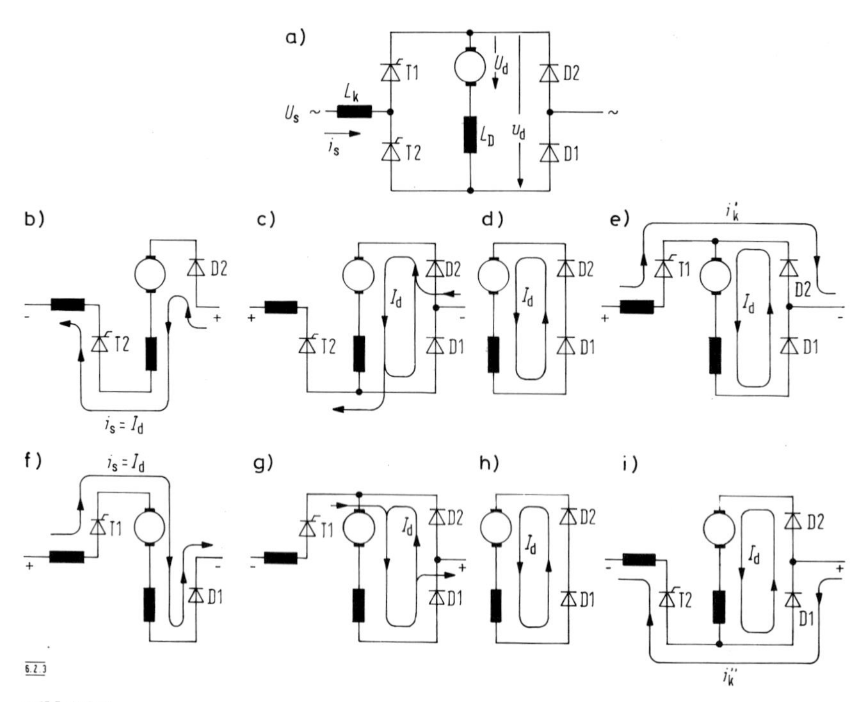

Bild 6.2.3
a) Halb gesteuerte einphasige Brückenschaltung (HEB)
b–i) Kommutierungs-Übergangsphasen

Spannung liegen, die Überlappung somit vernachlässigt werden kann. Die Gleichspannung ist

$$U_\mathrm{d} = \frac{\sqrt{2}\,U_\mathrm{s}}{\pi} \int_\alpha^\pi \sin \omega_\mathrm{Nz} t \cdot \mathrm{d}\omega_\mathrm{Nz} t = \frac{\sqrt{2}\,U_\mathrm{s}}{\pi} (\cos\alpha + 1) = \frac{2\sqrt{2}\,U_\mathrm{s}}{\pi} \, \frac{1 + \cos\alpha}{2}$$

$$\boxed{U_\mathrm{d} = U_\mathrm{di} \frac{1 + \cos\alpha}{2}} \quad (6.2.5) \qquad U_\mathrm{di} = \frac{2\sqrt{2}\,U_\mathrm{s}}{\pi}. \quad (6.2.6)$$

Im Gegensatz zur voll gesteuerten Brücke ist der Stromflußwinkel des Thyristorstromes $\alpha_\mathrm{i} = 180° - \alpha$ von der Aussteuerung abhängig. Die Thyristoren müssen für $\alpha = 0$ mit

$$I_\mathrm{Tar} = I_\mathrm{d}/2 \quad (6.2.7) \qquad I_\mathrm{Teff} = I_\mathrm{d}/\sqrt{2} \quad (6.2.8)$$

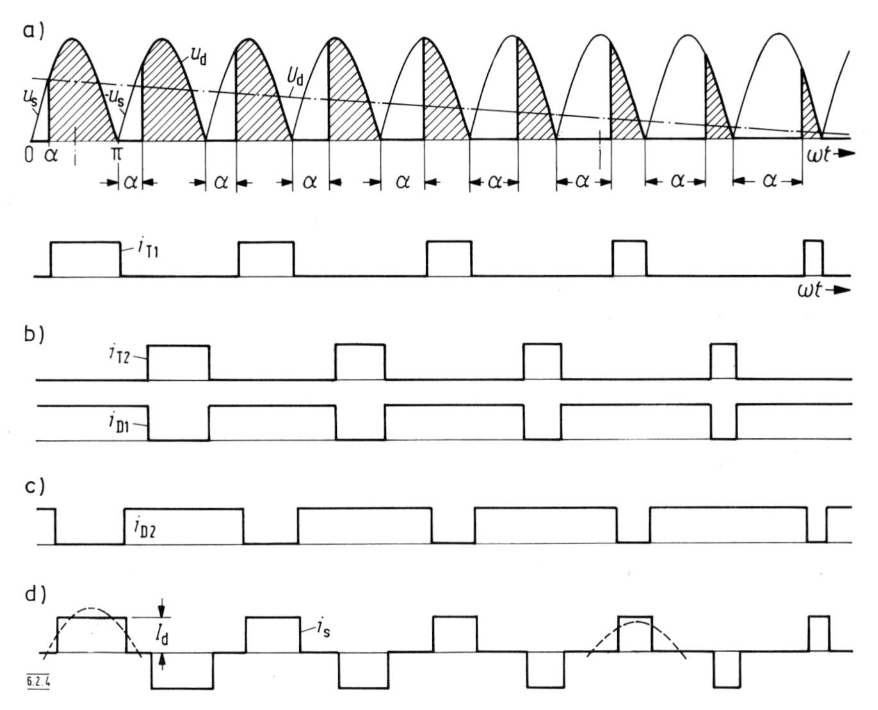

Bild 6.2.4 Durchsteuerung der halb gesteuerten einphasigen Brückenschaltung (HEB)

bemessen werden. Bei den Dioden dagegen geht – wegen $\alpha_i = (180° + \alpha)$ – für $\alpha \rightarrow 180°$ die Stromflußdauer gegen $\alpha_i \rightarrow 360°$. Somit ist

$$I_{Dm} = I_{Dar} = I_{Deff} = I_d. \tag{6.2.9}$$

In bezug auf die Spannungsbemessung der Ventile liegen die gleichen Verhältnisse wie bei der VEB-Schaltung vor. Somit ist

$$\hat{U}_T = \hat{U}_D = \sqrt{2}\, U_s. \tag{6.2.10}$$

6.2.2.3 Spannungswelligkeit und induktiver Spannungsabfall

Durch den Fortfall der negativen Spannungsspitzen zeigt u_d eine geringere Welligkeit als die Gleichspannung der VEB-Schaltung. Wird die Überlappung vernachlässigt, so gilt für die in **Bild 6.2.5a** schraffierte Wechselspannungszeitfläche

$$\psi_d = \int_{\varepsilon_1}^{\varepsilon_2} u_{d\sim}\, d\omega_{Nz}t = \int_{\alpha}^{\varepsilon_2} (u_s - U_d)\, d\omega_{Nz}t \tag{6.2.11}$$

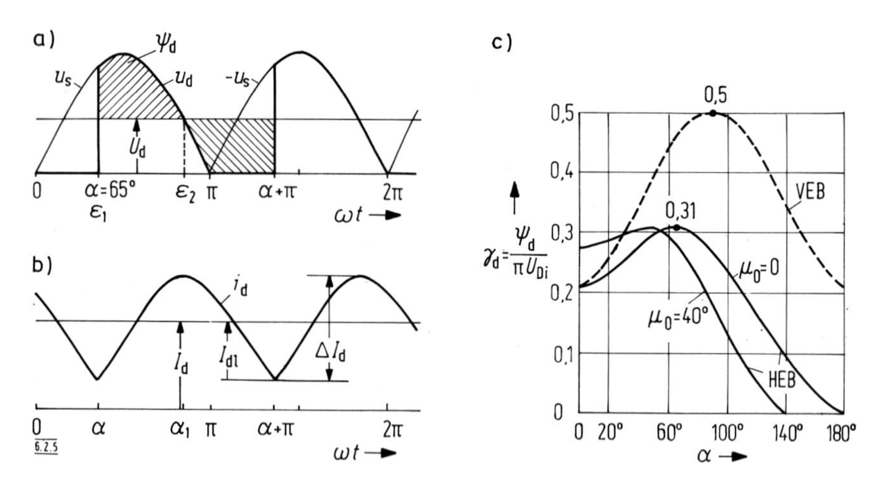

Bild 6.2.5
a) Maximale Wechselspannungszeitfläche ψ_d der HEB
b) geglätteter Gleichstrom
c) bezogene Wechselspannungszeitfläche der HEB in Abhängigkeit vom Steuerwinkel

$$\psi_d = \int_{\alpha}^{\varepsilon_2} [\sqrt{2}\, U_s \sin \omega_{Nz} t - 0{,}5\, U_{di}\, (1 + \cos \alpha)]\, d\omega_{Nz} t$$

$$= \frac{\pi U_{di}}{2} \int_{\alpha}^{\varepsilon_2} [\sin \omega_{Nz} t - (1/\pi)\, (1 + \cos \alpha)]\, d\omega_{Nz} t$$

$$\gamma_d = \frac{\psi_d}{\pi \cdot U_{di}} = \frac{1}{2} \left[\cos \alpha - \cos \varepsilon_2 - \left(\frac{\varepsilon_2 - \alpha}{\pi} \right) (1 + \cos \alpha) \right], \tag{6.2.12}$$

wobei

$$\varepsilon_2 = \arccos \left(\frac{1 + \cos \alpha}{\pi} \right) + \frac{\pi}{2} \text{ ist.}$$

In **Bild 6.2.5c** ist γ_d über α aufgetragen. Die maximale Welligkeit tritt bei $\alpha = 65°$ mit $\gamma_{dm} = 0{,}31$ (gegenüber $\gamma_{dm} = 0{,}5$ bei der VEB-Schaltung) auf. Für diesen Steuerwinkel wird man die Glättungsinduktivität L_d bei vorgegebener Lückgrenze I_{dl} bemessen.
Nach Gl. (6.1.23) ist die in **Bild 6.2.5b** eingezeichnete maximale Stromschwankung

$$\Delta I_{dm} = \frac{\gamma_{dm} \pi U_{di}}{2 \pi f_{Nz} L_d}. \tag{6.2.13}$$

Andererseits ist $I_{dl} = 0{,}58\,\Delta I_{dm}$. In Gl. (6.2.13) eingesetzt, ergibt sich für die Glättungsinduktivität

$$\boxed{L_d = 0{,}09\,\frac{U_{di}}{f_{Nz}\,I_{dl}}}\quad \text{, in H.} \tag{6.2.14}$$

Die HEB benötigt, wie ein Vergleich mit Gl. (6.1.25) zeigt, für die gleiche Lückgrenze eine um 43% kleinere Glättungsinduktivität als die VEB.
Entsprechend **Tabelle 6.2.1** läßt sich für die halb gesteuerte Brückenschaltung und dem ungünstigsten Steuerwinkel $\alpha = 65°$ das Frequenzspektrum der ungeglätteten Gleichspannung angeben:

$\nu \rightarrow$	2	4	6	8	10	W_u	$\sqrt{\sum\left(\frac{U_{d(\nu)}}{\nu\,U_{di}}\right)^2}$
$U_{d(\nu)}/U_{di}$	0,569	0,125	0,1018	0,0854	0,0601	0,60	
$U_{d(\nu)}/(\nu\,U_{di})$	0,285	0,0313	0,017	0,0107	0,006		0,29

Tabelle 6.2.1: Frequenzspektrum der ungeglätteten Gleichspannung der halb gesteuerten einphasigen Brückenschaltung (HEB)

Die Induktivität des Gleichstromkreises muß bei ihrer Bemessung nach dem Formfaktor, entsprechend Gl. (6.1.26) und Tabelle 6.2.1, sein

$$\boxed{L_d = 0{,}29\,\frac{U_{di}}{I_{dN}\,\omega_{Nz}}\,\frac{1}{\sqrt{f_{fi}^2 - 1}}}\quad (\text{bei } \alpha = 65°). \tag{6.2.15}$$

Der Einfluß der Kommutierungsreaktanz X_k bzw. der Streureaktanz des seltener vorgeschalteten Transformators – gekennzeichnet durch u_{kT} – auf die Steuerkennlinie ist

$$\boxed{U_d = U_{di}\,[0{,}5\,(1 + \cos\alpha) - d_x\,]}$$

mit $d_x = u_{kT}\,i_d^*/\sqrt{2}$ bzw. $d_x = \dfrac{X_k\,I_{sN}\cdot i_d^*}{U_s\,\sqrt{2}}$.

Der Kommutierungsvorgang ist aus **Bild 6.2.6** zu ersehen. Für die einzelnen Zustandsphasen sind die zugehörigen Stromverläufe nach Bild 6.2.3 angegeben. Die Einschaltkommutierung erfolgt wie bei der VEB-Schaltung mit dem Überlappungswinkel μ nach Gl. (6.1.5), die Ausschaltkommutierung findet dagegen, wegen der dreieckigen Kommutierungsspannungszeitfläche ψ_k mit dem Anfangsüberlappungswinkel μ_0 statt. Auf die maximale Wechselspannungszeitfläche ψ_d hat die

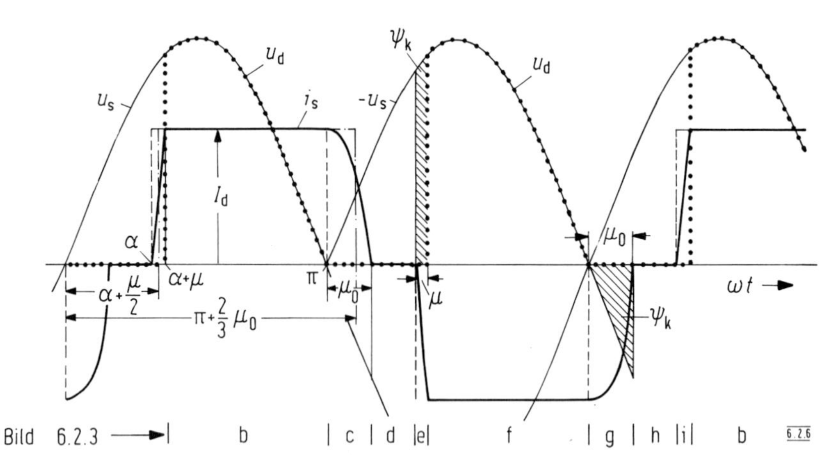

Bild 6.2.6 Verlauf der ungeglätteten Gleichspannung und des Wechselstromes der HEB unter Berücksichtigung der Überlappung

Überlappung, wie aus Bild 6.2.5c zu ersehen ist, keinen Einfluß; nur tritt sie bei kleinerem Steuerwinkel auf.

6.2.2.4 Grundschwingungsblindleistung

Besondere Beachtung verdient bei der HEB, als Blindstrom-sparender Schaltung, die vom Stromrichter aufgenommene Grundwellen-Blindleistung. Ohne Überlappung ist bei dem in Bild 6.2.6 gestrichelt gezeichneten rechteckigen Stromverlauf

$$Q_{(1)} = U_{\mathrm{di}} I_{\mathrm{d}} \sin\alpha = U_{\mathrm{di}} I_{\mathrm{d}} \sqrt{1-\cos^2\alpha} = U_{\mathrm{di}} I_{\mathrm{d}} \sqrt{\frac{U_{\mathrm{d}}}{U_{\mathrm{di}}} - \left(\frac{U_{\mathrm{d}}}{U_{\mathrm{di}}}\right)^2}\,. \tag{6.2.17}$$

Das ist die Gleichung des in **Bild 6.2.7** gestrichelten Kreises, der mit dem Radius 0,5 durch den Koordinaten-Nullpunkt geht.
Der mit Überlappung auftretende Stromverlauf soll durch den in Bild 6.2.6 strichpunktierten Rechteckblock mit dem Aussteuerwinkel $\alpha + \mu/2$ und dem Sperrwinkel $\pi + 2\mu/3$ ersetzt werden. Es läßt sich zeigen, daß sich die bezogene Grundschwingungsblindleistung hierfür zu

$$\frac{Q_{(1)}}{U_{\mathrm{di}} I_{\mathrm{d}}} = \sin\left(\frac{\alpha+\mu}{2} + \frac{\mu_0}{3}\right) \cos\left(\frac{\alpha+\mu}{2} - \frac{\mu_0}{3}\right) \tag{6.2.18}$$

ergibt. In Bild 6.2.7 sind die Blindleistungskennlinien für $\mu_0 = 10$ bis $40°$ aufgetragen. Ein Vergleich mit dem Kreis $\mu_0 = 0$, der allein die Steuerblindleistung darstellt, zeigt, daß die Kommutierungsblindleistung verhältnismäßig groß ist und die Blindleistungseinsparung gegenüber der VEB-Schaltung wesentlich vermindert.

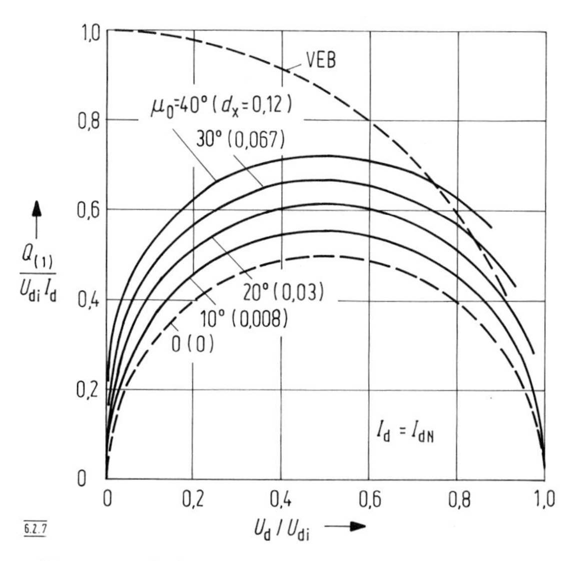

Bild 6.2.7 Blindleistungskennlinie der HEB unter Berücksichtigung des induktiven Spannungsabfalls

6.2.2.5 Blindstromsparende Folgesteuerung

Bei der Speisung von Gleichstrom-Bahnmotoren großer Leistung über netzgeführte Stromrichter findet in der Regel die HEB-Schaltung Anwendung. Das Blindleistungsverhalten wird weiter dadurch verbessert, daß zwei, selten drei, halbgesteuerte Brückenschaltungen in Reihe geschaltet und mit Folgesteuerung betrieben werden. In **Bild 6.2.8** ist die Reihenschaltung von zwei Brückenschaltungen wiedergegeben. Die Speisung erfolgt über einen Transformator mit zwei entkoppelten Sekundärwicklungen. Die Blindleistungskennlinien einer einzelnen HEB-Schaltung (SR) und einer Folgeschaltung (SR I, SR II) sind aus **Bild 6.2.9** zu ersehen. Die gestrichelten Kennlinien gelten für vernachlässigbare Überlappung. Wegen des induktiven Spannungsabfalls müssen sich die Stellbereiche der beiden Teilstromrichter SR I und SR II überlappen. Gegenüber dem Betrieb mit einer Brückenschaltung ergibt sich, vor allem bei mittlerer Aussteuerung, eine große Blindleistungseinsparung, während bei kleiner oder großer Aussteuerung der Gewinn nicht so erheblich ist.
Die Welligkeit des Gleichstromes wird durch die Folgesteuerung etwas vermindert, so daß die Glättungsdrossel entsprechend kleiner gewählt werden kann.

6.2.3 Netzgeführte dreiphasige Stromrichter mit Gleichspannungsausgang

6.2.3.1 Vorteile von vielpulsigen Stromrichtern

Abgesehen von Traktionsantrieben werden praktisch alle netzgeführten Stromrich-

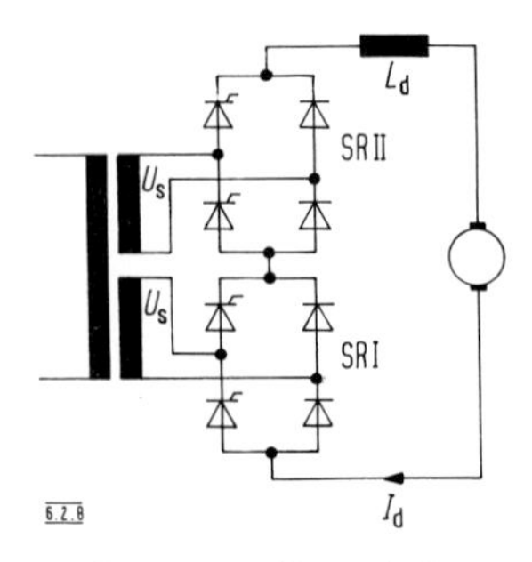

Bild 6.2.8 Reihenschaltung von zwei HEB zur Folgesteuerung

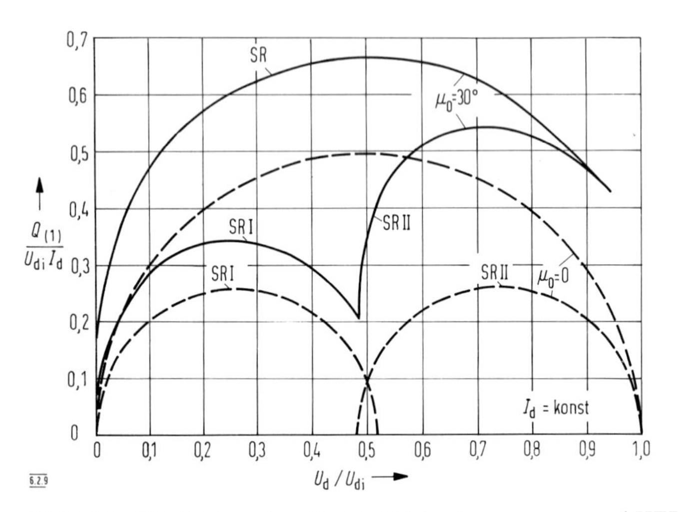

Bild 6.2.9 Blindleistungskennlinie bei Folgesteuerung von zwei HEB im Vergleich zu einer HEB. Gestrichelt: Ohne induktiven Spannungsabfall

ter mit Ausgangsleistungen größer als 10 kW dreiphasig ausgeführt. Ein Vergleich mit zweipulsigen Stromrichtern zeigt folgende Vorteile:

- Die Leistung verteilt sich gleichmäßig auf die drei Phasen des Drehstromsystems.
- Der Netzstrom enthält nur wenige Harmonische. Die Oberschwingungsströme können über Saugkreise kurzgeschlossen werden.
- Die Strombelastung für den einzelnen Thyristor wird kleiner, da mehrere Ventilzweige abwechselnd an der Stromführung beteiligt sind.
- Die Welligkeit der Gleichspannung ist unvergleichlich niedriger, so daß in den meisten Fällen auf zusätzliche Glättungsmittel verzichtet werden kann.
- Da der Zeitabstand zwischen zwei aufeinander folgende Zündimpulse kleiner ist, nimmt die Ersatzverzugszeit entsprechend ab.

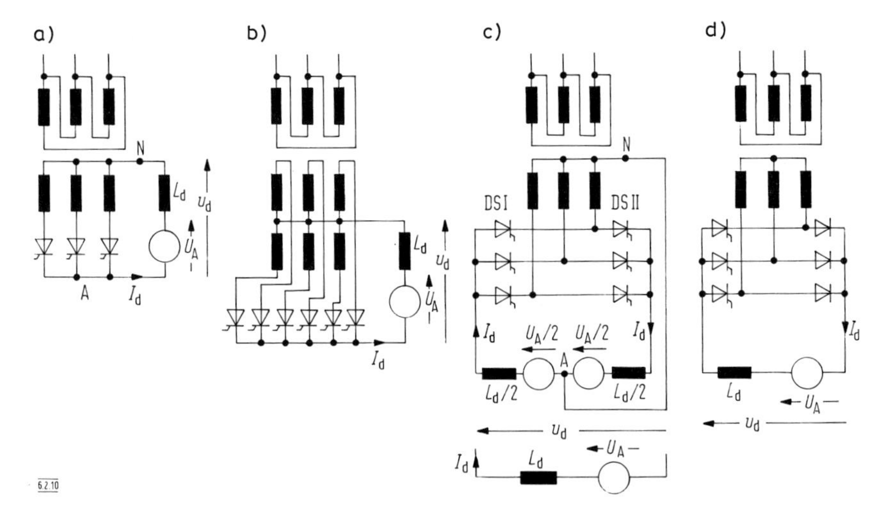

Bild 6.2.10 Drehstrom-Stromrichter
a) Dreipulsige Sternschaltung (DS)
b) sechspulsige Sternschaltung
c) voll gesteuerte Drehstrombrückenschaltung (VDB)
d) halb gesteuerte Drehstrombrückenschaltung (HDB)

Diesen Vorteilen stehen auch einige Nachteile gegenüber, die aber im Laufe der Entwicklung an Gewicht verloren haben:

- Die Ansteuerung ist komplizierter, da die Zündimpulse nicht mit einer Wechselspannung, sondern mit dem Drehstromsystem synchronisiert werden müssen. Weiterhin benötigt die Drehstrombrücke Doppelimpulse. Durch integrierte Impulssteuergeräte läßt sich der gerätemäßige Aufwand trotzdem kleinhalten.
- Bei größerer Ventilzahl ist auch der Aufwand für den mechanischen Aufbau und die Kühlkörper größer. Für Scheibenzellen werden aber universell wandelbare Aufbau- und Kühlkörpersysteme angeboten, die zudem geeigneter für eine Fremdbelüftung sind als wenige große Kühlkörper.

Bei den mehrpulsigen Stromrichtern hat sich eindeutig die voll gesteuerte Drehstrombrückenschaltung (VDB) durchgesetzt, sie wird deshalb in diesem Abschnitt als einzige ausführlich behandelt, die anderen Schaltungen (DE, HDB) werden nur als Teil bzw. als Variante der VDB beschrieben.

6.2.3.2 Stromrichtervarianten

6.2.3.2.1 *Sechspulsige Stromrichter*

Das **Bild 6.2.10a** zeigt den einfachsten dreiphasigen netzgeführten Stromrichter mit Gleichstromausgang, die dreiphasige Einwegschaltung DS (Drehstrom-Sternschaltung). Die Belastung liegt zwischen dem aus den drei Ventilen gebildeten Punkt A

und dem Wicklungssternpunkt N. Diese Schaltung benötigt somit immer einen Transformator, der, abgesehen von den Kommutierungsbereichen der Ventile, einphasig belastet und damit schlecht ausgenutzt ist ($P_{Tr} = 1{,}35\, U_{di}\, I_d$). Die einphasige Belastung verbietet die ⅄⅄-Schaltung.
Durch den dreipulsigen Betrieb geht die für den Lückgrenzstrom I_{dl} erforderliche Induktivität auf

$$L_d = 1{,}25 \cdot 10^{-3}\, U_{di}/I_{dl} \qquad (6.2.19)$$

zurück und liegt erheblich unter dem der VEB-Schaltung (nach Gl. (6.1.25))

$$L_d = 3{,}18 \cdot 10^{-3}\, U_{di}/I_{dl},$$

läßt sich aber durch Erhöhung der Pulszahl auf $p_{SR} = 6$ mit Hilfe der sechspulsigen Einwegschaltung – **Bild 6.2.10b** – auf

$$L_d = 0{,}3 \cdot 10^{-3}\, U_{di}/I_{dl}$$

herabsetzen. An den noch schlechter ausgenutzten Transformator ($P_{Tr} = 1{,}55\, U_{di}\, I_d$) mit Doppelsternwicklung werden hohe Anforderungen an die Symmetrie gestellt. Es gibt noch einige Varianten der Schaltung nach Bild 6.2.10b, die eine etwas kleinere Transformator-Typenleistung benötigen, doch sind sie alle aufwendiger als die in **Bild 6.2.10c** wiedergegebene Drehstrombrückenschaltung.
Die Drehstrombrückenschaltung stellt, wie aus Bild 6.2.10c zu ersehen ist, die gleichstromseitige Reihenschaltung von zwei dreipulsigen Einwegschaltungen dar, von denen die eine die positiven Spannungshalbwellen und die zweite die negativen Spannungshalbwellen als Durchlaßrichtung benützen. Jeder Teilstromrichter DSI und DSII kommutiert für sich unabhängig, so daß sich 120° el. lange Stromführungsbereiche ergeben. Da die Kommutierungszeitpunkte beider Systeme – wie noch gezeigt werden soll – um 60° el. versetzt sind, ist der Gesamtstromrichter sechspulsig.
Gleiche Aussteuerung und gleiche Belastung beider Teilstromrichter vorausgesetzt, sind die Augenblickswerte ihrer Gleichströme einander gleich, so daß die Sternpunktverbindung A–N stromlos ist, also auch fortbleiben kann. Da kein Sternpunkt mehr benötigt wird, kann auch der Transformator fortfallen, wenn er nicht zur Spannungsanpassung benötigt wird.
Eine Variante der Drehstrombrückenschaltung ist die in **Bild 6.2.10d** wiedergegebene halb gesteuerte Drehstrombrückenschaltung HDB. Bei ihr ist ein Sternsystem mit Dioden bestückt, das dadurch eine konstante Gleichspannung liefert, die durch die Gleichrichteraussteuerung des steuerbaren Sternes vergrößert und dessen Wechselrichteraussteuerung verkleinert werden kann. Die Gesamtanordnung stellt einen steuerbaren Gleichrichter dar, dessen Gleichspannung eine wesentlich größere Wechselspannungskomponente hat als die VDB-Schaltung. Mit

$$L_d = 0{,}76 \cdot 10^{-3}\, U_{di}/I_{dl}$$

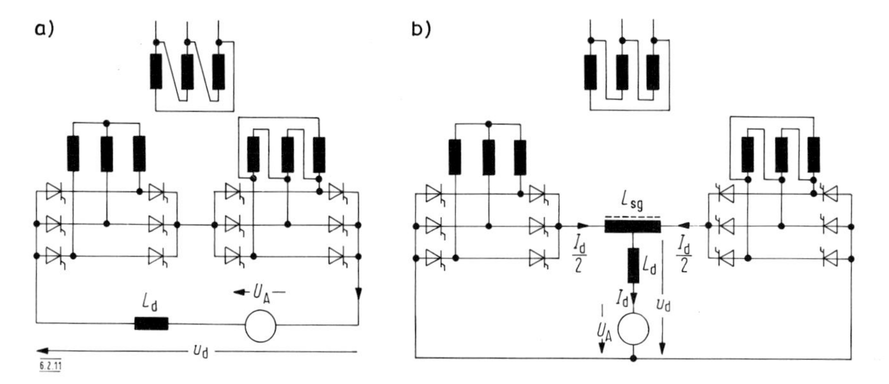

Bild 6.2.11 Zwölfpulsige Stromrichterschaltungen
a) Reihenschaltung von zwei VDB
b) Parallelschaltung von zwei VDB über eine Saugdrossel

ist die Glättungsinduktivität 2,5mal so groß wie bei der vollgesteuerten Drehstrombrückenschaltung.
Ein gewisser Vorteil ist der kleinere Blindleistungsbedarf, der in der Näherungsgleichung HDB : $\cos \varphi_1 \approx \sqrt{U_d/U_{di}}$ gegenüber VDB : $\cos \varphi_1 \approx U_d/U_{di}$ zum Ausdruck kommt, der allerdings durch ein ungünstigeres Oberschwingungsspektrum des Netzstromes kompensiert wird. So enthält es eine große zweite Harmonische und daneben noch weitere geradzahlige Harmonische, die bei großer Stromrichterleistung im Drehstromnetz Schwierigkeiten bereiten können.

6.2.3.2.2 *Zwölfpulsige Stromrichter*
Obgleich heute Thyristoren mit einer Spitzensperrspannung von 4000 V und einem Dauergrenzstrom von 2000 A zur Verfügung stehen, besteht bei Grenzleistungsantrieben die Notwendigkeit, zwei Thyristoren in Reihe und, häufiger noch, zwei Thyristoren parallel zu betreiben. Die zweigweise Reihen- und Parallelschaltung wird wegen des Einflusses der Thyristor-Kenndatenstreuung weitgehend vermieden; dafür werden ganze Drehstrombrücken in Reihe oder parallel geschaltet. Dadurch ergibt sich – nach **Bild 6.2.11** – ein zwölfpulsiger Stromrichter. Der Mehraufwand besteht in einem Drei-Wicklungs-Transformator, bei dem die beiden sekundären Drehspannungen gegeneinander eine Phasendrehung von 30° el. haben. Dadurch läßt sich – wie aus Bild 6.2.20 zu ersehen ist, die Wechselspannungszeitfläche ψ_d auf sehr kleine Werte bringen, so daß – selbst ohne zusätzliche Glättungsdrossel – die Lückgrenze I_{dl} sehr niedrig liegt. Da im Netz-Wechselstrom nur Oberschwingungen mit der Ordnungszahl $v = k \cdot p_{SR} \pm 1$ mit dem Effektivwert $I_{L(v)} = I_{L(1)}/v$ auftreten, setzt die Verdopplung der Pulszahl von $p_{SR} = 6$ auf $p_{SR} = 12$ auch die Oberschwingungsbelastung des Netzes sehr herab.
Bei der Schaltung **Bild 6.2.11a** sind die beiden Drehstrombrücken gleichstromseitig in Reihe geschaltet. Da die Ankerinduktivität mit Sicherheit für die Glättung ausreicht, werden zusätzliche Drosseln nicht benötigt. Daneben wird die in **Bild**

6.2.11b gezeigte Parallelschaltung angewendet. Da die Augenblickswerte zweier Drehstrombrücken, die an zwei um 30° el. gegeneinander verdrehten Drehspannungen liegen, selbst bei vollkommen symmetrischer Aussteuerung voneinander abweichen, müssen Drosseln in Reihe mit dem Gleichstromausgang geschaltet werden, die – wie bei der einfachen Drehstrombrücke – für den sechspulsigen Betrieb zu bemessen sind. Die gleiche Aufgabe kann eine, in Bild 6.2.11b wiedergegebene Saugdrossel L_{sg} erfüllen, die aus zwei magnetisch gekoppelten Wicklungen besteht. Sie werden im einander entgegengesetzten Sinn von den beiden Brückenströmen durchflossen, so daß keine Gleichstromvormagnetisierung erfolgt und ihre Baugröße entsprechend klein ist. Die zusätzliche Induktivität L_d hat dann nur noch die Aufgabe, die Stromänderungsgeschwindigkeit im Ankerkreis zu begrenzen. Bei unvollständiger magnetischer Kopplung der beiden Wicklungen kann die Saugdrossel – bei entsprechend größerer Baugröße – auch die Aufgabe der Stromanstiegsbegrenzung übernehmen. Zu erwähnen ist noch, daß die Saugdrossel ihren Magnetisierungsstrom über die stromführenden Ventile zieht. Nur für Lastströme, die größer als der Magnetisierungsstrom sind, kann die Saugdrossel ihre Aufgabe erfüllen, darunter tritt eine sechspulsige Welligkeit an der Last auf.

6.2.3.3 Drehstromhalbbrücke

Zur Untersuchung des Kommutierungsvorganges bei der Drehstrombrückenschaltung braucht nur eine Hälfte betrachtet zu werden, da jede DS-Hälfte unter sich, und unabhängig von der anderen, den Strom an das nächste Ventil übergibt.
Die ideelle Leerlaufspannung ($\alpha = 0$) der DB, ausgedrückt durch die Leiterspannung U_L ($= U_{L12}$, U_{L23}, U_{L31}), ist

$$\text{DB:} \qquad U_{di} = 2\,\frac{\sqrt{2}\,U_L/\sqrt{3}}{2\pi/3}\int_{-\pi/3}^{+\pi/3}\cos\omega_{Nz}t\,\mathrm{d}\omega_{Nz}t = \frac{3\sqrt{2}}{\pi}\,U_L\,. \qquad (6.2.20)$$

Für den Zündwinkel α verschiebt sich der Integrationsbereich um α

$$\text{VDB:} \qquad U_d = 2\cdot\frac{\sqrt{2}\,U_L/\sqrt{3}}{2\pi/3}\int_{-\pi/3+\alpha}^{+\pi/3+\alpha}\cos\omega_{Nz}t\cdot\mathrm{d}\omega_{Nz}t = U_{di}\cos\alpha\,. \qquad (6.2.21)$$

Vernachlässigung der Überlappung und lückfreier Betrieb vorausgesetzt.
Für die **Bild 6.2.12** zugrunde liegende Halbbrücke ist U_{di} zu halbieren. Dieses Bild zeigt die Durchsteuerung von voller Gleichspannung bis zur äußersten Wechselrichterspannung. In Bild 6.2.12b sind der über T1 fließende Strom i_{T1} bei vollständiger Glättung und in Bild 6.2.12d die am Thyristor T1 liegende Sperrspannung angegeben. Bei $\alpha = 0$ liegt am Ventil nur Sperrspannung in Sperrichtung, deshalb kommt die Schaltung in diesem Betriebszustand mit Dioden aus. Mit steigendem Winkel α nehmen die Spannungszeitflächen in Sperrichtung immer mehr ab und die in Durchlaßrichtung immer mehr zu, bis in äußerster Wechselrichteraussteuerung der Thyristor spannungsmäßig nur in Durchlaßrichtung beansprucht ist. Die maximale Sperrspannung ist

$$\text{DS, DB:} \qquad U_{Tm} = \sqrt{2}\,U_L = \sqrt{6}\,U_s\,. \qquad (6.2.22)$$

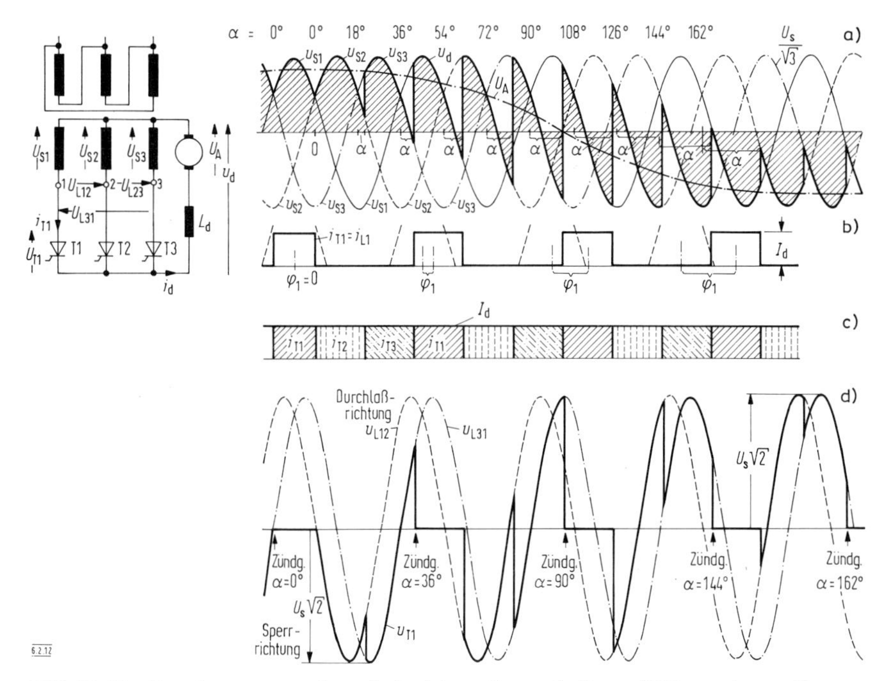

Bild 6.2.12 Durchsteuerung einer dreipulsigen Sternschaltung (DS) an starrer Spannung und bei vollständiger Glättung

Die Kommutierung des Stromes vom Thyristor T1 auf den Thyristor T2 zeigt unter Berücksichtigung der Kommutierungsreaktanzen X_k das **Bild 6.2.13.** Der Ausgangszustand ist aus Bild 6.2.13a zu ersehen. Die Kommutierung beginnt, sobald Thyristor T2 gezündet wird. Nach Bild 6.2.13b ist nun die Leiterspannung U_{L12} über die Reaktanz $2 \cdot X_k$ und die durchlässigen Ventile T1 und T2 kurzgeschlossen. Es fließt der Kommutierungsstrom I_k, und an der Last liegt die Spannung $U_{L12}/2$. Sobald I_k den Wert von I_d erreicht hat, ist die Summe der über T1 fließenden Ströme null, und der Thyristor T1 geht in Sperrung, während das Ventil T2 nun den Laststrom führt (Bild 6.2.13c).
Die Kommutierungs-Spannungszeitflächen ψ_k sind für Gleichrichteraussteuerung aus **Bild 6.2.14** und für Wechselrichteraussteuerung aus **Bild 6.2.15** zu ersehen. Die schraffierten Flächen ψ_k sind für $I_d = \text{konst.}$ unabhängig von α konstant, deshalb genügt es, ψ_k für $\alpha = 0$ zu bestimmen

$$\psi_k = \frac{1}{2}\sqrt{2}\,U_L \int_0^{\mu_0} \sin\omega_{Nz}t \,\mathrm{d}\omega_{Nz}t = \frac{1}{\sqrt{2}}\,U_L(1-\cos\mu_0) \quad \text{und} \tag{6.2.23}$$

$$\psi_k = X_k \cdot I_d. \tag{6.2.24}$$

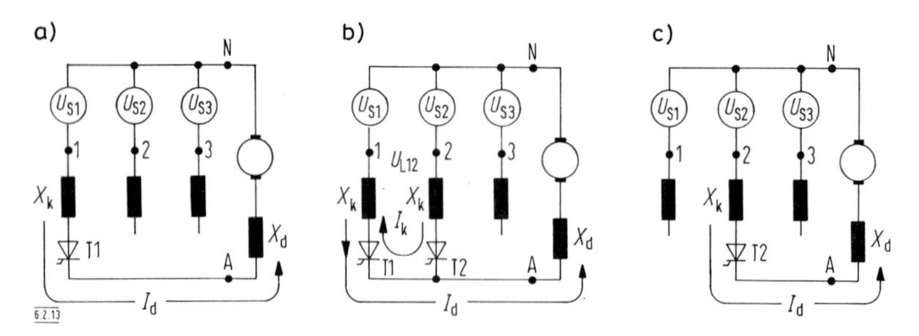

Bild 6.2.13 Kommutierung der DS. Übergang des Stromes von T1 nach T2

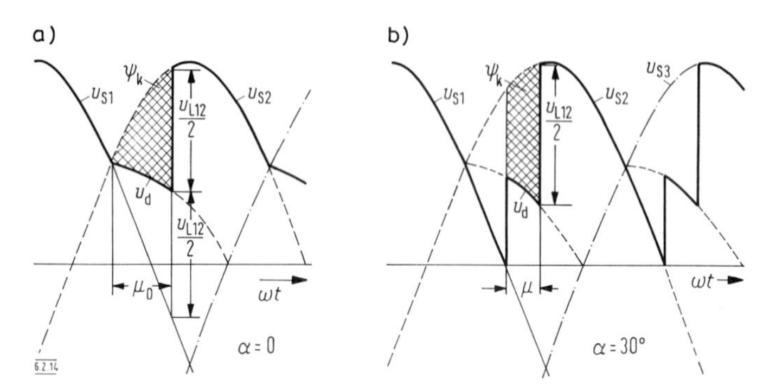

Bild 6.2.14 Kommutierung der DS im Gleichrichterbetrieb

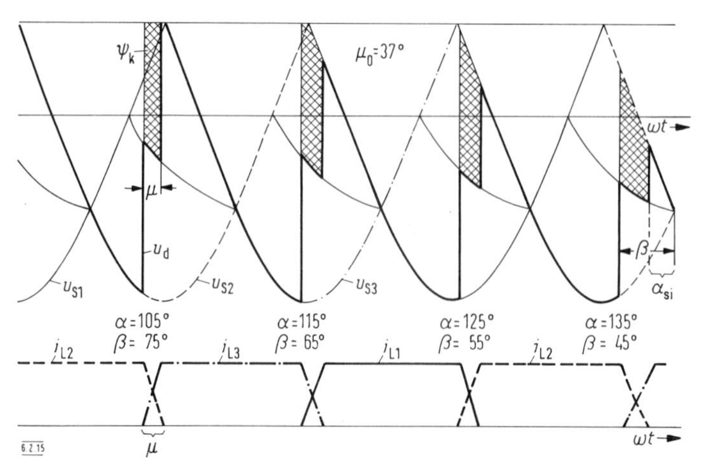

Bild 6.2.15 Kommutierung der DS im Wechselrichterbetrieb

Somit ist

$$1 - \cos\mu_0 = \cos\alpha - \cos(\alpha + \mu) = \sqrt{2}\, X_k I_d / U_L. \tag{6.2.25}$$

6.2.3.4 Voll gesteuerte Drehstrombrückenschaltung (VDB)

6.2.3.4.1 *Gesamtkommutierung*

In **Bild 6.2.16a** sind die beiden Halbbrücken, bestehend aus T1, T3, T5 bzw. T2, T4, T6 zur voll gesteuerten Drehstrombrücke VDB zusammengefaßt. Durch den Versatz von 60° beider Kommutierungseinheiten ergeben sich – nach **Bild 6.2.16b** – sechs Stromführungsabschnitte, in denen die stromführenden Ventile nicht gewechselt werden. Im Stromführungsabschnitt I fließt der Strom über die Thyristoren T1 und T4. Danach kommutiert der Strom von T4 nach T6, während T1 leitend bleibt. Am Ende des Abschnitts II dagegen bleibt T6 leitend, während der Strom von T1 nach T3 kommutiert. Der Nachteil, daß bei der Drehstrombrückenschaltung der Strom über zwei Thyristoren fließen muß, wird dadurch gemildert, daß gleichzeitig immer nur ein Ventil kommutiert.

Die Durchsteuerung der VDB ohne Überlappung zeigt **Bild 6.2.17.** In Bild 6.2.17a sind die Spannungen der beiden Halbbrücken aufgetragen. Die schraffierte Differenz ist die eigentliche, an A–B (Bild 6.2.16) abgegriffene Ausgangsspannung u_d, die, durch L_d geglättet, die Gleichspannung $U_d = U_A$ ergibt. Die größte Welligkeit zeigt die ungeglättete Gleichspannung bei $\alpha = 90°$, d. h. $U_d = 0$. Nach Bild 6.2.17c ist die Sperrspannungsbeanspruchung der Thyristoren die gleiche wie bei der Halbbrücke.

Den Durchsteuervorgang mit Überlappung zeigt **Bild 6.2.18.** In der Drehstromzuleitung 1 fließen die 120° langen Stromblöcke der Thyristoren T1 und T2, die unterschiedlichen Halbbrücken angehören. Die Stromblöcke haben deshalb entgegengesetzte Polarität. Nach Bild 6.2.18b werden die Stromblöcke durch die Überlappung trapezförmig verformt. Durch die 120° breiten rechteckigen Stromblöcke von der Höhe I_d ist der Netzstrom

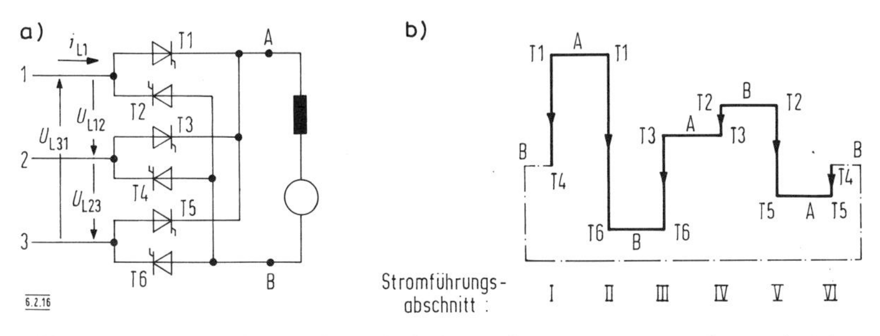

Bild 6.2.16 Kommutierungsfolge bei der voll gesteuerten Drehstrombrückenschaltung (VDB)

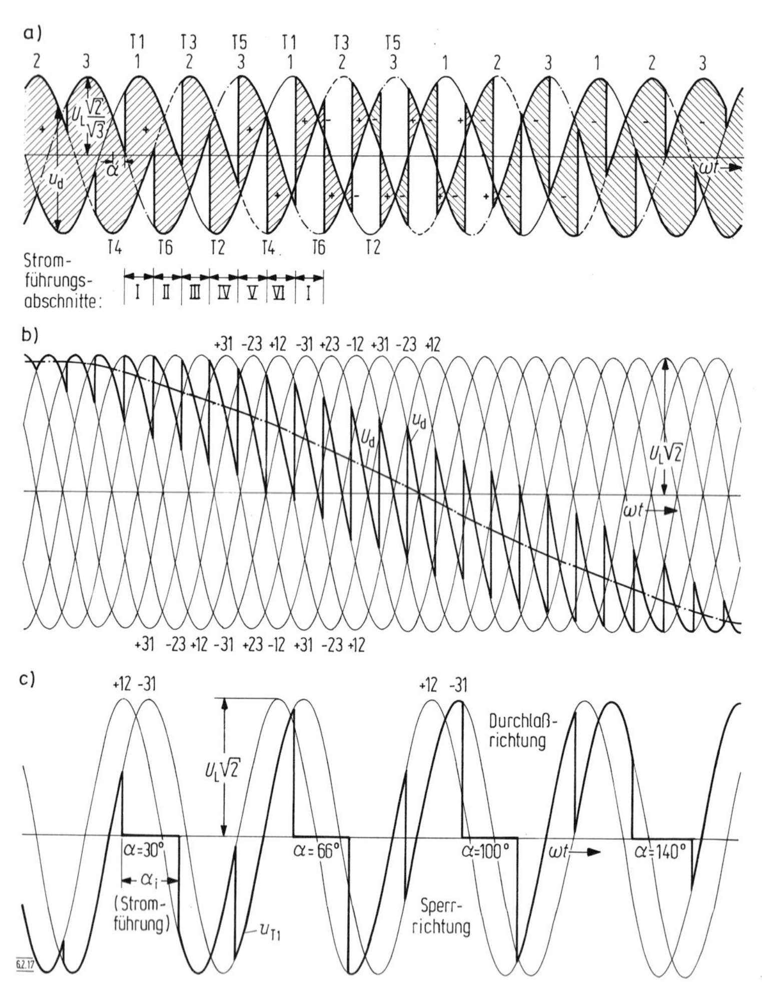

Bild 6.2.17 Durchsteuerung einer Drehstrombrückenschaltung (VDB) an starrer Spannung
a) Spannung der Sternschaltungen
b) ungeglättete Gleichspannung
c) Thyristorspannung

$$I_L = \sqrt{\frac{1}{\pi}\int_0^{2\pi/3} I_d^2 \, d\omega t} = \sqrt{\frac{2}{3}} I_d \,. \tag{6.2.26}$$

Nun läßt sich die Kommutierungsspannungszeitfläche ψ_k durch die Kurzschlußspannung u_{kT} eines gegebenenfalls vorgeschalteten Transformators bestimmen

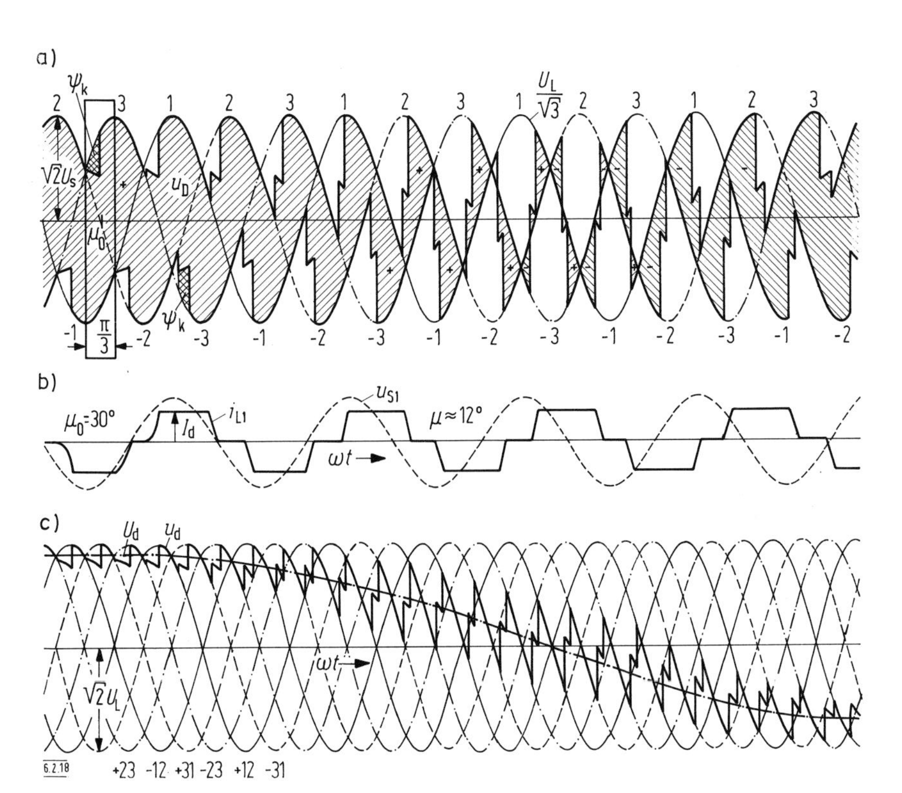

Bild 6.2.18 Durchsteuerung einer Drehstrombrückenschaltung unter Berücksichtigung der Überlappung

$$\psi_k = X_k \cdot I_d = \frac{u_{kT} U_L}{\sqrt{3}\, I_{LN}} I_d = \frac{U_L}{\sqrt{2}} u_{kT} i_d^*, \quad \text{mit} \quad i_d^* = \frac{I_d}{I_{dN}}. \tag{6.2.27}$$

Die Gln. (6.2.23) und (6.2.27) zusammengefaßt

$$1 - \cos\mu_0 = \cos\alpha - \cos(\alpha + \mu) = u_{kT} i_d^* = u_{kT} K_x i_d^* = 2 d_x .$$

Daraus ergeben sich $K_x = 1$ und

$$\boxed{d_x = 0{,}5\, u_{kT} i_d^* = \frac{3}{\pi} X_k I_{dN} i_d^* / U_{di}}, \tag{6.2.28}$$

Die Abhängigkeit des Überlappungswinkels μ von μ_0 und α läßt sich für $K_x = 1$ aus Bild 6.1.4 entnehmen.

Die Konstante u_{kT} gilt für den Transformator-Nennstrom; er braucht nicht mit dem Stromrichter-Nennstrom übereinzustimmen. Arbeitet der Antrieb z. B. im Aussetzbetrieb, so ist es möglich, den Transformator wegen seiner großen thermischen Zeitkonstante leistungsmäßig kleiner zu bemessen, andererseits kann auch der Transformator – wegen einer später beabsichtigten Leistungssteigerung des Antriebes oder wegen des beabsichtigten Anschlusses eines weiteren Antriebes – leistungsmäßig überbemessen werden.
Der leistungsmäßig angepaßte Transformator muß die Typenleistung

$$P_{Tr} = \sqrt{3}\, U_L \cdot I_{LN} = \frac{\sqrt{3}\,\pi}{3\sqrt{2}} \sqrt{\frac{2}{3}}\, U_{di} I_{dN} = 1{,}05\, U_{di} I_{dN} \tag{6.2.29}$$

haben. Hat der Transformator dagegen die Leistung P^*_{Tr}, so ist der induktive Spannungsabfall

$$\boxed{d_x = 0{,}5\, u_{kT}\, i^*_d (P_{Tr}/P^*_{Tr})}\ . \tag{6.2.30}$$

6.2.3.4.2 *Steuerverhalten*
Es wird der in Bild 6.2.18 eingerahmte Pulsbereich von der Breite $\pi/3$ (60°) betrachtet. Die in dem Bereich vorhandene Gleichspannung ergibt sich aus

$$U_d = \frac{\sqrt{2}\, U_L}{\pi/3} \int_{\alpha - \pi/6}^{\alpha + \pi/6} \cos \omega t \cdot d\omega t = \frac{\sqrt{2} \cdot 3}{\pi}\, U_L \left[\sin\left(\alpha + \frac{\pi}{6}\right) - \sin\left(\alpha - \frac{\pi}{6}\right) \right]$$

$$U_d = U_{di} \cos \cdot \alpha \tag{6.2.31}$$

und mit induktivem Spannungsabfall

$$\boxed{U_d = U_{di} (\cos \alpha - d_x)}\ . \tag{6.2.32}$$

Die spannungsmäßige Bemessung kann im Gleichrichterbereich nach Abschnitt 6.1.4.1 und im Wechselrichterbereich nach Abschnitt 6.1.4.2 erfolgen, wenn für U_{di} und d_x die Werte der VDB eingesetzt werden. Die ungesteuerte Dioden-Drehstrombrückenschaltung erhöht die Gleichspannung im Leerlauf nur auf

$$U_{Am} = U_{dm} = \sqrt{2}\, U_L = (\pi/3)\, U_{di} = 1{,}047\, U_{di}.$$

6.2.3.4.3 *Thyristorbeanspruchung*
Die voll gesteuerte Drehstrombrückenschaltung zeichnet sich dadurch aus, daß die maximal am Thyristor auftretende periodische Spitzensperrspannung

$$U_{RM} = d_{u+} \sqrt{2}\, U_L,$$

mit d_{u+} Netz-Überspannungsfaktor, nur wenig größer als U_{di} ist. Die höchstzulässige periodische Vorwärts- und Rückwärts-Spitzensperrspannung muß je nach Netz- und Lastverhältnissen um den Faktor 1,8 bis 2,5 größer sein als die auftretende periodische Spitzensperrspannung

$$U_{DRM} = U_{TRM} = (1{,}8 \text{ bis } 2{,}5)\, U_{RM}. \tag{6.2.33}$$

Der hohe Sicherheitsfaktor ist wegen der im Netz auftretenden Schaltüberspannung (der Überspannung beim Ansprechen der Sicherungen) und der durch den Verbraucher bedingten Überspannungen erforderlich. Zusätzlich sind überspannungsbegrenzende Maßnahmen, wie Thyristorbeschaltung, Lastbeschaltung, Transformatorbeschaltung, erforderlich. Die letztere hat die Aufgabe, leistungsstarke Störimpulse (geringer Innenwiderstand der Störimpulsquelle) vom Stromrichter fernzuhalten. Die Thyristorbeschaltung ist im Abschnitt 5.2.6 behandelt worden, während die Transformatorbeschaltung in Abschnitt 6.4.5 Erwähnung findet.

6.2.3.4.4 *Gleichspannungswelligkeit*

Die sechspulsige VDB-Schaltung zeichnet sich durch eine geringe Welligkeit der Gleichspannung aus und bietet so die Möglichkeit, den Gleichstrommotor ohne zusätzliche Glättungsdrossel betreiben zu können, wenn gewisse Zugeständnisse hinsichtlich der Lückgrenze gemacht werden. Die geringe Welligkeit setzt vollkommen symmetrische Steuerung voraus, sie steigt bei Steuerwinkelfehlern oder beim Ausfall eines Thyristors auf ein Mehrfaches des normalen Wertes.

In **Bild 6.2.19** sind der Verlauf von u_d für verschiedene Steuerwinkel α und der zugehörige Gleichstrom i_d, letzterer für den Fall $I_d = I_{d1}$, angegeben. Um die Stromverläufe aller Teilbilder vergleichen zu können, ist immer die gleiche Glättungsinduktivität zugrunde gelegt worden. Die geringste Welligkeit ist nach **Bild 6.2.19a** bei $\alpha = 0$ vorhanden. Das ist der Betriebszustand des ungesteuerten Gleichrichters (Dioden-Drehstrombrücke DDB), während er beim Stromrichter wegen der Regelreserve nur kurzzeitig auftreten kann. Die Welligkeit wird größer, wenn die Diodenbrücke DDB nicht an einer starren Drehspannung liegt.

Das **Bild 6.2.19b** zeigt den Spannungsverlauf beim Überlappungswinkel $\mu_0 = 30°$, d.h. $d_x = 0{,}067$. Die maximale Stromschwankung ΔI_d steigt gegenüber $\mu_0 = 0$ auf den doppelten Wert. Die folgenden Teilbilder, **Bild 6.2.19c** bis **e,** gelten wieder ohne Überlappung. Die größte Welligkeit von Gleichstrom und Gleichspannung ist bei $\alpha = 90°$ **(Bild 6.2.19d)** vorhanden, sie nimmt beim Übergang in Wechselrichteraussteuerung $\alpha > 90°$ **(Bild 6.2.19e)** wieder ab. Die Spannungszeitfläche ist

$$\psi_d = \int_\alpha^\varepsilon u_{d\sim}\, d\omega t = \int_\alpha^\varepsilon (u_d - U_d)\, d\omega t. \tag{6.2.34}$$

Im Bereich $24{,}9° < \alpha < 155{,}1°$ ist $u_d = \sqrt{2}\, U_L \sin(\omega t + \pi/3)$ und

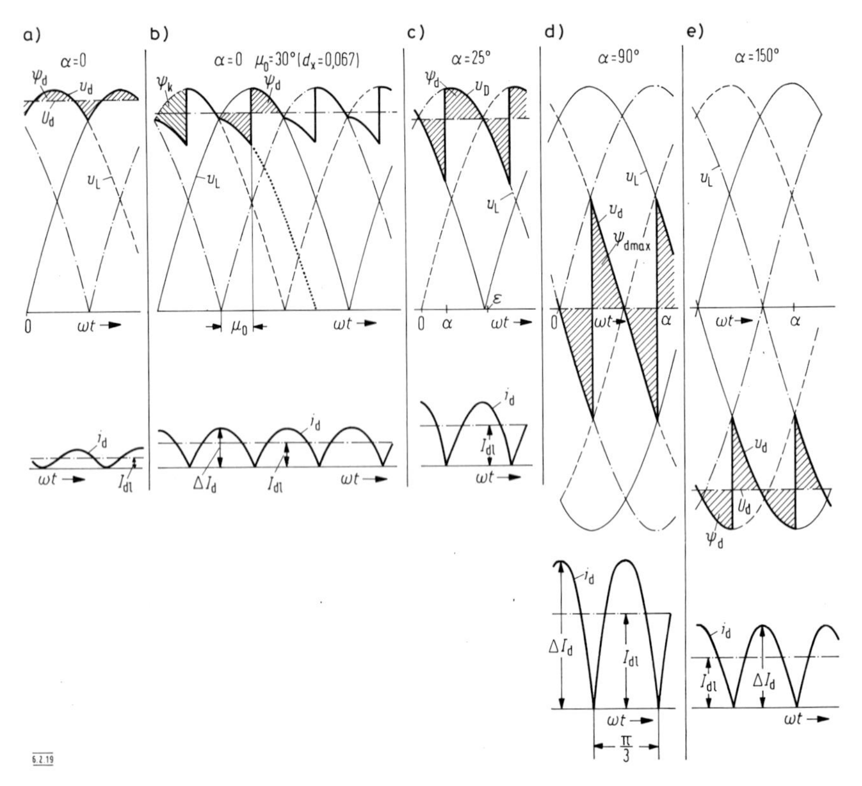

Bild 6.2.19 Drehstrombrückenschaltung: Wechselspannungszeitfläche ψ_d, Gleichstromverlauf an der Lückgrenze
a, b) Dioden-Brückenschaltung
c, d, e) Stromrichter bei Aussteuerung auf α

$$U_d = \frac{3}{\pi}\sqrt{2}\,U_L \cos\alpha = U_{di} \cos\alpha$$

sowie nach Bild 6.2.19c $\varepsilon = \dfrac{2\pi}{3} - \arcsin((2/\pi)\cos\alpha)$.

Damit ergibt sich

$$\gamma_d = \frac{\psi_d}{U_{di}\cdot\pi} = \frac{1}{3}\left[\cos(\alpha+\pi/3) - \cos(\varepsilon+\pi/3) - \frac{3}{\pi}(\varepsilon-\alpha)\cos\alpha\right]. \tag{6.2.35}$$

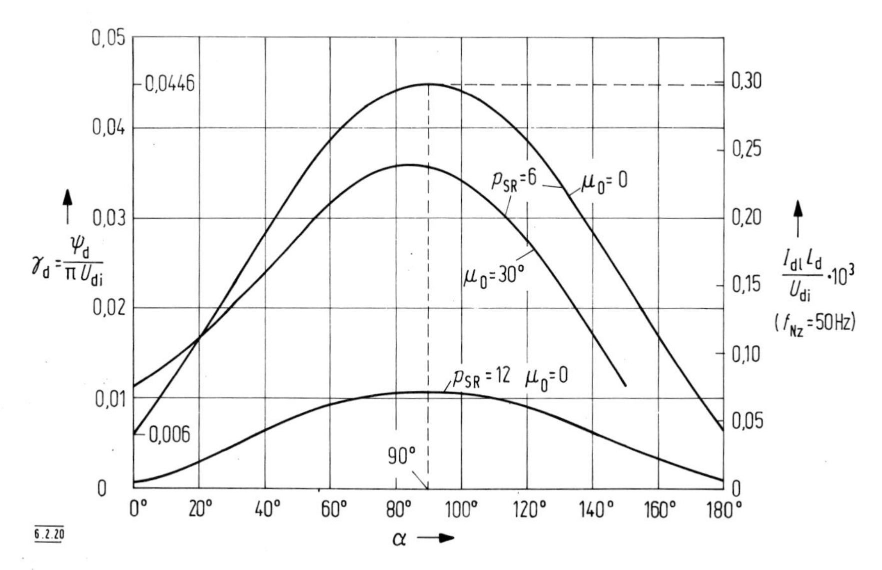

Bild 6.2.20 Bezogene Wechselspannungszeitfläche γ_d des sechs- und zwölfpulsigen Stromrichters

In **Bild 6.2.20** ist Gl. (6.2.35) über α aufgetragen ($\mu_0 = 0$). Es war bereits gezeigt worden, daß ψ_d und damit γ_d durch die Überlappung beeinflußt werden. Während bei $\alpha < 20°$ beide mit μ_0 ansteigen, wird im übrigen Aussteuerbereich nach Bild 6.2.20 durch μ_0 bzw. d_x die Welligkeit verkleinert. Zum Vergleich ist in Bild 6.2.20 die Kennlinie $\gamma_d = f(\alpha)$ der zwölfpulsigen Stromrichter – nach Bild 6.2.11 – eingezeichnet. $\gamma_{d\,max}(\alpha = 90°)$ läßt sich durch Verdoppelung der Pulszahl um rd. den Faktor 4 verkleinern. Das **Bild 6.2.21** zeigt für die Diodenbrücke DDB die Abhängigkeit der bezogenen Spannungszeitfläche γ_d vom Überlappungswinkel μ_0 bzw. vom induktiven Spannungsabfall d_x.

6.2.3.4.5 *Glättungsinduktivität*

Der Schwankungsbereich des Gleichstromes ist nach Gl. (6.2.14)

$$\Delta I_d = \frac{\gamma_d U_{di}}{2 f_{Nz} L_d}. \tag{6.2.36}$$

Für die Lückgrenze ist I_{dl} als der Mittelwert des Stromes i_d maßgeblich. Bei $\alpha = 90°$ besteht – nach Bild 6.2.19d – i_d aus Sinuskuppen von der Breite $\pi/3$. Hierfür ist

$$\frac{I_{dl}}{\Delta I_d} = \frac{6}{\pi(1 - \sqrt{3}/2)} \int_0^{\pi/6} (\cos \omega t - \sqrt{3}/2)\, d\omega t = 0{,}6636,$$

in Gl. (6.2.36) eingesetzt, ergibt

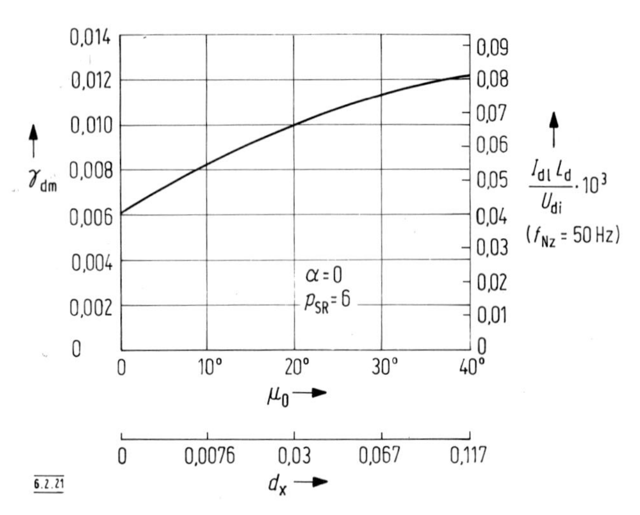

Bild 6.2.21 Maximale bezogene Wechselspannungszeitfläche γ_d und Lückgrenzstrom I_{dl} für die Dioden-Drehstrombrückenschaltung in Abhängigkeit vom induktiven Spannungsabfall d_x

$$L_d = 0{,}3319 \frac{\gamma_d U_{di}}{f_{Nz} I_{dl}} \tag{6.2.37}$$

und $\gamma_d = 0{,}0446$ ($\alpha = 90°$) und $f_{Nz} = 50$ Hz eingesetzt

$$\text{VDB:} \quad \boxed{L_d = 0{,}3 \cdot 10^{-3} \frac{U_{di}}{I_{dl}}} \quad . \tag{6.2.38}$$

Die Stromkuppen i_d für andere Steuerwinkel ohne und mit Überlappung sind ebenfalls mit guter Näherung Sinuskuppen, so daß für diese Fälle ebenfalls $I_{dl}/\Delta I_d \approx 0{,}66$ gesetzt werden kann. Dann ist es möglich, die Konstante in Gl. (6.2.38) in Bild 6.2.20 als Maßstab rechts anzugeben. Für die Diodenbrücke DDB ist in Bild 6.2.21 γ_d über μ_0 bzw. d_x aufgetragen. Für $\mu_0 = 20°$ läßt sich aus dem rechten Maßstab ablesen

$$\text{DDB:} \quad \boxed{L_d = (1/15) \cdot 10^{-3} \frac{U_{di}}{I_{dl}}} \quad , \quad \alpha = 0, \quad \mu_0 = 20° . \tag{6.2.39}$$

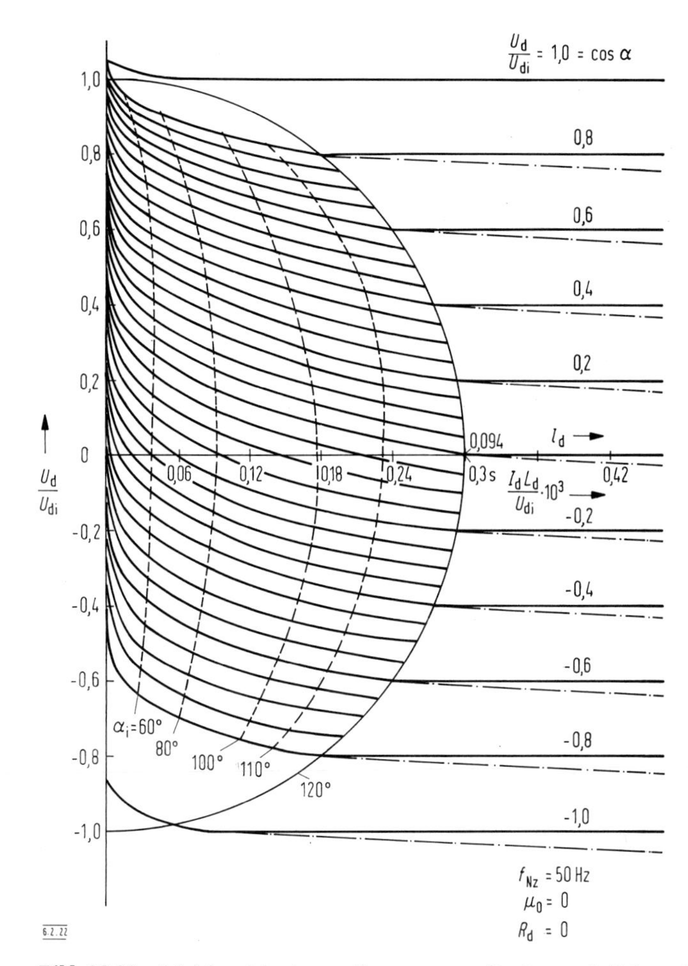

Bild 6.2.22 Lückbereich einer voll gesteuerten Drehstrombrückenschaltung

In **Bild 6.2.22** ist das Lück-Kennlinienfeld für die VDB-Schaltung wiedergegeben. Vergleicht man es mit Bild 6.1.15, dem Lück-Kennlinienfeld des zweipulsigen Stromrichters, so zeigt sich, daß die VDB im Lückbereich, selbst bei Wechselrichterbetrieb, seine Steuerbarkeit behält. Die Lückgrenze beim ungünstigsten Steuerwinkel liegt bei $l_d = 0{,}094$, während der entsprechende Wert des zweipulsigen Stromrichters $l_d = 1$ ist. Auch hier interessiert, wie stark im Lückbereich die Steilheit $\Delta I_d/\Delta\alpha$ mit U_d/U_{di} als Parameter abnimmt. Ein Maß hierfür ist Δl_d, wenn $\cos\alpha = U_d/U_{di}$ (im lückfreien Bereich gemessen) um einen konstanten Betrag

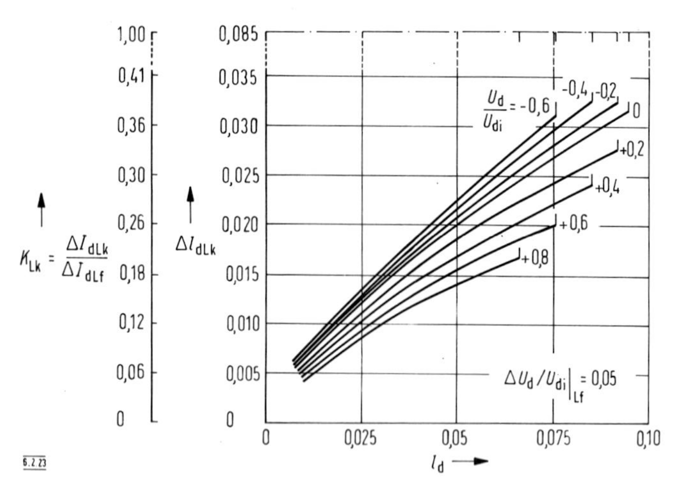

Bild 6.2.23 Steuersteilheit im Lückbereich eines sechspulsigen Stromrichters in Abhängigkeit vom Arbeitspunkt

$\Delta U_d / U_{di}$ verändert wird. Wie **Bild 6.2.23** zeigt, liegen die Kennlinien für $U_d / U_{di} = \text{konst.}$, im Vergleich zu Bild 6.1.18, nahe beieinander. Der absolute Steilheitsverlust ist abhängig von der Stromsteilheit im nicht lückenden Bereich. Nimmt man den in Bild 6.2.22 strichpunktierten Verlauf an, so ist $\Delta l_{dLf} / \Delta(\cos\alpha) = 2$. Die Steigung ergibt sich aus

$$\frac{\Delta l_{dLf}}{\Delta(\cos\alpha)} = \frac{-X_d I_{dN}}{U_{di} d_{xN} \pm R_A I_{dN}} \tag{6.2.40}$$

gegenüber $\Delta l_d = \Delta I_d X_d / U_{di}$. Das positive Vorzeichen im Nenner gilt für Gleichrichterbetrieb, das negative für Wechselrichterbetrieb.

6.2.3.4.6 *Blindleistungsaufnahme*

Die Bestimmung der Kommutierungsblindleistung und der Steuerblindleistung ist bereits in Abschnitt 6.1.8 behandelt worden. Die Gln. (6.1.42) bis (6.1.54) gelten auch für die voll gesteuerte Drehstrombrückenschaltung. Ähnlich, wie in Bild 6.1.21 für den zweipulsigen Stromrichter, sind in **Bild 6.2.24b** und **c** für den sechspulsigen Stromrichter die Verläufe des aus dem Netz aufgenommenen Wechselstromes bei der Aussteuerung $\alpha = 0$ und $\alpha = 37°$ angegeben.

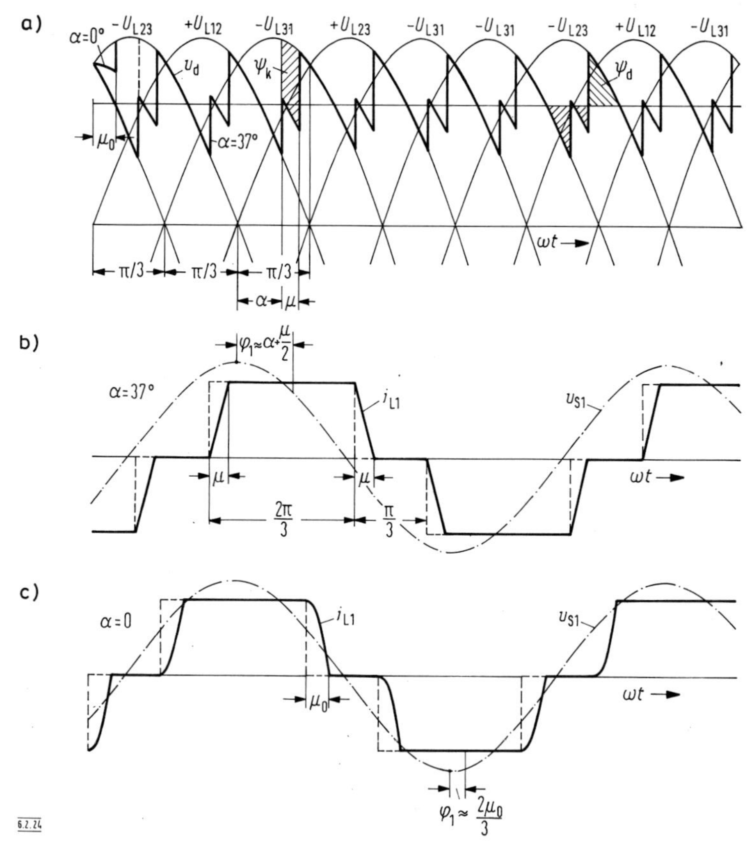

Bild 6.2.24 Voll gesteuerte Drehstrombrückenschaltung (VDB) – Kurvenform der ungeglätteten Gleichspannung und des Netzstromes unter Berücksichtigung des induktiven Spannungsabfalls (Überlappung)

Die Kommutierungsblindleistung läßt sich nach **Bild 6.2.24** durch die Näherungen

$$\left.\begin{array}{l}\alpha < 20^\circ \\ \alpha > 160^\circ\end{array}\right\} \quad \cos\varphi_1 \approx \cos(\alpha + 2\mu/3) \tag{6.2.41 a}$$

$$20^\circ \leq \alpha \leq 160^\circ \quad \cos\varphi_1 \approx \cos(\alpha + \mu/2) \tag{6.2.41 b}$$

berücksichtigen. Dabei ist μ der dem Steuerwinkel α zugehörige Überlappungswinkel, wie er sich aus Bild 6.1.4 ergibt.

Bei sechspulsigen Stromrichtern großer Leistung ist die Blindleistung eine wichtige Betriebsgröße, da der Betreiber der Anlage dem EVU einen Mindestleistungsfaktor garantieren muß, wenn er nicht tarifliche Nachteile in Kauf nehmen will. Andererseits ändert sich die vom Stromrichter aufgenommene Blindleistung während eines Lastspieles so schnell, daß ihre Kompensation über konventionell geschaltete Kondensatorbatterien kaum möglich ist. Hierfür sind Blindleistungs-Synchrongeneratoren mit schneller Blindstromregelung oder Blindleistungsstromrichter notwendig. Der Blindleistungsstromrichter besteht aus selbstgeführten Drehstrom-Stromrichterschaltungen, die, je nach Aussteuerung, kapazitive oder induktive Blindleistung aufnehmen können. Umfaßt das Industrienetz mehrere Stromrichterantriebe und eine Vielzahl von konventionellen Drehstromantrieben, so ist es möglich, zentral die Blindleistung über eine geschaltete Kondensatorbatterie herabzusetzen. Allerdings ist sicherzustellen, daß die Oberschwingungsströme der Stromrichter keine die Spannungskurvenform verzerrende Resonanzen vorfinden. Unter Umständen sind auf die 5te und die 7te Harmonische abgestimmte Saugkreise vorzusehen. Auf jeden Fall wird man bemüht sein, die Blindleistung über ein Lastspiel durch Beachtung folgender Gesichtspunkte auf ein Minimum zu bringen:

a) Die Kommutierungsreaktanz und, falls ein Transformator vorgesehen ist, dessen Kurzschlußspannung sind klein zu wählen, soweit das mit Rücksicht auf das speisende Netz und den Kurzschlußschutz des Stromrichters zulässig ist.
b) Der Stromrichter darf keine zu hohe Spannungsreserve haben, damit er bei Nenndrehzahl des Motors möglichst nahe $\alpha = 0$ arbeitet und die Steuerblindleistung klein bleibt. Allerdings muß immer eine Regelreserve (α_{rg}) vorhanden sein. Bei Wechselrichterbetrieb oder im Fall einer Gegenparallelschaltung muß U_{di} mit Rücksicht auf den Löschwinkel, um eine Kippung auszuschließen, größer gewählt und eine höhere Steuerblindleistung in Kauf genommen werden.
c) Die Netzspannungsschwankungen sollen möglichst klein sein, da U_{di} für die niedrigste Netzspannung bemessen werden muß und bei hoher Netzspannung der Stromrichter bei Nenn-Motordrehzahl unter Umständen weit im Anschnitt fährt.
d) Ist in dem der Antriebsbemessung zugrunde liegenden Lastspiel der Motor bei seiner höchsten Drehzahl nur mit Teilmoment belastet (Eilgang), sollte man überprüfen, ob nicht durch Feldschwächung U_{di} herabgesetzt werden kann und dadurch der Stromrichter in der eigentlichen Lastzeit höher ausgesteuert ist.

6.2.3.4.7 *Netz-Oberschwingungsströme*

Nach Gl. (6.1.62) treten in den Zuleitungen der VDB-Schaltung Oberschwingungsströme mit den Ordnungszahlen $\nu = 5, 7, 11, 13, 17, 19, \ldots$, somit alle ungeradzahligen Harmonischen mit Ausnahme der durch 3 teilbaren Ordnungszahl auf. Bei den in Bild 6.2.11 gezeigten zwölfpulsigen Stromrichtern kompensieren sich die Oberschwingungsströme mit $\nu = 5, 7, 17, 19, \ldots$ im Transformator zu null, so daß nur $\nu = 11, 13, 23, 25, \ldots$ übrig bleiben.

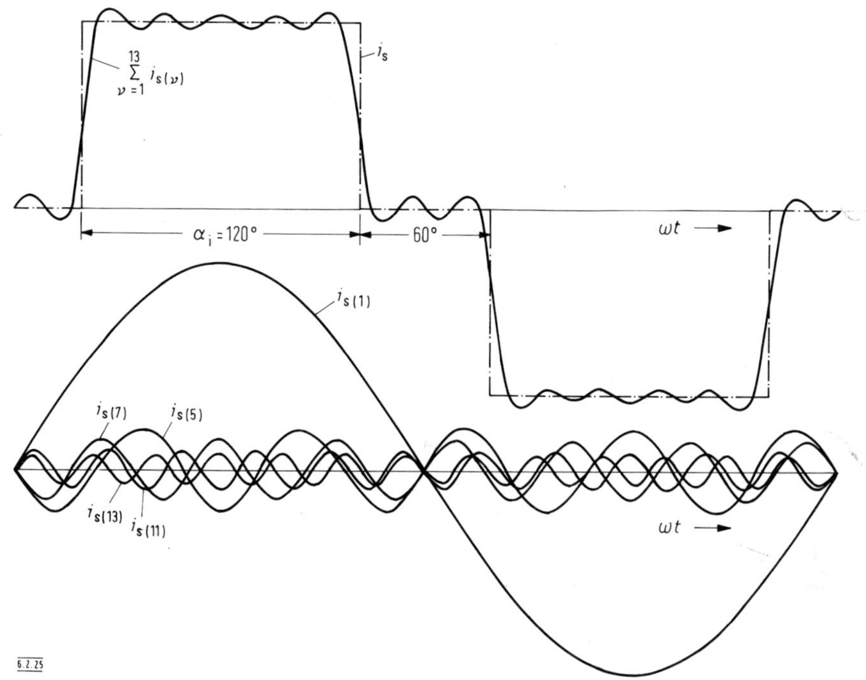

Bild 6.2.25 Fouriersynthese $\sum_{\nu=1}^{13}$ eines Rechteckstromes mit dem Stromflußwinkel $\alpha_i = 120°$ (VDB)

Bei vernachlässigbar kleiner Kommutierungsreaktanz ist

$$I_{s(\nu)} = \frac{3}{\pi} I_{s\,eff} \frac{1}{\nu} = \frac{\sqrt{6}}{\pi} I_d \frac{1}{\nu} \qquad (6.2.42)$$

unabhängig vom Steuerwinkel α. In **Bild 6.2.25** sind die einzelnen Harmonischen bis $\nu = 13$ des von der VDB-Schaltung aufgenommenen Netzstromes in ihrer Phasenlage zueinander angegeben. Ihre Summenkurve folgt dem tatsächlichen, hier strichpunktierten Verlauf, zu dessen genauer Angleichung noch höhere Harmonische ($\nu = 17, 19, 23, 25, \ldots$) hinzugenommen werden müßten.
Durch die Kommutierungsreaktanz wird die Kurvenform des Netzstromes beeinflußt und zwar – wie aus Bild 6.2.18 zu ersehen ist – bei $\alpha = 0°$ am stärksten (große Überlappung) und bei $\alpha = 90°$ (kleine Überlappung) am wenigsten. Dadurch sind –

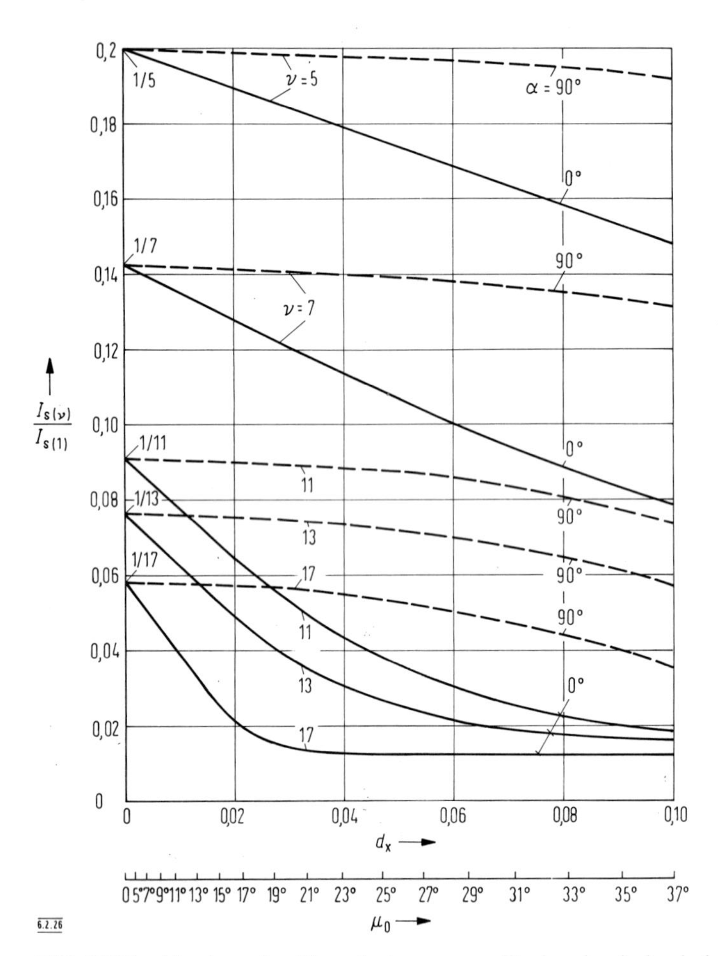

Bild 6.2.26 Abnahme der Oberschwingungsamplituden durch den induktiven Spannungsabfall d_x bei den Zündwinkeln $\alpha = 0$, $\alpha = 90°$

wie **Bild 6.2.26** zeigt – die Oberschwingungsströme von α abhängig geworden. Vor allem gehen die höheren Harmonischen beim ungesteuerten Gleichrichter ($\alpha = 0$) auf sehr kleine Werte herunter.

6.2.3.4.8 *Kommutierungseinbrüche der Netzspannung*

Der nicht sinusförmige Verlauf des Wechselstromes führt zu Verzerrungen der Wechselspannung. In **Bild 6.2.27a** ist eine einphasige Ersatzschaltung für die

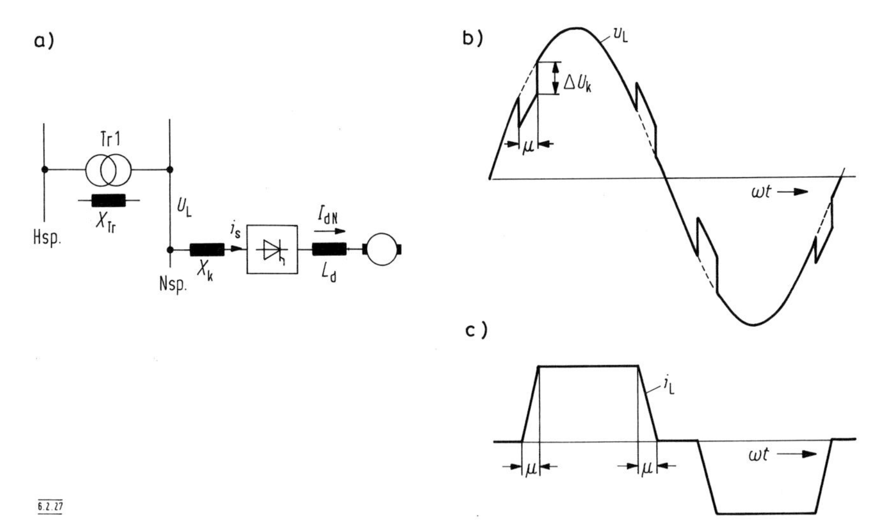

Bild 6.2.27 Kommutierungs-Spannungseinbrüche bei endlicher Einspeisereaktanz infolge des trapezförmigen Stromrichterstromes

Stromrichtereinspeisung wiedergegeben. Der Stromrichter soll über eine Kommutierungsreaktanz X_k von einer Niederspannungssammelschiene mit der Spannung U_L versorgt werden, die ihrerseits über den Transformator Tr 1 an der Hochspannung liegt. Die Längsreaktanz dieses Transformators ist

$$X_{Tr} = u_{kT1} \frac{U_L^2}{S_{Tr1}}. \tag{6.2.43}$$

An den Längsreaktanzen X_{Tr} entstehen beim Anstieg oder Abfall des trapezförmigen Wechselstromes – nach **Bild 6.2.27c** – die Spannungsabfälle

$$\Delta U_k = L_{Tr} \frac{di_L}{dt} = X_{Tr} \frac{di_L}{d\omega t} = X_{Tr} \frac{I_d}{\mu}, \tag{6.2.44}$$

mit

$$\mu = \arccos(\cos\alpha - 2 d_x) - \alpha \tag{6.2.45}$$

und

$$d_x = \frac{3}{\pi} \frac{X_{Tr} I_d}{U_{di}} \left(1 + \frac{X_k}{X_{Tr}}\right). \tag{6.2.46}$$

Wenn

$l_{k0} = X_{Tr} I_d / U_{di}$ gesetzt wird, ergibt sich

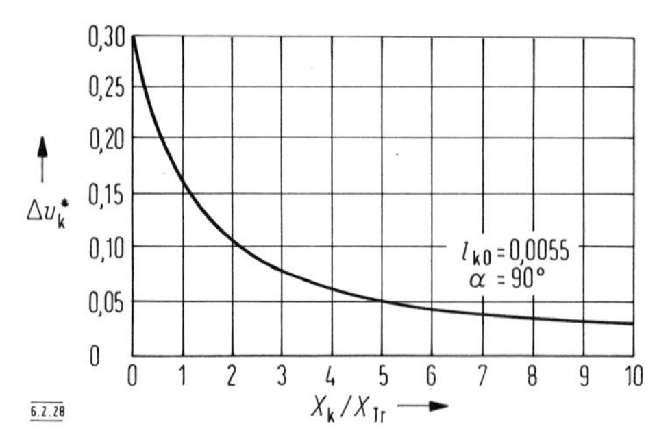

Bild 6.2.28 Bezogener Netzspannungseinbruch in Abhängigkeit vom Verhältnis der Kommutierungsreaktanz zur Einspeisereaktanz

$$\boxed{\Delta u_{\mathrm{k}}^{*}=\frac{\Delta U_{\mathrm{k}}}{U_{\mathrm{di}}}=\frac{l_{\mathrm{k0}}}{\arccos\left[\cos\alpha-\frac{6}{\pi}\,l_{\mathrm{k0}}\left(1+\frac{X_{\mathrm{k}}}{X_{\mathrm{Tr}}}\right)\right]-\alpha}}\;. \qquad (6.2.47)$$

Die Kommutierungseinbrüche sind in **Bild 6.2.27b** eingezeichnet. Sie wandern mit α über die Spannungskurve. Für den Stromrichter ist am störendsten, wenn sie im Bereich der Spannungsnulldurchgänge liegen, da dann die Synchronisation der Zündimpulse verfälscht wird. Der bezogene Spannungseinbruch ist bei $\alpha = 90°$ am größten. Für diesen Steuerwinkel ist in **Bild 6.2.28** unter der Annahme von $l_{\mathrm{k0}} = 0{,}0055$ die Abhängigkeit des bezogenen Spannungseinbruchs $\Delta u_{\mathrm{k}}^{*}$ vom Verhältnis $X_{\mathrm{k}}/X_{\mathrm{Tr}}$ zu ersehen. Die Kommutierungsreaktanz setzt wirkungsvoll die Verzerrung der Sammelschienenspannung U_{L} herab. Nach VDE 0160 Teil 2 darf der bezogene Spannungseinbruch den Wert $\Delta u_{\mathrm{k}}^{*} = 0{,}21$ nicht übersteigen.
Wird die synchrone Steuerspannung unmittelbar am Stromrichtereingang, zwischen den Kommutierungsdrosseln und der Drehstrombrücke abgenommen, so ist der Spannungseinbruch aus Gl. (6.2.47) mit

$$X_{\mathrm{k}}/X_{\mathrm{Tr}} = 0 \quad \text{und} \quad l_{\mathrm{ku}} = (X_{\mathrm{Tr}} + X_{\mathrm{k}})\, I_{\mathrm{d}}/U_{\mathrm{di}}$$

zu berechnen.
Ein Tiefpaßfilter nach Bild 5.2.28 ist dann immer erforderlich.

6.2.3.4.9 *Zündimpuls-Synchronisation*
Die Zündimpulse müssen auf die am zugehörigen Thyristor liegende Spannung synchronisiert werden. Dabei ist zu berücksichtigen, daß bei der voll gesteuerten Drehstrombrücke VDB der Gleichstrom über zwei in Reihe geschaltete Thyristoren fließt, die unterschiedlichen Kommutierungsgruppen angehören. In **Bild 6.2.29a**

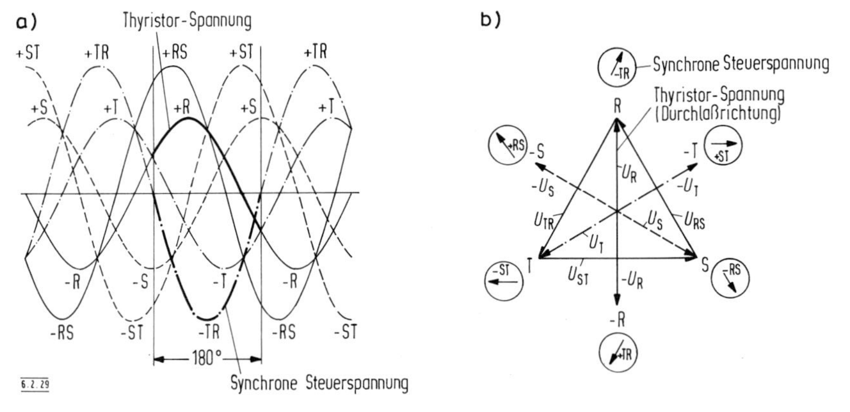

Bild 6.2.29

a) Zuordnung von Thyristorspannung (z. B. + R) und synchroner Steuerspannung (− TR)

b) Zeiger sämtlicher Thyristorspannungen und synchroner Wechselspannungen

sind sämtliche Halbwellen des Drehstromsystems angegeben, gekennzeichnet durch die Indizes. Stark herausgezeichnet sind die Durchlaßspannung des Thyristors + R und die zugehörige synchrone Steuerspannung − TR, die ja in den natürlichen Kommutierungspunkten der Spannung + R durch null gehen muß. Die Leiterspannung U_{TR} eilt um 210° der Sternspannung U_R nach. Für die anderen Thyristoren ist eine entsprechende Phasenzuordnung zu wählen. Im Zeigerdiagramm – **Bild 6.2.29b** – sind neben den Thyristorspannungen die zugehörigen synchronen Steuerspannungen angegeben.

Da die den positiven Stern bildenden und die den negativen Stern bildenden Thyristoren niemals gleichzeitig, sondern um 60° versetzt kommutieren, genügt an sich ein Impuls, um die VDB zu steuern. Das ist aber nicht ausreichend beim Einschalten des Stromrichters oder bei lückendem Strom. In beiden Fällen müssen beide für die Stromführung vorgesehenen Thyristoren gleichzeitig einen Impuls erhalten. Das ist dadurch möglich, da jeder Zündimpuls des einen Sterns auch dem um 60° voreilenden Thyristor des anderen Sterns zugeleitet wird. Dabei findet er im lückfreien Betrieb ein durchgeschaltetes Ventil vor, was durchaus zulässig ist. Jeder Thyristor erhält somit den Hauptimpuls und, in 60° Abstand, einen Nachimpuls. In **Bild 6.2.30** ist durch die mit Pfeilen versehenen strichpunktierten Linien angedeutet, wie die Zuordnung der Hauptimpulse (gestrichelt gezeichnet) und der Nachimpulse (strichpunktiert gezeichnet) ist. Die Nachimpulsverkettung kann, wie in **Bild 6.2.31** angedeutet, durch ein Widerstandsnetzwerk zwischen Impulssteuergerät Ig und Leistungstransistor Tl erfolgen. Der Nachimpuls NI 1 wird an den voreilenden Thyristor abgegeben, und der Nachimpuls NI 2 wird vom nacheilenden Thyristor (beide Male des Gegensternes) geliefert.

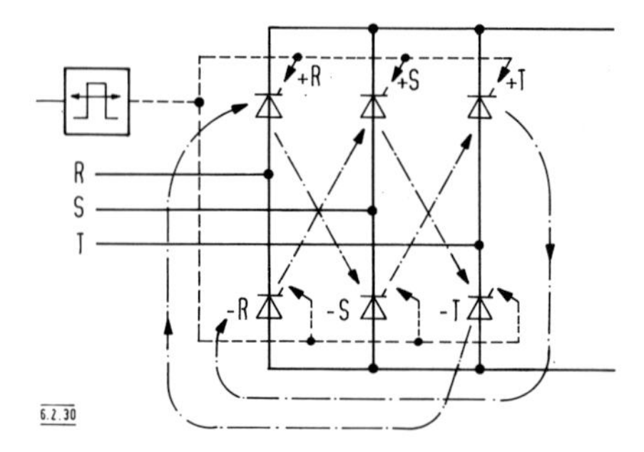

Bild 6.2.30 Voll gesteuerte Drehstrombrückenschaltung mit Zuordnung der Nachimpulse zu den Hauptimpulsen

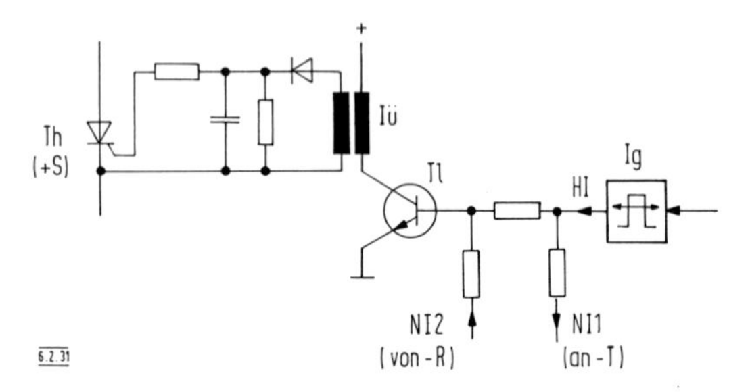

Bild 6.2.31 Verbindung des Hauptimpulses HI mit dem abgehenden Nachimpuls NI1 und den ankommenden Nachimpuls NI2

6.2.4 Drehstromsteller

Durch Anschnittsteuerung von antiparallel geschalteten Thyristoren oder eines Triacs lassen sich auch Wechselstromverbraucher steuern. Allerdings tritt auch hier die Steuerblindleistung auf, die sich zu der Verbraucherblindleistung addiert und den Leistungsfaktor der Gesamtanordnung herabsetzt.

6.2.4.1 Wechselstromsteller

Der Wechselstromsteller **Bild 6.2.32a** findet, meist mit einem Triac bestückt, Anwendung für kleinere selbstanlaufende Wechselstrommotoren für Elektrogeräte, wie Handbohrmaschinen oder Kreissägen. Dem verhältnismäßig langsamen Anstieg des induktiven Laststromes wird dadurch Rechnung getragen, daß nicht mit kurzen Zündimpulsen, sondern mit Impulsserien von der Länge $t_{\mathrm{Imp}} = (\pi - \alpha)/\omega_{\mathrm{Nz}}$ gezündet wird. Das Steuerverhalten ist abhängig von dem Lastphasenwinkel

$$\varphi_{\mathrm{L}} = \arctan(\omega_{\mathrm{Nz}} L_{\mathrm{L}} / R_{\mathrm{L}}) = \arctan(\omega_{\mathrm{Nz}} T_{\mathrm{L}})$$

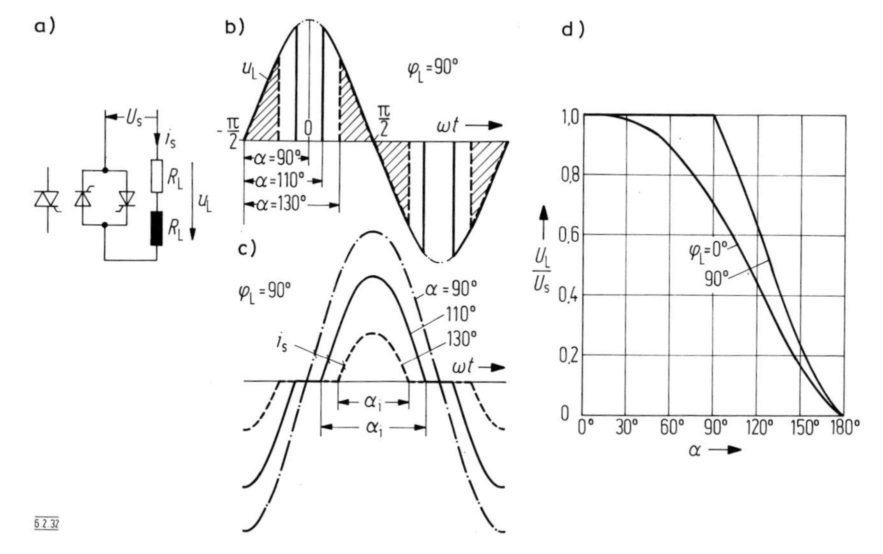

Bild 6.2.32 Wechselstromsteller (WS) (a)
b) Verbraucherspannung
c) Strom
d) Steuerkennlinien

mit der Lastzeitkonstanten $T_L = L_L / R_L$. Rein induktive Belastung und die Steuerwinkel $\alpha = 90°$, $110°$, $130°$ sind bei den in **Bild 6.2.32b** und **c** wiedergegebenen Kurvenformen von Lastspannung u_L und Laststrom $i_L = i_S$ vorausgesetzt worden. Da die Spannung u_L sich aus zum Nulldurchgang symmetrisch verlaufenden Sinussegmenten zusammensetzt, besteht wegen

$$i_L = \frac{1}{\omega L_L} \int u_L \, d\omega t,$$

der Strom aus Sinuskuppen mit der Basis α_i.
Erst ein Steuerwinkel $\alpha > \varphi_L$ vermindert U_L und damit I_L, wie die in Bild 6.2.32d wiedergegebenen Steuerkennlinien zeigen. Für $\alpha < \varphi_L$ ist somit der Wechselstromsteller voll durchgesteuert.
Beim Wechselstromsteller erfolgt keine Kommutierung des Stromes von einem Thyristor zum anderen, vielmehr ist in jeder Halbwelle der Einschwingvorgang des Stromes unabhängig vom Stromverlauf in der vorangegangenen Halbwelle.
Der Strom i_s bei ohmsch-induktiver Belastung wird durch folgende Differentialgleichung bestimmt.

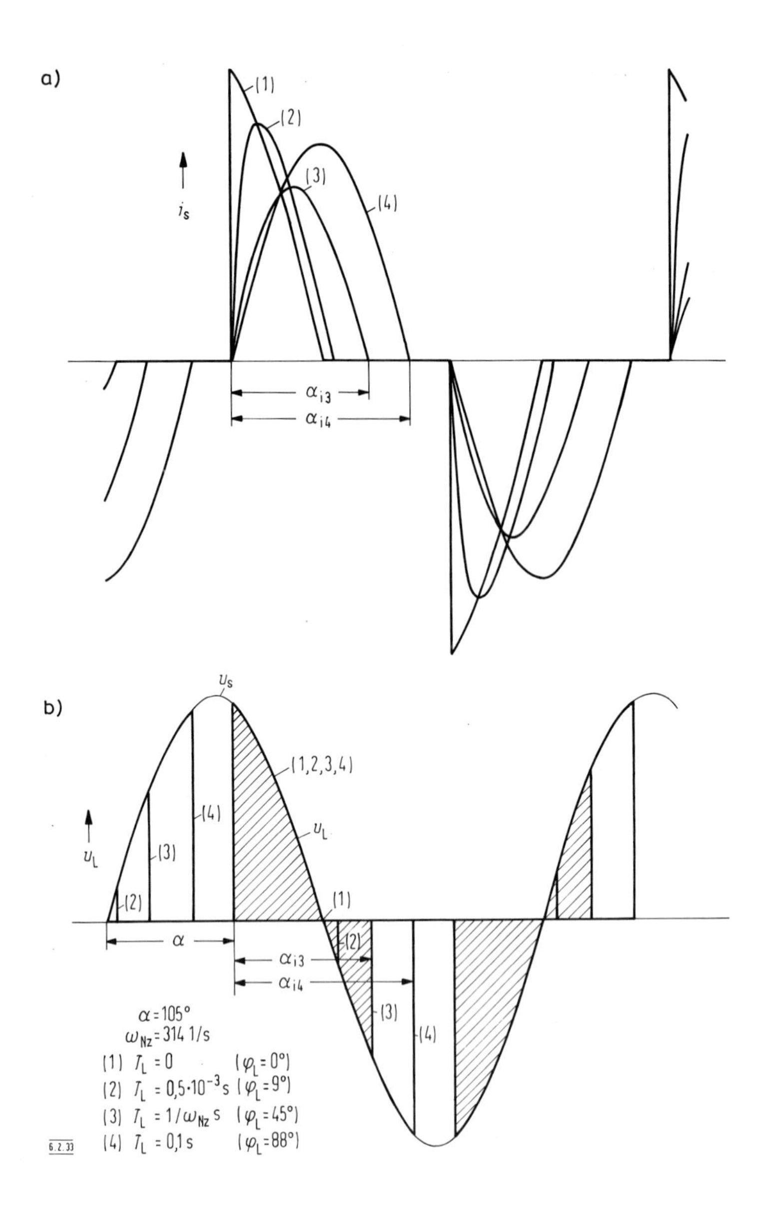

Bild 6.2.33 Verlauf von Last-Spannung und Laststrom bei der Lastzeitkonstanten T_L

$$L_L \frac{di_s(t)}{dt} + R_L i_s(t) = \sqrt{2}\, U_s \cos(\omega_{Nz} t + \alpha - \pi/2) \tag{6.2.48}$$

$$L_L \frac{di_s^*(t)}{dt} + R_L i_s^*(t) = \sqrt{2}\, U_s\, e^{j(\alpha - \pi/2)}\, e^{j\omega_{Nz} t}$$

$$i_s^*(+0) = 0$$

$$i_s^*(p) = \frac{\sqrt{2}\, U_s}{L_L}\, e^{j(\alpha - \pi/2)} \frac{1}{(p + 1/T_L)(p - j\omega_{Nz})}$$

$$i_s(t) = \mathrm{Re}\{i_s^*(t)\}$$

$$= \frac{\sqrt{2}\, U_s}{R_L \sqrt{1 + (\omega_{Nz} T_L)^2}} \left[\sin(\omega_{Nz} t + \alpha - \varphi_L) - \sin(\alpha - \varphi_L)\, e^{-t/T_L}\right]. \tag{6.2.49}$$

In **Bild 6.2.33a** sind für einen konstanten Zündwinkel und konstanten Maximalstrom

$$I_{sm} = \sqrt{2}\, U_s / (R_L \sqrt{1 + (\omega_{Nz} T_L)^2}),$$

aber unterschiedlichen Lastzeitkonstanten T_L, die Stromverläufe angegeben. Die an der Last liegende Spannung u_L ist außerhalb des Stromflußwinkels null und innerhalb α_i gleich u_s.

6.2.4.2 Voll gesteuerter Drehstromsteller

Aus drei im Stern geschalteten Wechselstromstellern, deren Sternpunkt N* nach **Bild 6.2.34a** mit dem Netzsternpunkt N verbunden ist, ergibt sich ein Drehstromsteller mit dem Steuerverhalten des Wechselstromstellers. Über die Sternpunktverbindung fließen dann die Oberschwingungsströme mit durch drei teilbarer Ordnungszahl, also in erster Linie die 3te Harmonische. Diese können nicht fließen, wenn auf die Nullpunktverbindung verzichtet wird. Bei dem in den folgenden Betrachtungen immer zugrunde gelegten freien Sternpunkt beeinflussen sich die einphasigen Steller gegenseitig.

Das **Bild 6.2.34c** erläutert die Bildung der Lastspannung U_{LRs}. Die einzelnen Sinuskomponenten sind in dem Zeigerdiagramm von **Bild 6.2.34b** eingetragen. Die Lastspannung U_{LRs} stimmt mit der Netzspannung U_{Rs} überein, wenn $i_R \neq 0$, $i_s \neq 0$ sind. Ist das nicht der Fall, so ist die Verbraucherspannung gleich der halben Leiterspannung, gebildet von den Phasen, die stromführend sind.

Das **Bild 6.2.35** zeigt – nach Michel [6.20] – die Grundschwingungs-Leiterspannung am Ausgang, bezogen auf die entsprechende Netzspannung in Abhängigkeit vom Lastphasenwinkel mit dem Steuerwinkel als Parameter. Daraus ergeben sich die rechts davon aufgetragenen Steuerkennlinien für konstante Lastwinkel. Ein über

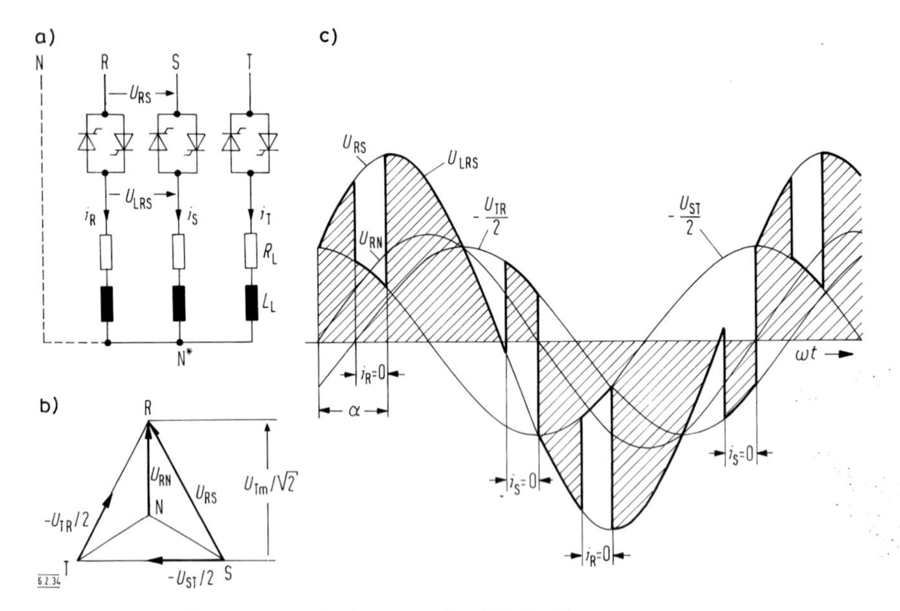

Bild 6.2.34 Voll gesteuerter Drehstromsteller (VDS) (a)
b) Spannungszeiger
c) Lastspannung u_{LRS} ohne Sternpunktverbindung

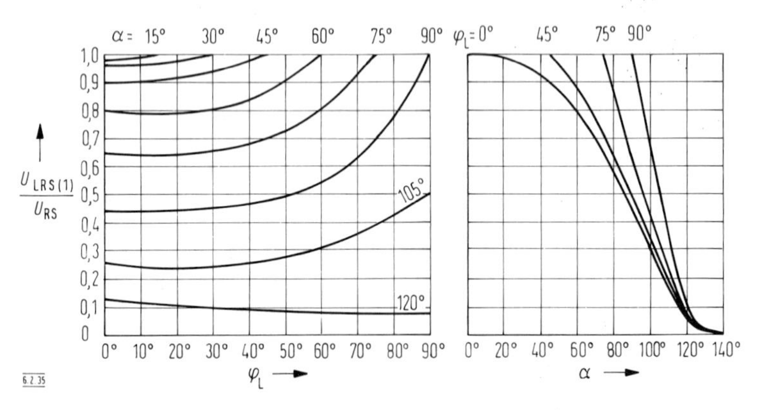

Bild 6.2.35 Steuerkennlinien des voll gesteuerten Drehstromstellers

den Schlupf gesteuerter Käfigläufermotor stellt eine Belastung mit veränderlichem Winkel φ_L dar, wobei während eines Anlaufvorganges φ_L klein und bei Nenndrehzahl und geringer Belastung φ_L nahe 90° ist.
Die strommäßige Bemessung der Thyristoren erfolgt für $\alpha = 0$

$$I_{\mathrm{T\,eff}} = \frac{U_s}{\sqrt{6}\sqrt{R_L^2 + (\omega_{Nz} L_L)^2}}, \quad \text{mit} \quad |U_s| = |U_{RS}| = |U_{ST}| = |U_{TR}| \tag{6.2.50}$$

und

$$\boxed{I_{\mathrm{Tar}} = \frac{U_s}{2\sqrt{3}\sqrt{R_L^2 + (\omega_{Nz} L_L)^2}}}\,. \tag{6.2.51}$$

Die höchste Sperrspannung am Thyristor ist – unabhängig von φ_L –, wie in Bild 6.2.34b angegeben, gleich dem 1,5fachen Scheitelwert der Netz-Sternspannung

$$U_{\mathrm{Tm}} = \frac{3}{2}\sqrt{2}\, U_{sN} = \sqrt{\frac{3}{2}}\, U_{sN} = 1{,}23\, U_{sN}. \tag{6.2.52}$$

Allerdings kann beim Einschalten im ungünstigsten Fall die Spannung

$$U_{\mathrm{Tm}} = \sqrt{2}\, U_{sN} = 1{,}41\, U_{sN}$$

auftreten. Die Lastspannung und der Laststrom enthalten, wie in Bild 3.5.5 und Bild 3.5.6 gezeigt, Oberschwingungen mit ungeradzahliger, mit Ausnahme der durch drei teilbaren Ordnungszahl. Es überwiegen die Oberschwingungen mit $\nu = 5$.

6.2.4.3 Halb gesteuerter Drehstromsteller

Der Drehstromsteller kann nach **Bild 6.2.36a** auch halb gesteuert ausgeführt werden. Dabei ist jedem Thyristor eine Diode antiparallel geschaltet. Eine Verbindung zwischen dem Steller- und dem Netzsternpunkt ist bei dieser Schaltung nicht zulässig, da einphasige Ströme der Diode wegen nicht gesperrt werden können.
Wie aus Bild 3.5.5 und Bild 3.5.6 hervorgeht, treten auch geradzahlige Harmonische auf, und mit besonders großer Amplitude die 2te Harmonische. Die geradzahligen Harmonischen bewirken, daß die Stromhalbwellen unsymmetrisch verlaufen.
In **Bild 6.2.36b** sind nach Michel [6.21] die Steuerkennlinien für $\varphi_L = 0$ und $\varphi_L = 90°$ wiedergegeben. Um die HDB vollständig herunterzusteuern, ist ein Steuerwinkel von $\alpha = 210°$ erforderlich. Die Impulsblöcke müssen deshalb im Verhältnis $210/180 = 1{,}17$ länger als bei der VDB sein. Die höchste Sperrspannung am Thyristor ist

$$U_{\mathrm{Tm}} = \sqrt{2}\, U_s. \tag{6.2.53}$$

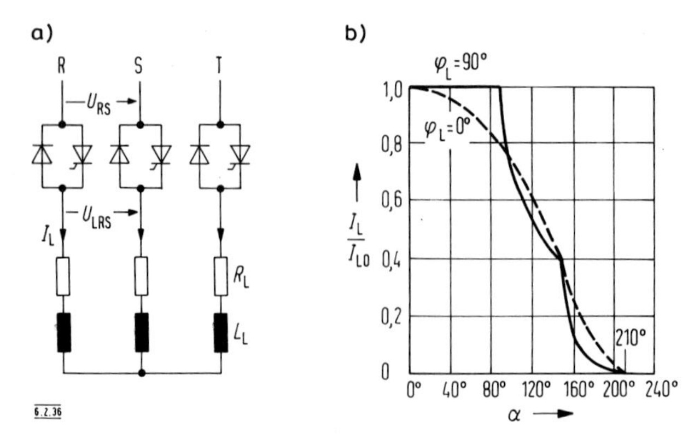

Bild 6.2.36 Halb gesteuerter Drehstromsteller (HDS) (a)
b) Steuerkennlinie

Wie aus Bild 3.5.6 zu ersehen ist, ist die Oberschwingungsbelastung mit $I_{eff}/I_{(1)} \approx 1{,}2$ wesentlich höher als bei der VDS-Schaltung.

6.2.5 Kenndatentabelle

In **Tabelle 6.2.2** sind die Kenndaten der wichtigsten Schaltungen netzgeführter Stromrichter mit Gleichstromausgang zusammengestellt. Die Spannungs- und Stromangaben sind für vollständige Glättung angegeben. Sie können auch für unvollständige Glättung herangezogen werden, solange der Gleichstrom lückfrei ist. Als vorgegeben werden die ideelle Leerlaufspannung U_{di}, der Gleichstrom I_d und die Transformator-Kurzschlußspannung u_{kT} angenommen.

6.3 Vierquadrantenstromrichter

Während das Vorzeichen der Gleichspannung des netzgeführten Stromrichters durch $\alpha > 90°$ umgekehrt werden kann, ist das Vorzeichen des Gleichstromes durch die Richtcharakteristik der Thyristoren vorgegeben und läßt sich nicht verändern; diese Einschränkung entfällt bei der Gegenparallelschaltung zweier Stromrichter.

Aus **Bild 6.3.1** ist die Funktion der Einzelstromrichter bei drei Anwendungsgruppen zu ersehen. Bei der Feldsteuerung eines Gleichstromgenerators (Leonardantrieb) nach Bild 6.3.1a ermöglicht der Einrichtungsstromrichter in Gleichrichteraussteuerung durch schnelle Spannungsänderung und u. U. durch vorübergehende Über-

Bezeichnung		EM	M2	VEB	B2	HEB	B2H	DS	M3	HDB	H6H0	VDB	B6	2VDB-R	B6.2S15
Schaltung															
Steuerkennlinie	$\frac{U_d}{U_{di}} =$	$\cos\alpha$		$\cos\alpha$		$\frac{1}{2}(1+\cos\alpha)$		$\cos\alpha$		$\frac{1}{2}(1+\cos\alpha)$		$\cos\alpha$		$\cos\alpha$	
Ideelle Leerlaufspannung	$\frac{U_{di}}{U_L}$	$\frac{2\sqrt{2}}{\pi}=0{,}9$		$\frac{2\sqrt{2}}{\pi}=0{,}9$		$\frac{2\sqrt{2}}{\pi}=0{,}9$		$\frac{3}{\sqrt{2}\,\pi}=0{,}675$		$\frac{3\sqrt{2}}{\pi}=1{,}35$		$\frac{3\sqrt{2}}{\pi}=1{,}35$		$\frac{6\sqrt{2}}{\pi}=2{,}70$	
Thyristor-sperrspannung	$\frac{\hat{U}_T}{U_L}$; $\frac{\hat{U}_T}{U_{di}}$	$2\sqrt{2}$	π	$\sqrt{2}$	$\frac{\pi}{2}$	$\sqrt{2}$	$\frac{\pi}{2}$	$\sqrt{2}$	$\frac{2\pi}{3}$	$\sqrt{2}$	$\frac{\pi}{3}$	$\sqrt{2}$	$\frac{\pi}{3}$	$\sqrt{2}$	$\frac{\pi}{6}$
Netzstrom	$\frac{I_{Nz}}{I_d}$	$1/(2\ddot{u})$		$1/\ddot{u}$		$1/\ddot{u}$ $_{\alpha=0}$		$\sqrt{2/3}/\ddot{u}$		$\sqrt{2/3}/\ddot{u}$ $_{\alpha=0}$		$\sqrt{2/3}/\ddot{u}$		0,816	
Thyristor-strom	$\frac{I_{Tar}}{I_d}$; $\frac{I_{Teff}}{I_d}$	1/2	$1/\sqrt{2}$	1/2	$1/\sqrt{2}$	1/2	$1/\sqrt{2}$ ($\alpha=0$)	1/3	$1/\sqrt{3}$	1/3	$1/\sqrt{3}$ ($\alpha=0$)	1/3	$1/\sqrt{3}$	1/3	$1/\sqrt{3}$
Transformator-Leistung	$P_{Tr}/(U_{di}\cdot I_d)$	1,34		1,11		1,11		1,35		1,05		1,05		1,03	
Kommutierungs-reaktanz	$X_K\cdot I_d/(u_{KT}U_{di})$	—		1,11		1,11 $\alpha=0$		—		0,52 $\alpha=0$		0,52		—	
Kommutierungs-drossel-Leistung	$P_{KD}/(U_{di}I_d u_{KT})$	—		1,11		1,11		—		$3\cdot 0{,}35$		$3\cdot 0{,}35$		—	
Kommutierungs-Spannungsabfall	d_X/u_{KT}	$1/2\sqrt{2}$		$1/\sqrt{2}$		$1/\sqrt{2}$ $\alpha=0$		$\sqrt{3}/2$		1/2		1/2		1/2	
Glättungsdrossel Diodengleichrichter	$L_d\omega_{Nz}I_{dl}/U_{di}$	0,48		0,48		—		—		—		0,017		0,002	
Glättungs-drossel SR bemessen nach: Lückgrenze	$L_d\cdot\omega_{Nz}I_{dl}/U_{di}$	$1{,}0_{\alpha'=90°}$		$1{,}0_{\alpha'=90°}$		$0{,}56_{\alpha'=65°}$		$0{,}39_{\alpha'=90°}$		$0{,}24_{\alpha'=90°}$		$0{,}094_{\alpha'=90°}$		0,022	
Formfaktor $f_f=1{,}05$	$L_d\cdot\frac{\omega_{Nz}I_{dN}}{U_{di}}$	$1{,}5_{\alpha'=90°}$		$1{,}5_{\alpha'=90°}$		$0{,}90_{\alpha'=65°}$		$0{,}57_{\alpha'=90°}$		—		—		—	
Kreisstrom-drossel für: Gegenparallelschaltung	$L_{KR}\cdot\omega_{Nz}I_{KR}/U_{di}$	—		2,0		—		0,70 $\alpha'=60°, 120°$		—		0,35 $\alpha'=60°, 120°$		—	
Kreuzschaltung	$L_{KR}\cdot\omega_{Nz}I_{KR}/U_{di}$	—		—		—		—		—		$0{,}16_{\alpha'=90°}$		0,037	

Tabelle 6.2.2: Schaltungsabhängige Konstanten der netzgeführten Stromrichter

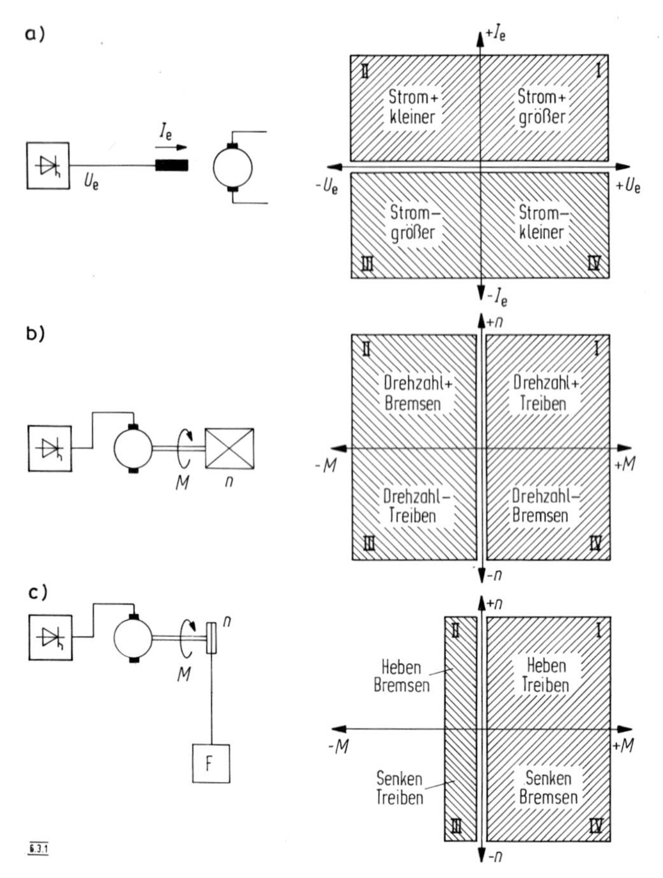

Bild 6.3.1 Betriebsquadranten der beiden Stromrichtergruppen einer Gegenparallelschaltung
a) Feldspeisung
b) Reibungslast
c) Durchziehende Last

spannung eine kurze Auferregung und bei Wechselrichteraussteuerung eine kurze Aberregung. Eine Gegengruppe ist nur bei Gegentakterregung notwendig.
Die meisten Antriebe gehören zur Gruppe nach Bild 6.3.1b mit Ankerspeisung des Gleichstrommotors, gekennzeichnet durch gleiches Vorzeichen von Moment und Strom. Schon bei einem Einrichtungsantrieb kommt man, wenn elektrische Nutzbremsung gefordert wird, nicht mit einem Einrichtungsstromrichter aus, da der 1te und 2te Quadrant nicht von einer Gruppe bedient werden können.

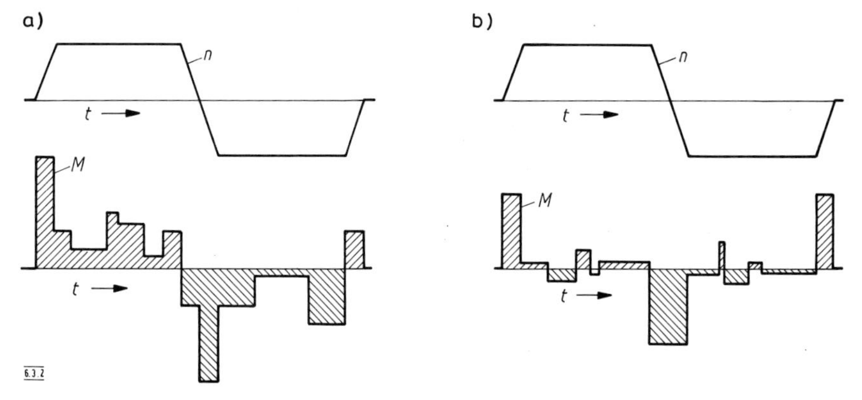

Bild 6.3.2 Momentenspiel mit (a) seltenem, (b) häufigem Nulldurchgang

Einen Sonderfall nehmen die Antriebe mit durchziehender Last nach Bild 6.3.1c (für Hubwerke, Schrägaufzüge z. B.) ein. Eine Last kann mit einer Stromrichtergruppe sowohl gehoben sowie auch bremsend abgesetzt werden. Trotzdem wird meist eine gegenparallele Gruppe, wenn auch mit verminderter Leistung, vorgesehen, mit der, bei leichtem Lastgeschirr und gegen das Reibungsmoment, der leere Haken abgesenkt werden kann.
Einen geringeren Aufwand erfordert die Anker- oder Feldumschaltung des Gleichstrommotors; allerdings erfolgt sie nicht verzögerungsfrei. Ob sie anwendbar ist, das hängt von der geforderten Führungsgenauigkeit und vom Momentenverlauf ab. Während der Momentenverlauf von **Bild 6.3.2a** zumindest – im Hinblick auf die Umschalthäufigkeit – für die Ankerumschaltung geeignet erscheint, verbietet sie sich bei dem Momentenspiel nach **Bild 6.3.2b** schon allein wegen der häufigen Momentenumkehrungen.

6.3.1 Gegenparallel-Grundschaltungen

Die wichtigsten Grundschaltungen sind in **Bild 6.3.3** zusammengestellt. Bei der starren Gegenparallelschaltung (GPS) nach Bild 6.3.3a und b sind die beiden Gruppenstromrichter A, B sowohl auf der Wechselstrom- wie auch auf der Gleichstromseite galvanisch miteinander verbunden. Ein Transformator ist nicht erforderlich, nur Kommutierungsdrosseln in den Wechselstromzuleitungen. Durch die beiderseitige galvanische Verbindung sind in bezug auf die Kreisströme nicht die Brückenschaltungen, sondern die beiderseitigen Halbbrücken gegeneinander geschaltet, so daß sich zwei Kreisstromwege mit I'_{KR} und I''_{KR} über das Netz schließen. Während die Gleichstromkomponenten der Kreisströme durch die relative Aussteuerung

$$\alpha_A + \alpha_B = 180° \tag{6.3.1}$$

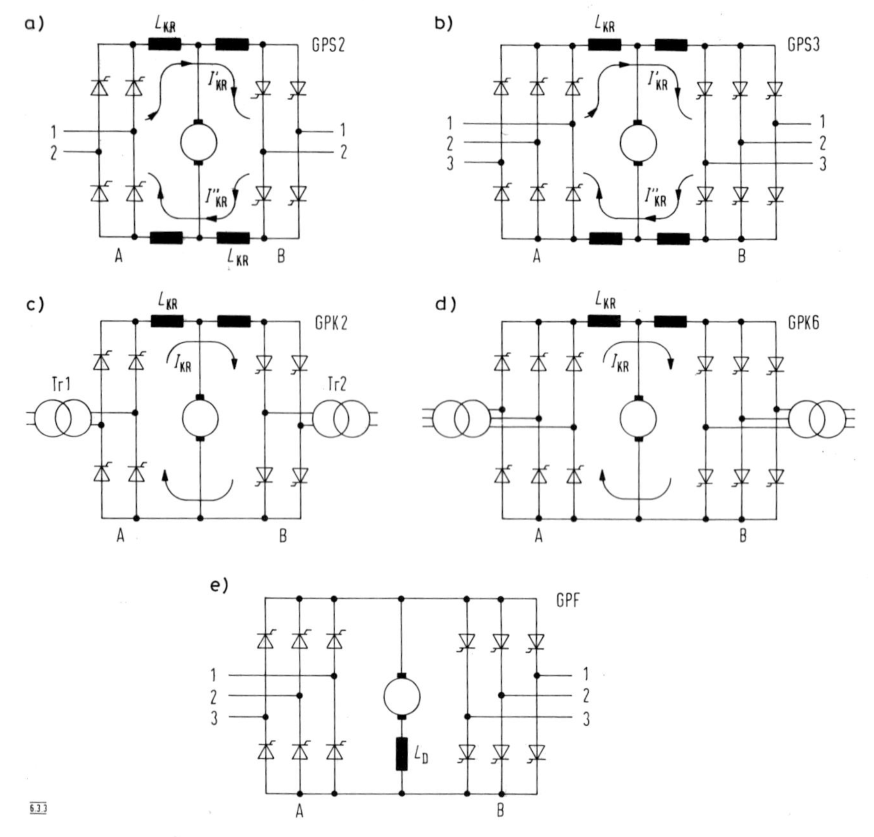

Bild 6.3.3 Gegenparallelschaltungen
a, b) Starre Gegenparallelschaltung (GPS)
c, d) Kreuzschaltung (GPK)
e) kreisstromfreie Gegenparallelschaltung (GPF)

zu null gemacht werden können, werden die Kreiswechselströme nur durch die Kreisstromdrosseln L_{KR} begrenzt. Bei der dreiphasigen Anordnung GPS 3 wird die Typengröße der Kreisstromdrosseln dadurch vergrößert, daß die gegeneinander wirkenden Halbbrücken und dadurch auch die Kreiswechselströme dreipulsig sind.
Dieser Nachteil wird bei der Kreuzschaltung GPK nach Bild 6.3.3c, d dadurch vermieden, daß die Einspeisung der Gruppenstromrichter über einen Dreiwicklungstransformator erfolgt, also sie nur auf der Gleichstromseite galvanisch verbunden sind. Die dreiphasige Version GPK 6 führt nur einen einzigen sechspulsigen Kreisstrom, außerdem sind nur halb so viele Kreisstromdrosseln erforderlich.

Gar keine Kreisstromdrosseln benötigt die in Bild 6.3.3e gezeigte kreisstromfreie Gegenparallelschaltung GPF. Bei dieser Anordnung wird nur der den Laststrom führende Gruppenstromrichter angesteuert, während die zweite Gruppe keine Zündimpulse erhält. Bei einem Gruppenwechsel ist sicherzustellen, daß die bisher stromführende Drehstrombrücke stromlos ist, ehe die neu angeforderte Drehstrombrücke freigegeben wird.

6.3.2 Bemessung der Kreisstromdrosseln

Die Vierquadrantenstromrichter GPS und GPK nach Bild 6.3.3 durchlaufen bei einem Reversiervorgang nicht den Lückbereich, wenn durch die Aussteuerungskombination

$$\alpha_A + \alpha_B = 180^\circ - \Delta\alpha$$

(wenn α_A dem Gleichrichter und α_B dem Wechselrichter zugeordnet sind)

gewährleistet ist, wobei $\Delta\alpha$ den Wirkungspannungsabfall des Kreisstromes deckt. Der dann fließende Kreisgleichstrom $\bar{I}_{KR}$ muß so groß sein, daß in dem laststromfreien Stromrichter der Strom i_d zu keinem Zeitpunkt null wird. Der Kreisgleichstrom $\bar{I}_{KR}$ darf nicht zu groß sein, da er sich in der jeweiligen Arbeitsgruppe dem Laststrom hinzuaddiert, und außerdem die vom Vierquadrantenstromrichter aus dem Netz aufgenommene Blindleistung vergrößert.
Da heute zweipulsige netzgeführte Vierquadrantenstromrichter selten eingesetzt werden (im Bereich kleiner Leistungen bieten Transistorsteuerungen kostenmäßige und dynamische Vorteile), sollen nur die Kreisstromdrosseln der Schaltung GPS 3 und GPK 6 betrachtet werden.

GPS 3:
Werden die Wirkwiderstände vernachlässigt, so tritt die größte Kreisstromwelligkeit bei $\alpha_A = 60^\circ$, $\alpha_B = 120^\circ$ auf. In **Bild 6.3.4** sind die von den beiden Gruppenstromrichtern gelieferten ungeglätteten Gleichspannungen u_{dA}, $-u_{dB}$ sowie die Kreisstromwechselspannung

$$u_{KRI} = u_{KRII} = u_{KR} = u_{dA} + u_{dB}$$

wiedergegeben. Die maximale Schwankung des Kreisstromes

$$\Delta I_{KR} = \frac{\psi_{KR}}{\omega_{Nz} L_{KR\,ges}} = \frac{\sqrt{2}\,U_L}{\omega_{Nz} L_{KR\,ges}} \int_0^{\alpha_i/2} \sin\omega_{Nz}t \; d\omega_{Nz}t = \frac{\sqrt{2}\,U_L}{\omega_{Nz} L_{KR\,ges}} \left(1 - \cos\frac{\alpha_i}{2}\right)$$

ist mit $U_{di} = \sqrt{2} \cdot 3 \cdot U_L/\pi$

$$\Delta I_{KR} = \frac{U_{di}}{6 f_{Nz} L_{KR\,ges}} \left(1 - \cos\frac{\alpha_i}{2}\right). \tag{6.3.2}$$

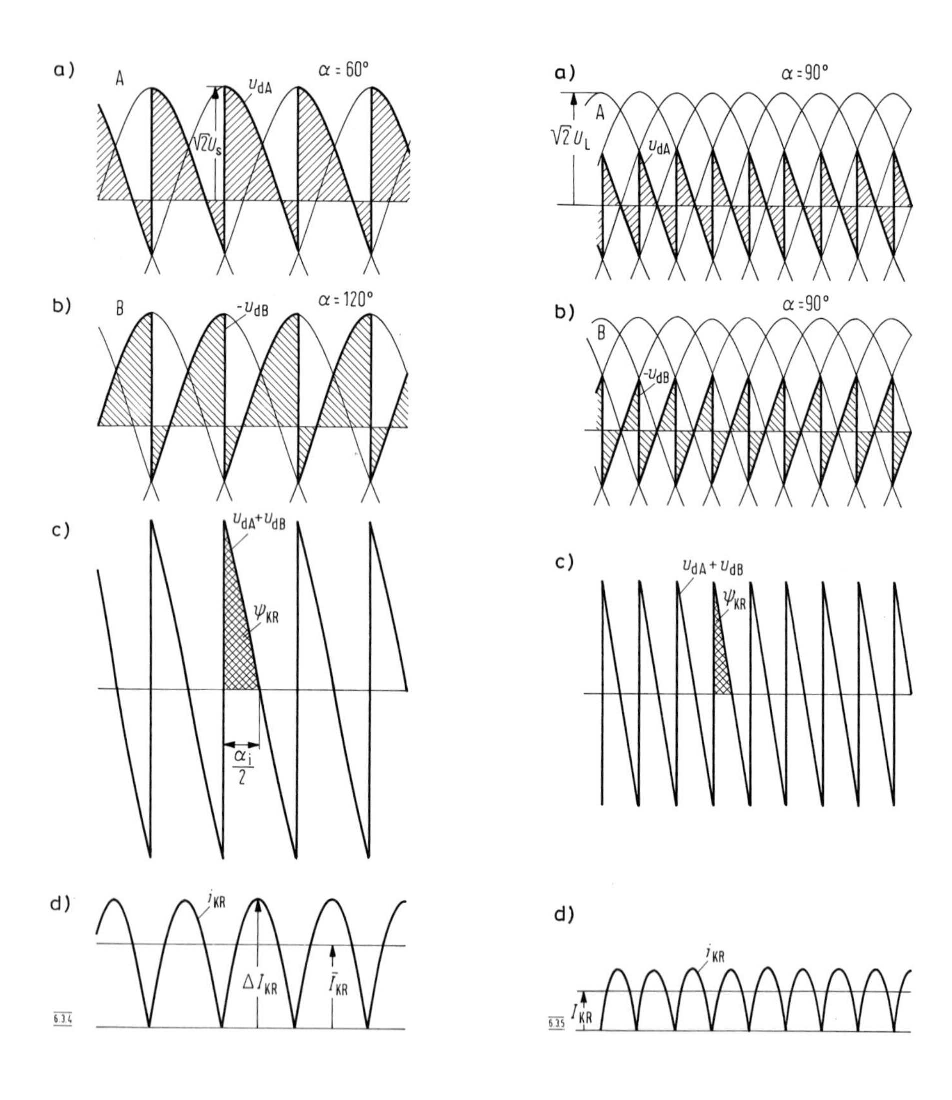

Bild 6.3.4
Starre Gegenparallelschaltung (GPS)
a) b) ungeglättete Gleichspannung zweier gegenparallel liegender Sterngruppen
c) Kreiswechselspannung
d) Kreisstrom an der Lückgrenze

Bild 6.3.5 Kreuzschaltung (GPK)
a, b) ungeglättete Gleichspannung der beiden Brücken
c) Kreiswechselspannung
d) Kreisstrom an der Lückgrenze

Der arithmetische Mittelwert ergibt sich aus

$$\bar{I}_{\mathrm{KR}} = \frac{1}{\alpha_{\mathrm{i}}/2} \frac{\Delta I_{\mathrm{KR}}}{1 - \sin[(\pi - \alpha_{\mathrm{i}})/2]} \int_0^{\alpha_{\mathrm{i}}/2} \left(\cos \omega_{\mathrm{Nz}} t - \sin \frac{\pi - \alpha_{\mathrm{i}}}{2} \right) \mathrm{d}\omega_{\mathrm{Nz}} t. \qquad (6.3.3)$$

Im vorliegenden Fall ist $\alpha_{\mathrm{i}} = 2\pi/3$. Damit ergibt sich

$\bar{I}_{\mathrm{KR}} / \Delta I_{\mathrm{KR}} = 0{,}6543$ und nach Gl. (6.3.2) für $f_{\mathrm{Nz}} = 50\,\mathrm{Hz}$

$$\boxed{L_{\mathrm{KR\,ges}} = 1{,}09 \cdot 10^{-3} \frac{U_{\mathrm{di}}}{\bar{I}_{\mathrm{KR}}}} \,. \qquad (6.3.4)$$

Zwei Kreisstromdrosseln in der Schaltung Bild 6.3.3b werden zusätzlich vom Laststrom durchflossen. Besitzen sie große Luftspalte, die nach Abschnitt 6.4.2.4 die Baugröße heraufsetzen, ist ihre Induktivität nur wenig stromabhängig; dann kann $L_{\mathrm{KR}} = L_{\mathrm{KR\,ges}}/2$ gesetzt werden. Andernfalls steht für die Begrenzung des Kreiswechselstromes nur je eine Drossel mit $L_{\mathrm{KR}} = L_{\mathrm{KR\,ges}}$ zur Verfügung, während die andere gesättigt ist und nur eine vernachlässigbar kleine Induktivität hat.

GPK 6:
Die Kreuzschaltung nach Bild 6.3.3d benötigt, da nur ein einziger Kreisstrom vorhanden ist, nur zwei Kreisstromdrosseln. Der Steuerwinkel, bei dem der Kreisstrom die größte Welligkeit aufweist, ist $\alpha_{\mathrm{A}} = \alpha_{\mathrm{B}} = 90°$. Das **Bild 6.3.5** zeigt den Verlauf der Ausgangsspannungen der beiden Gruppenstromrichter und der an den Kreisstromdrosseln liegenden Spannung $u_{\mathrm{KR}} = u_{\mathrm{dA}} + u_{\mathrm{dB}}$. Hier ist

$$\Delta I_{\mathrm{KR}} = \frac{\sqrt{6}\, U_{\mathrm{L}}}{\omega_{\mathrm{Nz}} L_{\mathrm{KR\,ges}}} \int_0^{\alpha_{\mathrm{i}}/2} \sin \omega_{\mathrm{Nz}} t \, \mathrm{d}\omega_{\mathrm{Nz}} t, \quad \text{mit} \quad \alpha_{\mathrm{i}} = \pi/3,$$

$$\Delta I_{\mathrm{KR}} = 0{,}328 \frac{U_{\mathrm{L}}}{\omega_{\mathrm{Nz}} L_{\mathrm{KR}}}.$$

Nach Gl. (6.3.3) ist

$$\frac{\bar{I}_{\mathrm{KR}}}{\Delta I_{\mathrm{KR}}} = \frac{\sqrt{6}\, U_{\mathrm{L}}}{\omega_{\mathrm{Nz}} L_{\mathrm{KR}}} \int_0^{\pi/6} (\cos \omega_{\mathrm{Nz}} t - \sin(2\pi/6)) \, \mathrm{d}\omega_{\mathrm{Nz}} t = 0{,}6637$$

und damit

$$\boxed{L_{\mathrm{KR\,ges}} = 0{,}51 \cdot 10^{-3} \frac{U_{\mathrm{di}}}{\bar{I}_{\mathrm{KR}}}} \,. \qquad (6.3.5)$$

Auch hier gilt bei ungesättigten Drosseln $L_{KR} = L_{KR\,ges}/2$ und bei gesättigten Drosseln $L_{KR} = L_{KR\,ges}$.
Ungesättigte Kreisstromdrosseln glätten gleichzeitig den Laststrom, so daß meist eine Glättungsdrossel L_d im Motorkreis überflüssig wird, zumal diese keinen Einfluß auf den Kreisstrom hat.
In den folgenden Ausführungen wird näher auf die beiden wichtigsten Vierquadranten-Stromrichter, die Kreuzschaltung und die kreisstromfreie Gegenparallelschaltung, eingegangen.

6.3.3 Kreuzschaltung

Das **Bild 6.3.6** zeigt einen Vierquadrantenantrieb in Kreuzschaltung. Die Typenleistung des Transformators ist

$$S_{Tr} = \frac{1}{2}(\sqrt{3}\,U_p I_p + \sqrt{3}\,U_{LA} I_{LA} + \sqrt{3}\,U_{LB} I_{LB}).$$

Dabei ist

$$U_{LA} = U_{LB} = U_L = U_p/\ddot{u},$$

$$I_{LA} = I_{LB} = I_L = I_p \cdot \ddot{u},$$

$$S_{Tr} = \frac{3\sqrt{3}}{2}\,U_L I_L.$$

Wird der Kreisstrom vernachlässigt, so ist

$$\boxed{S_{Tr} = \frac{\pi}{2}\,U_{di} I_{dN} = 1{,}57\,U_{di} \cdot I_{dN}}\,. \qquad (6.3.6)$$

Die Ausnutzung des Transformators ist verhältnismäßig schlecht, da immer nur eine Sekundärwicklung den Laststrom führt. Die beiden Sekundärwicklungen müssen streuungsmäßig entkoppelt sein, damit der Streuspannungsabfall der belasteten Gruppe sich nicht auf die Speisewechselspannung der unbelasteten Gruppe auswirkt.
Es sind zwei Betriebsarten zu unterscheiden:
Treibbetrieb = Gleichrichterbetrieb: Hierbei führt die augenblickliche Gleichrichtergruppe die Summe von Last- und Kreisstrom, während die Wechselrichtergruppe nur den Kreisstrom führt.
Bremsbetrieb = Wechselrichterbetrieb: Die Summe von Last- und Kreisstrom fließt in der augenblicklichen Wechselrichtergruppe. Die Gleichrichtergruppe ist nur mit dem Kreisstrom belastet.

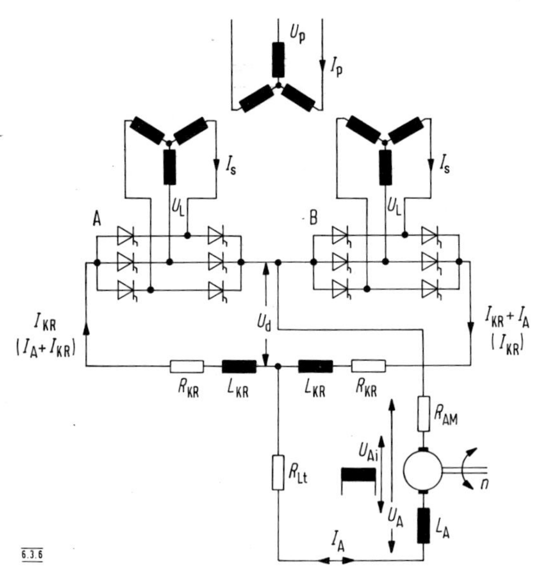

Bild 6.3.6 Kreuzschaltung – Transformator, Induktivitäten und Widerstände

U_{di} ist so zu bemessen, daß bei beiden Stromrichtergruppen im ungünstigsten Lastfall der Zündwinkel im Bereich

$$\alpha_{rg} \leq \alpha_0 \leq (180° - \mu - \alpha_{si})$$

liegt. Dabei sind die niedrigste Netzspannung, gekennzeichnet durch den Faktor d_{u-}, und der höchste Laststrom I_{Am} zugrunde zu legen. Nach Abschnitt 6.1.4 ist

$$\boxed{U_{di} = \frac{U_{dg}}{d_{u-} \cos \alpha^* - d_x}} \quad . \tag{6.3.7}$$

In **Tabelle 6.3.1** sind die Gleichungen für die Konstanten U_{dg}, d_x, α^* der Gleichrichter- bzw. Wechselrichtergruppe für Treib- und Bremsbetrieb zusammengestellt. Diese Konstanten in Gl. (6.3.7) eingesetzt, ergeben vier Werte für U_{di}. Hiervon ist der größte der Bemessung zugrundezulegen.
Außer den üblichen Regelgrößen eines Stromrichterantriebes Ankerstrom/Motormoment und Drehzahl/Stellweg ist bei der Kreuzschaltung noch die Überwachung bzw. Regelung des Kreisstromes notwendig, d.h., in der Schaltung nach **Bild 6.3.7a** müssen die Steuerwinkel die Bedingung $\alpha_A + \alpha_B = 180° + \Delta\alpha°$ erfüllen.

	Gleichrichtergruppe	Wechselrichtergruppe
Treibbetrieb	$U_{dg} = U_{AiN} + I_{Am}(R_{Lt} + R_{AM}) + (I_{Am} + I_{KR}) R_{KR}$ $d_x = \frac{u_{KT}}{2} \cdot \frac{I_{AM} + I_{Kr}}{I_{AN}}$ $\mu = \arccos(\cos\alpha^* - 2d_x) - \alpha^*$ $\alpha^* = \alpha_{rg}$	$U_{dg} = -[U_{AiN} + I_{Am}(R_{Lt} + R_{AM})] + I_{KR} \cdot R_{KR}$ $d_x = \frac{u_{KT}}{2} \frac{I_{KR}}{I_{AN}}$ $\mu = \arccos(\cos\alpha^* - 2d_x) - \alpha^*$ $\alpha^* = 180° - \mu - \alpha_{si}$
Bremsbetrieb	$U_{dg} = U_{AiN} - I_{Am}(R_{Lt} + R_{AM}) + I_{KR} R_{KR}$ $d_x = \frac{u_{KT}}{2} \frac{I_{KR}}{I_{AN}}$ $\mu = \arccos(\cos\alpha^* - 2d_x) - \alpha^*$ $\alpha^* = \alpha_{rg}$	$U_{dg} = -[U_{AiN} - I_{Am}(R_{LT} + R_{AM})] + (I_{Am} + I_{KR}) R_{KR}$ $d_x = \frac{u_{KT}}{2} \frac{I_{Am} + I_{KR}}{I_{AN}}$ $\mu = \arccos(\cos\alpha^* - 2d_x) - \alpha^*$ $\alpha^* = 180° - \mu - \alpha_{si}$

Tabelle 6.3.1: Spannungsmäßige Bemessung der Stromrichtergruppen der Kreuzschaltung

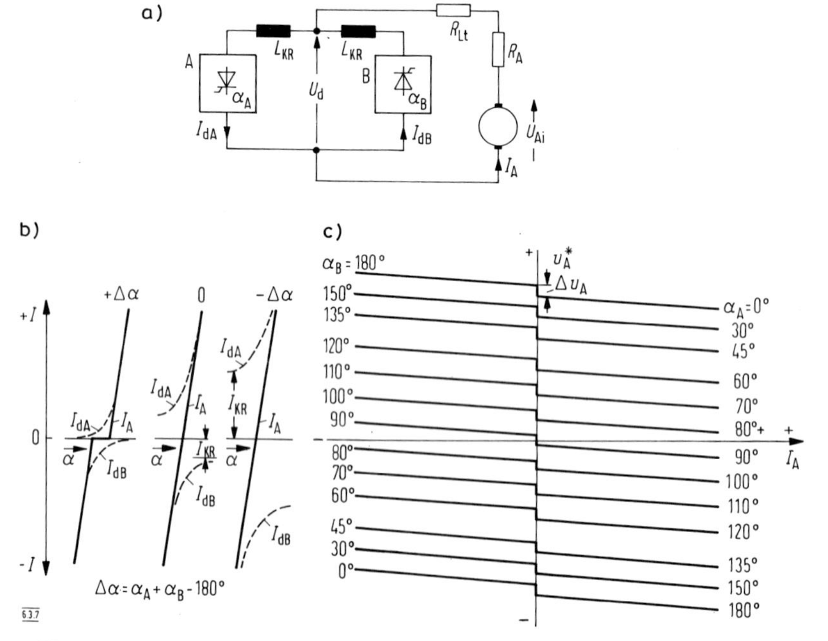

Bild 6.3.7 Statische Betriebseigenschaften der Kreuzschaltung (a)
b) Gruppenströme und Ankerstrom für drei Aussteuerungszuordnungen
c) Lastkennlinien mit Stromumkehr

In den Diagrammen von **Bild 6.3.7b** sind die Gruppenströme I_{dA}, I_{dB} und der Laststrom für $+\Delta\alpha$, 0 und $-\Delta\alpha$ aufgetragen. Im ersten Falle sind die Gruppenstromrichter gegeneinander verstimmt, so daß ein Unempfindlichkeitsbereich entsteht, der sich im Kennlinienfeld von **Bild 3.6.7c** als Stufe $\Delta u_A^* = \Delta U_A / U_{di}$ auswirkt. Für $\Delta\alpha = 0$ (Wirkwiderstände vernachlässigt) fließt ein normaler Kreisstrom, gleichzeitig geht I_A ohne Knick durch null. Das ist auch bei $-\Delta\alpha$ der Fall, allerdings nehmen die Kreisgleichströme große Werte an. Je genauer der Kreisstrom unabhängig von Last- und Netzspannungsschwankungen konstant gehalten wird, um so kleiner kann $\Delta\alpha$ gewählt werden, so daß auch Δu_A^* klein bleibt.
Die Lastkennlinien in Bild 3.6.7c sind entsprechend der Lastkennlinie

$$u_A^* = \cos\alpha - I_A[(d_{xN}/I_{AN}) + (R_{AM} + R_{Lt})/U_{di}] \tag{6.3.8}$$

geneigt. Bei schnellen Umsteuerungen ist zu beachten, daß bei der Stromrichtergruppe, die vom Gleichrichterbetrieb in den Wechselrichterbetrieb übergeht, eine Verweilzeit von maximal 3 ms auftritt, während bei der anderen Gruppe der Übergang vom Wechselrichterbetrieb in Gleichrichterbetrieb mit wesentlich kleinerer Verweilzeit, oder sogar verzögerungsfrei, erfolgt. Dadurch tritt kurzzeitig ein hoher Kreisstrom auf (dynamischer Kreisstrom). Er läßt sich durch Begrenzung der Stromänderungsgeschwindigkeit vermeiden (siehe Abschnitt 6.6.3).

6.3.4 Kreisstromfreie Gegenparallelschaltung

Die Kreuzschaltung erlaubt eine problemlose und verzögerungsfreie Umsteuerung des Ankerstromes und damit des Motormomentes. Dieser Vorteil wird durch den hohen Aufwand für den Dreiwickelungstransformator und die Kreisstromdrosseln erkauft. Bei der kreisstromfreien Gegenparallelschaltung kann – nach **Bild 6.3.8** – auf beides verzichtet werden; es genügen Kommutierungsdrosseln, wenn nicht zur Spannungsanpassung ein Zweiwicklungstransformator notwendig ist. Dafür muß im Schwachlastbetrieb und bei der Umsteuerung der Lückbereich durchfahren werden; außerdem ist sicherzustellen, daß immer nur eine Stromrichtergruppe stromführend ist. Während diese Schaltung ursprünglich als eine Sparschaltung für mittlere Leistungen angesehen wurde, gelang es in der Zwischenzeit, ihre dynamischen Eigenschaften durch adaptive Regler und schnelle Strom-Null-Erfassung so zu verbessern, daß sich größte Leistungen nach diesem Steuerprinzip ausführen lassen.
Wird kein Stromrichtertransformator vorgesehen, so ist U_{di} bis auf die Spannungsabfälle durch die Netzspannung nach $U_{di} = 3\sqrt{2}\,U_L/\pi$ festgelegt. Es ist nun zu prüfen, ob sich für äußerste Gleichrichteraussteuerung $\alpha = \alpha_{rg}$ aus

$$U_{di} = \frac{U_{AiN} + I_{Am}(R_{AM} + R_{Lt})}{d_{u-}\cos\alpha_{rg} - d_{xN} I_{Am}/I_{AN}} = \frac{U_{AN} + (I_{Am} - I_{AN})R_{AM} + I_{Am}R_{Lt}}{d_{u-}\cos\alpha_{rg} - d_{xN} i_{Am}^*} \tag{6.3.9}$$

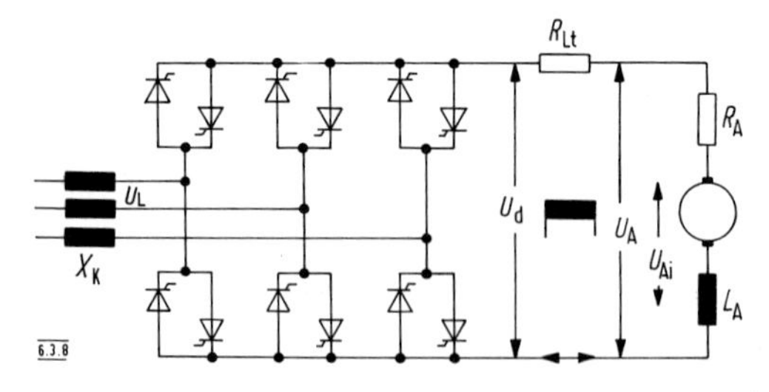

Bild 6.3.8 Kreisstromfreie Gegenparallelschaltung

mit $d_{xN} = \frac{3}{\pi} X_k \frac{I_{AN}}{U_{di}}$; $\quad i^*_{Am} = I_{Am}/I_{AN}$ für die Nennankerspannung

$$U_{AN} = U_{di} d_{u-} \cos\alpha_{rg} - I_{AN}[(3/\pi) X_k i^*_{Am} + (i^*_{Am} - 1) R_{AM} + R_{Lt} i^*_{Am}] \tag{6.3.10}$$

ein genügend großer Wert ergibt.
Werden serienmäßige Gleichstrommotoren vorgesehen, so stehen nur wenige Nenn-Ankerspannungen zur Verfügung. Für $U_L = 380$ V kommen nur $U_{AN} = 400$ V, 440 V, 460 V in Frage.
Gl. (6.3.10) liegt die Annahme zugrunde, daß der Motor bei Nenndrehzahl das Spitzenmoment M_{Mm} abgeben muß. Ist das nicht notwendig, so kann in Gl. (6.3.10) $i^*_{Am} = 1$ gesetzt werden, wodurch u. U. die nächsthöhere Ankerspannung möglich ist. Auf jeden Fall ist zu überprüfen, ob bei maximaler Aussteuerung $U_A = -U_{AN}$ und maximaler Belastung, z. B. $I_A = I_{Am}$, noch ein genügend großer Sicherheitswinkel

$$\alpha_{si} = \arccos\left(\frac{U_{AN} + I_{AN}[(3/\pi)(2d_{u-} - 1) X_K i^*_{Am} - (i^*_{Am} - 1) R_{AM} - i^*_{Am} R_{Lt}]}{U_{di} d_{u-}}\right) \tag{6.3.11}$$

vorhanden ist.

6.4 Stromrichter-Transformatoren und Drosseln

6.4.1 Stromrichter-Transformatoren

Stromrichter-Transformatoren sind zum Unterschied zu den üblichen Transformatoren mit nicht-sinusförmigen Strömen belastet. Durch die Oberwellenströme werden im Eisen und im Kupfer Zusatzverluste hervorgerufen. Hohe Anforderun-

Schaltung	Schaltgruppe	Kennziffer K_α	Phasenzuordnung	Phasenzahl	$S_{Tr}/(U_{di}\,I_{dN})$ Einweg-schaltung	Brücken-schaltung	$\ddot{U}$ Übersetzungsverhältnis
 N_1, N_2		-		2	1,34	1,11	$\frac{N_1}{N_2}$ $\frac{N_1}{2N_2}$
N_1, N_2	Yy0	0		3	verboten	1,05	$\frac{N_1}{N_2}$
N_1, $\frac{N_2}{2}$, $\frac{N_2}{2}$	Dz0	0		3	1,46	1,13	$\frac{2N_1}{3N_2}$
N_1, N_2	Dy5	5		3	1,35	1,05	$\frac{N_1}{\sqrt{3}N_2}$
N_1, $\frac{N_2}{2}$, $\frac{N_2}{2}$	Yz5	5		3	1,46		$\frac{2N_1}{\sqrt{3}N_2}$
N_1, N_2, N_2	Dy5/y11	5/11		6	1,55		$\frac{N_1}{\sqrt{3}N_2}$
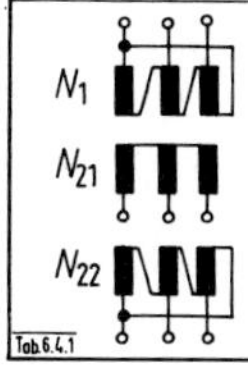 N_1, N_{21}, N_{22}	Dy5/d6	5/6	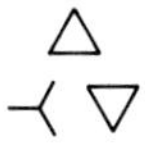	6		1,05	$\frac{N_1}{\sqrt{3}N_{21}}$ $\frac{N_1}{N_{22}}$

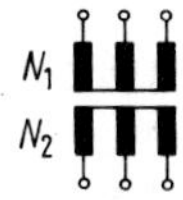

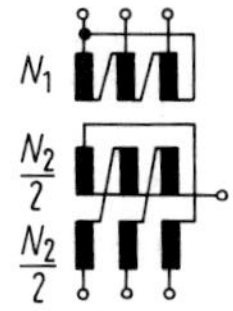

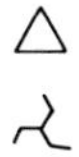

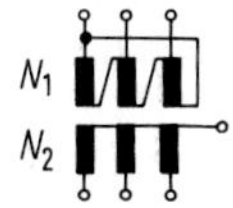

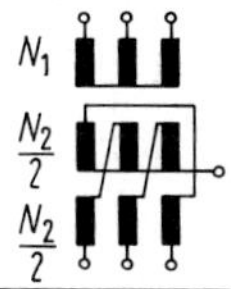

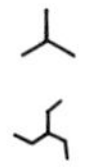

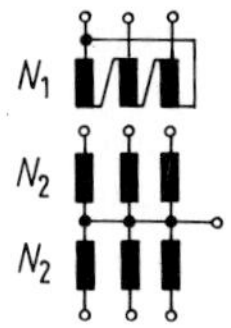

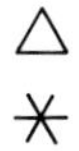

Tab.6.4.1

Tabelle 6.4.1: Schaltgruppen von Stromrichtertransformatoren

gen werden hinsichtlich der Spannungssymmetrie und gleicher Streuung aller Phasen gestellt. Bei Dreiwicklungstransformatoren sollen die Sekundärwicklungen gegeneinander weitgehend entkoppelt sein, was z. B. dadurch erreicht werden kann, daß die Primärwicklung zwischen der Sekundärwicklung angeordnet wird. Die Wicklungen müssen mechanisch sicher abgestützt werden, damit sie durch die Stromkräfte bei einem Stromrichterkurzschluß oder einer Wechselrichterkippung nicht deformiert werden.

In **Tabelle 6.4.1** sind die wichtigsten Schaltungen der Stromrichtertransformatoren zusammengestellt. Sie sind in Schaltgruppen geordnet, deren Kennziffer K_α nach der Beziehung $\alpha_{1/2} = K_\alpha \cdot 30°$ die Winkelverschiebung zwischen den Dreiphasensystemen der Sekundärspannung und der Primärspannung angibt. Es ist darauf hinzuweisen, daß die Transformatorschaltung Yy0 für Einwegschaltungen (z. B. DS) außer Betracht bleibt, da sie einphasig nicht belastbar ist.

Der Transformator beeinflußt über seine Kurzschlußspannung u_{kT} die Kommutierung und begrenzt den Kurzschlußstrom. Kurzschlußspannungen $u_{kT} = 0{,}04$ bis 0,06 erfordern keine besonderen konstruktiven Maßnahmen. Bei höheren Kurzschlußspannungen wird im allgemeinen der Transformator teurer. Werden mehrere Stromrichter aus einem gemeinsamen Transformator gespeist, so sind – wie in Bild 6.9.1 gezeigt – den einzelnen Stromrichtern Kommutierungsdrosseln, entsprechend $u'_{kT} = 0{,}02$ bis 0,04, vorzuschalten. Dabei ist zu berücksichtigen, daß die effektive Kurzschlußspannung des gemeinsamen Transformators für den einzelnen Stromrichter nur noch

$$u^*_{kT} = u_{kT} P_{SR} / P_{Tr} \tag{6.4.1}$$

beträgt, wenn P_{Tr} die Nenntransformatorleistung und P_{SR} die Nennstromrichterleistung sind.

Der Transformator ist wegen seiner großen Masse, im Verhältnis zum Stromrichter, vorübergehend hoch überlastbar. Ungefähre Richtwerte für die Kurzzeitüberlast

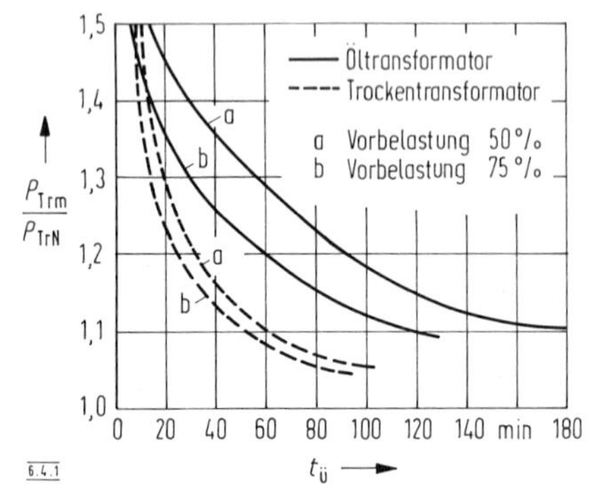

Bild 6.4.1 Überlastbarkeit von Transformatoren in Abhängigkeit von der Überlastdauer

P_{Trm}/P_{Trn} in Abhängigkeit von der Überlastdauer $t_ü$ sind in **Bild 6.4.1** unter der Annahme von zwei Vorbelastungen gegeben. Die Überlastdauer des Öltransformators ist wegen seiner größeren Masse etwa dreimal so groß wie die des Trockentransformators. Bei Kurzzeitbetrieb oder Aussetzbetrieb kann somit der Transformator entsprechend kleiner gewählt werden.

6.4.2 Glättungsdrosseln und Kreisstromdrosseln

Beiden Drosseln ist gemeinsam, daß ihr Glättungseinfluß in erster Linie bei kleinen Gleichströmen benötigt wird. Dafür bieten sich eisengeschlossene, mit mehreren Luftspalten versehene Drosseln an. Den prinzipiellen Aufbau einer derartigen Drossel zeigt **Bild 6.4.2.** Zur besseren Wärmeabfuhr wird eine hohe, schlanke Drosselform bevorzugt. Kleinere Drosseln besitzen zwei, größere Drosseln vier über die Schenkel verteilte Luftspalte. Es sind drei ausgezeichnete Induktivitätswerte zu unterscheiden.

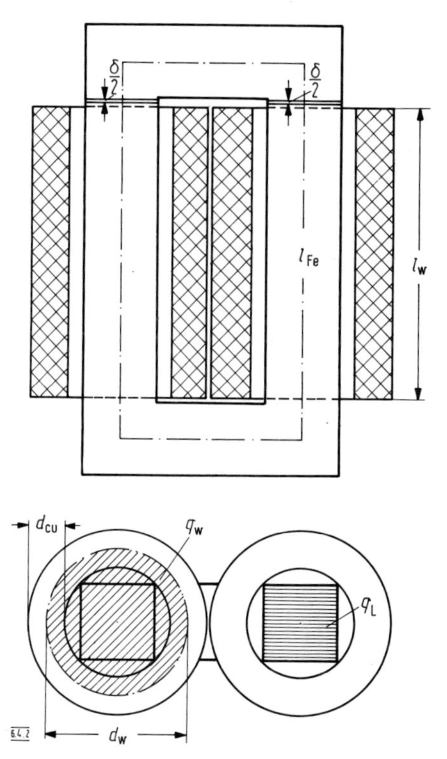

Bild 6.4.2 Glättungsdrossel

6.4.2.1 Leerlaufinduktivität

Der magnetische Widerstand des Eisenweges ist, da seine Permeabilität $\mu = \mu_{r0}\,\mu_0$ sehr groß ist, zu vernachlässigen. Die Summe der Luftspalte mit der Gesamtlänge δ bestimmt allein die Leerlaufinduktivität

$$\boxed{L_{D0} = \frac{N^2 q_L}{\delta}\,\mu_0}\,, \qquad (6.4.2)$$

mit $\mu_0 = 4\pi \cdot 10^{-7}$ in H/m.

6.4.2.2 Nenninduktivität

Das **Bild 6.4.3** zeigt die Magnetisierungskennlinien ohne und mit verschiedenen Luftspalten. Die relative Permeabilität des Eisens $\mu_r = \mu/\mu_0$ ginge ohne Luftspalt bei der Nenn-Feldstärke $H_{DN} = I_{dN}\,N/l_{Fe}$ auf sehr kleine Werte zurück. Mit Luftspalt ist die stromabhängige Änderung der Permeabilität μ_r wesentlich geringer.

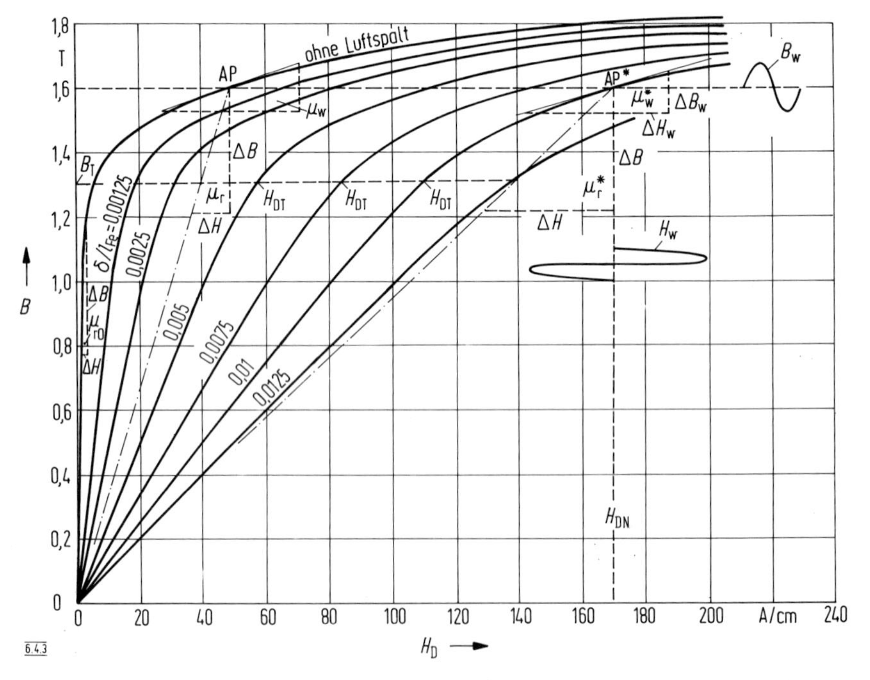

Bild 6.4.3 Magnetisierungskennlinien von Glättungsdrosseln mit unterschiedlichem Luftspalt

Für die Wechselstrom-Induktivität ist eine Permeabilität μ_w^* maßgeblich, die sich nach Bild 6.4.3 annähernd aus der Tangentensteigung im Arbeitspunkt ergibt

$$\mu_w^* = \Delta B_w / (\Delta H_w \mu_0).$$

Dabei ist

$$\mu_w^* = \frac{1}{(1/\mu_w) + (\delta/l_{Fe})}. \qquad (6.4.3)$$

Die Wechselstrompermeabilität μ_w (ohne Luftspalt) liegt bei üblicher Drosselbemessung in der Größenordnung von 15. Die Induktivität bei Nennstrom erhält man mit Gl. (6.4.3) zu

$$L_{DN} = \frac{N^2 q_L}{l_{Fe}} \frac{\mu_0}{(1/\mu_w) + (\delta/l_{Fe})} \qquad (6.4.4)$$

und das Induktivitätsverhältnis

$$\boxed{\frac{L_{DN}}{L_{D0}} = \frac{1}{1 + l_{Fe}/(\delta \mu_w)}}. \qquad (6.4.5)$$

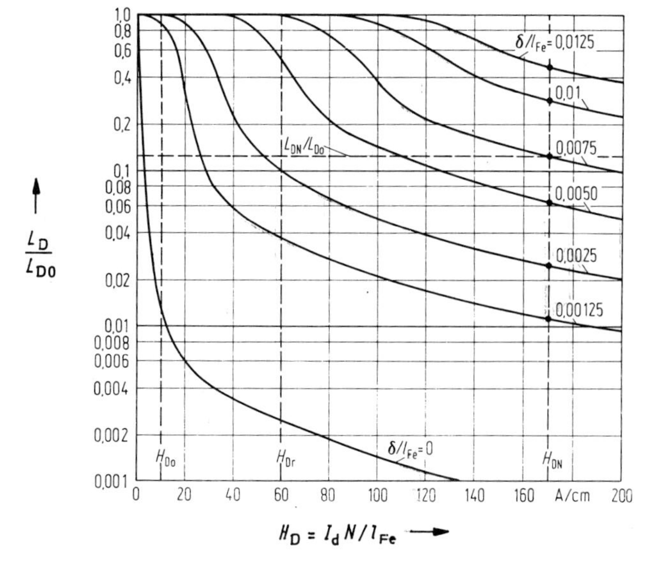

Bild 6.4.4 Abhängigkeit der Induktivität einer Glättungsdrossel von der Gleichstromvormagnetisierung (I_d) und dem Luftspalt (δ)

Für die Drossel, deren Magnetisierungskennlinien in Bild 6.4.3 wiedergegeben ist, ist in **Bild 6.4.4** L_D/L_{D0} über der Vormagnetisierungsfeldstärke aufgetragen. Für $H_D = H_{DN} = I_{dN} N/l_{Fe}$ läßt sich das Verhältnis L_{DN}/L_{D0} ablesen. Soll z.B. die Lückgrenze bei $I_{dLk} = 0{,}3\, I_{DN}$ liegen, ist die Induktivität an der Lückgrenze bei $\delta/l_{Fe} = 0{,}005$; $L_D = 0{,}6\, L_{D0}$ und im Nennarbeitspunkt $L_{DN} = 0{,}06\, L_{D0}$. Der Luftspalt sollte nicht größer als notwendig gewählt werden, da nach **Bild 6.4.5** die Leerlaufinduktivität L_{D0} und damit auch die Induktivität an der Lückgrenze bzw. im Fall einer Kreisstromdrossel bei Belastung mit Kreisstrom mit größer werdendem Luftspalt stark abnimmt.

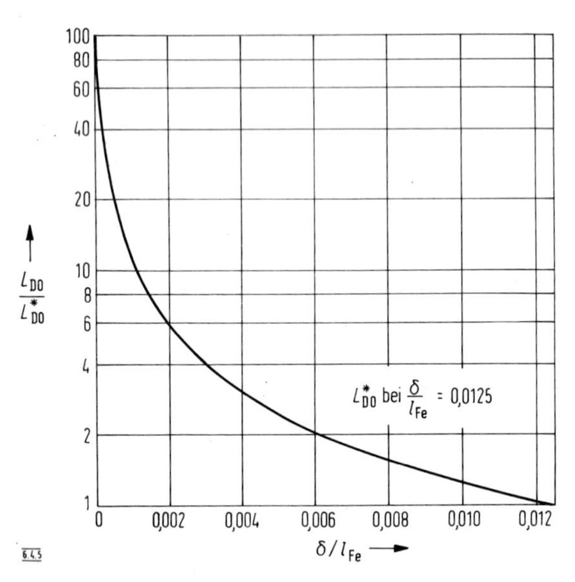

Bild 6.4.5 Leerlaufinduktivität L_{D0} einer Glättungsdrossel in Abhängigkeit von dem Luftspalt

6.4.2.3 *Kurzschlußinduktivität*

Bei Kurzschluß nimmt der Gleichstrom so hohe Werte an, daß das Eisen vollständig gesättigt ist ($\mu_r = 1$) und die Drossel sich in etwa wie eine Luftdrossel verhält. Ist die Wicklungshöhe l_w sehr groß gegen den mittleren Wicklungsdurchmesser d_w, so gilt

$$L_{DK} = \frac{N^2 q_w}{2 l_w} \mu_0 . \tag{6.4.6}$$

Erfüllt die Drossel nicht die Bedingung $l_w \gg d_w$, so ist eine bessere Näherungsgleichung

$$L_{DK} = \frac{N^2 q_w}{2 l_w} \mu_0 \left[1 - \frac{2}{3}\frac{d_{cu}}{d_w} + \frac{1}{3}\left(\frac{d_{cu}}{d_w}\right)^2\right]. \tag{6.4.7}$$

6.4.2.4 Drosseltypenleistung

Die Typenleistung der Glättungsdrossel wird mit der einer linearen 50-Hz-Drossel mit der Induktivität L_{D0} und dem Strom I_{dN} verglichen

$$P_{Dl} = 0{,}5\, \omega_{Nz} L_{D0} I_{dN}^2. \tag{6.4.8}$$

Die Bezugsdrossel müßte die in **Bild 6.4.6** strichpunktierte Magnetisierungsgerade aufweisen, und es würde die maximale Induktion B' auftreten. Die Linearität der technischen Drossel endet dagegen bereits bei B_T, so daß ihre Typenleistung

$$P_D = P_{Dl} B_T / B' = P_{Dl} I_{DT} / I_{DN}$$

$$P_D = 0{,}5\, \omega_{Nz} L_{D0} I_{DT} I_{DN} \tag{6.4.9}$$

ist. Andererseits gilt näherungsweise

$$\frac{L_{DN}}{L_{D0}} \approx \left(\frac{I_{DT}}{I_{DN}}\right)^2 = \left(\frac{H_{DT}}{H_{DN}}\right)^2. \tag{6.4.10}$$

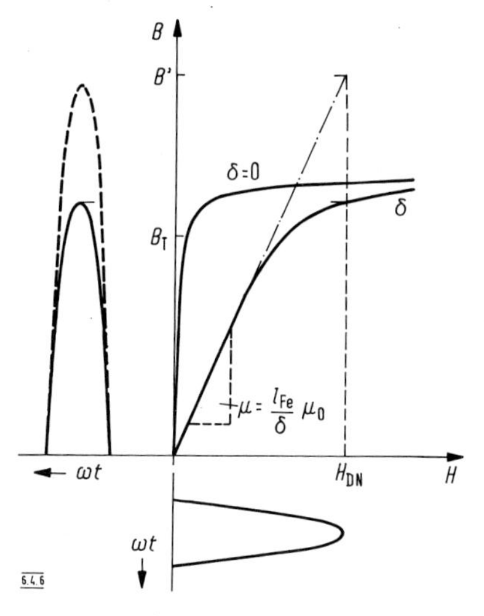

Bild 6.4.6 Ersatzmagnetisierungsgerade zur Ermittlung der Drosseltypenleistung

Gl. (6.4.10) in Gl. (6.4.9) eingesetzt,

$$\boxed{P_\mathrm{D} = 0{,}5\, \omega_\mathrm{Nz} I_\mathrm{DN}^2 L_\mathrm{D0} \sqrt{L_\mathrm{DN}/L_\mathrm{D0}}} \;. \tag{6.4.11}$$

Je kleiner L_DN gegen L_D0 ist (steile Drossel durch kurzen Luftspalt), um so kleiner ist die Typenleistung.

6.4.2.5 Drosselsteilheit

Aus regelungstechnischen Gründen darf sich die Ankerkreisinduktivität zwischen Leerlauf und Nennstrom z.B. nur um den Faktor $l_\mathrm{A} = 1{,}5$ ändern.

$$l_\mathrm{A} = (L_\mathrm{AM} + L_\mathrm{DN})/(L_\mathrm{AM} + L_\mathrm{D0}). \tag{6.4.12}$$

Dabei kann L_AM als stromunabhängig angenommen werden. Aus Gl. (6.4.12) ergibt sich die zulässige Drosselsteilheit zu

$$\boxed{\frac{L_\mathrm{DN}}{L_\mathrm{D0}} = \frac{L_\mathrm{AM}}{L_\mathrm{D0}} (l_\mathrm{A} - 1) + l_\mathrm{A}} \;. \tag{6.4.13}$$

Bei Kreisstromdrosseln bleibt die Motorinduktivität unberücksichtigt, da der Kreisstrom nicht über den Motor fließt, so daß $L_\mathrm{DN}/L_\mathrm{D0} = l_\mathrm{A}$ gesetzt werden muß.

6.4.3 Wechselstromdrosseln

Zur Speisung eines Stromrichters ist ein Netz mit möglichst großem Kurzschlußstrom erwünscht, um den induktiven Spannungsabfall und die Kommutierungseinbrüche kleinzuhalten. Allerdings besteht dann die Gefahr, daß die Kommutierungsvorgänge so schnell ablaufen, daß die zulässigen Grenzen $\mathrm{d}i_\mathrm{T}/\mathrm{d}t_\mathrm{max}$ und $\mathrm{d}u_\mathrm{T}/\mathrm{d}t_\mathrm{max}$ der Thyristoren überschritten werden, außerdem würde im Störungsfall der Kurzschlußstrom so schnell ansteigen, daß die Schmelzsicherungen nicht rechtzeitig vor Erreichen des Stoßstrom-Grenzwertes I_TSM des beanspruchten Thyristors abschalten könnten. Es ist deshalb erforderlich, für den Stromrichter die Einspeisereaktanz auf

$$X'_\mathrm{k} = X_\mathrm{Nz} + X_\mathrm{k} = K_\mathrm{e} \frac{\pi}{6} \frac{U_\mathrm{di}}{I_\mathrm{dN}} \tag{6.4.14}$$

heraufzusetzen mit

$$X_\mathrm{Nz} = \frac{U_\mathrm{L}}{\sqrt{3}\, I_\mathrm{kk}},$$

wobei I_{kk} den Kurzschlußstrom am Einspeisepunkt darstellt. Die Kommutierungsreaktanz sollte entsprechend $K_e \approx 0{,}05$ zu

$$\boxed{X_k = \frac{\pi}{120} \frac{U_{di}}{I_{dN}} - \frac{U_L}{\sqrt{3}\, I_{kk}} \approx \frac{\pi}{150} \frac{U_{di}}{I_{dN}}} \qquad (6.4.15)$$

gewählt werden. Erfolgt die Einspeisung über einen Transformator, so ist nach

$$X_k = \frac{\pi}{6} u_{kT} \frac{U_{di}}{I_{dN}} \qquad (6.4.16)$$

die Bedingung von Gl. (6.4.15) mit $u_{kT} = 0{,}04$ erfüllt.

6.4.3.1 Kurzschlußdrosseln

Muß die Anstiegsgeschwindigkeit des Kurzschlußstromes bei einem Ventilkurzschluß oder einem Kurzschluß der Gleichstromklemmen begrenzt werden, so müssen die Kommutierungsdrosseln ihre Induktivität bis zu hohen Überströmen behalten, sie werden dann als Luftdrosseln ausgeführt.

Diese Fälle sind nicht sehr häufig, da es meist wirtschaftlicher ist, die Thyristoren strommäßig etwas überzubemessen und die eisengeschlossenen Kommutierungsdrosseln von Abschnitt 6.4.3.2 einzusetzen.

Das **Bild 6.4.7** zeigt den Aufbau einer Luftdrossel. In der Wicklung sind Kühlkanäle freigelassen, über die die Verlustwärme abgeführt wird. Bei der Anordnung derartiger Drosseln ist zu beachten, daß sie starke Streufelder ausbilden, die in umgebenden Eisenteilen Wirbelströme hervorrufen. Die Reaktanz der Drossel nach Bild 6.4.7 ist

$$\boxed{X_k = \mu_0 f_{Nz} N^2 \cdot h \cdot \ln(d_a/d_i)} \; . \qquad (6.4.17)$$

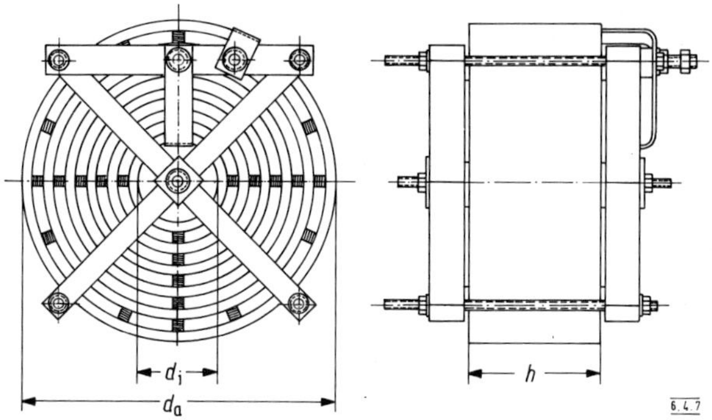

Bild 6.4.7 Kommutierungsdrossel in eisenloser Ausführung

6.4.3.2 Eisengeschlossene Kommutierungsdrosseln

Wesentlich kleinere Abmessungen haben Eisen-geschlossene Kommutierungsdrosseln. Bei dreiphasigen Stromrichtern liegt es nahe, sie als Drehstromdrosseln nach **Bild 6.4.8a** auszuführen. Nach **Bild 6.4.8b** dienen die Kommutierungsdrosseln – wie in Abschnitt 6.4.4 ausgeführt – zusammen mit der Eingangsbeschaltung zur Begrenzung von Schaltüberspannungen.

Da die Kommutierungsdrossel bis zum betriebsmäßig auftretenden Maximalstrom I_{Lm} eine annähernd konstante Induktivität haben soll, ist ein Luftspalt δ vorgesehen. Wird der magnetische Widerstand des Eisens vernachlässigt, so ist

$$\delta \approx \frac{N I_{\mathrm{Lm}}}{3 B_{\mathrm{r}}} \mu_0 \tag{6.4.18}$$

und die Induktivität

$$L_{\mathrm{k}} \approx \frac{N^2 q_{\mathrm{L}} \mu_0}{3\delta} = \frac{N^2 q_{\mathrm{L}} B_{\mathrm{T}}}{I_{\mathrm{Lm}}} . \tag{6.4.19}$$

Im Kurzschlußfall wird das Eisen gesättigt, so daß L_{k} auf sehr kleine Werte heruntergeht. Die an der Kommutierungsdrossel liegende Spannung besteht nach **Bild 6.4.8c** – infolge des trapezförmigen Stromes – aus Rechteckblöcken von der Breite μ.

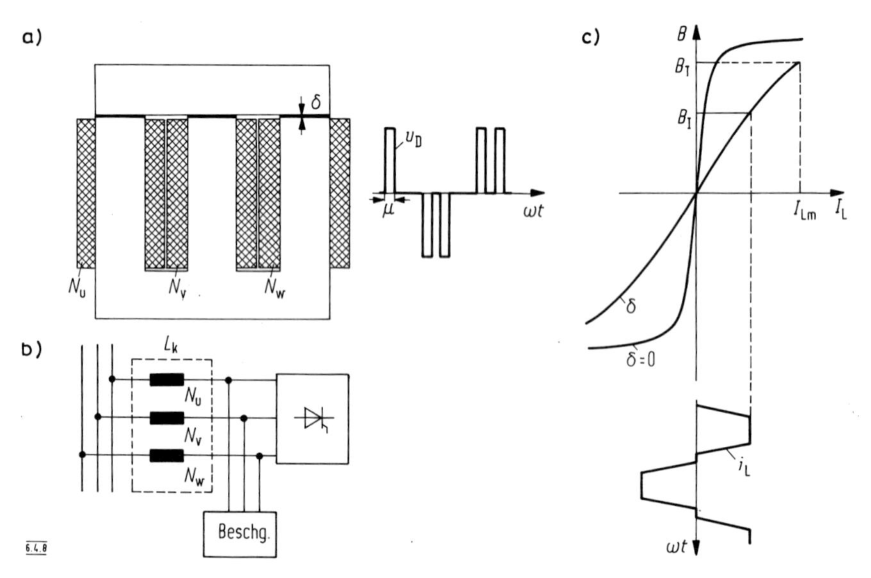

Bild 6.4.8 Dreiphasige eisengeschlossene Kommutierungsdrossel mit Luftspalt

6.4.4 Eingangs-Drosselbeschaltung

Wird der Stromrichter über Kommutierungsdrosseln aus dem Drehstromnetz gespeist, so ist in der Regel keine Beschaltung erforderlich. Wenn allerdings die Netzspannung Störspannungsimpulse aufweist, wie sie durch das Schalten von anderweitigen induktiven Verbrauchern verursacht werden, so können kurzzeitig hohe Überspannungen auftreten. Sie sind durch ein Beschaltungsglied auf für die Thyristoren ungefährliche Werte herabzusetzen. Der in **Bild 6.4.9** durch ein Rechteck angenäherte Störimpuls von der Höhe $\hat{U}_F$ und der Dauer t_F soll im Maximum der Netzspannung auftreten. Durch das $R_b C_b$-Glied wird die Störspannung verschliffen und in der Amplitude auf $\hat{U}_{eF}$ abgebaut. Bei den folgenden Betrachtungen bleibt u_s unberücksichtigt, da $t_F \ll (1/f_{Nz})$ ist und in dieser kurzen Zeit sich u_s praktisch nicht ändert.
Ausgehend von der Differentialgleichung

$$u_F(t) = L_k \frac{di_F(t)}{dt} + R_b i_F(t) + \frac{1}{C_b} \int i_F(t)\, dt, \tag{6.4.20}$$

$$i_F(+0) = 0$$

$$\frac{U_F}{p}(1 - e^{-t_F p}) = \left(p L_k + R_b + \frac{1}{p C_b} \right) i_F(p) \tag{6.4.21}$$

ergibt sich in den beiden Zeitbereichen (periodische Dämpfung vorausgesetzt):

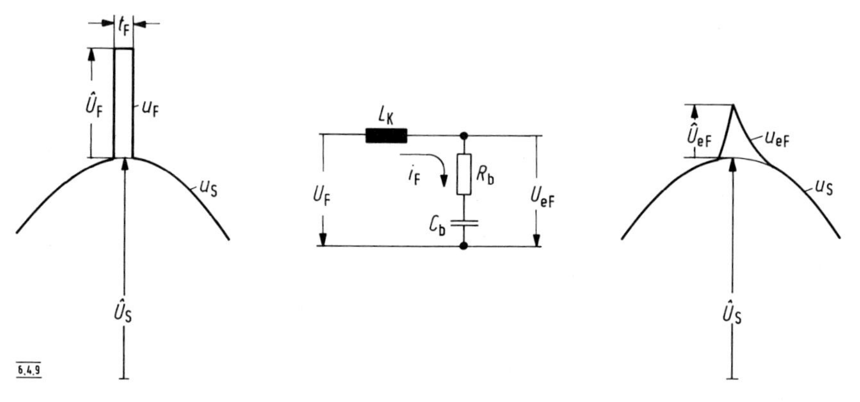

Bild 6.4.9 Dämpfung von netzseitigen Schaltüberspannungen

1. $0 < t \leq t_F$

$$i_F(t) = \frac{U_F}{\omega_0 L_k} e^{-dt} \sin \omega_0 t$$

$$U_{eF} = U_F - L_k \frac{di_F(t)}{dt}$$

$$\frac{u_{eF}}{U_F} = 1 - e^{-\gamma\omega_0 t} [\cos \omega_0 t - \gamma \sin \omega_0 t] \qquad (6.4.22)$$

2. $t_F < t < \infty$

$$i_F(t) = \frac{U_F}{\omega_0 L_k} e^{-dt} [\sin \omega_0 t - e^{dt} \cdot \sin \omega_0 (t - t_F)]$$

$$U_{eF} = -L_k \frac{di_F(t)}{dt}$$

$$\frac{u_{eF}}{U_F} = e^{-\gamma\omega_0 t} [e^{\gamma\omega_0 t_F} (\cos \omega_0 (t - t_F) - \gamma \sin \omega_0 (t - t_F) - (\cos \omega_0 t - \gamma \sin \omega_0 t))] \qquad (6.4.23)$$

$$\text{mit } \omega_0 = \frac{1}{2L_k} \sqrt{\frac{4L_k}{C_b} - R_b^2},$$

$$\boxed{\gamma = \left[\frac{4L_k}{C_b R_b^2} - 1\right]^{-0,5}} \qquad (6.4.24)$$

$$\boxed{\omega_0 = \frac{R_b}{2L_k} \frac{1}{\gamma}}\,. \qquad (6.4.25)$$

In **Bild 6.4.10** ist für verschieden lange Störimpulse der zeitliche Verlauf der Spannung $\hat{u}_{eF}/\hat{U}_F$ angegeben. Die Höhe der Reststörspannung ist abhängig von der Störimpulsdauer t_F. Für $t_F = 0{,}16$ ms zeigt sich sogar eine Überhöhung. Auch eine Verdopplung der Kommutierungsinduktivität reicht noch nicht für eine Abschwächung aus, erst eine größere Kapazität bringt den erwünschten Erfolg.
Bei nicht zu kleinem Dämpfungsmaß γ tritt die maximale Spannung am Ende des Störimpulses auf. Unter dieser Bedingung läßt sich aus **Bild 6.4.11** $\hat{U}_{ef}/\hat{U}_f$ für eine vorgegebene Störimpulsdauer t_F ablesen, wenn vorher γ mit Gl. (6.4.24) und ω_0 mit Gl. (6.4.25) berechnet worden sind. Setzt man $\gamma = 0{,}7$, so ergibt sich für R_b aus Gl. (6.4.24) die Beziehung

$$R_b = 2\sqrt{\frac{L_k}{C_b}}\,. \qquad (6.4.26)$$

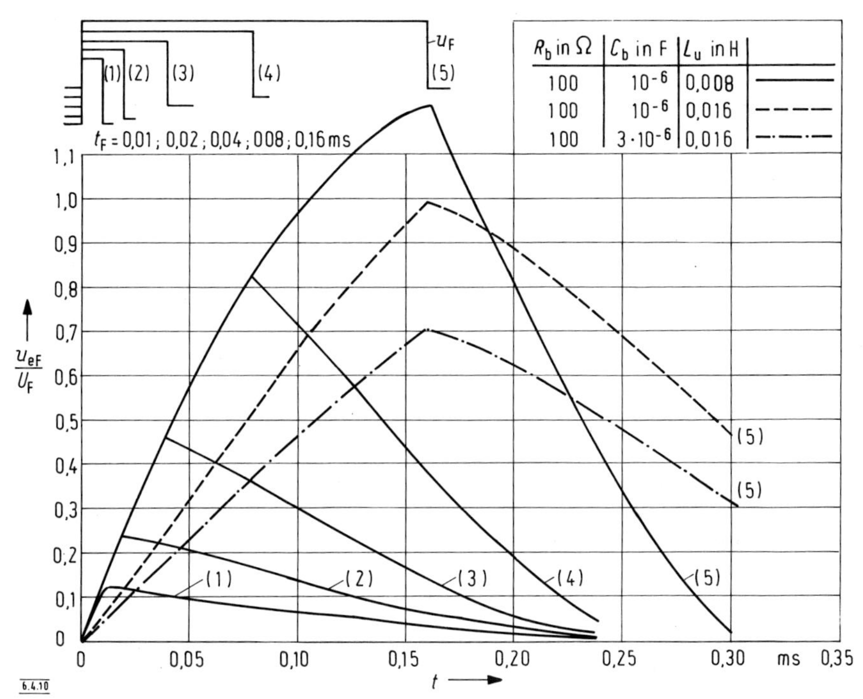

6.4.10

Bild 6.4.10 Zeitlicher Verlauf der gedämpften Störspannung in Abhängigkeit von der Störungsdauer t_F und den Beschaltungsdaten (R_b, C_b, L_k)

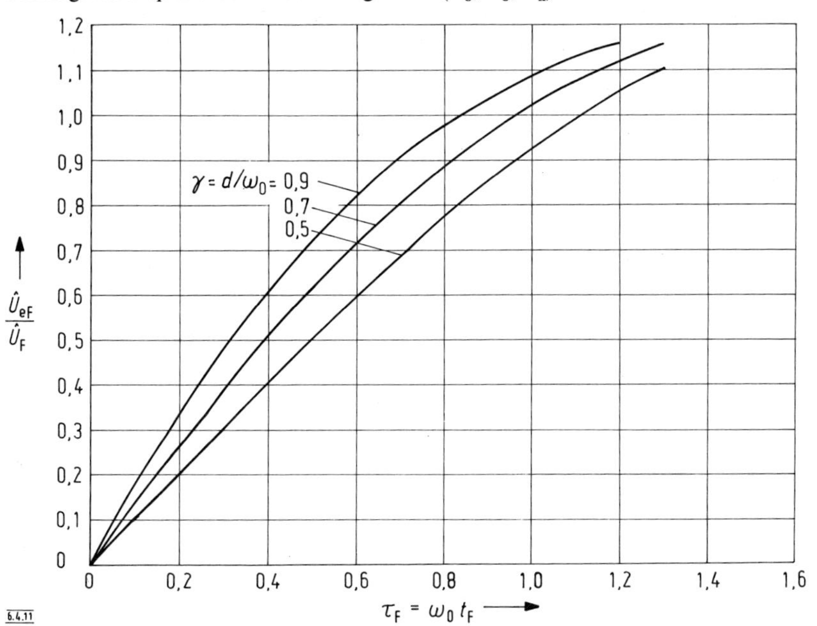

6.4.11

Bild 6.4.11 Dämpfungsverhältnis in Abhängigkeit von γ und τ_F

6.4.5 Transformatorbeschaltung

Der Transformator übernimmt durch seine Streuinduktivität

$$L_s = \frac{u_{kT} U_L}{\sqrt{3}\, I_{LN} \omega_{Nz}} \tag{6.4.27}$$

in bezug auf die Störimpulse die Aufgabe der Kommutierungsdrosseln. In Abschnitt 6.4.4 braucht deshalb nur L_k durch L_s ersetzt zu werden. Da die Streureaktanz durch die Kurzschlußspannung festgelegt ist, kann es bei einem sehr mit Störspannungen belasteten Netz zweckmäßig sein, zusätzlich Kommutierungsdrosseln vorzusehen, wodurch allerdings die Überlappung und auch die Kommutierungsblindleistung zunehmen.

6.4.5.1 Direkte RC-Beschaltung

Die Transformatorbeschaltung hat neben der Störspannungsbegrenzung die beim Ausschalten des Transformators auftretende Überspannung auf ungefährliche Werte zu dämpfen. Das **Bild 6.4.12a** zeigt einen Transformator mit direkter *RC*-Beschaltung und in **Bild 6.4.12b** die einphasige Ersatzschaltung. Die Streuinduktivität L_s kann gegen die große Hauptinduktivität

$$L_h = \frac{U_L}{\sqrt{3}\, h I_{TrN} \omega_{Nz}} \quad \text{mit} \quad h = I_{Tr0} / I_{TrN} \tag{6.4.28}$$

vernachlässigt werden. In **Bild 6.4.13** ist der mittlere Leerlauffaktor h über der Transformator-Scheinleistung S_{Tr} aufgetragen. Für die Bestimmung der Ausschaltüberspannung wird der ungünstigste Schaltaugenblick während des Magnetisierungsstrom-Maximums zugrunde gelegt

$$L_h \frac{\mathrm{d}i(t)}{\mathrm{d}t} + R_b i(t) + \frac{1}{C_b} \int i(t) = 0. \tag{6.4.29}$$

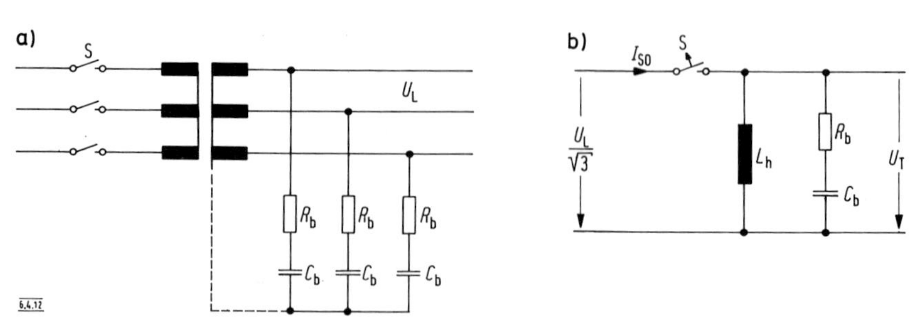

Bild 6.4.12 Direkte *RC*-Transformatorbeschaltung (a)
b) Ersatzschaltung

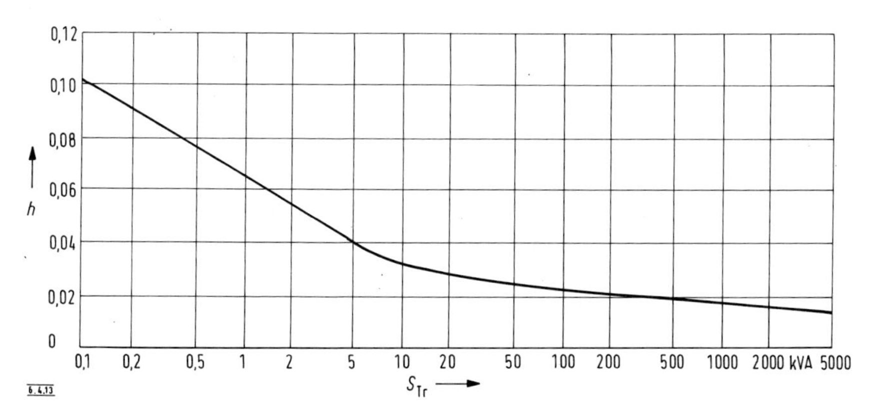

Bild 6.4.13 Transformator-Leerlauffaktor $h = I_0/I_N$ in Abhängigkeit von der Transformatorscheinleistung

Mit den Anfangsbedingungen

$$i(+0) = -\sqrt{2/3}\, U_L/(\omega_{Nz} L_h) \quad ; \qquad (1/C_b) \int_{-\infty}^{0} i(t) \approx 0$$

ergibt sich

$$u_T = L_h \frac{di(t)}{dt} = \sqrt{\frac{2}{3}} \frac{U_L \omega_0}{\omega_{Nz}} (1 + \gamma^2)\, e^{-dt} \sin(\omega_0 t + 2 \arctan \gamma). \tag{6.4.30}$$

Gl. (6.4.30) setzt voraus, daß die Hauptinduktivität konstant ist, d.h. der Transformator nicht gesättigt ist. Diese Bedingung wird, vor allem beim Ausschalten im Maximum des Magnetisierungsstromes (Zeitpunkt des maximalen Flusses), nicht erfüllt sein. Wie in Bild 6.4.16b gezeigt wird, kann infolge der Sättigung der Magnetisierungsstrom hohe Spitzenwerte aufweisen. Die wirksame Induktivität L_h kann deshalb zwischen L_h und $L_h/2$ schwanken.

Wegen der großen Induktivität L_h ist die Dämpfung $d = R_b/(2 L_h)$ klein und damit

$$\gamma \approx \frac{R_b}{2} \sqrt{\frac{C_b}{L_h}} \quad ; \qquad \omega_0 \approx \omega_{0r} = \sqrt{\frac{1}{L_h C_b}} \quad ; \qquad d = R_b/(2 L_h).$$

Das Maximum von Gl. (6.4.30) ist

$$U_{Tm} = \sqrt{\frac{2}{3}}\, U_L \frac{\omega_0}{\omega_{Nz}}\, e^{-\pi\gamma/2}. \tag{6.4.31}$$

Der Widerstand R_b wird so bestimmt, daß die Amplitude von u_T in der Zeit t_0, z. B. in 0,1 s, auf 5% ihres Anfangswertes abgeklungen ist. Damit wird

$$d \cdot t_0 = 3 \quad ; \qquad R_b = \frac{6 L_h}{t_0} \quad ; \tag{6.4.32}$$

$$\boxed{U_{Tm}/U_L = \frac{\sqrt{2/3}}{\omega_{Nz}\sqrt{L_h C_b}}\, e^{-1{,}5\pi \sqrt{L_h \cdot C_b}/t_0}} \tag{6.4.33}$$

Für $t_0 = 0{,}1$ s, $\omega_{Nz} = 2 \cdot \pi \cdot 50$ 1/s ergeben sich in Abhängigigkeit von $C_b L_h$ die in Tabelle 6.4.2 angegebenen Überspannungen.

$C_b L_h \cdot 10^6$	10	8	6	5	4	3	2,5	2	1,5	1,0
U_{Tm}/U_L	0,71	0,8	0,945	1,05	1,18	1,38	1,53	1,72	2,0	2,48

Tabelle 6.4.2: Maximale Ausschaltspannung bei direkter Transformator-*RC*-Beschaltung

Da $R_b \ll [1/(\omega_{Nz} C_b)]$ ist, ergibt sich die im Beschaltungswiderstand umgesetzte Grundwellenleistung zu

$$P_{Rb} = (U_L \omega_{Nz} C_b/\sqrt{3})^2 R_b$$

und die Gesamtverlustleistung der Beschaltung

$$\boxed{P_b = (U_L \omega_{Nz} C_b)^2 R_b} \quad . \tag{6.4.34}$$

Ein Transformator mit $S_{Tr} = 360$ kVA, $L_h = 0{,}09$ H, $U_L = 450$ V braucht für $U_{Tm}/U_L = 1{,}8$ die Beschaltung $C_B = 20\ \mu$F, $R_b = 5{,}4\ \Omega$. Es treten im Widerstand R_b die Beschaltungsverluste $P_b = 43$ W auf.

6.4.5.2 Indirekte RC-Beschaltung

Die hohen Beschaltungsverluste kommen durch die mit der Netzfrequenz erfolgende periodische Umladung des Kondensators C_b zustande. Sie werden bei der in **Bild 6.4.14a** gezeigten indirekten *RC*-Beschaltung vermieden, bei der der Kondensator auf der Gleichstromseite eines DB-Gleichrichters angeordnet ist, in dessen Drehstromzuleitungen die Beschaltungswiderstände R_b liegen. Hier hat R_b nur die Aufgabe, die Ladeströme des Kondensators – wie sie beim Einschalten des Transformators oder bei Überspannungen auftreten – zu begrenzen. Im ungestörten Betrieb ist C_b auf $\sqrt{2}\, U_L$ aufgeladen und die Beschaltung praktisch stromlos.

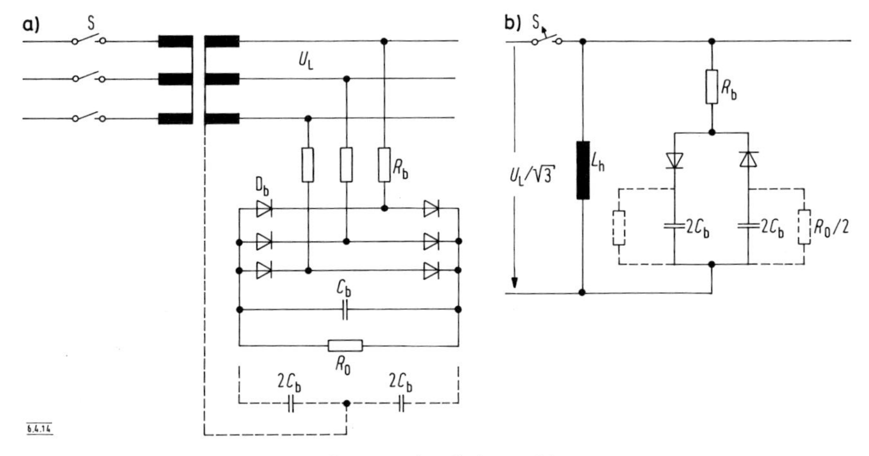

Bild 6.4.14 Indirekte *RC*-Transformatorbeschaltung (a)
b) Ersatzschaltung

Allerdings wird noch ein Widerstand R_0 benötigt, über den sich C_b nach dem Ausschalten des Transformators genügend schnell entladen kann.
Um das einphasige Ersatzschaltbild zu erhalten, muß die Drehstrombrückenschaltung in zwei Sternschaltungen aufgelöst werden, von der jede – wie in Bild 6.4.14a gestrichelt eingezeichnet – mit $2C_b$ belastet ist. Dann ergibt sich die in **Bild 6.4.14b** wiedergegebene einphasige Ersatzschaltung. Einer der Ersatzkondensatoren bleibt während eines Ausgleichsvorganges unwirksam, da durch die Schaltüberspannung die Sperrung der vorgeschalteten Diode nur verstärkt wird. Die durchgeschaltete Diode und der anteilige Entladewiderstand können vernachlässigt werden. Es gilt wieder die Differentialgleichung, Gl. (6.4.29), nur jetzt mit den Anfangsbedingungen

$$i(+0)=\sqrt{2/3}\,U_L/(\omega_{Nz}L_h) \quad ; \qquad 1/(2C_b)\cdot\int_{-\infty}^{0} i(t)\,dt=\sqrt{2}\,U_L/2.$$

Das Ergebnis lautet

$$u_T(t)=U_L\sqrt{\frac{2}{3}\left(\frac{\omega_0}{\omega_{Nz}}\right)^2+\frac{1}{2}}\,e^{-dt}\sin\left(\omega_0 t+\arctan\frac{\sqrt{3}}{2}\frac{\omega_{Nz}}{\omega_0}\right). \tag{6.4.35}$$

Auch dieser Kreis ist schwach gedämpft, so daß gesetzt werden kann $\omega_0\approx 1/\sqrt{2L_h C_b}$. Wird wieder $R_b=6L_h/t_0$ und damit $d=3/t_0$ gewählt, so tritt wegen der geringen Dämpfung das Maximum bei t_m

$$\omega_0 t_m + \arctan \frac{\sqrt{3}}{2}\frac{\omega_{Nz}}{\omega_0} \approx \omega_0 t_m + \frac{\sqrt{3}}{2}\frac{\omega_{Nz}}{\omega_0} = \pi/2 \tag{6.4.36}$$

auf. Die maximale Abschaltspannung ist

$$U_{Tm} = U_L \sqrt{\frac{2}{3}\left(\frac{\omega_0}{\omega_{Nz}}\right)^2 + \frac{1}{2}}\, e^{-[d/(2\omega_0)](\pi - \sqrt{3}(\omega_{Nz}/\omega))}. \tag{6.4.37}$$

$\omega_{Nz} = 314$ 1/s ; $\quad d = \frac{R_b}{2L_h} = \frac{6L_h}{0{,}1 \cdot 2L_h} = 30\,1/\mathrm{s}$ in Gl. (6.4.37) eingesetzt

$$\boxed{\frac{U_{Tm}}{U_L} = \sqrt{\frac{10^{-6}}{0{,}3(C_b L_h)} + \frac{1}{2}}\, e^{-21{,}2\sqrt{C_b L_h}(\pi - 770\sqrt{C_b L_h})}} \tag{6.4.38}$$

mit den Werten nach **Tabelle 6.4.3:**

$C_b L_h \cdot 10^6$	10	6	4	2	1,3	1	0,8	0,6	0,4
U_{Tm}/U_L	0,86	0,96	1,04	1,40	1,65	1,84	2,03	2,31	2,80

Tabelle 6.4.3: Maximale Ausschaltspannung bei indirekter Transformator-*RC*-Beschaltung

In **Bild 6.4.15** sind die in Tabelle 6.4.2 und Tabelle 6.4.3 angegebenen Werte aufgetragen. Da L_h durch den Transformator bekannt ist, wird durch das Produkt $L_h C_b$ die Beschaltungskapazität bestimmt. Eine knappe Begrenzung der Abschaltüberspannung macht große Beschaltungskondensatoren erforderlich.
Der Entladewiderstand R_0 wird so bemessen, daß der Kondensator nach Abschaltung der Netzspannung in der Zeit t_0 (z. B. 0,1 s) bis auf 5% Restspannung entladen ist $t_0/(R_0 C_b) = 3$

$$R_0 = t_0/(3\,C_b). \tag{6.4.39}$$

Die Abschaltspannung u_T beansprucht die Thyristoren anstelle der Netzspannung spannungsmäßig. Allerdings blieb bisher unberücksichtigt, daß auch die beiden anderen Phasen Abschaltspannungen liefern, wenn auch wesentlich geringere, da bei ihnen die Augenblickswerte des Magnetisierungsstroms im Schaltaugenblick klein und im Fall des gesättigten Transformators – nach **Bild 6.4.18b** – praktisch null sind.
Die Abschaltspannung belastet spannungsmäßig die Thyristoren der Drehstrombrücke nach **Bild 6.4.16a.** Die gestrichelt eingezeichneten Induktivitäten sind praktisch ohne Einfluß, da die Schaltung bis auf die geringen Sperrströme stromlos ist. Es sind zwei Zweige vorhanden, von denen der eine in Bild 6.4.16b herausge-

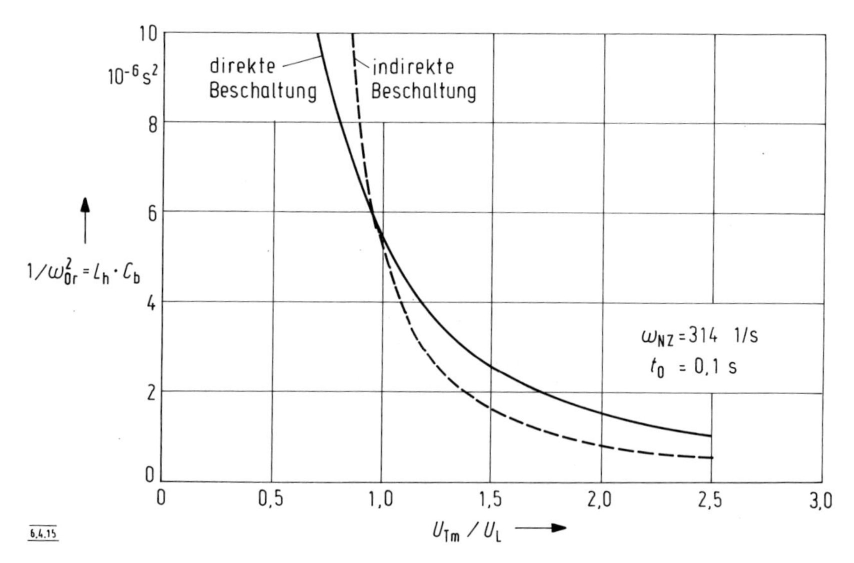

Bild 6.4.15 Abhängigkeit der Ausschaltüberspannung U_{Tm} von ω_{0r}

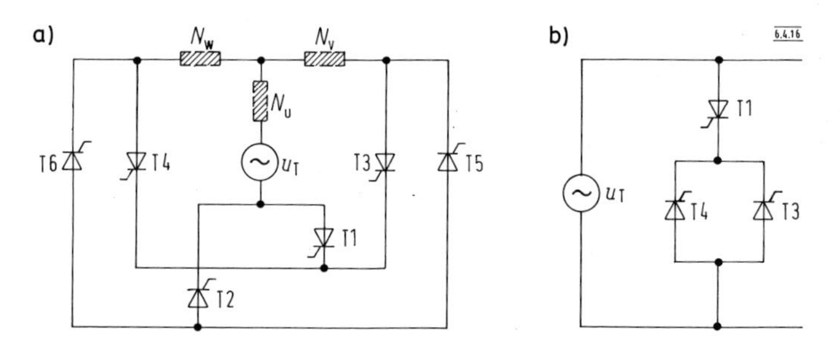

Bild 6.4.16 Spannungsmäßige Beanspruchung der Thyristoren durch die Abschaltspannung

zeichnet ist. Wären die Vorwärts- und Rückwärts-Sperrströme der drei Thyristoren gleich, würde an T1 die Spannung (2/3) u_T liegen. Da die Sperrströme aber streuen, ist es sicherer so zu rechnen, als würde an T1 die gesamte Abschaltspannung liegen.

6.4.5.3 Spannungsbegrenzung durch Selen-Begrenzungsdioden

Anstelle der vorstehend beschriebenen Beschaltungsglieder lassen sich Selen-Überspannungsdioden (U-Dioden) verwenden. Dabei wird ausgenutzt, daß bei einer Halbleiterdiode der Sperrstrom steil ansteigt, wenn die Sperrspannung einen Grenzwert U_{RA} übersteigt. Die verhältnismäßig großen Abmessungen der Selenplatten mit ihrer entsprechend großen Wärmekapazität lassen kurzzeitig eine hohe Sperrverlustleistung zu. Die magnetische Energie des Transformators wird bei dessen Ausschalten als Wärmeenergie in die Selenplatten umgeladen. Das Beschaltungsglied ist wesentlich einfacher als eine RC-Beschaltung; allerdings ist die Gefahr nicht auszuschließen, daß während des normalen Betriebes – bei einer besonders hohen Netzüberspannung (z. B. für die Dauer von einigen Sekunden) – die U-Dioden ungewollt ansprechen und überlastet werden. Das führt allerdings nicht wie bei der Einkristalldiode zu einem Totalausfall des Elementes, sondern zu örtlichen, selbstausheilenden Sperrschichtdurchbrüchen.
Die Sperrkennlinien eines ungepolten Elementes (zwei Platten gegeneinander geschaltet) zeigt **Bild 6.4.17a.** Sie sind gekennzeichnet durch die Ansprechspannung U_{RA}, den differentiellen Widerstand $R_R = \Delta U_R / \Delta I_R$ und den nichtperiodischen Spitzenstrom I_{RSL}. Die zulässige Sperrverlustenergie E_{RSL} hängt nach **Bild 6.4.17b** vom Sperrstrom ab, da mit steigendem Sperrstrom die Zeit, die zur Wärmeabführung zur Verfügung steht, kürzer wird.
Spannungsmäßig sind die U-Dioden so zu bemessen, daß bei der höchsten Betriebsspannung $U_{Lm} = d_{u+} \sqrt{2}\, U_L$ die Ansprechspannung nicht erreicht wird. Es sind K_{UD} Platten in Reihe zu schalten

$$\boxed{K_{UD} \geq \frac{d_{u+} \sqrt{2}\, U_L}{U_{RA}}} \quad \text{(ganzzahlig).} \tag{6.4.40}$$

Die ungepolte U-Diode in **Bild 6.4.18a** besteht aus $2\,K_{UD}$ Platten. Die Drehstromanordnung nach **Bild 6.4.18c** besteht aus drei gepolten Dioden zu je K_{UD} Platten, da – wie in **Bild 6.4.18d** gezeigt – bei der Überspannungsabschaltung zeitweise zwei Dioden in Durchlaßrichtung gepolt sind.
Strommäßig werden die U-Dioden nach dem auf die Sekundärwicklung bezogenen Magnetisierungsstrom I''_{L0} im Abschaltaugenblick bemessen. Der Abschaltstrom I''_{L0m} muß kleiner als der höchstzulässige nichtperiodische Sperrstrom I_{RSL} sein. Danach ist die Plattengröße zu wählen. Weiterhin ist zu überprüfen, ob für

$$\boxed{I''_{L0m} < I_{RSL}} \tag{6.4.41}$$

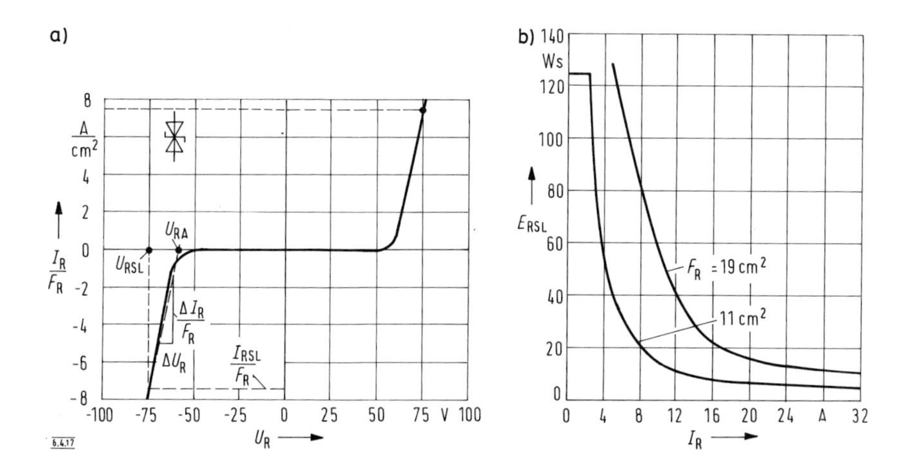

Bild 6.4.17 Überspannungs-Selendiode
a) Begrenzungskennlinie
b) Sperrverlustenergie

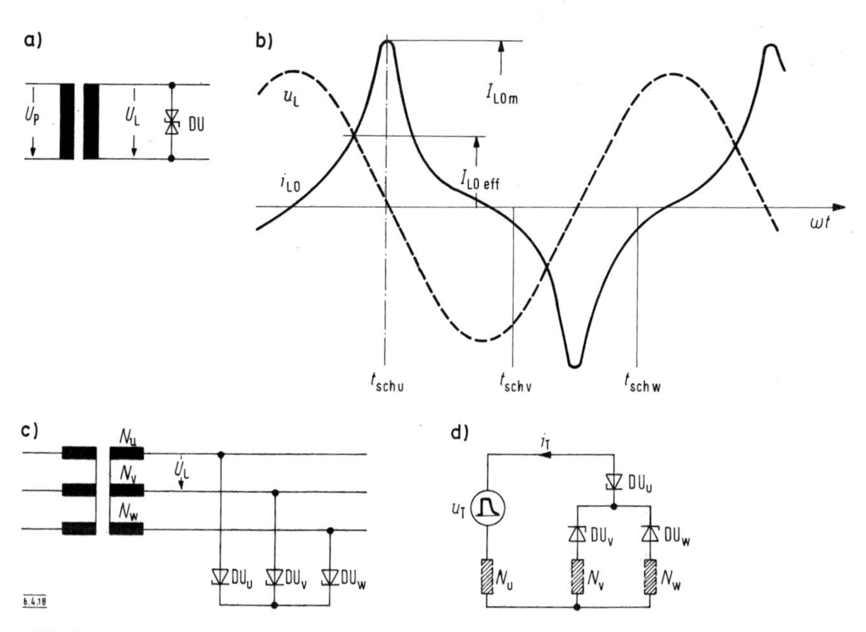

Bild 6.4.18 Begrenzung der Ausschaltüberspannung eines Transformators durch Selendioden

die aus K_{UD} Platten bestehende U-Diode die magnetische Energie des Transformators ohne unzulässige Erwärmung aufnehmen kann.

Einphasentransformator
Energie

$$E_{Tr} = \frac{1}{2} L_h I''^2_{L0};$$

$$L_h = U_L/(I''_{L0} \cdot 2\pi f_{Nz}); \quad S_{Tr} = U_L \cdot I''_{L0}/h; \quad h = I''_{L0}/I''_{LN};$$

$$E_{Tr} = S_{Tr} h/(4\pi f_{Nz}). \tag{6.4.42}$$

Drehstromtransformator
Energie

$$E_{Tr} = \frac{1}{2} L_h [I''^2_{L0} + (I''_{L0}/2)^2 + (I''_{L0}/2)^2];$$

$$S_{Tr} = \sqrt{3}\, U_L I''_{L0}/h;$$

$$E_{Tr} = S_{Tr} h/(8\pi \cdot f_{Nz}). \tag{6.4.43}$$

Und es muß sein

$$\boxed{K_{UD} \cdot E_{RSL} > E_{Tr}} \quad . \tag{6.4.44}$$

Sind die Bedingungen nach Gl. (6.4.41) oder Gl. (6.4.44) nicht erfüllt, müssen Platten mit größeren aktiven Selenflächen F_R gewählt werden. Schließlich ist die Spannung U_{Tm} zu bestimmen, auf die die U-Dioden die Ausschaltspannung begrenzen

$$\boxed{U_{Tm} = K_{DU}(U_{RA} + I_{L0m} \cdot R_R)} \quad . \tag{6.4.45}$$

Sie läßt sich durch Wahl einer größeren Platte mit kleinerem differentiellen Widerstand R_R herabsetzen.

6.5 Überlast- und Kurzschlußschutz

Die im vorstehenden Abschnitt beschriebenen Maßnahmen zur Begrenzung von Schaltüberspannungen sind notwendig, da ein wirksamer Schutz des Thyristors gegen hohe Überspannungen nicht möglich ist; es fehlt einfach die Zeit, die jedes Schutzmittel von der Anregung bis zur Abschaltung braucht. Die Überstromsicherheit des Thyristors ist, wie in Abschnitt 5.2.7.2 ausgeführt, wesentlich günstiger. Für eine kurze Zeit von beispielsweise 10 ms kann das Ventil mehr als den 10fachen

effektiven Dauer-Durchlaßstrom aushalten, ohne eine bleibende Schädigung zu erfahren.
Es ist zu unterscheiden zwischen betriebsmäßigen Überlastungen, die meist von der Belastung her auf den Antrieb wirken, und Überlastungen, die vom Ausfall oder von der Fehlfunktion eines elektrischen Elementes herrühren. Der Schutz vor betriebsmäßigen Überlastungen ist ausschließlich Aufgabe der Regelungseinrichtung.

6.5.1 Regelungstechnischer Überlastschutz

Betriebsmäßige Überlastungen, die durch die Arbeitsmaschine verursacht werden, erfolgen verhältnismäßig langsam, da bei ihnen Massen beschleunigt oder verzögert werden müssen, was nicht stoßartig erfolgen kann. Der Überlastschutz kann deshalb über die Ankerstrombegrenzung mit Hilfe der bei Stromrichterantrieben immer vorhandenen Regeleinrichtung erfolgen. Zwei hierfür geeignete Regelschaltungen zeigt **Bild 6.5.1.** In Bild 6.5.1a ist ein Drehzahlregelkreis mit Schwellwertstrombegrenzung wiedergegeben. Der Drehzahlregler erhält über ein Schwellwertglied Bg einen negativen Zusatzsollwert, sobald der Ankerstrom einen Grenzwert überschreitet. Bevorzugt wird die Begrenzung über einen unterlagerten Stromregelkreis – nach Bild 6.5.1b. Der Stromregelkreis ist zur Verbesserung der Drehzahlregelung heute sowieso vorhanden. Bei dieser Schaltung stellt die Ausgangsspannung des Drehzahlreglers, dessen Maximalwert sich einstellbar begrenzen läßt, den Sollwert für den Stromregelkreis dar. Ein höherer Ankerstrom kann sich nicht einstellen. Bei beiden Schaltungen ist, sobald der Grenzstrom erreicht ist, die Drehzahlregelung unwirksam. Aus diesem Grund wird man den Grenzwert so hoch legen, daß er nur in Ausnahmefällen erreicht wird.

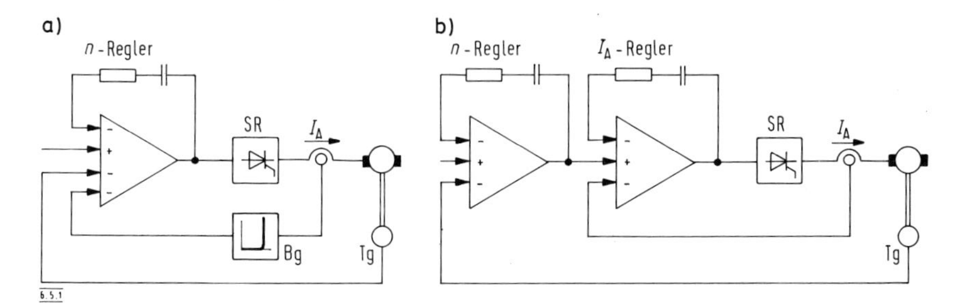

Bild 6.5.1 Regelungstechnische Ankerstrombegrenzung
a) Schwellwertbegrenzung
b) Begrenzung über unterlagerten Stromregelkreis

6.5.2 Stromstörungsarten

Die Beanspruchung der Thyristoren bei einer Stromstörung ist abhängig von der Störungsursache. Das **Bild 6.5.2** zeigt eine Gruppe der Gegenparallelschaltung zweier Drehstrombrücken. Es ist im wesentlichen mit folgenden Störfällen zu rechnen:

I) Kurzschluß unmittelbar an Gleichstromklemmen. Er stellt eine besonders hohe Beanspruchung des Stromrichters dar. Der Stromverlauf wird hauptsächlich von der Kommutierungsinduktivität L_k bestimmt. Wegen des steil ansteigenden netzseitigen Kurzschlußstromes muß die Abschaltung so schnell erfolgen, daß der motorseitige Rückspeisestrom noch keine großen Werte angenommen haben kann.

II) Kurzschluß der Motorklemmen. Der maximale Kurzschlußstrom ist nur wenig kleiner als bei I, da die unter Umständen vorhandene Glättungsdrossel in Sättigung geht, allerdings wirken (gegenüber I) zusätzlich die Widerstände R_D, R_{Lt} strombegrenzend.

III) Ausfall der Quellenspannung des Motors, z.B. infolge Unterbrechung des Feldstromes. Der gleiche Überstrom tritt auf, wenn der Stromrichter in volle Gleichrichteraussteuerung bei stehendem Motor gebracht wird. Da die Ankerinduktivität L_{AM} wenig stromabhängig ist, erfolgt der Anstieg des Kurzschlußstromes langsamer als in den Fällen I, II.

IV) Verlust der Sperrfähigkeit eines Ventils. Den Kurzschlußstrom führt zunächst ein Thyristor, danach zwei Thyristoren der fehlerfreien Halbbrücke.

V) Fehler auf der Drehstromseite, sei es ein Sammelschienenkurzschluß oder ein Spannungsausfall bzw. ein großer Spannungseinbruch, führen bei Wechselrichteraussteuerung zum Kippen des Stromrichters und damit zu einem Kurzschlußstrom.

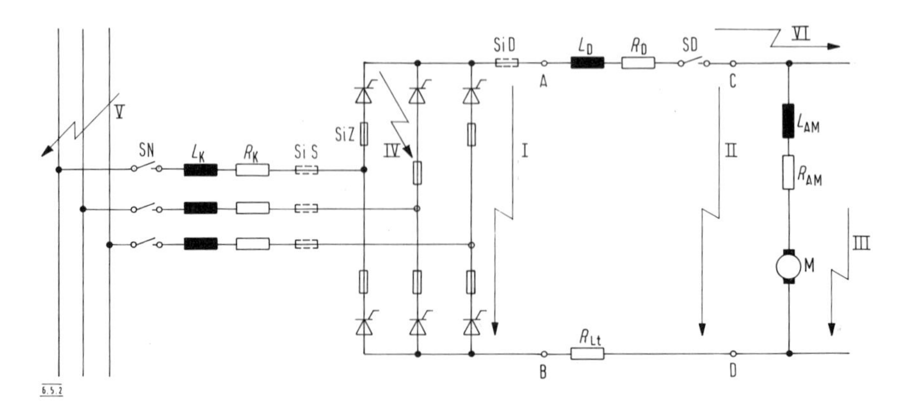

Bild 6.5.2 Kurzschlußmöglichkeiten bei einem Stromrichterantrieb

VI) Kreisstromkurzschluß in einer Gegenparallelschaltung bei Fehlaussteuerung einer oder beider Stromrichtergruppen. Eine kreisstromfreie Gegenparallelschaltung führt den Kurzschlußstrom, wenn die zweite Gruppe zugeschaltet wird, ehe die erste in Sperrung gegangen ist.

6.5.3 Gleichstromkurzschluß

Hierunter fallen die Störungsfälle I, II, III, von denen nur der härteste Fall I betrachtet werden soll. Der Dauerkurzschlußstrom, der nur durch die Kommutierungsreaktanz bzw. die Streureaktanz (gekennzeichnet durch die Kurzschlußspannung u_{kT}) begrenzt wird, ist

$$\hat{I}_{kD} = \frac{\sqrt{2}\,U_L}{\sqrt{3}\,X_k} = \frac{\sqrt{2}\,I_{LN}}{u_{kT}} = \frac{2}{\sqrt{3}}\,\frac{I_{dN}}{u_{kT}} \tag{6.5.1}$$

mit dem Effektivwert

$$\boxed{I_{kD} = \sqrt{\frac{2}{3}}\,\frac{I_{dN}}{u_{kT}}}\;. \tag{6.5.1a}$$

Bei $u_{kT} = 0{,}04$ ist somit $\hat{I}_{kD} = 20\,I_{dN}$. Die Wirkwiderstände des Kurzschlußkreises bleiben dabei unberücksichtigt.
Das Einschwingen des Kurzschlußstromes ist abhängig vom Kurzschlußzeitpunkt. Erfolgt er im Spannungsnulldurchgang, so tritt bei dem über die Begrenzungsinduktivität fließenden Strom i_k ein Gleichstromglied $i_{k=}$ auf, nach der Gleichung

$$i_k = i_{k\sim} + i_{k=} = \frac{\hat{I}_{kD}}{\sqrt{1+\delta^2}}\,[\sin(\omega_{Nz}t - \varkappa) + \sin\varkappa\, e^{-\delta\omega_{Nz}t}], \tag{6.5.2}$$

mit $\delta = R_k/(\omega_{Nz}L_k)$; $\varkappa = \arctan(1/\delta)$.

In **Bild 6.5.3** ist i_k nach Gl. (6.5.2) für unterschiedliche Dämpfungswerte aufgetragen. Strichpunktiert ist das Gleichstromglied für $\delta = 0{,}4$ eingezeichnet. Der ungünstigste Fall des maximalen Gleichstromgliedes kann natürlich nur in einer Phase auftreten, muß aber der Bemessung der Schutzmittel zugrundegelegt werden. Bei vollem Gleichstromglied und vernachlässigbarer Dämpfung sind die Werte der Gln. (6.5.1), (6.5.1a) zu verdoppeln. Die Sicherung oder der Schnellschalter hat den Kurzschlußstrom so schnell abzuschalten, daß der Maximalwert des unbeeinflußten Kurzschlußstromes von ca. $1{,}5\,\hat{I}_{kD}$ noch nicht erreicht ist. Die Kurzschlußbelastung der Thyristoren vermindert sich dadurch, daß durch die stromabhängige Zunahme des Überlappungswinkels zumindest in der Nähe des Kurzschlußstrommaximums der Kurzschlußstrom sich auf zwei oder mehr Ventile aufteilt.

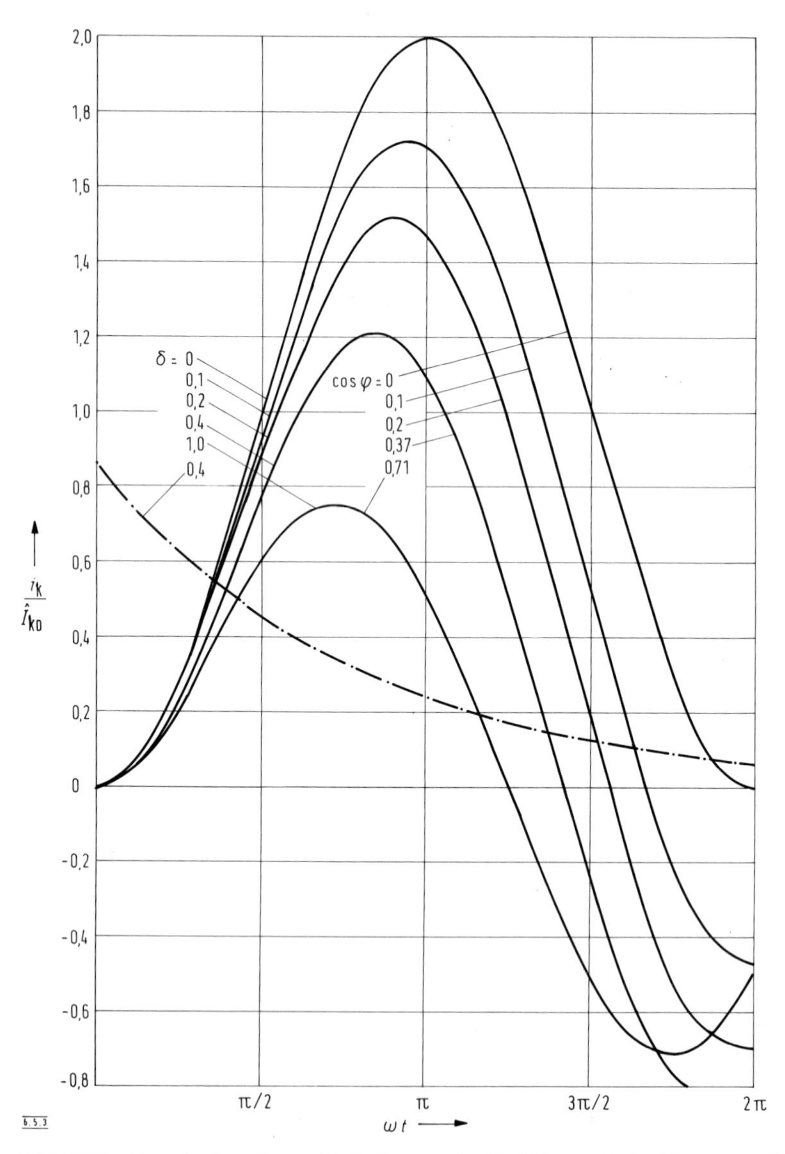

Bild 6.5.3 Dreiphasiger Kurzschluß-Stromverlauf bei Kurzschluß während des Spannungsnulldurchgangs

6.5.4 Verlust der Sperrfähigkeit eines Ventils

Durch eine vorangegangene strom- oder spannungsmäßige Überbeanspruchung kann ein Thyristor seine Sperrfähigkeit verlieren. Der hierdurch ausgelöste Kurzschlußstrom i_k ist am größten, wenn der Thyristor am Ende seiner Stromführung – infolge eines Defektes – keine Spannung in Sperrichtung aufnehmen kann. Dieser Schaden soll an einer dreiphasigen Einwegschaltung – nach **Bild 6.5.4** – betrachtet werden. Wenn der fehlerhafte Thyristor T3 bei $t=0$ nicht sperrt, während T1 ordnungsgemäß gezündet wird, so liegt ein zweipoliger Kurzschluß zwischen 1 und 3 vor. Der zweipolige Dauerkurzschlußstrom ist

$$\hat{I}_{kD2} = \frac{\sqrt{2}\, U_L}{2 X_k} = \frac{I_{dN}}{u_{kT}}, \tag{6.5.3}$$

somit ist

$$\hat{I}_{kD2} / \hat{I}_{kD} = \frac{\sqrt{3}}{2}. \tag{6.5.4}$$

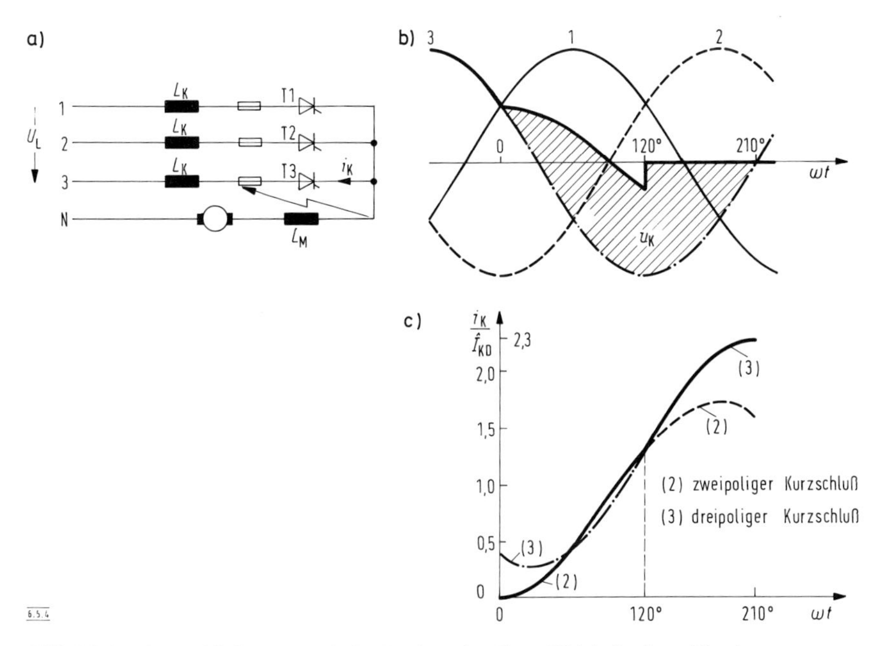

Bild 6.5.4 Kurzschlußvorgang beim Verlust der Sperrfähigkeit eines Thyristors

Unter der Berücksichtigung des Gleichstromgliedes ergibt sich der Kurzschlußstromverlauf (2). Die an L_k liegende Spannung ist in Bild 6.5.4b durch Schraffur hervorgehoben. Der Kurzschlußzustand ändert sich, wenn bei $\omega t = 120°$ auch der Thyristor 2 gezündet wird. Es liegt danach der dreiphasige Kurzschluß vor. Der gesamte zeitliche Verlauf des Kurzschlußstromes ist in Bild 6.5.4c stark hervorgehoben. Das Strommaximum ist ohne Berücksichtigung der Dämpfung

$$\boxed{\hat{I}_k = 2{,}3\,\hat{I}_{kD}}\ , \quad \text{mit} \quad \delta = 0. \tag{6.5.5}$$

Hierbei ist vorausgesetzt, daß sich der vom Motor kommende Kurzschlußstrom infolge L_M so langsam aufbaut, daß er den Kurzschlußvorgang nicht merklich beeinflußt.

6.5.5 Kippung im Wechselrichterbetrieb

Ein Wechselrichter, der mit einem Gleichstrommotor zusammen arbeitet, kann aus folgenden Gründen kippen:

1. Bei Ausfall der Netzspannung, und zwar unabhängig vom Steuerwinkel α. Ein Wechselrichter kann deshalb nicht betriebssicher an einem ausfallhäufigen Netz betrieben werden.
2. Wenn ein oder mehrere Thyristoren nicht oder mit falschem Steuerwinkel α gezündet werden oder die ihnen vorgeschalteten Sicherungen ausgelöst haben.

Ist der Wechselrichter weit ausgesteuert ($\alpha \approx \alpha_{max}$), kommen noch folgende Kippursachen hinzu:

3. Bei einem Überstrom (siehe Bild 6.1.7).
4. Bei einem genügend großen Netzspannungseinbruch.
5. Wenn ein Motor bei $U_A = U_{AN}$ sich in Feldschwächung befindet und der Feldstrom plötzlich vergrößert wird, da dann infolge der zunächst noch vorhandenen Feldschwächdrehzahl $U_A > U_{AN}$ wird, während der Wechselrichter bei $\alpha = \alpha_{max}$ stehen bleibt. Eine derartige Kippung ist nicht bei ankerspannungsabhängiger Feldschwächung (siehe Bild 4.3.15) zu befürchten.
6. Bei durchziehender Last (Kranhubwerk), wenn das durch den Grenzankerstrom bestimmte Bremsmoment nicht ausreicht, um die Last mit der Nenngeschwindigkeit abzusenken.

Während die Überstrom-Kippung durch eine exakte Strombegrenzung vermieden werden kann, ist die Kippung durch einen Netzspannungseinbruch nicht vollständig auszuschließen. Eine solche Kippung ist in **Bild 6.5.5** wiedergegeben. Bei voller Netzspannung ist $\beta = 180° - \alpha$ so groß, daß der Überlappungswinkel $\mu < \beta$ bleibt. Nach dem Netzspannungseinbruch muß β auf β_{min} vermindert werden. Die verbleibende Kommutierungsspannungszeitfläche ist nun, ähnlich wie in Bild 6.1.7, nicht mehr groß genug, um die Kommutierung des Stromes vom Thyristor T 2 nach dem Thyristor T 4 zu ermöglichen. Die Spannung der Halbbrücke, gebildet aus T 2, T 4, T 6, kehrt sich um, die Wechselrichterspannung nimmt ab, und der Gleichstrom

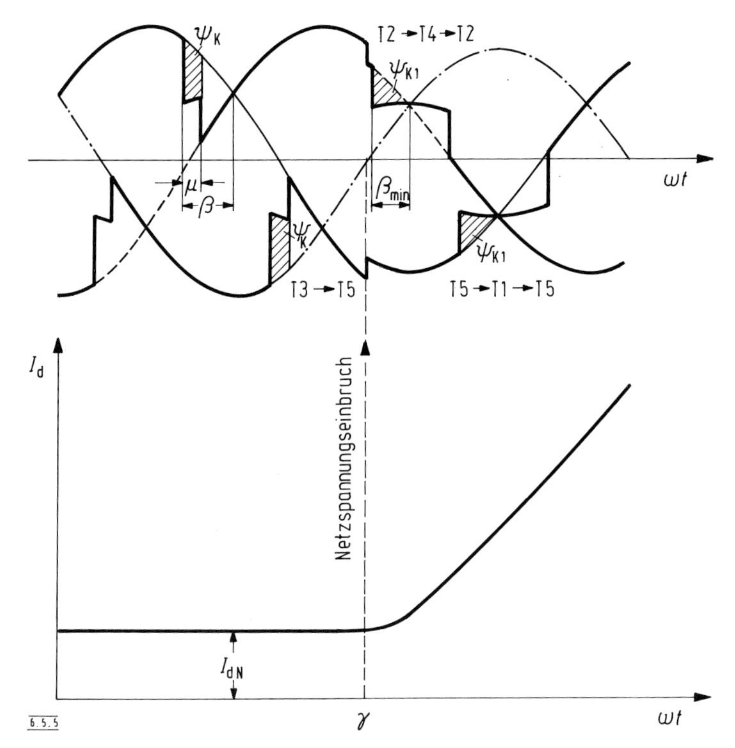

Bild 6.5.5 Kippung bei äußerster Wechselrichteraussteuerung, infolge eines Netzspannungseinbruchs

steigt an. Dadurch reicht bei der nächsten Kommutierung (T 5 → T 1) die Spannungszeitfläche erst recht nicht aus, so daß sich auch die zweite Halbbrücke umpolt. Der Gleichstrom steigt kurzschlußartig an.
Bei einer Kippung polt sich der Stromrichter um, so daß die Stromrichterspannung und die Quellenspannung des Motors gleiches Vorzeichen haben. Diese Spannungserhöhung wird dadurch berücksichtigt, daß die Schutzorgane, wie Sicherungen oder Schnellschalter, für eine wiederkehrende Spannung $U_B = 1{,}8\ U_L/a$ bemessen werden, wenn a die Anzahl der bei dem Kurzschluß in Reihe liegenden Sicherungen bzw. Schalterkontakte ist.

6.5.6 Anordnung der Schutzorgane

Für alle in Abschnitt 6.5.2 aufgezählten Stromstörungen ist charakteristisch, daß die Fehlerströme über die Thyristoren fließen; sie können deshalb durch die mit ihnen in Reihe liegenden Schmelzsicherungen (Zweigsicherungen) abgeschaltet

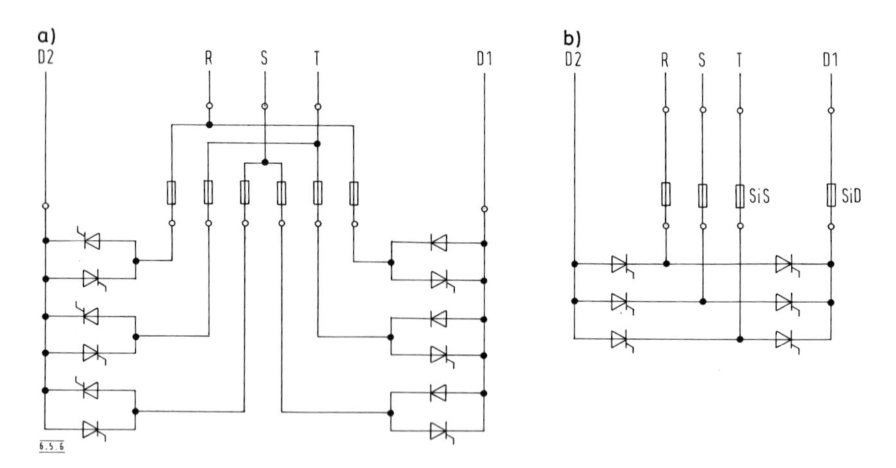

Bild 6.5.6 Sicherungsanordnung
a) Absicherung einer kreisstromfreien Gegenparallelschaltung durch Sicherungen in Reihe mit den Thyristoren (Zweigsicherungen)
b) Absicherung einer Drehstrombrückenschaltung durch Sicherungen in den Zuleitungen (Strangsicherung) und im Gleichstromabgang

werden. Diese Sicherungen sind in Bild 6.5.2 voll ausgezogen. Die Zahl der Sicherungen stimmt mit der der Thyristoren überein. Parallelgeschaltete Ventile müssen jedes eine angepaßte Sicherung erhalten. Das **Bild 6.5.6a** zeigt einen Leistungsblock in kreisstromfreier DB-Gegenparallelschaltung. Der Thyristorblock hat acht Anschlußklemmen.
Einen wesentlich einfacheren Aufbau des Thyristorblocks erlauben – nach **Bild 6.5.6b** – die Zuleitungssicherungen. Bei Motorbelastung ist eine Sicherung SiD im Gleichstromzweig unbedingt zu empfehlen, da bei Verlust der Sperrfähigkeit eines Ventiles der vom Motor kommende Rückstrom nicht abgeschaltet wird. Hierbei arbeitet der Motor als Generator und entnimmt die rückgespeiste Energie den rotierenden Massen. Die Sicherungen SiS und SiD können auch durch Schnellschalter ersetzt werden.

6.5.7 Schmelzsicherungen

6.5.7.1 Auslösekenndaten

Die Schmelzsicherungen kennzeichnen innerhalb des Stromrichters Sollbruchstellen. Der meist aus Silber bestehende bandförmige Schmelzleiter befindet sich, zusammen mit als Löschmittel dienendem Quarzsand, in einem hitzebeständigen Gehäuse. Der Schmelzleiter besitzt durch Ausstanzungen nebeneinander und in Reihe angeordnete Engstellen, die bei Überstrom durchschmelzen und über die sich danach Lichtbögen bilden, die, sobald die Lichtbogenspannung größer als die treibende Spannung wird, verlöschen und damit den Überstromkreis unterbrechen.

Da die strommäßige Überlastung des Thyristors ebenfalls ein thermischer Vorgang ist, paßt sich die Auslösekennlinie der Sicherung recht gut der Überlastkennlinie des Ventils an. Durch eine Vorbelastung nimmt der Auslösestrom mehr als der Grenzstrom des Thyristors ab, so daß die Anpassung im kalten Zustand bei Belastung eine zusätzliche Sicherheit einschließt.
Die zum Durchschmelzen der Engstellen erforderliche Wärmemenge wird durch das Schmelzintegral des Kurzschlußstromes i_k über die Schmelzzeit t_s bestimmt

$$A_s = \int_0^{t_s} i_k^2 \, dt = I_{kp}^2 t_s^* . \tag{6.5.6}$$

Dabei ist I_{kp} der effektive Kurzschlußstrom, der sich ohne Sicherung oder Schalter an der Einbaustelle des Schutzgliedes rechnerisch ergibt (prospektiver Strom). Bei kurzer Schmelzzeit weicht t_s^* von t_s ab. A_s ist – wenn T_s klein ist – eine reine Sicherungskonstante, da dann die Wärmemenge, die von den Engstellen an den Volleiter abgeführt wird, zu vernachlässigen ist. Die Schmelzzeit t_s wird bei dem durch die Sicherung festgelegten A_s durch $\hat{I}_{kp}$ und den Schaltaugenblick bestimmt. Anschließend zünden die Lichtbögen, und unter dem Einfluß der der treibenden Spannung entgegen wirkenden Lichtbogenspannung U_B nimmt der Kurzschlußstrom i_k ab und wird nach der Zeit t_l zu null. Die dabei umgesetzte Wärmemenge wird durch das Löschintegral festgelegt

$$A_l = \int_0^{t_l} i_k^2 \, dt = I_k^2 t_l . \tag{6.5.7}$$

Die gesamte in der Zeit $t_a = t_s + t_l$ in der Sicherung umgesetzte Energie ist

$$A_a = A_s + A_l . \tag{6.5.8}$$

Das Abschaltintegral A_a muß kleiner als das Grenzlastintegral A_{Tgr} (siehe Bild 5.2.24) des zu schützenden Thyristors sein.

6.5.7.2 *Kurzschlußstrombegrenzung*

In **Bild 6.5.7** wird die Abschaltung eines aus Bild 6.5.3 entnommenen Kurzschlußstromes gezeigt. Der Schmelzvorgang beginnt, sobald $i_{kp} > I_{siN}$ wird. Wie aus Bild 6.5.7a zu ersehen ist, wird der Kurzschlußstrom in der Zeit t_s noch nicht beeinflußt. Das geschieht erst in der Löschzeit unter dem Einfluß der Lichtbogenspannung U_B. Nach Ablauf der Löschzeit geht die Spannung an der Sicherung nach dem Diagramm von Bild 6.5.7b auf die wiederkehrende Spannung U_w zurück.
Da das Löschintegral etwa proportional $(U_w/U_B)^2$ ist, lassen sich über U_B sowohl A_l wie auch A_a herabsetzen. Andererseits können durch zu hohe Lichtbogenspannungen die nicht gestörten gesperrten Thyristoren spannungsmäßig überlastet werden. Man wird deshalb im allgemeinen U_{siN} möglichst wenig größer als U_w wählen. Dabei ist zu berücksichtigen, daß, wenn der Kurzschlußstrom über zwei Sicherungen fließt, sich U_w annähernd gleichmäßig auf beide Sicherungen aufteilt.

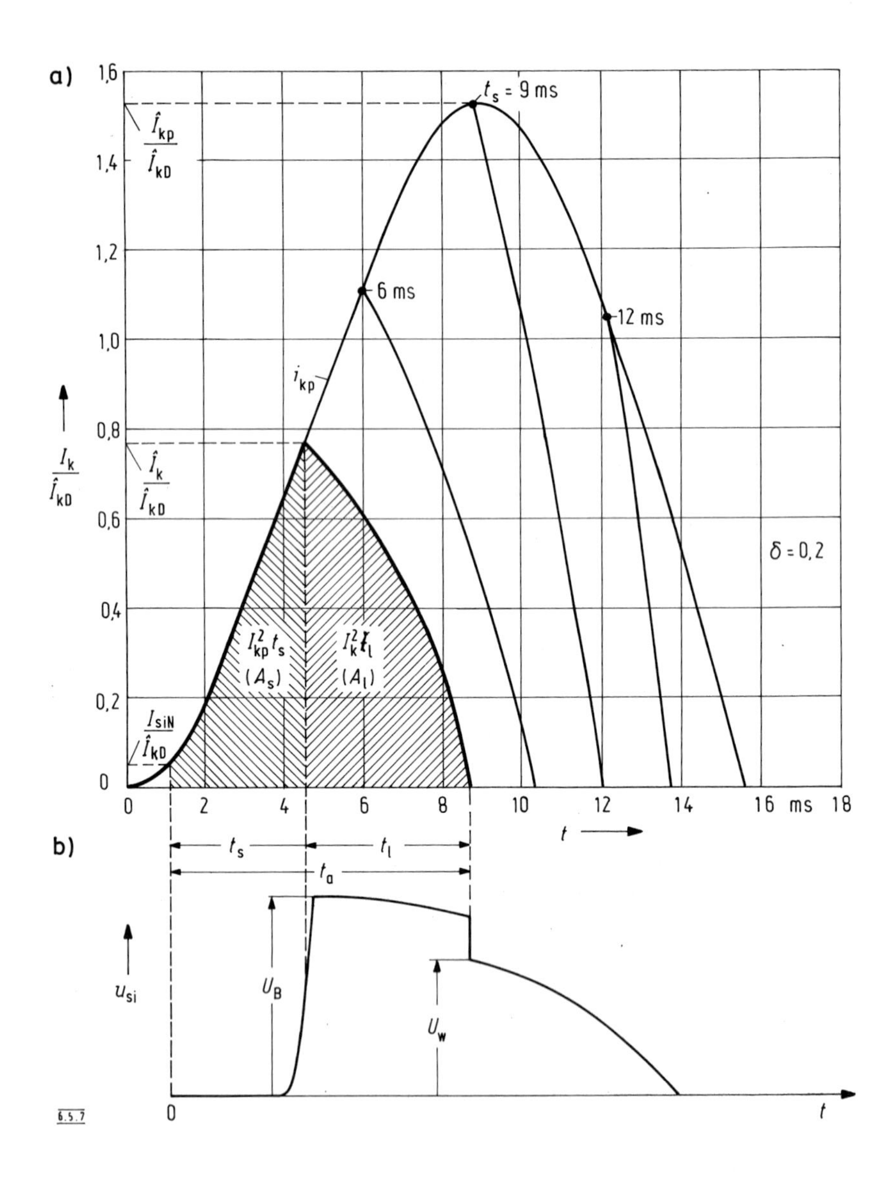

Bild 6.5.7
a) Abschaltung eines Kurzschlußstromes durch eine Schmelzsicherung
b) Spannung an der Sicherung

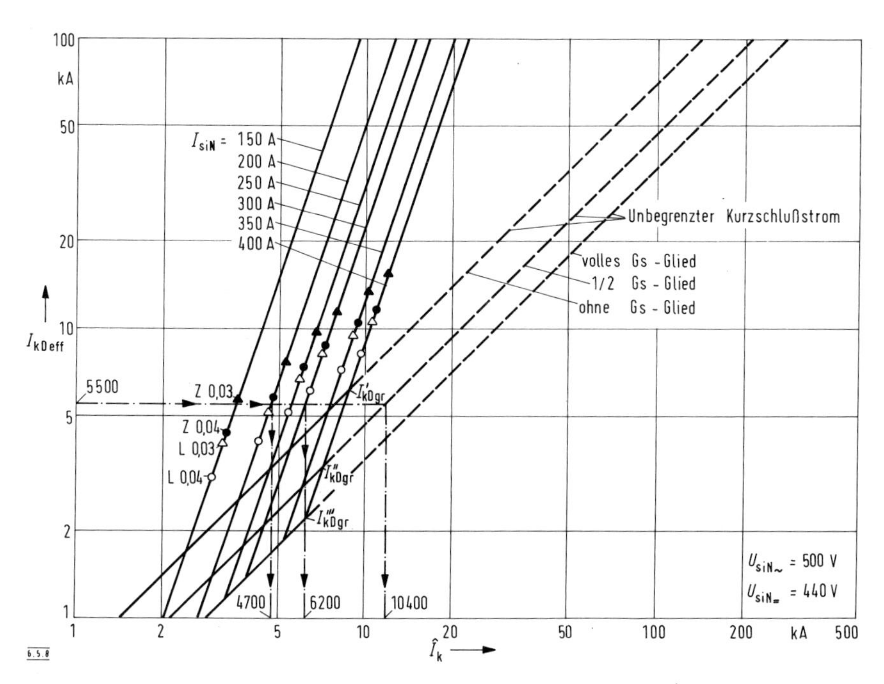

Bild 6.5.8 Strombegrenzung einer Schmelzsicherungstypenreihe auf $\hat{I}_k$ in Abhängigkeit vom unbegrenzten (prospektiven) Dauerkurzschlußstrom $I_{kD\,eff}$

Bei dem in Bild 6.5.7a stark ausgezogenen Verlauf des Kurzschlußstromes erfolgt durch die Sicherung eine Begrenzung des maximalen Kurzschlußstromes von $\hat{I}_{kp}$ auf $\hat{I}_k$. Mit kleiner werdendem Kurzschlußstrom $\hat{I}_{kD}$ nach Gl. (6.5.1) nimmt, wie die dünn gezeichneten Löschverläufe zeigen, die Löschzeit zu, gleichzeitig wird die Amplitudenbegrenzung kleiner bzw. null ($t_s \geq 9$ ms).

In **Bild 6.5.8** ist für eine Typenreihe von sechs Sicherungen die Abhängigkeit der Überstromamplitude $\hat{I}_k$ von $I_{kD\,eff} = \hat{I}_{kD}/\sqrt{2}$ gezeigt. Für $I_{kD\,eff} \leq I_{kD\,gr}$ ($I_{kD\,gr}$ ist abhängig von der Größe des Gleichstromgliedes) erfolgt keine Amplitudenbegrenzung. Für größere Dauerkurzschlußströme bestimmen die steil verlaufenden Geraden den maximalen Kurzschlußstrom $\hat{I}_k$. Auf ihnen sind eingetragen die Arbeitspunkte für die Drehstrombrückenschaltung unter der Annahme der Kurzschlußspannungen $u_{kT} = 0{,}03$ und $u_{kT} = 0{,}04$, wenn die Sicherungen im Zweig (Z 0,03; Z 0,04) oder im Leiter (L 0,03; L 0,04) angeordnet sind. Der Nenngleichstrom soll dabei die Sicherungen gerade mit ihrem Nennstrom belasten.

6.5.7.3 Anpassung der Sicherung an den Thyristor

In Bild 6.5.8 ist strichpunktiert ein Beispiel ($I_{kD\,eff} = 5500$ A) eingezeichnet, bei dem die Überstromamplitude von 10400 A durch die gut angepaßten Zweigsicherungen

auf 4700 A und durch die wegen der Typenstufung weniger gut angepaßte Leitersicherung auf 6200 A begrenzt wird.
Das Löschintegral A_l ist im Gegensatz zum Schmelzintegral keine Sicherungskonstante, sondern abhängig vom

- prospektiven Strom,
- Leistungsfaktor des Kurzschlußkreises,
- von der wiederkehrenden Spannung U_w.

Die ersten beiden Konstanten lassen sich durch die Kurzschlußspannung (z. B. $u_{kT} = 0{,}04$) festlegen, wobei die Wirkkomponente als klein angenommen wird ($\cos\varphi_k \approx 0{,}35$, $\delta \approx 0{,}37$). Bei kleiner Stromrichterleistung gehen der Kurzschluß-Leistungsfaktor bis auf $\cos\varphi_k \approx 0{,}7$ und $\delta \approx 1$ hinauf. Die im ungünstigsten Fall auftretende wiederkehrende Spannung und damit die Lichtbogenspannung sind dann klein. Von Fall zu Fall wird sich dagegen die wiederkehrende Spannung unterscheiden. Für Sicherungen gilt

$$A_l = k_l (U_w / U_{siN})^2 A_s, \tag{6.5.9}$$

wobei die Konstante k_l – je nach Bauweise der Sicherung, aber unabhängig von I_{siN} – zwischen 4 (A_s groß) und 8 (A_s klein) liegt, so daß sich das Abschaltintegral ergibt

$$\boxed{A_a = A_s + k_l (U_w / U_{siN})^2} \ . \tag{6.5.10}$$

Dieses Abschaltintegral muß kleiner als das Grenzlastintegral A_{Tgr} nach Gl. (5.2.28) sein. Im Grenzfall läßt sich diese Bedingung durch Verkleinerung von (U_w / U_{siN}) erfüllen.

6.5.7.4 *Spannungsbeanspruchung der Thyristoren*

Für die Spannungsbeanspruchung der nicht abgeschalteten Ventile ist die Lichtbogenspannung maßgeblich. Während sie bei Halbleitersicherungen kleiner Nennstromstärke wegen des stark gedämpften Kurzschlußstromes ($\cos\varphi_k$ groß) infolge der kleinen wiederkehrenden Spannung U_B unkritisch bleibt, muß bei größeren Sicherungen konstruktiv die Lichtbogenspannung in den Grenzen

$$U_{Bm} < 1{,}2 \cdot \sqrt{2}\, U_{siN}$$

gehalten werden. Bei der wiederkehrenden Spannung U_w ist

$$\boxed{U_B < 1{,}2 \cdot \sqrt{2} \sqrt{U_w \cdot U_{siN}}} \ . \tag{6.5.11}$$

In **Bild 6.5.9** wird die Abschaltung eines Gleichstromkurzschlusses bei einer Drehstrombrückenschaltung gezeigt. Hier beträgt die Lichtbogenspannung, da zwei Sicherungen in Reihe wirksam sind ($U_w = U_L/2$),

$$U_B < 1{,}2 \sqrt{U_L \cdot U_{siN}} \ . \tag{6.5.12}$$

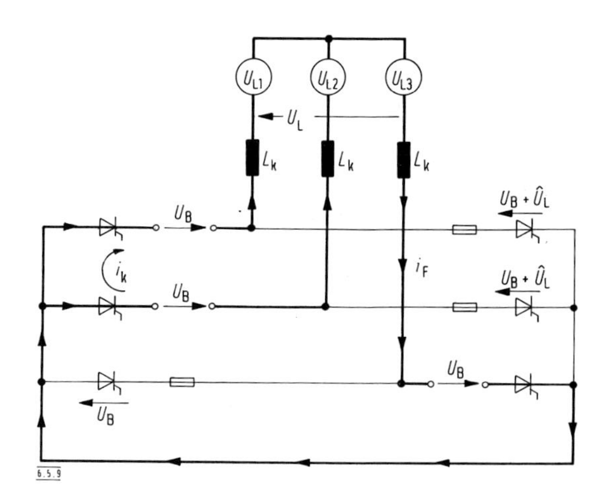

Bild 6.5.9 Verlauf des Kurzschlußstromes in einer Drehstrombrücke während der Kommutierung eines Sternes

Bei großem Kurzschlußstrom befindet sich mit großer Wahrscheinlichkeit eine Halbbrücke in der Kommutierung, so daß drei Sicherungen ansprechen. An zwei der gesperrten, nicht Strom führenden Thyristoren kann im ungünstigsten Fall die Summe von maximaler Leiterspannung und Lichtbogenspannung als Sperrspannung auftreten.
Bei $U_L = 380$ V, $U_{siN} = 500$ V beträgt sie

$$U_T = \frac{\sqrt{2} \cdot 3}{\pi} U_L + 1{,}2\sqrt{U_L \cdot U_{siN}} = 1036 \text{ V} \approx 2\,U_{di}. \qquad (6.5.13)$$

Liegen die Halbleitersicherungen in den Drehstromzuleitungen, so ist der abzuschaltende Strom um den Faktor $\sqrt{2}$ größer, das Abschaltintegral muß aber auch hier kleiner als das Grenzlastintegral des Thyristors sein. Vorteilhaft ist, daß die Ventile nicht durch die Lichtbogenspannung belastet werden.
Schmelzsicherungen im Gleichstromkreis müssen gegenüber Zweigsicherungen den $\sqrt{3}$fachen Strom abschalten können; darüber hinaus sind sie, wenn Wechselrichterbetrieb vorgesehen ist, für die 1,8fache wiederkehrende Spannung zu bemessen. Außerdem ist zu berücksichtigen, daß die Sicherungsnennspannung bei Gleichstrombetrieb ca. 20% niedriger liegt, als wenn die Sicherung im Zweig oder in der Drehstromzuleitung angeordnet ist.

6.5.7.5 Sicherungs-Typenreihen
Für eine Typenreihe von Halbleitersicherungen zeigt **Bild 6.5.10a** das Schmelzinte-

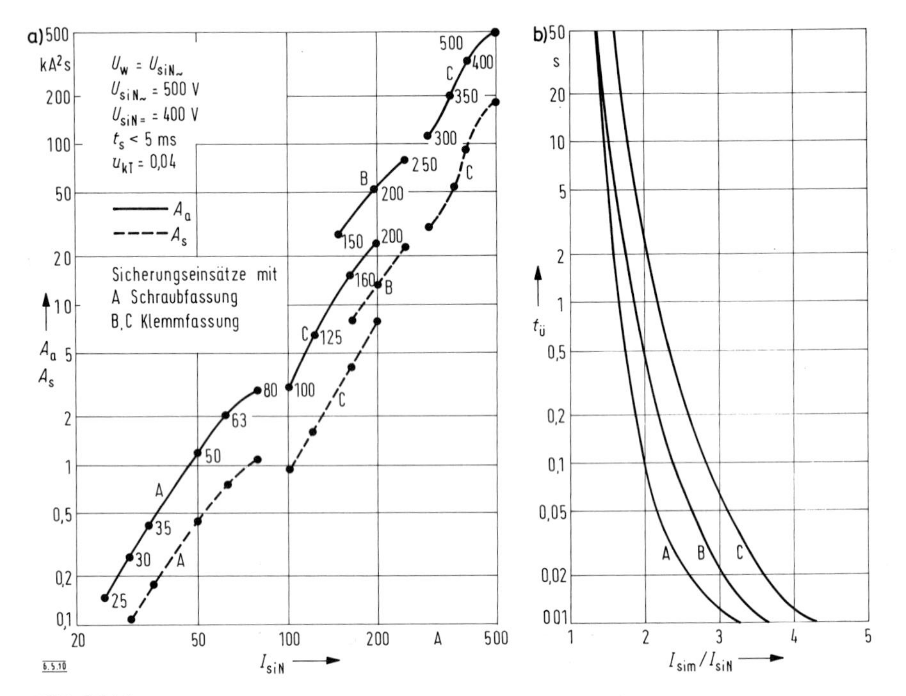

Bild 6.5.10
a) Abschaltintegral A_a und Schmelzintegral A_s in Abhängigkeit vom Schmelzsicherungs-Nennstrom
b) Kurzzeitüberlastbarkeit von Schmelzsicherungen bei Vorbelastung mit Nennstrom

gral A_s und das Abschaltintegral A_a in Abhängigkeit vom Sicherungsnennstrom. Es zeigt sich in Näherung die Abhängigkeit

$$A_a = 0{,}026 \cdot I_{siN}^{2,7} A_s^2 .$$

Die Kurzzeitüberlastbarkeit geht aus dem Diagramm **Bild 6.5.10b** hervor. Wenn $A_a < A_{Tgr}$ ist und die Sicherung den Thyristor-Nennstrom zeitlich unbegrenzt führen kann, so liegt die in Bild 5.2.22 strichpunktiert gezeichnete Auslösekennlinie der Sicherung unter der Grenzstromkennlinie des Thyristors. Die Sicherung stellt dann einen Kurzschluß- und Überlastvollschutz für das Ventil dar.
Die Nachteile der Schmelzsicherung sind: Das Auswechseln der Schmelzsicherung erfordert eine relativ lange Betriebsunterbrechung. Nach einer Auslösung nicht angesprochene Sicherungen müssen auf ihren Betriebszustand untersucht werden, da vor allem bei kleinen Kurzschlußströmen einzelne Engstellen u. U. abgeschmolzen sind, während benachbarte noch Strom führen können. Dadurch werden spätere Fehlauslösungen möglich.

6.5.8 Schnellschalter

6.5.8.1 Vergleich von Sicherung und Schnellschalter

Aufgrund der im vorigen Abschnitt genannten Nachteile der Schmelzsicherungen hat es nicht an Versuchen gefehlt, sie durch Schalter zu ersetzen. Als Vorbild konnten die strombegrenzenden Schalter dienen, die innerhalb von Versorgungsnetzen teilweise Sicherungen abgelöst haben. Die kurzen Überlastzeiten von Thyristoren haben sich hierbei als großes Hindernis herausgestellt. Beim Schalter müssen zur Öffnung der Kontakte Massen beschleunigt und wieder abgebremst werden, die eine Öffnungsverzugszeit t_{vk} bedingen. Noch während der Kontaktbewegung bildet sich ein Lichtbogen, der verlängert, in mehrere Lichtbögen unterteilt und gekühlt werden muß, um in einer möglichst kurzen Zeit t_{vB} die Lichtbogenspannung U_B entstehen zu lassen. Während die Schmelzzeit der Sicherung mit steigendem Kurzschlußstrom I_{kD} kleiner wird, ist das bei der Verzugszeit t_{vk} nicht der Fall, so daß der Schalter weniger den Kurzschlußstrom begrenzt als die Sicherung.

Die für Stromrichter geeigneten Schnellschalter zeichnen sich im Vergleich zu normalen Schaltern durch besonders kleine Verzugszeiten t_{vk}, t_{vB} aus. Auf die unterschiedlichen Bauweisen kann hier nicht eingegangen werden; es wird auf einschlägige Veröffentlichungen verwiesen [6.24, 6.26, 6.29].

Das **Bild 6.5.11** zeigt einen Stromrichter mit Schalterschutz. Während der Netzschalter zur betrieblichen Ausschaltung dient, haben die Schnellschalter Sw und Sd die Thyristoren zu schützen. Da die Schnellschalter mit verhältnismäßig hoher Lichtbogenspannung (z. B. $U_B = 2{,}5\, U_w$) arbeiten, werden Zweigschalter nicht angewendet. Deshalb ist bei Motorbelastung ein Gleichstromschalter Sd notwendig. Wegen des stark induktiven Gleichstrom-Kurzschlußkreises und der hohen

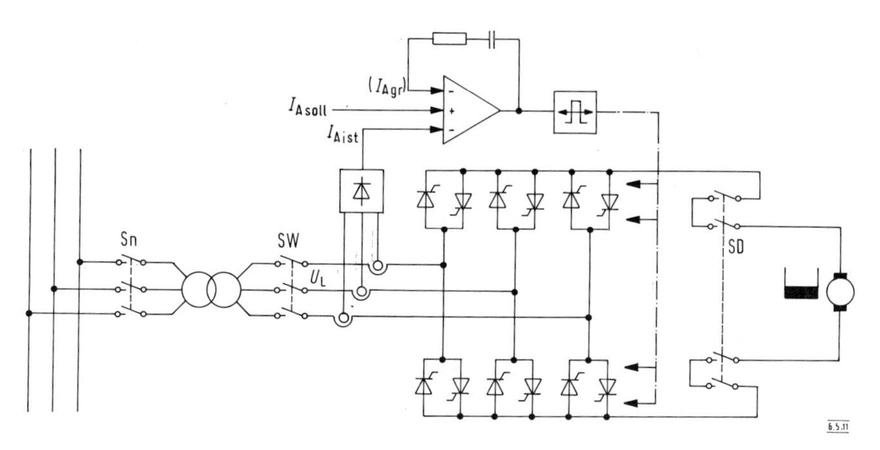

Bild 6.5.11 Schutz einer kreisstromfreien Gegenparallelschaltung durch Schnellschalter

wiederkehrenden Spannung (bis $2 \cdot U_{di}$), müssen mitunter mehrere Kontakte, im vorliegenden Fall vier, in Reihe geschaltet werden. Als drittes Schutzglied ist der Stromregelkreis anzusehen. Er wird bei im Zeitraum von 0,1 s, und langsamer, bei sich aufbauenden Überströmen in Aktion treten. Die Schutzschalter Sw, Sd werden zur Schonung der Kontakte betrieblich stromlos ausgeschaltet, indem kurz vorher der Stromsollwert $I_{A\,soll}$ auf null gesetzt wird.

6.5.8.2 Anordnung der Schnellschalter

Die Schnellschalter SW werden nach Bild 6.5.11 wie die Strangsicherungen von Bild 6.5.6b in den Drehstromzuleitungen angeordnet. Nach Möglichkeit sollte bei der Anregung eines oder zweier Schalter eine dreiphasige Abschaltung erfolgen, da dann die ganze Anlage spannungslos wird. Bei Motorbelastung, vor allem, wenn Wechselrichterbetrieb vorgesehen ist, muß zusätzlich ein Schnellschalter SD in den Gleichstromkreis gelegt werden, der bei einer Wechselrichterkippung, aber auch bei einem Thyristorfehler den gleichstromseitigen, vom Motor gespeisten Kurzschlußstrom unterbricht.

6.5.8.3 Gleichstrom-Schnellschalter

Der statische Auslöser ist über den höchsten betriebsmäßig auftretenden Gleichstrom I_{dm} einzustellen. Wenn die Gefahr besteht, daß dadurch der Kurzschlußstrom bei einer Kurzschlußabschaltung auf einen zu hohen Spitzenwert hochläuft, kann zusätzlich eine $\mathrm{d}i/\mathrm{d}t$-Auslösung vorgesehen werden, durch die – im Kurzschlußfall bereits unterhalb des statischen Grenzstromes – die Abschaltung eingeleitet wird. Die Lichtbogenspannung U_B muß über der bei Wechselrichterkippung auftretenden wiederkehrenden Spannung von $U_w \approx 1{,}8\, U_{dN}$ liegen.

Das **Bild 6.5.12a** zeigt eine Gleichstromabschaltung. Sobald der Kurzschlußstrom, der unbeeinflußt den Endwert I_{dkp} (prospektiver Kurzschluß-Gleichstrom) annehmen würde, den Auslösestrom I_{da} erreicht hat, läuft die Ausschaltung an. Nach dem Auslöseverzug t_{vk} baut sich der Lichtbogen auf. Der Kurzschlußstrom beginnt beim Maximalwert $\hat{I}_{dk}$ abzunehmen, da hier $U_B > U_w$ wird. Unter dem Einfluß der Gegenspannung $U_B - U_w$ wird i_{dk} schließlich nach der Ausschaltezeit t_a null. Selbst wenn $U_B = 2\,U_w$ ist, wird, wegen der verhältnismäßig großen Kurzschluß-Ankerkreiszeitkonstanten $T_{dk} = L_{dk}/R_d$, die Ausschaltezeit des Gleichstromschalters größer als die der Wechselstrom-Schnellschalter.

Die härteste Belastung erfährt der Schalter SD beim Abschalten des Kurzschlußstromes unmittelbar nach einer Kippung aus äußerster Wechselrichteraussteuerung mit der wiederkehrenden Spannung

$$U_w = U_{di} \cos \beta_{min} + U_{AiN} = \frac{\sqrt{2} \cdot 3}{\pi}\, U_L \cos \beta_{min} + U_{AN} + I_{AN} R_{AM}, \qquad (6.5.14)$$

wenn SW langsamer abschaltet als Sd. Die Kurzschlußzeitkonstante ist

$$T_{dk} = (L_{AM} + L_{Dk})/R_{dk} \qquad (6.5.15)$$

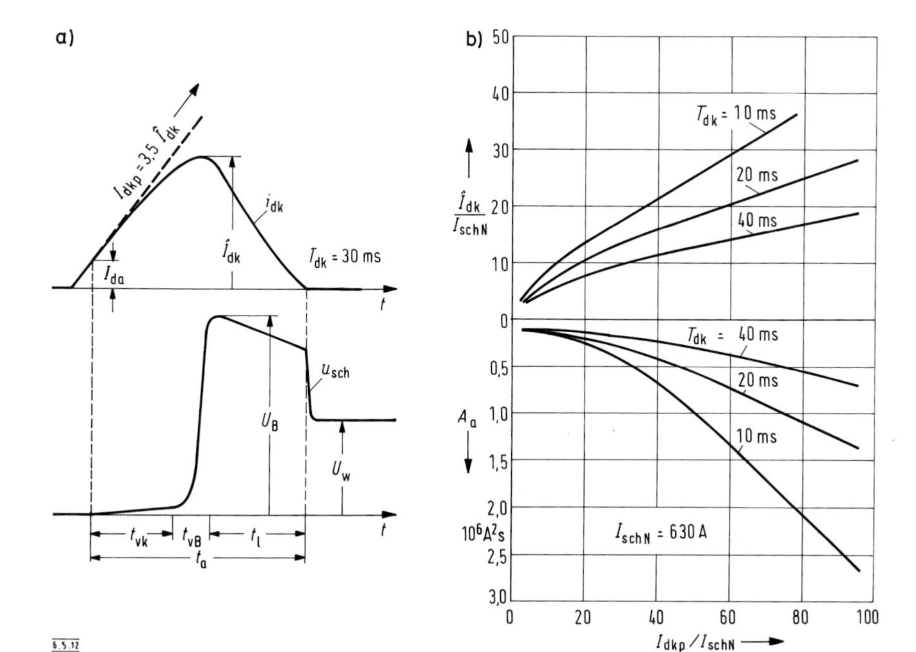

Bild 6.5.12 Schnellschalterabschaltung
a) Zeitlicher Verlauf von Kurzschlußstrom und Schalterspannung
b) Kurzschlußstrombegrenzung und Abschaltintegral

mit

$$R_{dk} = R_{AM} + R_{Lt} + R_D \tag{6.5.16}$$

und dem prospektiven Kurzschlußstrom

$$I_{dkp} = U_w / \sqrt{R_{dk}^2 + (X_k 6/\pi)^2}\,. \tag{6.5.17}$$

Ein weiterer Auslösegrund für den Schnellschalter SD ist der Verlust der Sperrfähigkeit eines Thyristors. In diesem Fall ist die wiederkehrende Spannung $U_w = U_{AiN}$.
In Bild 6.5.12a ist die Abschaltung durch einen speziell für Gleichstromnetze und -Verbraucher bestimmten Schnellschalter mit $I_{schN} = 630$ A [6.24] gezeigt. Im vorliegenden Fall ist $t_{vk} + t_{vB} = 9$ ms. Die Löschzeit t_l kann durch eine höhere Lichtbogenspannung (größere Löschkammer) weiter verkürzt werden. Es läßt sich eine Abschaltzeit $t_a \leq T_{dk}/2$ erreichen.
Mit den Diagrammen von **Bild 6.5.12b** ist für diesen Schalter in Abhängigkeit vom prospektiven Strom I_{dkp} der Maximalstrom $\hat{I}_{dk}$ und das Ausschaltintegral A_a

wiedergegeben. Beide Größen werden maßgeblich durch die Kurzschlußzeitkonstante T_{dk} bestimmt. Für

$I_{dkp}/I_{schN} = 20$ ist $A_a \approx 2 \cdot 10^5\ A^2\ s$.

Das Abschaltintegral liegt über dem eines Thyristors mit dem Dauergrenzstrom $I_{TAVM} = I_{schN}/3$ (verstärkte Kühlung). Die Thyristoren müssen deshalb überbemessen werden.
Diese Schalter stehen nur im oberen Leistungsbereich ($P_{dN} > 250$ kW) zur Verfügung. Erst Fortschritte bei strombegrenzenden Netzschaltern haben in einem begrenzten Leistungsbereich ($P_{dN} < 25$ kW) die sicherungslose Gleichstromabschaltung ermöglicht; allerdings müssen die Thyristoren um den Faktor 2,5 strommäßig überbemessen werden (Konvektionskühlung vorausgesetzt).

6.5.8.4 Wechselstrom-Schnellschalter

Es liegt nahe, hierfür die strombegrenzenden Netzschalter [6.29] zu verwenden. In **Bild 6.5.13a** sind der unbeeinflußte Kurzschlußstrom und der Abschaltstrom wiedergegeben. Da die Ausschaltung über die Stromkräfte erfolgt, ist für die Auslösung ein sehr hoher prospektiver Kurzschlußstrom erforderlich, wie aus **Bild 6.5.13b** hervorgeht. Das bei Stromrichtern allgemein übliche Stromverhältnis $I_{kD}/I_{schN} \approx 20$ bis 25 führt zu einer unbefriedigenden Begrenzung des Kurzschlußstromes. I_{kD} läßt sich durch Verkleinerung der Kurzschlußspannung auf $u_{kT} = 0{,}015$ bis 0,02 heraufsetzen, was einen teureren Transformator und größere Thyristoren notwendig macht. Auf jeden Fall ist zu kontrollieren, ob die größere Kommutierungssteilheit bei den gewählten Thyristoren zulässig ist.
Durch Verkürzung des Öffnungszeitverzugs und der Lichtbogenanstiegszeit konnten strombegrenzende Schalter kleinerer Leistung entwickelt werden [6.26], die besser dem Überlastverhalten des Thyristors entsprechen. In **Bild 6.5.14** ist die Auslösekennlinie eines derartigen Schnellschalters (63 A, 660 V) der Firma CMC aufgetragen. Während die Sicherungskennlinie einen ähnlichen Verlauf wie die Grenzstromkennlinie des Thyristors besitzt, zeigt die Schalterkennlinie bei dem durch den Magnetauslöser bestimmten Strom einen Sprung. Für Anpassung des Schalters an den Thyristor ist das Grenzlastintegral (gültig für die Überlastdauer von 10 ms) nicht maßgeblich, da der kritische Bereich, in dem die Durchlaßenergie im Verhältnis zu der des Thyristors am größten ist, zwischen 1 s und 0,1 s liegt. Die Anpassung muß deshalb über die Grenzstromkennlinie des Ventils erfolgen. Die Schalterkennlinie muß links von der Thyristorkennlinie (hier AEG T 51 N) verlaufen; doch sind geringfügige Überschreitungen unkritisch, da dem Vergleich ungünstigste Randbedingungen, wie maximale Kühllufttemperatur und vorangegangene Belastung mit Dauergrenzstrom, zugrunde gelegt sind.
Im vorliegenden Fall ist der Dauergrenzstrom des Stromrichters durch den Nennstrom des Schalters festgelegt. Der hier vorgesehene Thyristor T 51 N ist bei Luftselbstkühlung mit $I_{TAV} = I_{schN}/\sqrt{6} = 25{,}7$ A zu 55% seines Dauergrenzstromes belastet. Den strommäßig an den Schalter angepaßten Thyristor T 34 N könnte, wie

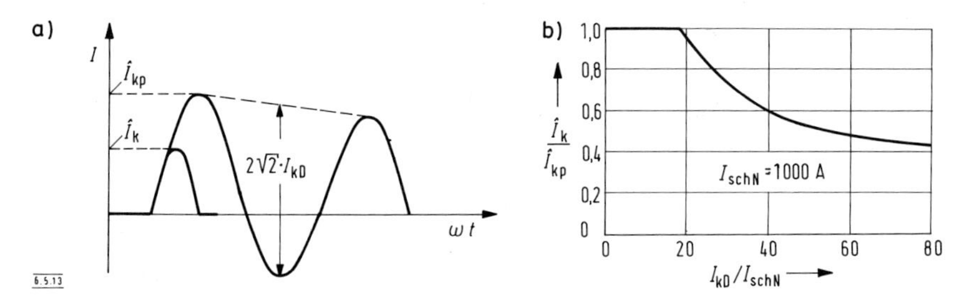

Bild 6.5.13 Abschaltung durch einen strombegrenzenden Netzschalter

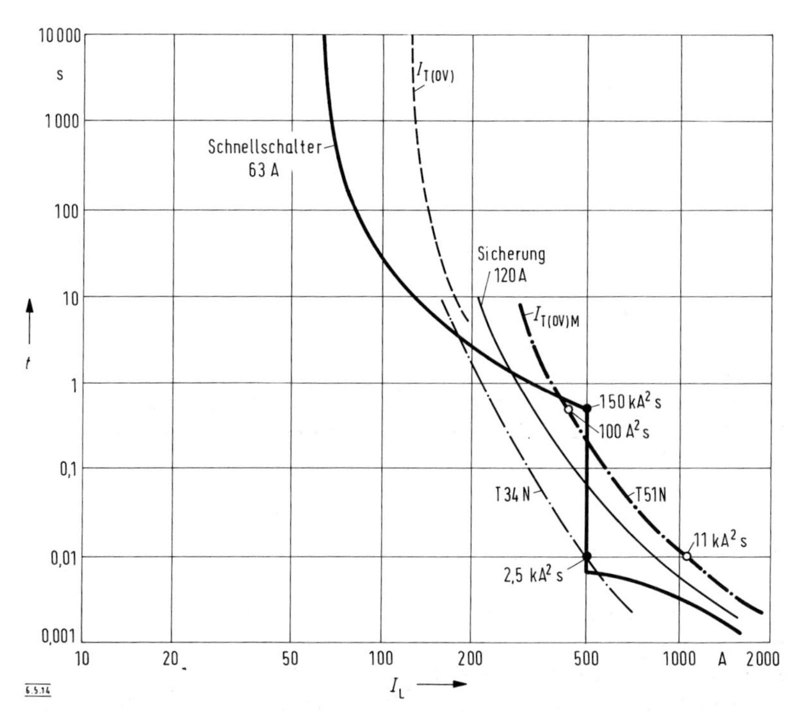

Bild 6.5.14 Vollschutz eines Thyristors durch einen strombegrenzenden CMC-Schnellschalter

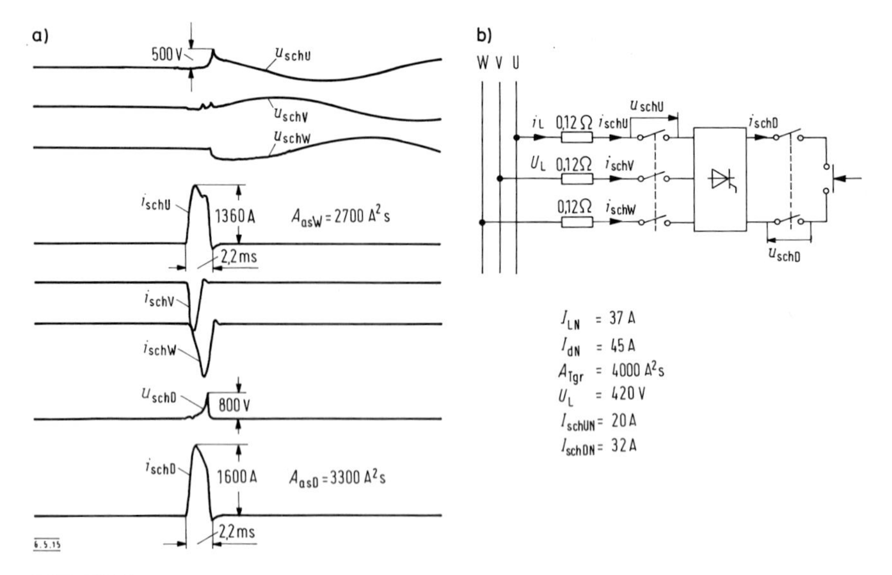

Bild 6.5.15
a) Oszillogramm der Abschaltung eines Gleichstrom-Kurzschlusses durch einen CMC-Schalter
b) Schaltanordnung

die in Bild 6.5.14 dünn eingezeichnete Grenzstromkennlinie zeigt, der serienmäßige Schalter nicht schützen.

Das **Bild 6.5.15** zeigt die Abschaltung einer leer laufenden Drehstrombrückenschaltung durch einen CMC-Schalter bei einem Gleichstromkurzschluß – nach Bild 6.5.2, Fehler I. Aufgrund der Vorwiderstände R_v beträgt der Scheitelwert des prospektiven Wechselstromes

$$\hat{I}_{Lp} = \sqrt{2}\, U_L/(\sqrt{3}\, R_v) = 2857\,\text{A}.$$

Der maximale Kurzschlußstrom wird durch die Schalter auf $\hat{I}_k = 1360$ A begrenzt. Die Abschaltspannungszeitfläche liegt mit $A_{asw} = 2700\,\text{A}^2\,\text{s}$ erheblich unter dem Grenzlastintegral $A_{Tgr} = 4000\,\text{A}^2\,\text{s}$ des verwendeten Thyristors.

Die kleinen wiederkehrenden Spannungen erklären sich aus der induktivitätsfreien Schaltung. Sie würden bei induktiver Kurzschlußstrombegrenzung über Kommutierungsdrosseln und Motor-Vorbelastung mit Nennstrom erheblich größer sein.

6.6 Zeitverhalten netzgeführter Stromrichter

6.6.1 Stromfrequenzgang

Das Zeitverhalten eines Maschinenstellgliedes wie des Leonardgenerators läßt sich durch die Feldzeitkonstante und die Ankerkreiszeitkonstante beinahe unabhängig von Arbeitspunkt, Änderungsrichtung und Änderungsbetrag kennzeichnen. Bei einem netzgeführten Stromrichter sind die Verhältnisse wegen der taktmäßigen, unstetigen Steuerung und der variablen Kurvenform von Strom und Spannung wesentlich schwieriger. Im allgemeinen wird das Zeitverhalten durch ein Totzeitglied mit der Verzugszeit T_{SR} beschrieben. Nun ist T_{SR} keine Konstante, sondern ändert sich, wie noch anhand von Bild 6.6.4 erläutert wird, in weiten Grenzen in Abhängigkeit von Arbeitspunkt, Änderungsrichtung und Änderungsbetrag.
Bei langsamen Einschwingvorgängen spielt der breite Streubereich von T_{SR} keine Rolle. Ein brauchbares Kriterium dafür, ob ein Regelvorgang schnell oder langsam abläuft, liefert sein Vergleich mit der Pulszeit

$$T_p = 1/(p_{sR} f_{Nz}). \tag{6.6.1}$$

Ein sechspulsiger Stromrichter am 50-Hz-Netz hat somit die Pulszeit $T_p = 3{,}3$ ms. Die Wirkkette von der Steuerspannung U'_{st} bis zum Gleichstrom I_d ist in **Bild 6.6.1a** wiedergegeben. Dabei ist T_A die Ankerkreiszeitkonstante und V'_A der Verstärkungsfaktor unter Berücksichtigung des induktiven Spannungsabfalls im Stromrichter

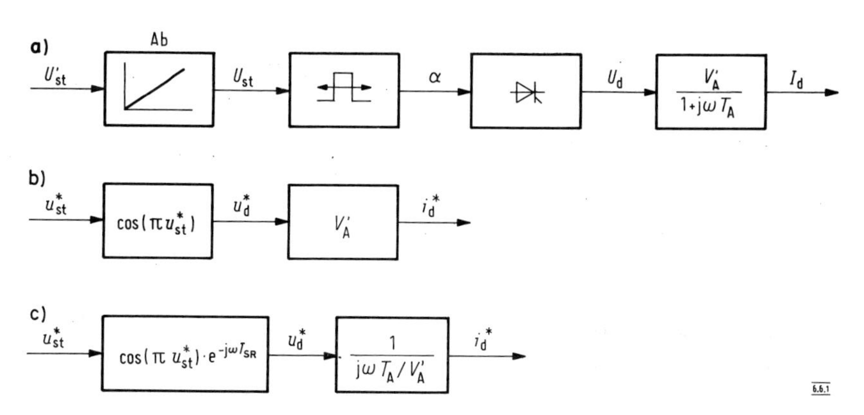

Bild 6.6.1 Blockschaltung von der Stromrichter-Steuerspannung bis zum Ankerstrom (a)
b) Näherung für langsame Änderungen
c) für schnelle Änderungen

$$V_A' = V_A(1 - K_x u_{kT}/2)\,U_{di}/U_{dN} \tag{6.6.2}$$

DB: $K_x = 1$; mit $V_A = U_{AN}/(I_{AN} R_A)$.

Der Anstiegsbegrenzer Ab setzt einen Sprung von U_{st}' in eine rampenartig sich ändernde Spannung u_{st} um.
Hängt der Zündwinkel α linear von U_{st} ab und soll für $U_{st} = 0$ auch $\alpha = 0$ sein, so ist der Frequenzgang

$$F_{stI}(j\omega) = \frac{i_d^*(j\omega)}{u_{st}^*(j\omega)} = V_A' \cos(u_{st}^* \cdot \pi)\,\frac{e^{-j\omega T_{SR}}}{1 + j\omega T_A}. \tag{6.6.3}$$

Für langsame Änderungen ($\omega < 1/T_A$) lassen sich T_{SR} und T_A näherungsweise zu null setzen, und es ergibt sich das Wirkschaltbild nach **Bild 6.6.1b,** während bei Frequenzen $\omega > 1/T_A$ der Ankerkreis annähernd als integral angesehen werden kann **(Bild 6.6.1c)** und die Verzugszeit T_{SR} berücksichtigt werden muß.

6.6.2 Übergangsbereich

Der Übergang der Gleichspannung bei einem Sprung der Steuerspannung wird bestimmt durch die Verzugszeit T_{SR} und die sich danach ergebende Änderung der ungeglätteten Gleichspannung u_d. Die Berechnung wird dadurch erschwert, daß die Kurvenform von u_d in der Übergangszeit $t_Ü$ je nach Arbeitspunkt und Änderung ganz unterschiedlich ist, es sei denn, daß die Integrationszeit des Ankerkreises $(T_A/V_A') \geq 5\,T_{SR}$ ist. Außerdem wird lückfreier Betrieb vorausgesetzt. Unter dieser Bedingung ist

$$i_d = \frac{1}{X_d} \int_0^{\omega t_ü} u_d \, d\omega t = \frac{\psi_ü}{X_d}, \tag{6.6.4}$$

d.h., der genaue zeitliche Verlauf von u_d ist unwesentlich; es kommt nur auf das Integral über u_d an. Dann läßt sich das Zeitverhalten des Stromrichters durch eine einzige Größe, die Verzugszeit T_{SR}, kennzeichnen.
Die folgenden Betrachtungen sind anhand der Drehstrombrückenschaltung angestellt, sie gelten sinngemäß genauso für Stromrichter anderer Pulszahl. In **Bild 6.6.2** wird der Übergang der Gleichspannung gezeigt, wenn – vom Steuerwinkel $\alpha_0 = 90°$ ausgehend – der Steuerwinkel um $-\Delta\alpha = 34°$, somit in Richtung äußerste Gleichrichteraussteuerung, verstellt wird. Die beiden Übergänge I und II unterscheiden sich dadurch, daß bei I der Sprung unmittelbar nach der Kommutierung und bei II in der zweiten Hälfte des Stromführungsbereiches erfolgt (α_s unterschiedlich). In aI, aII ist die Impulsbildung im Impulssteuergerät wiedergegeben, indem der Zündzeitpunkt durch den Schnittpunkt von u_{st} mit der Sägezahnspannung u_{sz} bestimmt wird.
Die Diagramme bI, bII zeigen den zeitlichen Verlauf von u_d. Der eigentliche

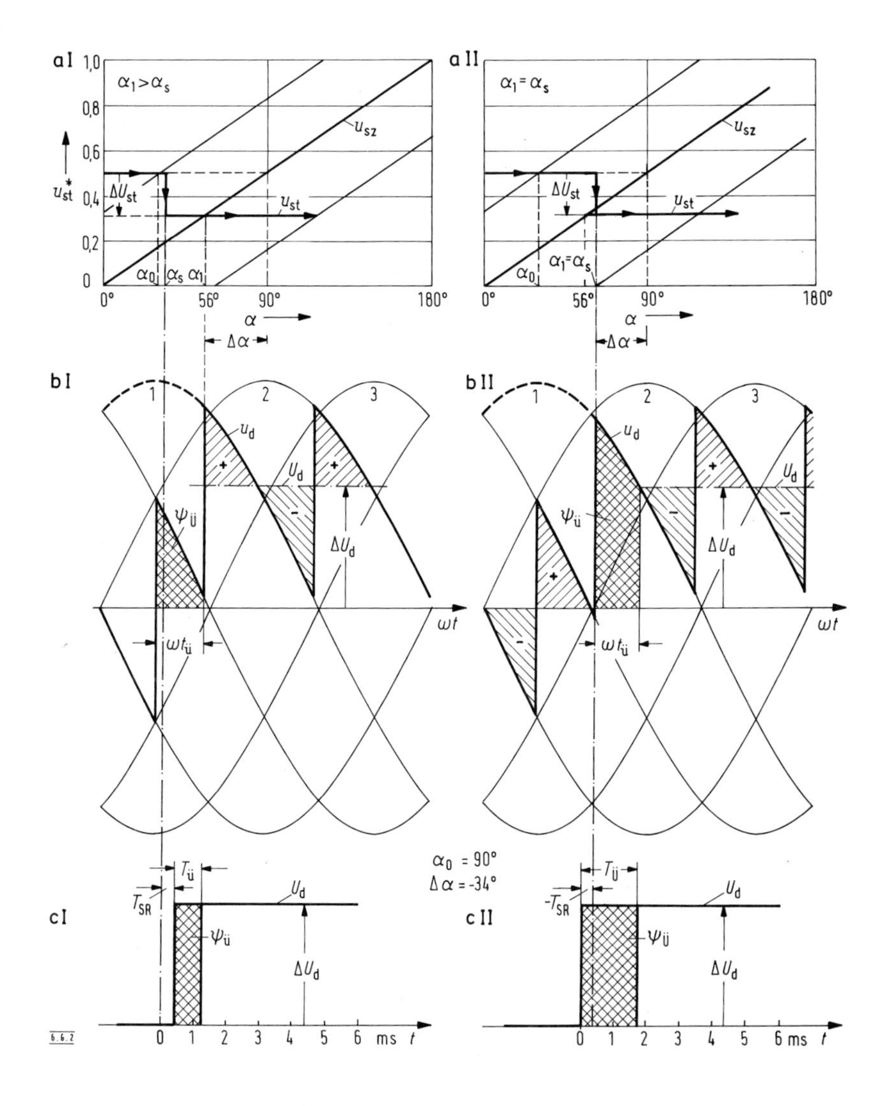

Bild 6.6.2 Übergangsverhalten bei gleicher Anfangsaussteuerung ($\alpha_0 = 90°$), gleichem Aussteuerungssprung ($\Delta\alpha = -34°$), aber unterschiedlichem Sprungzeitpunkt innerhalb eines Stromführungsbereichs

Übergang erfolgt im Bereich $\omega t_{ü}$, da danach durch die gleichen positiven und negativen Spannungszeitflächen der neue Gleichspannungsmittelwert $U_d = \Delta U_d$ erreicht ist. Im Übergangsbereich tritt die besonders gekennzeichnete Spannungszeitfläche $\psi_{Ü}$ auf. Da es nach Gl. (6.6.4) nur auf die Fläche, nicht dagegen auf die Form ankommt, kann $\psi_{Ü} = U_d \cdot T_{Ü}(T_{Ü} \mp t_{Ü})$ in cI, cII der aus Bild 6.6.2b entnommenen Sprungfunktion von U_d vorgesetzt werden. Im Fall I ergibt sich dann $T_{SR} = 0{,}7\,\text{ms}$ und im Fall 2 $T_{SR} = -0{,}5\,\text{ms}$ (Vorhalt). Beide Fälle können mit statistisch gleicher Wahrscheinlichkeit auftreten.

6.6.3 Abhängigkeit des Zeitverhaltens von der Aussteuerrichtung

Der Einfluß der Aussteuerrichtung auf T_{SR} soll anhand von **Bild 6.6.3** gezeigt werden. Ausgehend von $\alpha_0 = 90°$ und $\alpha_s = \text{konst.}$ soll sprungartig im Fall III um

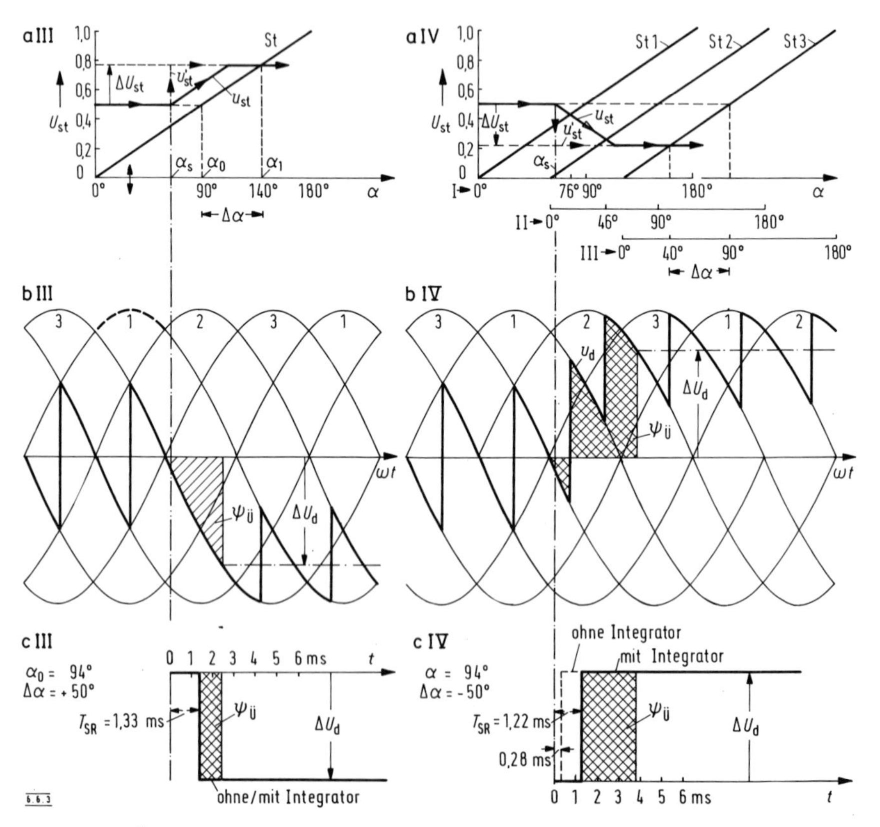

Bild 6.6.3 Übergangsverhalten bei gleicher Anfangsaussteuerung ($\alpha_0 = 94°$), gleichem Aussteuerungszeitpunkt, gleichem Sprungbetrag, aber entgegengesetzter Sprungrichtung – Ausgleich des Zeitverhaltens durch einen Integrator

$\Delta\alpha = +50°$ (Richtung äußerste Wechselrichteraussteuerung) und im Fall IV um $\Delta\alpha = -50°$ (Richtung Gleichrichterendlage) die Aussteuerung verstellt werden. Bei der Wechselrichteraussteuerung (III) ergibt sich eine verhältnismäßig große Verzugszeit von $T_{SR} = 1{,}33$ ms, während bei der Gleichrichteraussteuerung (IV) sich nur eine minimale Verzugszeit von $T_{SR} = 0{,}28$ ms einstellt.
Die Abhängigkeit des Zeitverhaltens von der Aussteuerrichtung bewirkt, daß eine optimale Einstellung des Stromregelkreises, in dem der Stromrichter liegt, nicht möglich ist. Ein Regelvorgang, der mit einer Aussteuerung des Stromrichters in Richtung äußerster Gleichrichterlage verbunden ist, wird stärker gedämpft verlaufen als bei einer Aussteuerung in Richtung äußerster Wechselrichterlage. Im Fall eines periodischen Einschwingvorgangs treten beide Zustandsänderungen wechselweise auf.
Besondere Schwierigkeiten sind bei einer Kreuzschaltung zu erwarten, da bei einer Drehzahlerhöhung die Gleichrichtergruppe schneller ihren höheren Endwert erreicht als die Wechselrichtergruppe, so daß vorübergehend ein überhöhter Kreisstrom (dynamischer Kreisstrom) fließt. Deshalb wurde bei der Gegenparallelschaltung schon immer der in Bild 6.6.1a angegebene Integrator Ab vorgesehen. Er beeinflußt das Zeitverhalten des Stromrichters in Richtung äußerste Wechselrichteraussteuerung nicht, wie aus Bild 6.6.3 aIII zu ersehen ist, wenn die Steigung der Steuerspannung u_{st} mit der der Sägezahnspannung übereinstimmt. Nach Bild 6.6.3 aIV, bIV, cIV wird dagegen durch den Integrator die Aussteuerung in Richtung äußerste Gleichrichterlage so verzögert, daß sich etwa die gleiche Verzugszeit T_{SR} wie bei der Gegengruppe ergibt. Die Richtungsabhängigkeit der Verzugszeit ist damit beseitigt, allerdings auf Kosten der Stellgeschwindigkeit bei Beschleunigung des Gleichstrommotors. Es kann deshalb in Sonderfällen zweckmäßig sein, auf den Integrator bei einer kreisstromfreien Gegenparallelschaltung zu verzichten und dafür aussteuerrichtungsabhängig die Beschaltung des Stromreglers umzuschalten.

6.6.4 Verzugszeit

Durch die Symmetrierung wird die Verzugszeit praktisch unabhängig von der Aussteuerrichtung. Es bleibt die Abhängigkeit von Ausgangssteuerwinkel α_0, Steuerwinkeländerung $|\Delta\alpha|$ und Aussteuerzeitpunkt t_s innerhalb eines Stromführungsbereiches. In **Bild 6.6.4** ist nach Schröder [6.10] für $\alpha_0 = 90°$ die Verzugszeit T_{SR} in Abhängigkeit von $\Delta\alpha$ aufgetragen. Die untere Grenze kennzeichnet das Zeitverhalten bei einem Sprung $\Delta\alpha$ kurz vor der Kommutierung und die obere Grenze das Zeitverhalten bei einem Sprung $\Delta\alpha$ kurz nach der Kommutierung. Die auftretende Verzugszeit wird dazwischenliegen. Die in Bild 6.6.2 und Bild 6.6.3 dargestellten Übergangsvorgänge sind in Bild 6.6.4 durch Kreuze gekennzeichnet.
Aus Bild 6.6.4 ist zu entnehmen, daß eine bestimmte Verzugszeit für den netzgeführten Stromrichter nicht angegeben werden kann, da ihr genauer Wert von α_0, $\Delta\alpha$ und t_s abhängt. Im Grunde wird jeder Ausgleichsvorgang nach einer Änderung von U_{st} mit einer anderen Dämpfung ablaufen. Wie groß dieser Schwankungsbereich ist, hängt von den anderen Regelkreisgliedern ab. Mindestens

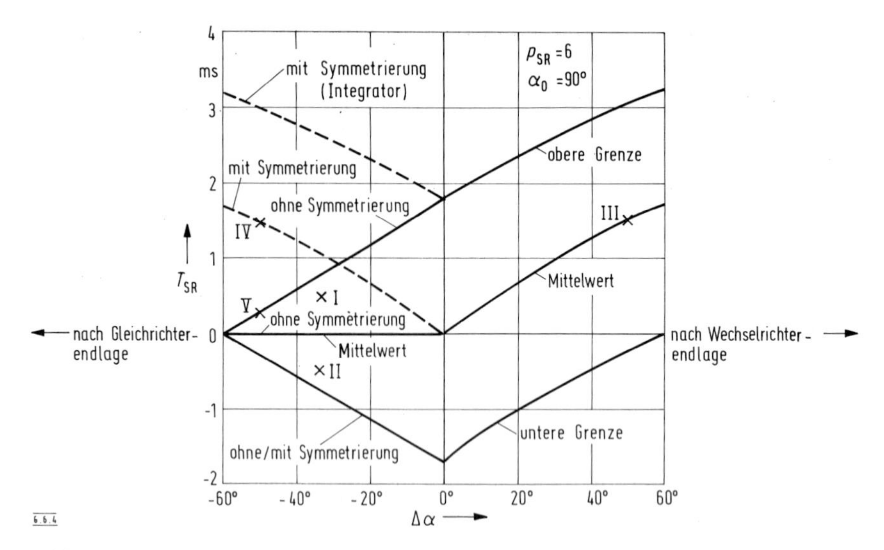

Bild 6.6.4 Stromrichter-Verzugszeit T_{SR} in Abhängigkeit von $\Delta\alpha$, Streubereich zwischen oberer und unterer Grenze

sind noch ein Verzögerungsglied 1. Ordnung mit der Zeitkonstanten T_k und ein Integralregler vorhanden. Für diesen einfachsten Fall ist der Frequenzgang des offenen Regelkreises

$$F_0(j\omega) = \frac{1}{j\omega T_R}\,\frac{1}{1+j\omega T_K}\,e^{-j\omega T_{SR}};$$

mit $T_R = K_R T_k$; $T_{SR} = t^*_{SR} T_k$ und $q = j\omega T_k$ ergibt sich

$$F_0(q) = \frac{e^{-t^*_{SR} q}}{K_R q(1+q)}.$$

Es läßt sich zeigen, daß ein Regelkreis mit dieser offenen Struktur folgendes Dämpfungsmaß hat

$$\boxed{\gamma = \frac{K_R - t^*_{SR}}{2\sqrt{K_R + t^{*2}_{SR}/2}}} \quad . \tag{6.6.5}$$

In Gl. (6.6.5) ist die Verzugszeit nur in Form des Verhältnisses $t_{SR}^* = T_{SR}/T_k$ enthalten, so daß über T_k der Einfluß einer Schwankung von T_{SR} klein gehalten werden kann, zumal wenn die Reglerkonstante K_R (bestimmt die Integrationszeit) nicht zu klein gewählt wird. Für

$T_{SR} = 0{,}2 \rightarrow 2\,\text{ms},\ T_k = 5\,\text{ms},\ K_R = 2{,}0$ ist $\gamma = 0{,}7 \rightarrow 0{,}55$;
$T_{SR} = 0{,}2 \rightarrow 2\,\text{ms},\ T_k = 5\,\text{ms},\ K_R = 1{,}5$ ist $\gamma = 0{,}6 \rightarrow 0{,}44$.

Während sich T_{SR} im Verhältnis 1 : 10 ändert, nimmt das Dämpfungsmaß bei diesem Beispiel nur im Verhältnis 1 : 0,8 bzw. 0,73 ab.

6.7 Regelungskomponenten des Stromrichterantriebs

6.7.1 Regelungskonzept

Das **Bild 6.7.1** zeigt die übliche Regelschaltung eines Stromrichterantriebes. Dem Drehzahlregelkreis, der durch den n-Regler stabilisiert wird, ist ein Stromregelkreis

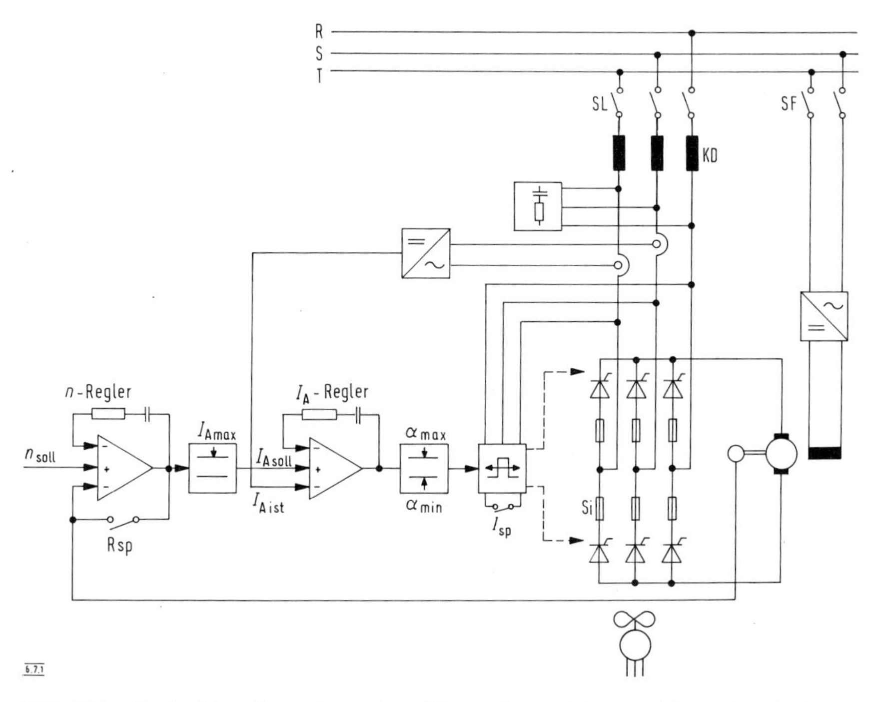

Bild 6.7.1 Drehzahlregelung eines netzgeführten Stromrichterantriebes mit unterlagertem Stromregelkreis

unterlagert, dessen Zeitverhalten der I_A-Regler bestimmt. Die Transistorregler übernehmen auch die Aufgabe der Steuerwinkel- und der Ankerstrom-Begrenzung. Bei dieser regelungstechnischen Kaskadenschaltung liefert der Drehzahlregler den Sollwert für den Stromregler. Der Stromsollwert ist somit eine Funktion der Drehzahlregelabweichung, soweit nicht die Strombegrenzung, bestimmt durch die maximale Ausgangsspannung des Drehzahlreglers, anspricht.
Der Drehzahlregler kann durch die Reglersperre Rsp auf null gehalten werden, was vor allem beim Ein- und Ausschalten der Anlage erforderlich ist. Um Einschaltüberströme zu vermeiden, ist zusätzlich erforderlich, daß die n_{soll} bestimmende Eingangsspannung null ist oder zumindest von null aus stetig ansteigt. Schneller greift in den Betriebszustand des Antriebes die Impulssperre I_{sp} ein. Sie sorgt dafür, daß keine Zündimpulse mehr an die Thyristoren abgegeben werden, allerdings wird hierdurch der Strom über bereits vorher gezündete Thyristoren nicht beeinflußt.
Die optimale Einstellung der beiden PI-Regler wird in Band II im einzelnen behandelt; hier soll nur die Struktur der Regelanordnung anhand der Wirkschaltungen **Bild 6.7.2a** betrachtet werden.

Abkürzungen: $q = \mathrm{j}\omega T_A$, $m_t = T_m / T_A$, $t_t = T_{SR} / T_A$, $t_g = V_A T_m / T_A = T'_m / T_A$.

Die in Bild 6.7.2a benutzte Motor-Wirkschaltung ist aus Bild 4.5.3a entnommen. In **Bild 6.7.2b** ist die innere Motorrückführung beseitigt, indem der Motor (aperiodische Motordämpfung, d.h. $T_m > 4\,T_A$, vorausgesetzt), durch die beiden Vz1-Glieder (6) und (7) ersetzt wird. Außerdem ist der Stromerfassungspunkt durch das fiktive Glied 1/(1) nach rechts verschoben worden. Da über die Zählerzeitkonstante des Stromreglers bereits verfügt ist, bleibt als einzige freie Konstante K_{Ri}. Die Dämpfung und auch die Anregelzeit nehmen mit K_{Ri} zu. Es läßt sich zeigen, daß der optimale Wert bei $K_{Ri} = 2\,t_t\,V_A$ liegt und sich der geschlossene Stromregelkreis nach **Bild 6.7.2c** als Verzögerungsglied

$$F_i(q) = \frac{1}{1 + 2t_t/m_t}\,\frac{1}{1 + t_k q},$$

und, da $t_t/m_t \ll 1$ ist, als

$$F_i(q) \approx \frac{1}{1 + t_k q} \tag{6.7.1}$$

mit $t_k = 3t_t$ darstellen läßt, somit die Zeitkonstante bei $T_i = 3\,T_{SR}$ liegt. Der Stromregelkreis läßt sich um so schneller einstellen, je kleiner die Stromrichterverzugszeit, d.h. je höher die Pulszahl, ist. **Bild 6.7.2d** stimmt mit Bild 6.7.2c überein, nur sind die Blöcke so zusammengefaßt, daß (8) das Proportionalglied, (9) die kleinen Zeitkonstanten ($t_k \ll 1$) und (10) die großen Zeitkonstanten ($t_g > 1$) enthält. Der Drehzahlregelkreis umfaßt zwei Integralglieder, $1/(t_k \cdot q)$ und $1/(t_g \cdot q)$, die ohne das Vorhalteglied in (10) $1 + t_g q$ zwischen n^*_{soll} und n^* eine Phasendrehung von 180°

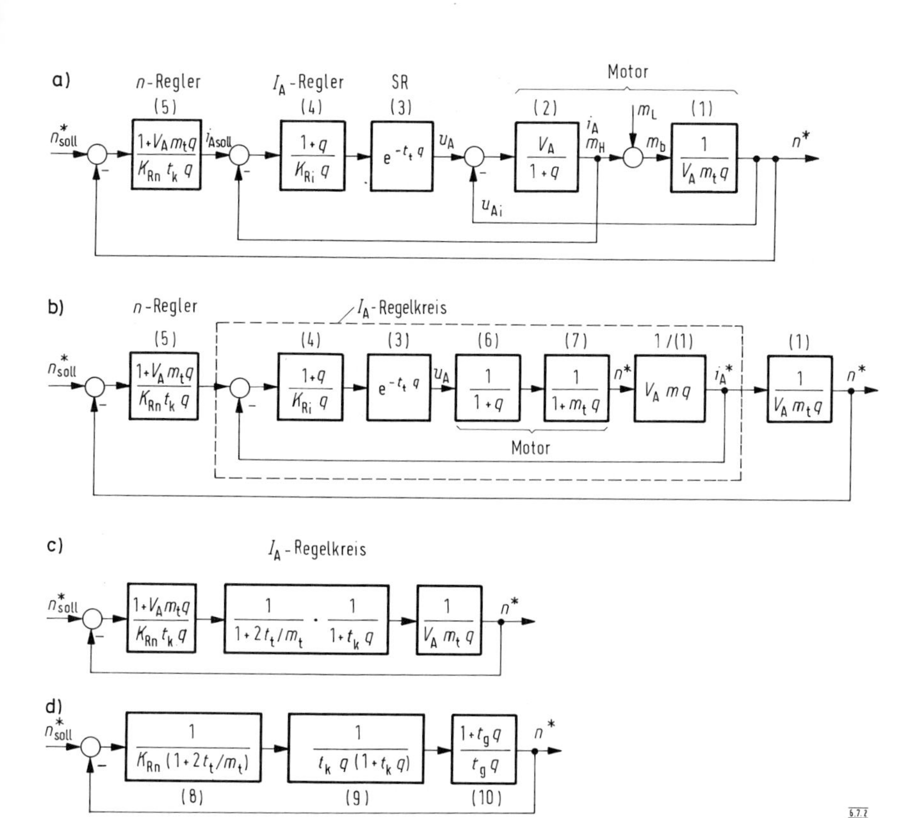

Bild 6.7.2 Wirkschaltung des Drehzahlregelkreises mit unterlagertem Stromregelkreis – Umformung zur Ermittlung des Führungsverhaltens

bringen würden. Die Stabilität und die Dämpfung des Drehzahlregelkreises wird weniger durch das Proportionalglied als durch das Verhältnis $t_g/t_t = T'_m/(3\,T_{SR})$ bestimmt, es soll über 100 sein. Die Vorteile der Kaskadenregelung kommen deshalb in erster Linie bei schnellen Stellgliedern zum Tragen.

6.7.2 Istwerterfassungsglieder

Die mechanischen Istwertgrößen Moment, Drehzahl, Weg müssen durch die elektrischen Größen, wie Spannung oder Strom, abgebildet werden, ehe sie als Regelgrößen weiterverarbeitet werden können; aber auch elektrische Betriebsgrößen, wie Netzstrom, Ankerstrom, Ankerspannung, müssen wegen ihrer Größe und aus Potentialgründen umgeformt werden. Die Abbildung erfolgt im allgemeinen in Gleichspannungen 0 bis ± 10 V (für den Nennwert). Meist wird das Meßglied eine größere Spannung liefern, die im Regelgerät über einen Spannungsteiler herabge-

setzt wird. Nur wenn die Entfernung zwischen Meßort und Regelgerät groß ist oder mit erheblicher Einstreuung von Störspannungen zu rechnen ist, bevorzugt man den Konstantstrom von z. B. 0 bis ± 20 mA (für Nennwert). Ein Regler-Eingangswiderstand von 5 kΩ liefert dann den vorstehend genannten Spannungspegel.
Die folgenden Istwerterfassungsglieder sind für alle geregelten Antriebe brauchbar, deren Regler hochohmige Eingänge haben, also sowohl für Gleichstromantriebe mit netzgeführten Stromrichtern wie auch für Drehstrom-Umrichterantriebe.

6.7.2.1 Drehzahlerfassung

Sie erfolgt fast immer über permanent erregte Gleichstrom- oder Drehstrom-Tachometermaschinen. Eine möglichst starre Kupplung mit der Arbeitsmaschine bzw. mit dem Antriebsmotor ist für eine schnelle Drehzahlregelung unbedingt notwendig. Eine Kupplung über Keilriemen ist nicht zu empfehlen, da bei schnellen Drehzahländerungen – infolge des Tachometer-Trägheitsmomentes (ca. 10 kg cm^2) – die Tachometerdrehzahl kein genaues Abbild der Betriebsdrehzahl ist. Die Folge sind Regelschwingungen.

Gleichstrom-Tachometermaschine

Sie liefert eine der Drehzahl proportionale Gleichspannung mit einem der Drehrichtung entsprechenden Vorzeichen. Der Kommutator unterscheidet sich von dem einer Leistungsmaschine. Bürsten, die mit Silber graphiert sind, schleifen auf einem mit Silber legierten Kollektor, um einen gleichbleibend niedrigen Übergangswiderstand sicherzustellen. Die Kohlenbürstenstandzeit beträgt ca. 10000 h. Die Gleichspannung weist eine vor allem durch die Nuten hervorgerufene Wechselspannungskomponente von ca. 5% auf.
Das **Bild 6.7.3** zeigt die Verbindung zwischen Tachometermaschine und Regler. Der Belastungswiderstand $R_1 + R_2$ (R_3, $R_4 \gg R_1$, R_2) soll nicht über 500 Ω/V liegen, er wird im allgemeinen zu 0,5 bis 2 kΩ gewählt. Die zweiadrige Verbindungsleitung wird verdrillt und möglichst abgeschirmt. Die restliche Störspannung wird um so niedriger sein, je kleiner $R_1 + R_2$ gewählt werden.

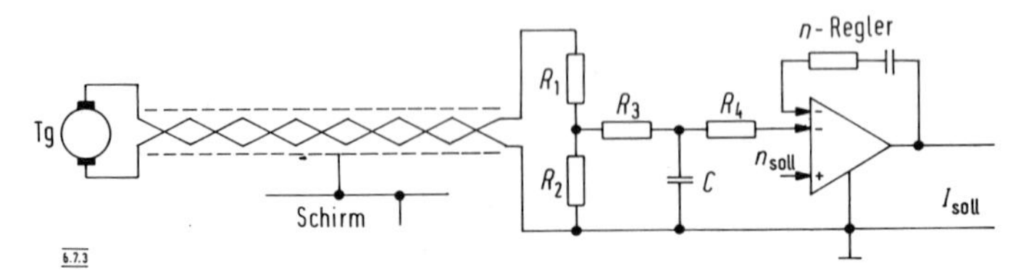

Bild 6.7.3 Anschluß einer Tachometermaschine an den Drehzahlregler

Drehstrom-Tachometermaschine

Sie besitzt keinen Kollektor und ist deshalb weitgehend wartungsfrei. Die abgegebene Spannung ist der Drehzahl proportional, aber drehrichtungsunabhängig. Die Drehrichtungserfassung macht eine Zusatzelektronik erforderlich. Die

Ständerwicklung ist meist sechsphasig mit einer hohen Polzahl von 20 ausgeführt. Nach Gleichrichtung durch die im Klemmkasten untergebrachte sechsphasige Brückenschaltung ergibt sich eine Gleichspannung U_T mit einer Wechselspannungskomponente, im wesentlichen mit der Frequenz $f_{(12)} = 120 \cdot n$ von der Größe $U_{T(12)} = 0{,}01\ U_T$. Sie läßt sich wegen der hohen Frequenz leicht aussieben.

6.7.2.2 Drehmomenterfassung

Drehzahländerungen können wegen der zu beschleunigenden Massen nicht sprunghaft erfolgen, Momentensprünge sind dagegen bei Industrieantrieben ohne weiteres möglich. An das Drehmoment-Erfassungsglied werden deshalb höhere dynamische Anforderungen gestellt als an die Tachometermaschine.

Beim konstant erregten Gleichstrommotor läßt sich das Moment am einfachsten über den Ankerstrom erfassen, allerdings bleiben die Verlustmomente der Übertragungsglieder bis zum Nutzungspunkt unberücksichtigt. Bei geregelten Drehstromantrieben ist der Motorstrom kein eindeutiges Maß für das Moment.

Die unmittelbare Momentenmessung erfolgt heute durchweg über eine in **Bild 6.7.4a** angegebene Drehmomentmeßwelle, deren dem Drehmoment proportionaler Torsionswinkel über Dehnungsmeßstreifen gemessen wird. Die Meßschaltung für

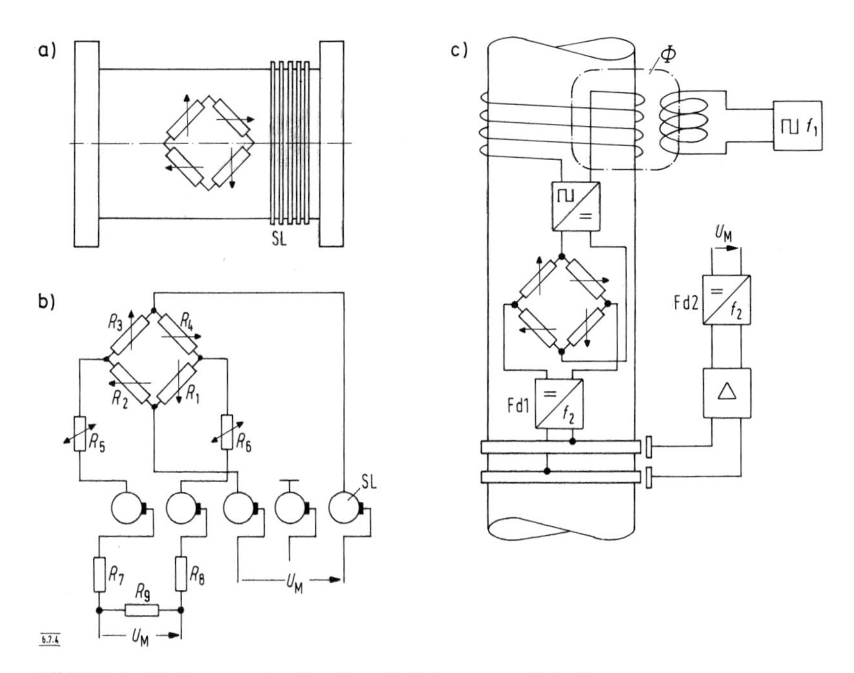

Bild 6.7.4 Drehmomentmeßwelle mit Dehnungsmeßstreifen
a, b) Anschluß der Meßanordnung über Schleifringe
c) Kontaktfreie Ein- und Auskopplung

den Fall, daß die Spannungsversorgung und die Nutzsignalabnahme über Schleifringe erfolgt, ist in **Bild 6.7.4b** dargestellt. Darin sind R_1 bis R_4 die Dehnungsmeßstreifen, R_5, R_6 nichtlineare Widerstände zur Temperaturkompensation und die Widerstände R_7 bis R_9 zum Empfindlichkeitsabgleich. Bei einer Speisespannung $U_B = 20\,V$ ist die Ausgangsspannung bei Nennmoment mit $U_{MN} = 30\,mV$ verhältnismäßig niedrig und muß durch den nachgeschalteten Meßverstärker erst auf den normalen Signalpegel von 10 V gebracht werden.
Unter rauhen Betriebsbedingungen erfolgt im Dauerbetrieb die Momenterfassung besser mit der in **Bild 6.7.4c** gezeigten schleifringlosen Drehmomentmeßwelle. Die Speisespannung wird induktiv als Rechteck-Wechselspannung von 15 kHz auf die sich drehende Welle übertragen und dort gleichgerichtet. Die Meßgleichspannung wird durch den Gleichspannung-Frequenz-Umformer Fd1 in eine Wechselspannung proportionaler Frequenz umgewandelt, die kapazitiv auf einen ruhenden Verstärker übertragen und danach durch den Frequenz-Gleichspannungswandler Fd2 wieder in eine Gleichspannung überführt wird.

6.7.2.3 Erfassung von Druck und Zug

Für die Messung von Druck und Zug stehen kapazitive, induktive und Dehnungsmeßstreifen-Meßverfahren zur Verfügung. Die Meßanordnung ist einfach, wenn die Kraft nur in Längsrichtung des Meßstreifens wirken kann. So werden Dehnungsmeßstreifen vorzugsweise zur Messung der Walzkraft von Kaltwalzgerüsten verwendet. Sie wird über die Dehnung (Auffedern) der Gerüste unter dem Einfluß der Walzkraft gemessen und durch die Walzenanstellung auf den gewünschten Wert eingestellt. Auch der Bandzug zwischen zwei Walzgerüsten läßt sich über den Druck einer Umlenkwalze mit Dehnungsmeßstreifen bestimmen. Der Dehnungsmeßstreifen ist dann in einer besonderen Meßdose geschützt untergebracht, die federnd unter der Umlenkrolle angeordnet ist, um sie vor unzulässigen Überlastungen, z. B. bei plötzlichem Strammziehen des Bandes, zu schützen.
Ein induktives Meßverfahren stellen die in **Bild 6.7.5** wiedergegebenen Preßduktoren der Fa. ASEA dar. Die – in Bild 6.7.5a und b wiedergegebene, einen hoch

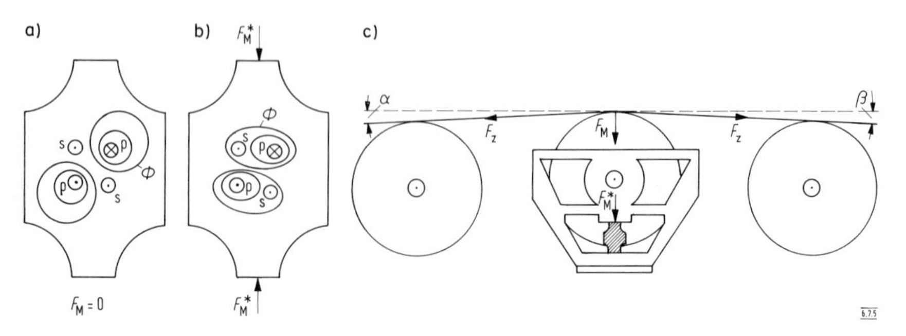

Bild 6.7.5 Induktives Bandzug-Meßgerät »Pressduktor« der Fa. ASEA – Druckmeßdose (a) ohne und (b) mit Belastung, (c) Bandführung und Meßdosen-Lagerung

permeablen Kern besitzende Druckmeßdose hat vier diagonal zur Druckrichtung orientierte Bohrungen. Durch die Bohrungen p, p ist die Primärwicklung, durch die Bohrungen s, s ist die Sekundärwicklung gefädelt. An der Primärwicklung liegt eine Wechselspannung. Durch die Orientierung der Wicklungen wird bei unbelasteter Druckmeßdose (Bild 6.7.5a) in der Sekundärwicklung keine Spannung induziert. Wird dagegen auf die Druckmeßdose die Kraft F_M^* ausgeübt, so wird die Permeabilität des Kernes in Druckrichtung herabgesetzt, die magnetischen Kraftlinien verformen sich, wie in Bild 6.7.5b angedeutet, und in die Sekundärwicklung wird eine Wechselspannung induziert, deren Größe ein Maß für F_M^* ist.
In Bild 6.7.5c ist die gesamte Meßanordnung wiedergegeben, die sicherstellt, daß auf die Druckmeßdose nur senkrechte Kräfte ausgeübt werden, und die Ablenkwinkel α und β konstant bleiben. Zwischen dem Bandzug F_z und der durch die Druckmeßdose angezeigten Kraft F_M^* besteht die Beziehung

$$F_z = \frac{F_M^* - F_0}{\sin\alpha + \sin\beta}\,. \tag{6.7.2}$$

F_0 ist das Eigengewicht der Mittelrolle. Die Grenzfrequenz ist niedriger als die einer mit Dehnungsmeßstreifen arbeitenden entsprechenden Meßanordnung.

6.7.2.4 *Erfassung von Abstand und Weg*

Auch Abstandsregelung ist eine Wegregelung, nur daß der Weg in der Regel begrenzt ist. Sie ist erforderlich, wenn zwei Maschinenteile mit konstantem Abstand verfahren werden sollen. Hierfür eignen sich die in **Bild 6.7.6** gezeigten einfachen Anordnungen. In Bild 6.7.6a ist ein mit Mittelfrequenz (1 bis 10 kHz) gespeister Differentialtransformator gezeigt, bei dem die magnetische Kopplung zwischen der Primärwicklung und den beiden Sekundärwicklungen durch einen beweglichen Ferritkern verändert wird. Nach Gleichrichtung der Sekundärspannungen und Vergleich in einem Verstärker steht eine wegproportionale Gleichspannung zur Verfügung.

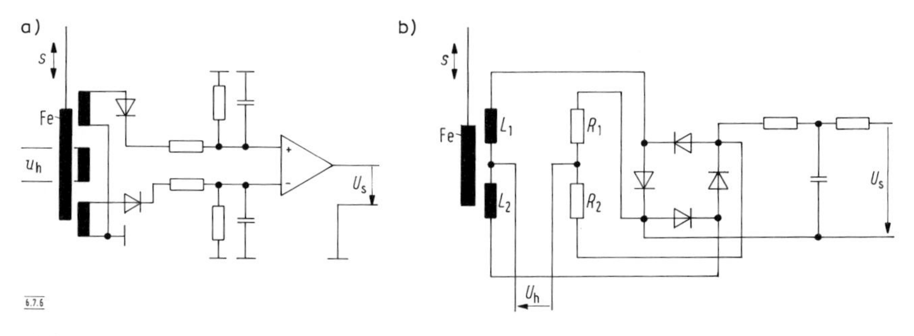

Bild 6.7.6 Abstandsmessung über
a) Differentialtransformator
b) Differentialdrossel

Eine Schaltung mit zwei Differenzdrosseln zeigt Bild 6.7.6b. Sie werden durch die Widerstände R_1, R_2 zu einer mit Mittelfrequenzspannung gespeisten Brückenschaltung vervollständigt. Die in der oberen Brückenhälfte (L_1, R_1) und in der unteren Brückenhälfte (L_2, R_2) fließenden Ströme vergleicht ein Ringmodulator und liefert eine der Verstimmung proportionale Gleichspannung U_s.
Größere, aber begrenzte Stellwege lassen sich über mit dem Motor oder mit der Arbeitsmaschine gekuppelte Wendelpotentiometer messen. Das Auflösungsvermögen liegt bei 1/1000tel des maximalen Stellweges. Wegen des Schleifkontaktes kommt das Wegpotentiometer nur für langsame und nicht zu häufige Verstellung in Frage. Korrosion und Abnutzung begrenzen die Lebensdauer.
Bevorzugt wird heute die digitale Wegerfassung über eine Rasterscheibe. Sie unterbricht vom Drehwinkel abhängig den Kontakt zwischen einer GaAs-Diode als Lichtsender und einem Fototransistor als Empfänger. Der Weg wird durch das Zählen der Impulse ermittelt. Hierbei handelt es sich um ein sehr preiswertes Meßverfahren, dem aber folgende Nachteile anhaften:

- Eine Zielposition kann nur angefahren werden, wenn die Startposition bekannt ist. Fehler bei vorangegangenen Stelläufen (z.B. bei einer mehrfachen Kettenvermaßung) summieren sich.
- Geht die Information über die Startposition verloren, z.B. infolge eines Spannungsausfalls, so muß von Hand auf eine definierte Anfangsposition zurückgegangen werden.
- Störimpulse sind bei ungünstiger Höhe und Dauer durch die nachgeschaltete Elektronik nicht von Zählimpulsen zu unterscheiden.

Diese Nachteile werden bei der digitalen, absoluten Wegerfassung vermieden. Jedem Elementarbereich des Stellwegs ist eine Binärkombination zugeordnet, wodurch das Ziel direkt ohne Bezug auf die gegenwärtige Position angegeben werden kann. Der dabei verwendete Maßstab kann als Codierlineal unmittelbar die lineare Bewegung erfassen oder als rotierender Winkelschrittgeber mit dem Motor gekuppelt sein. Das **Bild 6.7.7a** zeigt einen Teil eines Codierlineals unter Verwendung der reinen Binärcodes. Die Auflösung einer Stellstrecke von $s_{ges} = 1\,\text{m}$ auf $\Delta s = 10\,\mu\text{m}$ macht

$$k_B = \text{Int.}[\log(s_{ges}/\Delta s)/\log 2] = \text{Int.}[\log(10^5)/\log 2] = 17 \qquad (6.7.3)$$

Abtastbahnen erforderlich. Schwierigkeiten ergeben sich durch Justierfehler, da nach Bild 6.7.7a an einzelnen Stellen mehrere Bahnen von H auf L oder umgekehrt wechseln. Sie lassen sich durch die in Bild 6.7.7a eingezeichnete V-Abtastung vermeiden. Hierbei erhalten alle Bahnen bis auf die Bahn 0 zwei Abtastungen, bei denen die Abtastpunkte von Bahn zu Bahn nach vorn bzw. nach hinten um 1/2 Wegeeinheit verschoben sind. Hat die 0-Bahn ein H, so werden die in Richtung der kleineren Binärzahl verschobenen Abtaster gelesen, hat die 0-Bahn dagegen ein L, so werden die in Richtung der höheren Binärzahl verschobenen Abtaster gelesen. Eine hohe Genauigkeit braucht jetzt nur noch die 0-Bahn zu haben. Ein Code, bei dem nie gleichzeitig mehrere Bahnen ihren Wert wechseln, wie der in **Bild 6.7.7b**

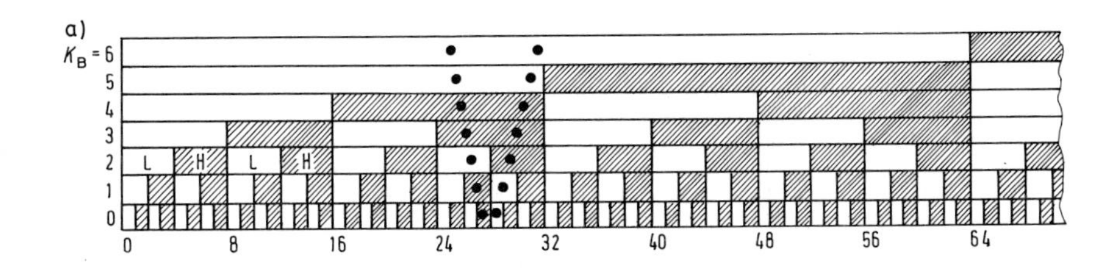

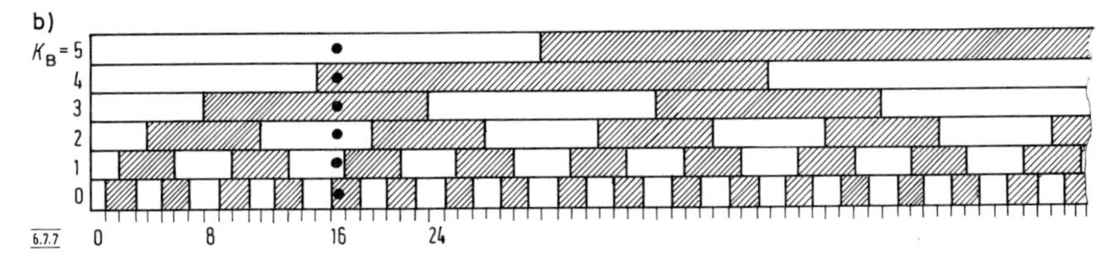

Bild 6.7.7 Codierlineal zur absoluten Lageerfassung
a) mit Dual-Code und V-Abtastung
b) Gray-Code mit Einfachabtastung

wiedergegebene Gray-Code (einschrittiger Code), benötigt keine V-Abtastungen, allerdings muß ein Codewandler nachgeschaltet werden, der das Signal in den Binär- oder in den BCD-Code wandelt.
Lassen sich auf einer Scheibe des Winkelschrittgebers nicht genügend Bahnen unterbringen, so ist eine zweite und gegebenenfalls dritte Scheibe über spielfreie Untersetzungsgetriebe mit der ersten zu kuppeln.

6.7.2.5 *Stromerfassung*

6.7.2.5.1 *Gleichstromerfassung*

Grundsätzlich wird man immer bemüht sein, den Strom auf der Wechselstromseite zu messen, da das mit dem geringsten Aufwand verbunden ist. Bei halbgesteuerten netzgeführten Stromrichtern z. B. ist aber wegen des Freilaufkreises der Wechselstrom kein Maß für den Gleichstrom. Auch bei der Kreuzschaltung läßt sich, wegen des Kreisstromes, der Laststrom nicht ohne weiteres aus den Netzströmen der beiden Gruppenstromrichter entnehmen.
Am einfachsten läßt sich der zu messende Strom – nach **Bild 6.7.8** – als Spannungsabfall an einem annähernd induktionsfreien Widerstand R_{Sh} (Shunt) messen. Wegen der Verluste in R_{Sh} darf U_{Sh} nicht größer als 30 mV bis 150 mV sein. Zur Anhebung des Signalpegels auf ca. 10 V und zur Potentialtrennung wird ein elektronischer Zerhacker-Verstärker nachgeschaltet. Ein Taktgeber schließt mit einer Frequenz von einigen kHz abwechselnd die Transistor-Schalter 11, 21 bzw. 12, 22. Die Anordnung liefert dadurch eine dem Strom proportionale, vorzeichenrichtige Gleichspannung. An die Stelle des Transformators können auch Optokoppler treten.

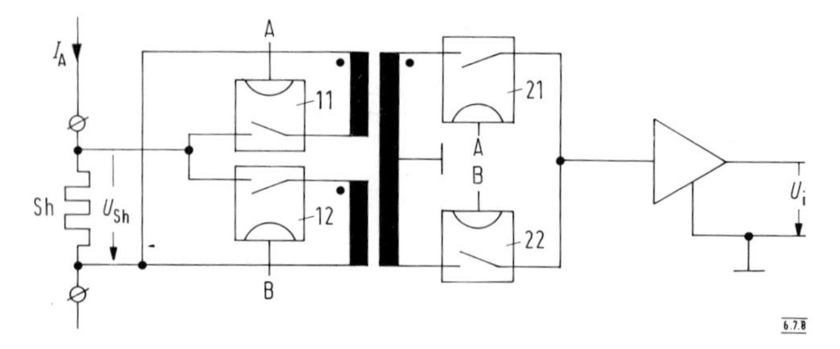

Bild 6.7.8 Gleichstromerfassung mit Shunt und Zerhackerverstärker

Auf dem Prinzip des Transduktors beruht der in **Bild 6.7.9a** gezeigte magnetische Gleichstromwandler. Er besteht aus zwei hochpermeablen Ringkernen (z.B. aus Permax M mit $B_{sg} = 1{,}5\,\mathrm{T}$, $\mu_w = 4 \cdot 10^4$), von denen jede eine Wicklung N_2 besitzt. Durch sie ist die gemeinsame Primärwicklung N_2 gefädelt und zwar so, daß sich die von N_2 in N_1 induzierten Wechselspannungen ohne Vormagnetisierung der Drosseln aufheben. Den Sekundärkreis speist die Wechselspannung U_h (50 Hz). Der Strom I_2 wird gleichgerichtet und ruft an R_b die Spannung U_i hervor. Ihren Kleinstwert nimmt sie für $I_1 = 0$ an

$$U_{i\,min} = \frac{U_h}{2\omega_{Nz}} \frac{l_{Fe}}{N_z A_{Fe} \mu_w \mu_0}, \tag{6.7.4}$$

l_{Fe} Eisenweglänge, A_{Fe} Eisenquerschnitt, $\mu_0 = 1{,}256 \cdot 10^{-6}\,\mathrm{H/m}$.

Durch den in N_1 fließenden Gleichstrom I_A gehen beide Drosseln in Sättigung, und I_2 steigt sprungartig an. Allerdings in einer Halbwelle sind in einer Drossel i_2 und I_A

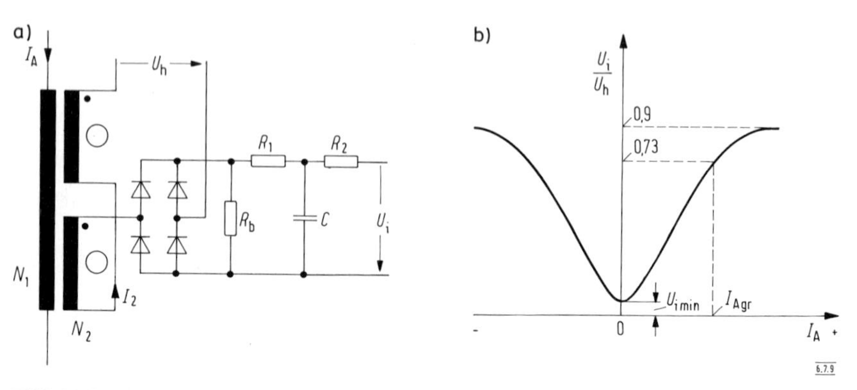

Bild 6.7.9 Gleichstromerfassung über stromsteuernden Transduktor

entgegengerichtet. Wird $i_2 = I_A$ erreicht, so kommt die Drossel aus der Sättigung und läßt keinen weiteren Anstieg von i_2 zu. In der anderen Halbwelle übernimmt die zweite Drossel die Begrenzerfunktion. Der Sekundärstrom hat im linearen Bereich der in **Bild 6.7.9b** wiedergegebenen Übertragerkennlinie Rechteckform. Die Linearitätsgrenze liegt bei $U_{igr} = 0{,}73\,U_h$. Frei wählbar sind U_{igr} (z.B. 20 V) und I_{2m} (z.B. 60 mA). Damit ist.

$$U_h \geq \frac{U_{igr}}{0{,}73}, \tag{6.7.5}$$

$$ü = N_1/N_2 = I_{2m}/I_{Am}, \tag{6.7.6}$$

und zur Drosselbemessung ergibt sich die Beziehung

$$\boxed{\frac{U_{igr}}{2{,}92\,N_2 f_{Nz}} = A_{Fe} B_{sg}}\;. \tag{6.7.7}$$

Die Anordnung zeigt echte Wandlereigenschaften dadurch, daß die Wandlerkennlinie weitgehend von Schwankungen der Hilfswechelspannung unabhängig ist. Andererseits liefert der Wandler nicht das Vorzeichen von I_A.
Eine auf dem Kompensationsverfahren beruhende Meßordnung zeigt der in **Bild 6.7.10** dargestellte Feldplatten-Gleichstromwandler. Die Feldplatte stellt einen magnetisch beeinflußbaren Widerstand dar, dessen Widerstandswert sich zwischen den magnetischen Induktionen 0 und 1,8 T im Verhältnis 1:20 ändert. Die Feldplatten sind nach Bild 6.7.10a in einen geschlossenen Eisenkreis eingebaut. Sie werden über einen Permanentmagneten gleichsinnig vormagnetisiert. Ein Joch trägt die den zu messenden Strom I_A führende Wicklung N_1. Der zugehörige Fluß ϕ_1 erhöht die Induktion der Feldplatte R_{f1} und vermindert die der zweiten R_{f2}. Dadurch wird die Brücke, in der nach Bild 6.7.10b R_{f1} und R_{f2} geschaltet sind, verstimmt, und die Konstantstromquelle V_i liefert einen Strom I_2 über die Wicklung N_2 und R_b, die nach Bild 6.7.10a einen Fluß ϕ_2, der ϕ_1 entgegengerichtet ist, hervorruft. Die Vormagnetisierung der Feldplatten wird praktisch aufgehoben. Damit ist der Spannungsabfall $U_i = I_2 R_b$ ein Maß für I_A. Das Übersetzungsverhältnis ist

$$ü = I_A/I_2 = N_2/N_1. \tag{6.7.8}$$

In Bild 6.7.10c ist die Wandlerkennlinie wiedergegeben. Der Wandler überträgt den zu messenden Strom vorzeichenrichtig.

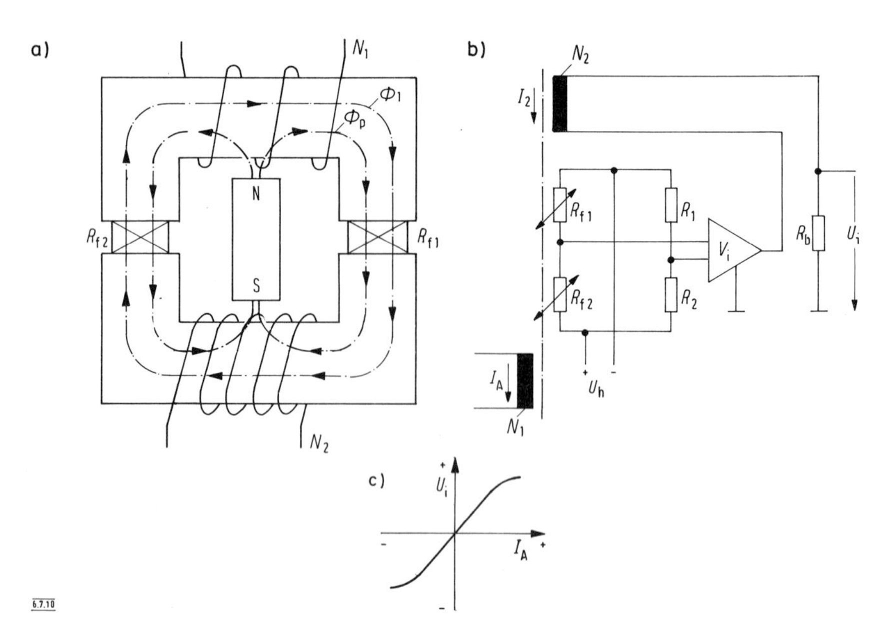

Bild 6.7.10 Feldplatten-Gleichstromwandler
a) Meßjoch
b) Kompensations-Meßschaltung

6.7.2.5.2 *Wechselstromerfassung*

Der vom Stromrichter abgegebene Strom I_d läßt sich auf der Wechselstromseite bzw. Drehstromseite erfassen, wenn:

- der Gleichstrom nur ein Vorzeichen hat oder das Vorzeichen für die weitere Signalverarbeitung unwesentlich ist,
- Proportionalität zwischen dem Gleichstrom I_d und dem Wechselstrom I_s vorhanden ist.

Das **Bild 6.7.11** zeigt die Wandlerschaltungen mit Gleichspannungsausgang für einphasige und dreiphasige Stromrichter. In der Regel sind I'_{sN}, I'_{sm} (der maximal zu erfassende Wechselstrom) sowie U_{iN} vorgegeben. Frei wählbar ist der Bürdenwiderstand R_b (z.B. $R_b = 1\,\text{k}\Omega$). Steht das Übersetzungsverhältnis der Stromwandler $ü = N_1/N_2$ fest, so kann die Zuordnung $I_{sN} \sim U_{iN}$ durch entsprechende Bemessung von R_b erreicht werden.
Die Bemessung des R_b nachgeschalteten Tiefpasses richtet sich nach der weiteren Verwendung des Stromsignals. Dient es als Stromistwert für den Stromregelkreis, so kann die Glättungszeitkonstante bei $R_1 = R_2 = 20\,\text{k}\Omega$, $C = 0{,}47\,\mu\text{F}$ mit $T = R_1\,C/2 = 4{,}7\,\text{ms}$ verhältnismäßig groß gewählt werden. Soll dagegen über das

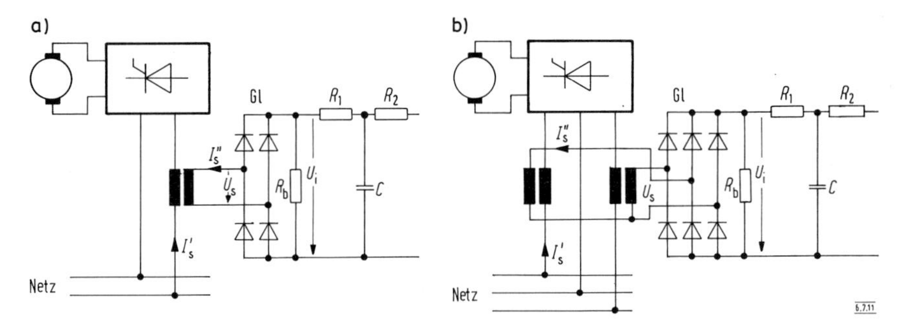

Bild 6.7.11 Wechselstromwandler mit Gleichspannungsausgang

Stromsignal der Zeitpunkt möglichst exakt festgestellt werden, zu dem der Stromrichter stromlos wird – wie es bei der kreisstromfreien Gegenparallelschaltung notwendig ist –, so muß die Glättungszeitkonstante wesentlich kleiner sein. Auf die Welligkeit von u_i kommt es dann nicht an, nur muß sichergestellt werden, daß u_i nicht lückt, da sonst fälschlicherweise die Sperrung der Thyristoren vorgetäuscht wird.
Die dreiphasige Anordnung nach Bild 6.7.11b benötigt nur zwei Wandler, wenn keine Nullpunktverbindung zwischen Netz und Stromrichter vorhanden ist.
Die Wandler werden meist als Durchsteckwandler mit $N_1 = 1$ und höchstens $N_1 = 5$ ausgeführt. Die maximale Induktion B_m wird kleiner als die Sättigungsinduktion B_{sg} gewählt, um den Magnetisierungsstrom, der das Wandlerergebnis verfälscht, klein zu halten. Die Bemessungsgleichungen siehe **Tabelle 6.7.1.**

	einphasiges Meßglied	dreiphasiges Meßglied
Bemessung von $ü$, R_b	$U_{iN} = ü I'_{sN} R_b$	$U_{iN} = \sqrt{3/2}\, ü I'_{sN} R_b$
	$ü = N_1/N_2$; $R_b \ll R_1, R_2$	
Wandlerbemessung	$U_{iN} \cdot I'_{sm}/I'_{sN} = 4 f_{Nz} A_{Fe} B_m N_2$	$U_{iN} I'_{sm}/I_{sN} = 6 f_{Nz} A_{Fe} B_m N_2$

Tabelle 6.7.1: Bemessung von Wechselstromwandlern mit Gleichspannungsausgang

Gleichrichter und Bürdenwiderstand werden mit den Wandlern möglichst zusammengebaut, um eine die Wandler gefährdende Leitungsunterbrechung auszuschließen. Aus dem gleichen Grund darf der Gleichrichter nicht abgesichert werden, dafür sollten im Fehlerfall die Wandlerausgänge kurzgeschlossen werden.

6.8 Vierquadranten-Stromrichterantriebe

Im Abschnitt 6.3 werden Vierquadranten-Stromrichter hinsichtlich der Bemessung von Thyristoren, Drosseln, Transformatoren behandelt. Die Steuerung und Regelung blieb dabei unberücksichtigt. Die Zahl der möglichen Regelungsvarianten ist sehr groß, doch werden in der Praxis einige wenige Schaltungen bevorzugt, so daß es gerechtfertigt ist, nur zwei Anordnungen zu betrachten.

6.8.1 Stromrichterantrieb mit kreisstromfreier Gegenparallelschaltung

Der Hauptanreiz für diese Schaltung besteht darin, daß sie keine Kreisstromdrosseln und u. U. keinen Transformator benötigen. Der einfache Aufbau des Thyristor-Satzes – er besteht aus sechs gegeneinander geschalteten Thyristorpaaren – senkt weiter die Kosten. Allerdings erfordert die stoßfreie Umschaltung von einer Stromrichtergruppe auf die andere bei der Momentenumkehr eine umfangreichere Elektronik. Dieser Mehraufwand wird aber durch zunehmende Integration der elektronischen Komponenten herabgesetzt.
Die Prinzipschaltung eines Stromrichterantriebes mit kreisstromfreier Gegenparallelschaltung zeigt **Bild 6.8.1.** Gegenüber einem Einrichtungsantrieb zeigen sich folgende Unterschiede:

- Zwei Stromrichtergruppen sind unmittelbar, ohne Zwischenschaltung von Drosseln, gegenparallel geschaltet. Die Steuerung muß deshalb absolut sicherstellen, daß immer nur eine Gruppe leitend geschaltet ist.
- Elektronische Impulsumschalter (S2, S3). Sie werden räumlich möglichst nahe bei den Thyristoren und nachgeschaltet dem Impulsverstärker Iv angeordnet, um die Störimpulse durch Fremdeinstreuung weitgehend auszuschließen.
- Adaptiver Stromregler. Er ist unbedingt erforderlich, da bei jeder Momentenumkehr der Lückbereich durchlaufen wird und ohne Umschalten der Reglerbeschaltung die Pause zwischen dem Ende des normalen Regelbetriebes der einen Gruppe und der Freigabe des normalen Regelbetriebes der anderen Gruppe unzulässig lang sein würde.
- Beim Umschalten auf die antiparallele Stromrichtergruppe wird das Vorzeichen der Ankerspannung und der Drehzahl umgekehrt, so daß Drehzahl-Istwert und -Sollwert gleiches Vorzeichen erhalten (falscher Regelsinn). Durch Betätigen des Schalters S1 wird das Vorzeichen der Drehzahldifferenz sowie des Strom-Sollwertes umgekehrt und damit der Regelsinn richtiggestellt.
- Um eine kleine Umschaltpause zu erreichen, muß meßtechnisch festgestellt werden, wann die bisher stromführende Gruppe in Sperrung gegangen ist. Hierzu kann das Strommeßglied Sw herangezogen werden. Allerdings läßt sich der Zeitpunkt nicht genau erfassen, da die Stromsignalspannung U_i' geglättet werden muß, damit die Umschaltlogik UL nicht eine Lückpause als endgültige Sperrung auslegt. Genauer, aber auch aufwendiger, läßt sich der Sperrzeitpunkt über die Sperrspannung der Thyristoren mit Hilfe des Bausteines Se ermitteln. Wenn an allen Thyristoren der zuvor stromführenden Gruppe Sperrspannung ansteht,

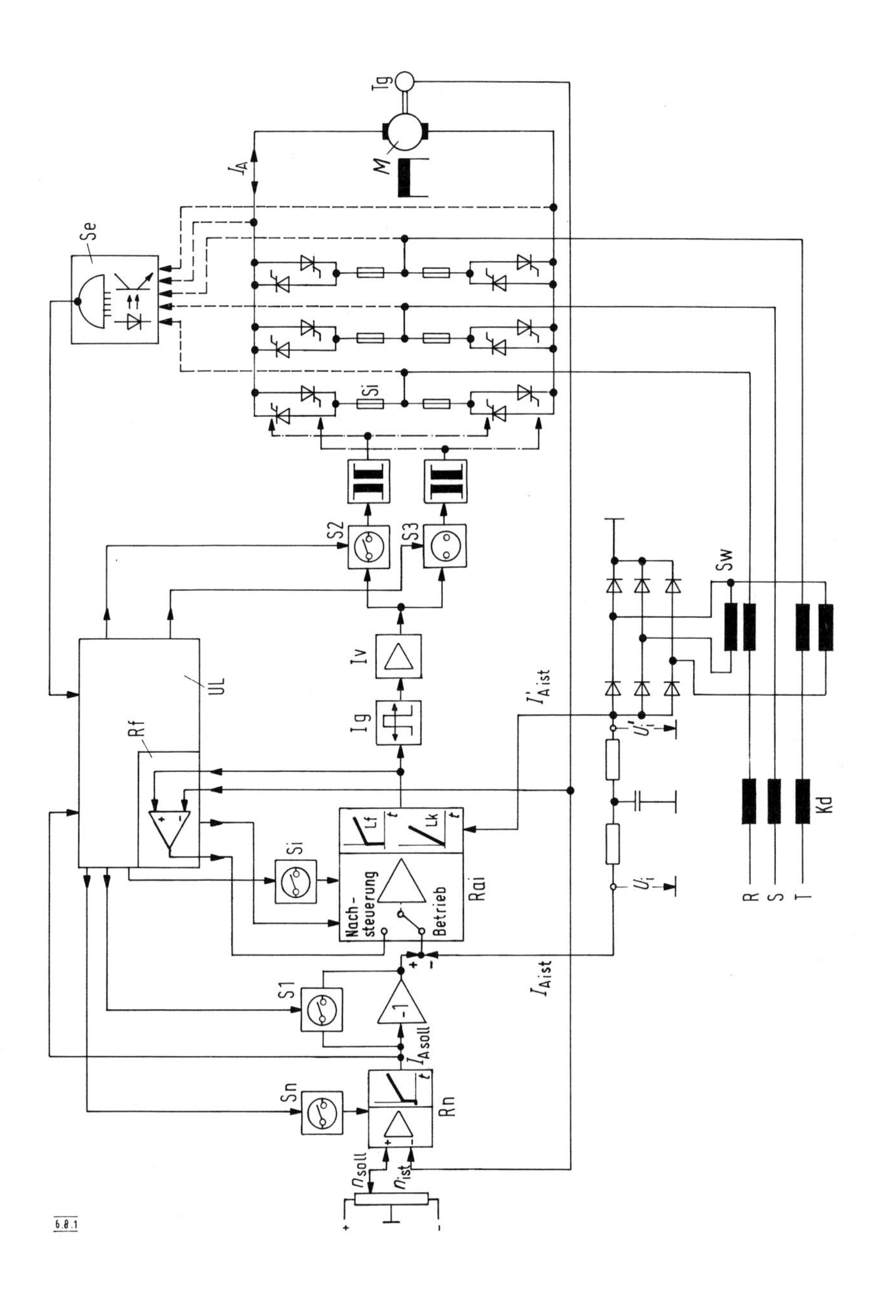

Bild 6.8.1 Regelschaltung für eine kreisstromfreie Gegenparallelschaltung

können unbedenklich die Impulse abgeschaltet und nach einer Sicherheitszeit von wenigen ms auf die andere Gruppe aufgeschaltet werden.

- Zentral wird die Momentenumkehr von der Umschaltlogik UL gesteuert. Sie betätigt auch die Reglersperren Sn und Si. Sie hat zusätzlich die Aufgabe, den Arbeitspunkt des Stromreglers Rai in der Zeit, da S2 und S3 offen sind, so festzulegen, daß er in etwa dem Wert entspricht, den er nach Freigabe der zugeschalteten Gruppe haben muß, so daß diese sofort Strom übernehmen kann. Wie in Bild 6.8.1 angedeutet, wird hierzu die Ausgangsspannung auf einen n_{ist} proportionalen Wert geregelt.

Das Motormoment kehrt sich um, sowohl bei einem Reversiervorgang wie auch bei einer vorübergehenden Bremsung ohne Änderung der Drehrichtung. Der zweite Fall wird vor allem bei Antrieben mit geringer Beharrungslast vorliegen, wie sie bei Stellantrieben auftreten. Beinahe jede Verzögerung wird dann zu einer Momentenumkehr führen. Besonders häufige Momentenumkehr ist bei Schleichdrehzahl zu erwarten, da sich in diesem Bereich das Reibungsmoment unregelmäßig ändert. Die Umschaltung der Stromrichtergruppen wird eingeleitet, sobald $n_{ist} > n_{soll}$ ist und dadurch $I_{A\,soll} \sim \Delta n$ negativ wird. Die bisher stromführende Gruppe geht in Wechselrichteraussteuerung, so daß der Ankerstrom null wird. Der Stromabbau beschleunigt sich durch die Lückbeschaltung des adaptiven Stromreglers Rai. Nachdem die vollständige Sperrung von Se oder Sw der Umschaltlogik gemeldet worden ist, schaltet diese die Impulse ab (z.B. durch Öffnen von S2) und legt die Reglersperren Sn und Si ein. In der nun folgenden Schaltpause von 2 bis 10 ms (der kleinere Wert gilt für die Sperrüberwachung durch Se) wird Si geöffnet und der Arbeitspunkt des Reglers Rai entsprechend der augenblicklichen Drehzahl, unter Berücksichtigung des folgenden Wechselrichterbetriebes, nachgeführt. Dadurch entfällt die zeitraubende Durchsteuerung des Stromreglers über den Hauptregelkreis. Nach der Pause und nachdem der richtige Regelsinn für die neue Momentenrichtung über S1 hergestellt worden ist, wird durch die Umschaltlogik U_1 die neu angeforderte Stromrichtergruppe durch Schließen von S3 und Öffnen von Sn in Wechselrichteraussteuerung freigegeben. Sobald der Ankerstrom den Lückbereich verläßt, wird der Stromregler auf die Lf-Beschaltung zurückgeschaltet. Bei einem Reversiervorgang wird nun der Motor mit Grenzstrom abgebremst und anschließend mit Grenzstrom in entgegengesetzter Drehrichtung beschleunigt.

6.8.2 Anker- und Feldumschaltung

Auf die zweite Stromrichtergruppe kann verzichtet werden, wenn zwischen Motor und Stromrichter über zwei Schalter eine Umpolung vorgenommen wird. Der Reversiervorgang läuft genauso wie in Abschnitt 6.8.1 beschrieben ab, nur muß die stromlose Pause, in der das eine Richtungsschütz aus- und das andere eingeschaltet werden, mit 200 bis 500 ms um Größenordnungen länger gewählt werden. Eine Zwischenbremsung ist deshalb nur bei Antrieben mit großen Trägheitsmomenten möglich. Auch die Reversierhäufigkeit ist beschränkt. Andererseits sind Wechsel-

stromschalter ausreichend, da die Kontaktbewegungen stromlos erfolgen, also Schaltlichtbögen nicht auftreten.
Die Umpolung der Ankerspannung kann auch über den Feldstrom erfolgen. Da sich der Feldstrom verhältnismäßig langsam ändert, erfordert der Reversiervorgang noch mehr Zeit. Aufwandsmäßig ist die Feldumkehrung gegen die Ankerumschaltung nur dann vorteilhaft, wenn wegen der ankerspannungsabhängigen Feldschwächung sowieso ein Feldstromrichter vorhanden ist und somit nur die Wendeschütze zusätzlich anfallen.

6.8.3 Stromrichterantrieb mit Kreuzschaltung

Die kreisstromfreie Gegenparallelschaltung benötigt Sondergeräte wie die Umschaltlogik und den adaptiven Stromregler. Die Kreuzschaltung kommt dagegen – wie **Bild 6.8.2** zeigt –, mit normalen analogen Regelgeräten aus. Außerdem ist als Vorteil zu buchen, daß Störimpulse zwar kurzzeitig zu durch die Kreisstromdrosseln begrenztem überhöhtem Kreisstrom, nicht aber zu Kurzschlußabschaltungen führen können. Die Kreuzschaltung wird trotzdem heute selten angewendet, da sie Kreisstromdrosseln und einen aufwendigen Dreiwicklungstransformator benötigt, was die Kosten und den Platzbedarf heraufsetzt.

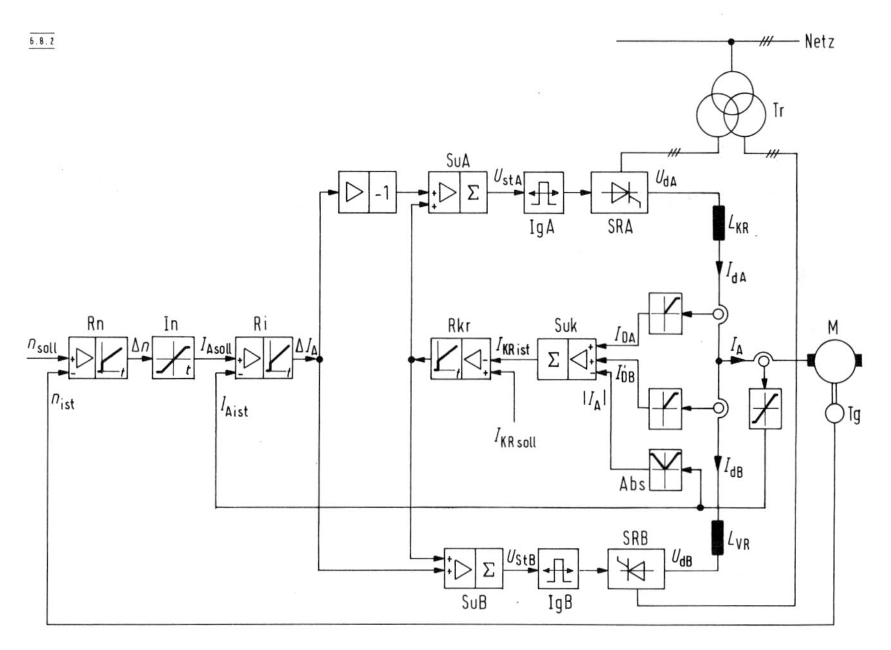

Bild 6.8.2 Regelschaltung für eine Kreuzschaltung mit Kreisstromregelung

In Bild 6.8.2 ist eine Schaltung mit einem Stromregler Ri angegeben. Die beiden Stromrichtergruppen müssen dann symmetrische Steuerkennlinien

$$U_d/U_{di} = \sin(\pi U_{st}/U_{stN}) \tag{6.8.1}$$

besitzen, so daß die Vorzeichenumkehr des ΔI_A-Signals für die Gruppe A genügt, um die Parallelsteuerung beider Gruppen zu gewährleisten. Um einen Kreisstrom zu erreichen, genügt es, den Arbeitspunkt beider Gruppen um einen kleinen Betrag in Richtung Gleichrichterendlage zu verschieben. Der störende Einfluß der Spannungsabfälle und Differenzen der Steuerkennlinien beider Impulssteuergeräte IgA, IgB auf den Kreisstrom läßt sich durch eine Kreisstromregelung beseitigen. Der Kreisstromistwert läßt sich nach der Beziehung bilden

$$\boxed{I_{dA} + I_{dB} - |I_A| = (I_A + I_{KR}) + I_{KR} - |I_A| = I_{KR} + (I_A + I_{KR}) = 2\,I_{KR}}\ . \tag{6.8.2}$$

Die drei Stromkomponenten werden in dem Glied Suk summiert und bilden den Kreisstromistwert. Die Kreisstromregelung erlaubt auch, den Kreisstrom bei großem Motorstrom vorübergehend herabzusetzen oder zu null zu machen.

6.9 Betriebsbedingungen netzgeführter Stromrichter

6.9.1 Netzanschluß

Das Versorgungsnetz hat bei diesem Stromrichtertyp nicht nur die elektrische Energie zu liefern, sondern spielt auch eine entscheidende Rolle bei den internen Steuerungsvorgängen; deshalb soll es folgende Bedingungen erfüllen:

- Die Energieversorgung muß zuverlässig sein, d.h., große Spannungseinbrüche sollen selten, unangemeldete Abschaltungen – auch einzelner Phasen – nur im Katastrophenfall erfolgen.
- Das Dreiphasensystem hat symmetrisch zu sein.
- Ein sinusförmiger Spannungsverlauf ist anzustreben.
- Die Kurzschlußleistung des Netzes im Einspeisepunkt soll möglichst groß sein, zumindest größer als die 20fache Stromrichterleistung.

Besondere Einspeiseverhältnisse liegen vor, wenn – wie in **Bild 6.9.1** gezeigt – mehrere Stromrichter über einen gemeinsamen Transformator gespeist werden, wie das bei großen Verladebrücken, Krananlagen der Fall ist. Damit sich die einzelnen Stromrichter nicht über die Spannungsoberschwingungen gegenseitig beeinflussen, soll der Transformator eine möglichst kleine Kurzschlußspannung haben und jeder Stromrichter Kommutierungsdrosseln erhalten.

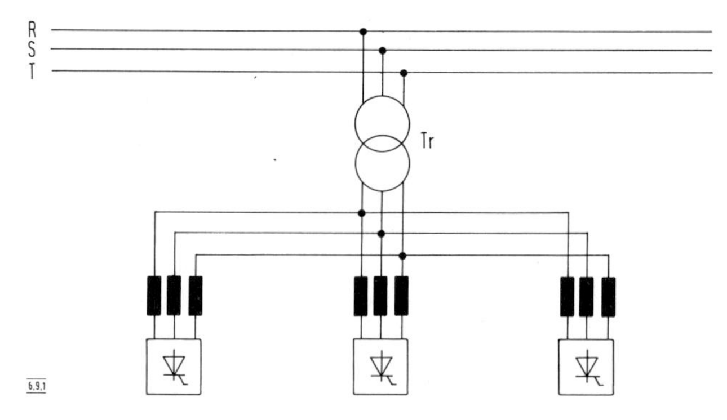

Bild 6.9.1 Speisung von mehreren Stromrichtern aus einem gemeinsamen Transformator

6.9.2 Ein- und Ausschaltefolge

Die hohe Reaktionsgeschwindigkeit des Stromrichters muß beim Ein- und Ausschalten berücksichtigt werden. Das Einschalten des in Bild 6.7.1 wiedergegebenen Einrichtungsantriebes muß in folgender Reihenfolge erfolgen:

- Spannungsversorgung Informationselektronik ein, Feldstrom (Schalter SF) ein, Lüfter (falls vorhanden) ein,
- n_{soll} auf null, Reglersperre Rsp ein,
- Leistungsblock an Spannung (SL),
- Reglersperre aus,
- n_{soll} freigeben.

Soll der Stromrichter als Wechselrichter auf einen laufenden Motor geschaltet werden, so sind vor »SL ein« die Impulse auf äußerste Wechselrichteraussteuerung zu stellen, um einen Stromstoß zu vermeiden.
Zum Abschalten wird zunächst der Leistungskreis stromlos geschaltet, indem beim Einrichtungsantrieb die Reglersperre eingelegt wird. Bei einem Wechselrichter oder einem Vierquadranten-Stromrichter wird n_{soll} auf null geschaltet, um den Motor mit Grenzmoment abzubremsen und danach die Reglersperre einzuschalten. Erst dann werden SL geöffnet und anschließend die übrigen Antriebsteile abgeschaltet.

6.9.3 Störungen und ihre Ursachen

Störungen können sich ergeben durch Fehler innerhalb des Stromrichtergerätes, durch den Einfluß des Netzes, wie unzulässige Spannungsschwankungen, Störspannungsspitzen, und durch Rückwirkungen der Arbeitsmaschine, wie plötzliche Entlastungen oder Blockiervorgänge. Während der Inbetriebnahme kommen Einstellungsfehler hinzu; hier sind am häufigsten: Falsche Phasenfolge bei dreiphasigen Stromrichtern, ungenügende Glättung des Gleichstromes bei zweipulsigen

Stromrichtern. Der Stellbereich wird oft begrenzt durch falschen Stromistwert oder falschen Drehzahlistwert.
Die Inbetriebnahme eines Stromrichters sollte nie ohne ein Oszilloskop erfolgen, da die Kurvenform der ungeglätteten Gleichspannung wichtige Aufschlüsse über Einstellungsfehler liefert. Das Oszillogramm von **Bild 6.9.2a** zeigt für $\alpha = 30°$ – da fehlerfreier Betrieb vorliegt – gleichmäßige Spannungskuppen. Aus **Bild 6.9.2 b1** ist zu ersehen, wie sich die Spannungen der beiden Halbbrücken ändern, wenn die an einer Phase liegenden Thyristoren fälschlicherweise mit $\alpha = 12°$ gezündet werden. Nach **Bild 6.9.2c1** erhöht sich im Verhältnis zu Bild 6.9.2a die Welligkeit der Gleichspannung. Das ist in noch stärkerem Maße der Fall, wenn nach **Bild 6.9.2 b2, c2** ein Thyristor durch Ansprechen der vorgeschalteten Sicherung ausgefallen ist. Bei niedrigerer Aussteuerung, z.B. $\alpha = 45°$, braucht man an der Drehzahl den Ausfall gar nicht zu merken, da der Drehzahlregler zur Kompensation der abgesunkenen Ankerspannung U_A den Arbeitspunkt sofort in Richtung $\alpha = 0$ verschiebt. Stromrichter größerer Leistung sollten deshalb Sicherungsmelder haben, die ein Signal abgeben oder den Hauptschalter öffnen. Sind mehrere Thyristoren pro Zweig parallelgeschaltet, so würde sich beim Ansprechen einer Sicherung die Kurvenform der ungeglätteten Gleichspannung nicht ändern. Nur über die Sicherungsmelder läßt sich dann ein Thyristorausfall feststellen.
In der **Tabelle 6.9.1** sind für den Einrichtungsantrieb nach Bild 6.7.1 einige Fehlerursachen und ihre Auswirkungen zusammengestellt. Jede Fehlfunktion kann demnach mehrere Ursachen haben, die tatsächliche Ursache wird sich allerdings leicht einkreisen lassen. Für die Wechselrichterkippung a21 sind 12 mögliche Ursachen angegeben, von denen u2, u3, u4 reine Netzfehler sind; u7, u8, u9, u10, u11 wirkt sich in einer zu kleinen Wechselrichterspannung aus und läßt sich genauer durch Oszilloskopieren der ungeglätteten Netzspannung bestimmen. Der Fehler u12 erfordert, wie alle intermittierenden Fehler, Geduld und sollte nach Möglichkeit im Gleichrichterbetrieb beobachtet werden, da hier sein Auftreten nicht zu einem gefährlichen Überstrom führt. Fehler u16 läßt sich im Gleichrichterbetrieb bei unerregtem und festgebremstem Gleichstrommotor korrigieren. Für die Überprüfung von u25 über ein Oszillogramm des Zündimpulses und der am zugehörigen Thyristor liegenden Wechselspannung wird man, nachdem die Nulldurchgänge der Netzspannung markiert sind, SL ausschalten und dann die Impulsendlagen messen.
Einstellungsfehler und Gerätefehler werden sich in der ersten Betriebszeit beseitigen lassen, Netzfehler dagegen können immer in Erscheinung treten und als Störspannungsfehler nach Netzänderungen oder Anschließen zusätzlicher Verbraucher sich bemerkbar machen. Neue Störspannungserzeuger können dabei große Hubmagnete, Leistungsschalter und Schütze bis zu kleinen Reedrelais sein. Abhilfe ist durch Beschaltung der Störgeneratoren oder durch Verbesserung der Beschaltung des gestörten Stromrichters möglich.

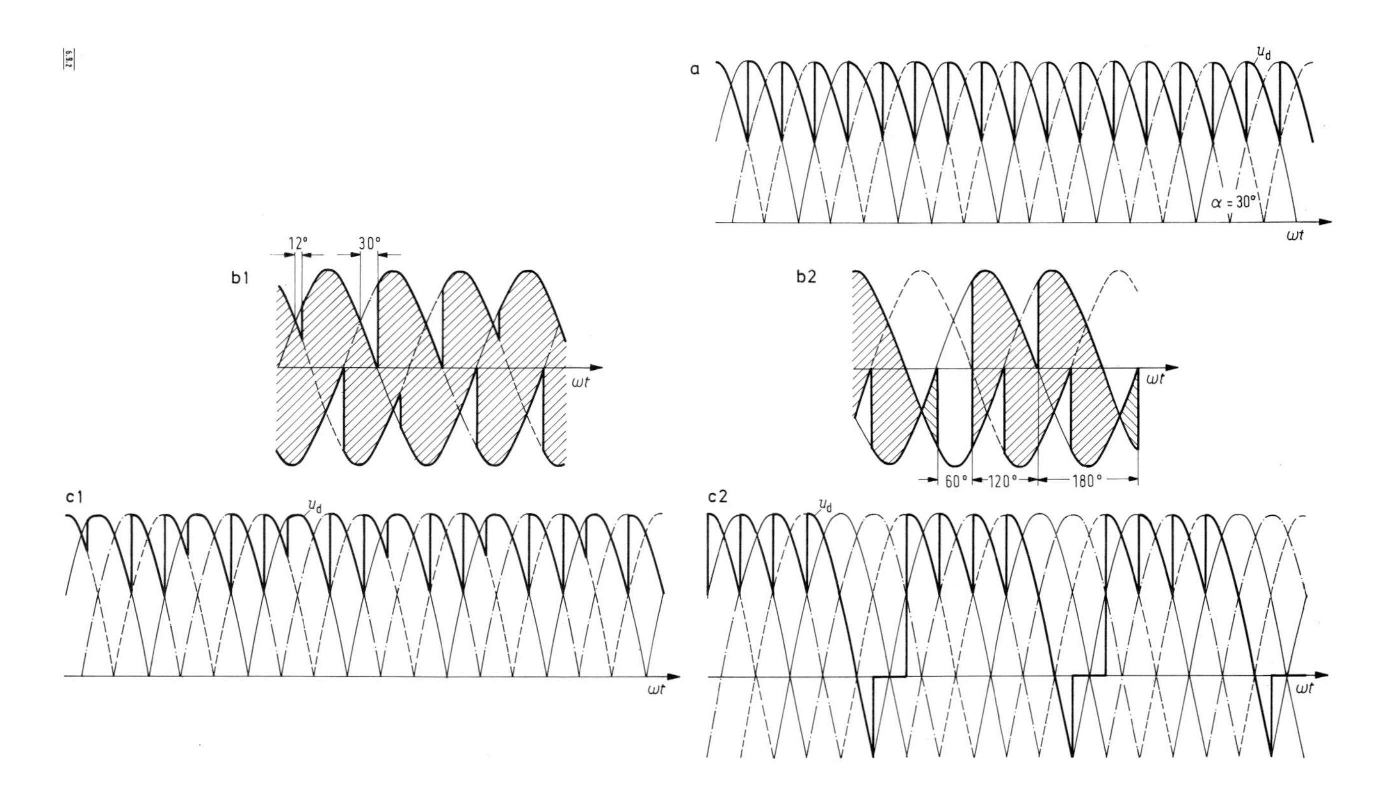

Bild 6.9.2 Kurvenform der ungeglätteten Gleichspannung
a) fehlerfreie Aussteuerung
b1, c1) unsymmetrische Aussteuerung
b2, c2) ein Thyristor ausgefallen

Fehler bei netzgeführten Stromrichtern — Ursachen / Auswirkungen		Einschaltbedingungen nicht erfüllt	Netzspannungs-unterbrechung	Ausfall einer Netzphase	Netzunterspannung	Netzüberspannung	Schaltüberspannung	falsche Phasenfolge (synchrone Steuerspannung falsch angeschlossen)	Eingangsbeschaltung defekt / unwirksam	Zündimpulse nicht ausreichend	Zündimpuls hat falsche Winkellage
		u 1	u 2	u 3	u 4	u 5	u 6	u 7	u 8	u 9	u 10
a 1	SR läßt sich nicht einschalten	+	+								
a 2	SR führt keinen Strom		+								
a 3	beim Einschalten des SR sprechen Sicherungen an						+		+		+
a 4	Gleichspannung erreicht nicht ihren Nennwert			+	+			+			+
a 5	Gleichspannung nimmt zu hohe Werte an					+					
a 6	Gleichspannung geht nicht auf Null							+			+
a 7	Unstete Steuerkennlinie			+				+			+
a 9	Motor läuft trotz Sollwert nicht an										
a 9	Motor läuft bei Sollwert Null hoch							+			+
a 10	Motor läuft bei kleiner Drehzahl ungleichmäßig			+				+			
a 11	Motor zeigt Bürstenfeuer bei Beschleunigung			+				+		+	+
a 12	Motor kommt nicht auf Nenndrehzahl				+			+		+	+
a 13	Überstrom im stationären Betrieb			+							
a 14	Überstrom bei Sollwert-änderungen										
a 15	Sicherungsauslösungen in größeren Abständen			+			+				
a 16	mehrmaliges Ansprechen der Sicherungen					+			+		
a 17	Thyristorausfälle ohne Überlast					+	+	+	+		
a 18	einzelne Thyristoren überlastet										+
a 19	einzelne Thyristoren zünden nicht			+				+			
a 20	Abschaltung im Wechselrichter-betrieb und niedriger Drehzahl		+					+		+	+
a 21	Abschaltung im Wechselrichter-betrieb bei hoher Drehzahl		+	+	+			+		+	+
a 22	Abschaltung wegen Übertemperatur										

Tabelle 6.9.1: Fehlerursachen und ihre Auswirkungen bei netzgeführten Stromrichtern

Zündimpuls fehlt	Impulssteuergerät durch Oberschwingungen/Fremd-impulse gestört	Impulsendstufe fehlerhaft	Impulsübertragung fehlerhaft	Verlust der Sperrfähigkeit eines Thyristors	Stromgrenze zu hoch eingestellt	Stromistwert fehlt	Stromregelkreis instabil	Glättungsinduktivität zu stromabhängig	Stromsollwert fehlt	Drehzahlsollwert fehlt	Drehzahlistwert fehlt	Drehzahlistwert falsch eingestellt	Drehzahlregelkreis instabil	Zündwinkelendlagen falsch eingestellt	Lastkreis unterbrochen	Gleichstrom lückt	falscher Feldstrom
u11	u12	u13	u14	u15	u16	u17	u18	u19	u20	u21	u22	u23	u24	u25	u26	u27	u28
		+							+						+		
				+	+	+						+					
+				+								+		+			
														+	+	+	
	+					+	+	+									
	+					+	+	+								+	
									+	+					+		+
	+					+	+	+			+						
+		+	+										+				
+	+	+	+		+											+	
	+								+			+		+			+
+			+		+												+
					+												+
	+	+	+											+			
				+			+										
				+													
														+			
	+																
+	+													+		+	
+	+				+									+		+	+
			+		+												

7 Drehstromantriebe mit selbstgeführten Umrichtern

7.1 Ausführungsvarianten

Während sich für netzgeführte Stromrichter einige wenige Standardschaltungen durchgesetzt haben, ist eine derartige Vereinheitlichung bei selbstgeführten Stromrichtern noch nicht festzustellen. Den hohen Aufwand im Bereich der Leistungselektronik suchten die Hersteller dadurch zu senken, daß, je nach Antriebs-Anforderungen, unterschiedliche Umrichtertypen entwickelt wurden und durch diese Spezialisierung Vereinfachungen und damit Kostensenkungen möglich wurden. Ob durch die löschbaren Thyristoren der Aufwand sich soweit senken läßt, daß Einheitsschaltungen, z.B. in Form des Pulsumrichters, wirtschaftlich möglich werden, ist abzuwarten. Bei allen Schaltungen mit unmittelbarer Antiparallelschaltung von Thyristoren und Dioden – wie in Bild 7.2.6 gezeigt – ist bereits durch rückwärtsleitende Thyristoren eine Kostensenkung zu verzeichnen.

7.1.1 Vergleich der Umrichter

In **Tabelle 7.1.1** sind die wichtigsten Umrichteranordnungen mit selbstgeführten Wechselrichtern zusammengestellt. In bezug auf die Zwischenkreise sind Spannungs-Zwischenkreise mit einem kapazitiven Speicher und Strom-Zwischenkreise mit einem induktiven Speicher zu unterscheiden. Ein ungepulster Wechselrichter, der je Halbwelle einen Spannungsblock liefert (Blockwechselrichter BWr), benötigt eine einstellbare Gleichspannung, die entweder über einen netzgeführten Stromrichter (UN-BWr) oder über einen ungesteuerten Gleichrichter und einen Gleichstromsteller (UGS-BWr) bereitgestellt wird. Ist die Bremsenergie in das Drehstromnetz zurückzuliefern (Nutzbremsung), so wird eine netzgeführte Gegenparallelschaltung (UNA-BWr) benötigt.
Einen besonders einfachen Zwischenkreis hat der Pulsumrichter (UG-PWr), da die Spannungssteuerung im Pulswechselrichter erfolgt und deshalb ein ungesteuerter Gleichrichter genügt. Zur Nutzbremsung muß allerdings diesem Gleichrichter ein netzgeführter Wechselrichter gegenparallel zugeschaltet werden (UGA-PWr).
Umrichter mit Spannungs-Zwischenkreis eignen sich zum Antrieb von Einzelmotoren mit einer dem Umrichter entsprechenden Leistung wie auch zum Antrieb mehrerer Motoren entsprechend kleiner Leistung. Bei einem einzelnen Motor ist wie beim Gleichstrommotor eine Drehzahlregelung möglich, wenn auch, bei mäßigen Anforderungen an die Lastunabhängigkeit der Drehzahl, nicht unbedingt erforderlich. Im Fall der Sammelschienenspeisung mehrerer Motoren bleibt nur die Vorgabe der Ausgangsfrequenz.
Eine Sonderstellung nimmt der Umrichter mit Strom-Zwischenkreis ein (IN-IWr). Der Wechselrichter wird mit einem über den netzgeführten Stromrichter N

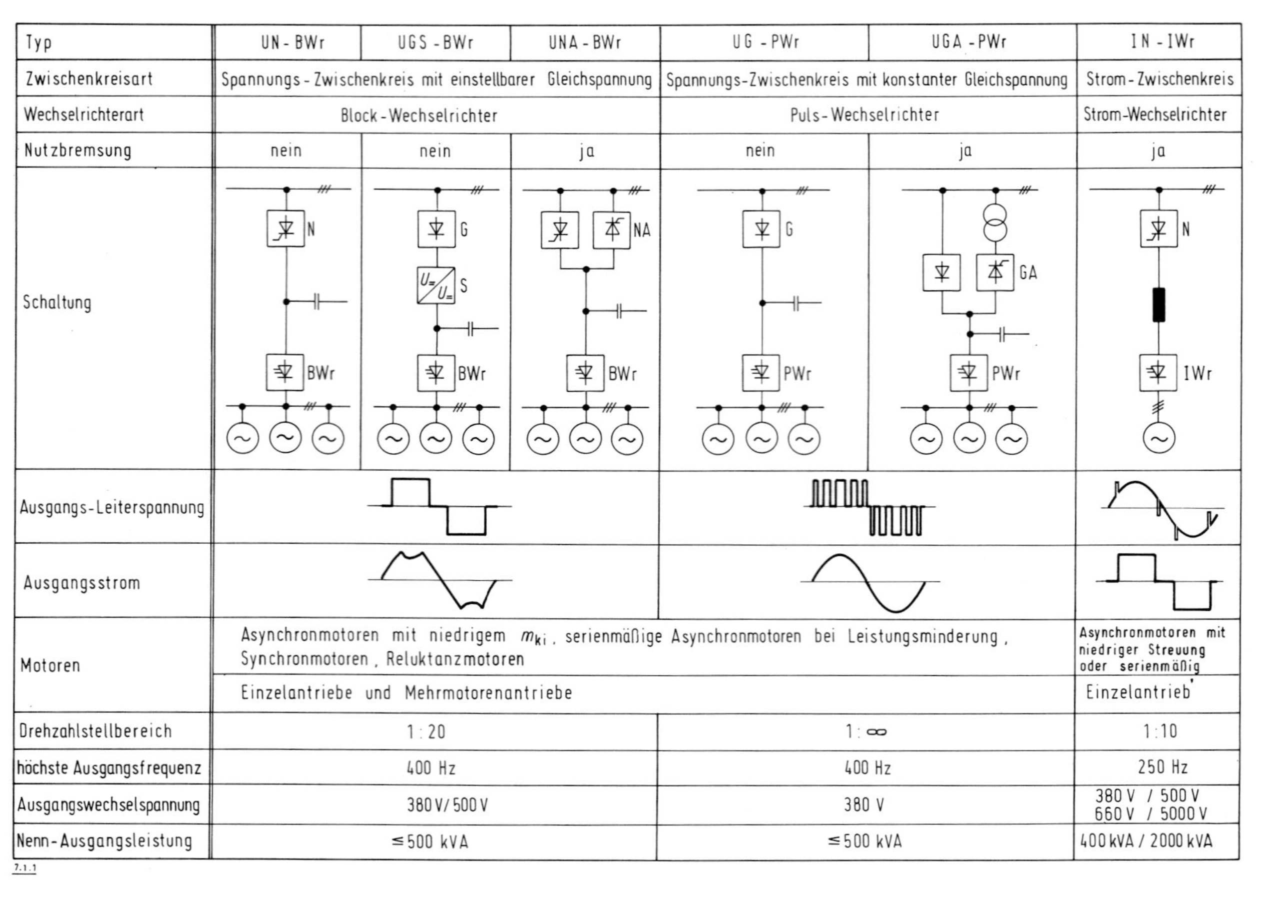

Typ	UN-BWr	UGS-BWr	UNA-BWr	UG-PWr	UGA-PWr	IN-IWr
Zwischenkreisart	Spannungs-Zwischenkreis mit einstellbarer Gleichspannung			Spannungs-Zwischenkreis mit konstanter Gleichspannung		Strom-Zwischenkreis
Wechselrichterart	Block-Wechselrichter			Puls-Wechselrichter		Strom-Wechselrichter
Nutzbremsung	nein	nein	ja	nein	ja	ja
Schaltung	N, BWr	G, S, $U_=/U_=$, BWr	NA, BWr	G, PWr	GA, PWr	N, IWr
Ausgangs-Leiterspannung						
Ausgangsstrom						
Motoren	Asynchronmotoren mit niedrigem m_{ki}, serienmäßige Asynchronmotoren bei Leistungsminderung, Synchronmotoren, Reluktanzmotoren					Asynchronmotoren mit niedriger Streuung oder serienmäßig
	Einzelantriebe und Mehrmotorenantriebe					Einzelantrieb
Drehzahlstellbereich	1 : 20			1 : ∞		1 : 10
höchste Ausgangsfrequenz	400 Hz			400 Hz		250 Hz
Ausgangswechselspannung	380 V/500 V			380 V		380 V / 500 V 660 V / 5000 V
Nenn-Ausgangsleistung	≤ 500 kVA			≤ 500 kVA		400 kVA / 2000 kVA

7.1.1

Tabelle 7.1.1: Ausführungsvarianten für Umrichter mit selbstgeführten Wechselrichtern

einstellbaren Strom gespeist. Im Bremsbetrieb ist die gleiche Stromrichtung wie im Treibbetrieb vorhanden, nur polt sich die Zwischenkreisspannung um. Dadurch kann der netzgeführte Stromrichter in Wechselrichteraussteuerung die Bremsenergie in das Drehstromnetz zurückspeisen.
Beim Strom-Wechselrichter bestimmt der Motor die Bemessung der Löschkondensatoren, so daß der Motor nachträglich nicht ohne Änderung der Kondensatoren gewechselt werden darf. Meist wird ein Einzelmotor über einen Strom-Wechselrichter gespeist. Es können auch mehrere Motoren sein, wenn sichergestellt ist, daß sie immer gleichzeitig eingeschaltet sind.

7.1.2 Verwendete Motoren

Synchronmotoren
Wie in Abschnitt 3.8 ausgeführt wurde, gibt es mehrere Möglichkeiten zur Drehzahlsteuerung von Synchronmotoren: Selbstgeführter Synchronmotor (Stromrichtermotor), Fremdsteuerung über Maschinen-kommutierten Stromrichter, Steuerung über Direktumrichter und schließlich Steuerung über selbstgeführten Umrichter. Synchronmotoren finden vorzugsweise bei großen Leistungen Anwendung, für die die drei erstgenannten Steuerverfahren gut geeignet sind und dabei geringere Aufwendungen als bei einem selbstgeführten Umrichter erfordern. Für kleine Leistungen werden permanenterregte Synchronmotoren vorgesehen.

Reluktanzmotoren
Die Hauptvorteile der Reluktanzmotoren, wie einfachster Läuferaufbau und gute asynchrone Anlaufeigenschaften, sind vor allem bei Vielmotorenantrieben kleiner Leistung wichtig, wie sie in der Textilindustrie Anwendung finden. Sie können gruppenweise auf einen in Betrieb befindlichen Umrichter geschaltet werden, worauf die Motoren asynchron hochlaufen und sich selbst synchronisieren. Reluktanzmotoren größerer Leistung werden dort vorgesehen, wo ein synchroner Antrieb einstellbarer Drehzahl gefordert ist und gleichzeitig die Wartung der Maschine besonders erschwert ist.

Käfigläufermotoren
Der wichtigste Motor für den selbstgeführten Umrichter ist der Käfigläufermotor. Er wird deshalb den Betrachtungen in den Abschnitten 7.2 und 7.3 ausschließlich zugrunde gelegt. Die Anforderungen an den Motor sind im einzelnen in Abschnitt 3.6 erläutert. In der Praxis werden sowohl serienmäßige, für den direkten Netzbetrieb vorgesehene Motoren wie auch speziell für den Umrichterbetrieb bemessene Motoren verwendet. Der Umrichterbetrieb stellt wegen des Oberschwingungsgehalts von Strom und Spannung eine Erschwernis dar, andererseits aber auch eine Erleichterung, da alle mit dem asynchronen Anlauf zusammenhängenden Probleme entfallen. Deshalb ist die Stromverdrängung im Läufer überflüssig, ja wegen der zusätzlichen Oberschwingungsverluste sogar unerwünscht.

7.1.3 Leistungsbereiche

In Tabelle 7.1.1 sind für die einzelnen Wechselrichtertypen Grenzleistungen angegeben. Sie beziehen sich auf Umrichtertypenreihen, die unabhängig von der späteren Anwendung gefertigt und auf dem Markt angeboten werden. Daneben werden wesentlich größere Leistungen für spezielle Anwendungsfälle erstellt, allerdings dann mit Puls-Wechselrichter und für einfachere Antriebsaufgaben mit Strom-Wechselrichter. Die hervorstechendste Anwendung des Puls-Umrichters ist wohl die Wechselrichter-Lokomotive der Deutschen Bundesbahn BR 120 mit einer Dauerleistung von 5,6 MW, die auf vier Pulswechselrichter mit einer Leistung von je 1,5 MVA aufgeteilt ist. Die Zwischenkreisspannung beträgt 2800 V und die maximale Taktfrequenz 200 Hz.

7.2 Umrichter mit Spannungs-Zwischenkreis

Umrichter mit Spannungs-Zwischenkreis ersetzen für den Motor das 50-Hz-Netz durch ein Drehspannungssystem einstellbarer Frequenz. Allerdings weicht die Kurvenform der Umrichter-Ausgangsspannung von der Sinusform ab, so daß auch der Motorstrom Oberschwingungen aufweist. Das erhöht die Verluste in Ständer und Läufer, wie in den Abschnitten 3.6.8.1.4 und 3.6.8.1.5 ausgeführt ist und beeinträchtigt nach Abschnitt 3.6.8.1.6 über die Pendelmomente die Betriebseigenschaften des Motors bei kleiner Drehzahl.
Bei einem einzelnen Motor kann, wie beim Gleichstrommotor, eine überlagerte Drehzahlregelung zweckmäßig sein, wenn sie auch, bei mäßigen Anforderungen an die Lastunabhängigkeit der Drehzahl, nicht unbedingt erforderlich ist. Im Fall der Sammelschienenspeisung mehrerer Motoren beschränkt man sich auf die Vorgabe der Ausgangsfrequenz f_s. Wenn es sich hierbei um Synchron- oder Reluktanzmotoren handelt, ist damit auch der Drehzahlgleichlauf sichergestellt.
Zunächst soll ein idealer Spannungs-Zwischenkreis mit vollständig geglätteter Spannung, vernachlässigbarem Innenwiderstand und geeignet zur Leistungsrückspeisung angenommen werden, so daß nur der motorseitige Wechselrichter betrachtet zu werden braucht.

7.2.1 Kommutierungsschaltungen

Die Kommutierung des Laststromes von einem Thyristor zum nächsten, die beim netzgeführten Stromrichter durch das Zünden des Folgeventils von der Netzspannung selbst durchgeführt wird, macht beim selbstgeführten Wechselrichter eine mehr oder weniger aufwendige Löschschaltung erforderlich. Sie ist am einfachsten bei der Folgelöschung und am größten bei der Einzellöschung, wenn sich jedes Ventil unabhängig von den anderen löschen läßt.

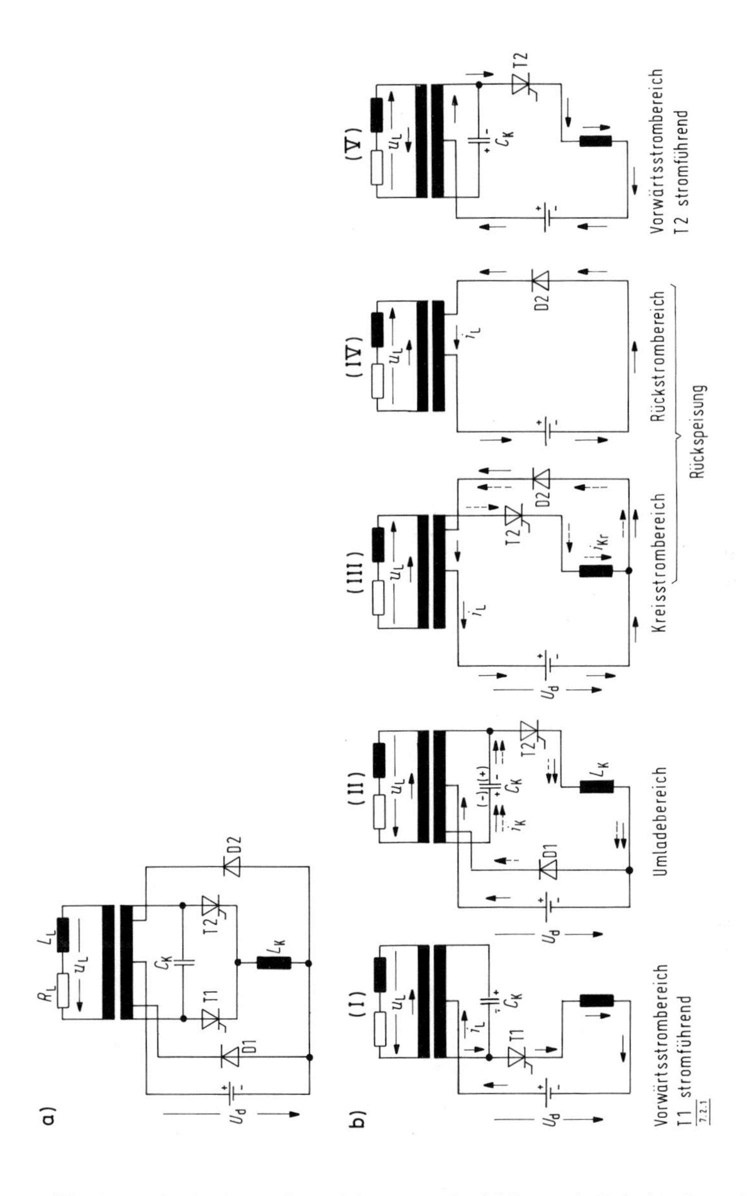

Bild 7.2.1 Einphasiger selbstgeführter Wechselrichter mit Folgelöschung (a) bI)...bV) Kommutierungsablauf

7.2.1.1 Folgelöschung

7.2.1.1.1 *Einphasiger Wechselrichter*

Die einfachste selbstgeführte Wechselrichterschaltung ist in **Bild 7.1.1a** wiedergegeben. Durch die Blindlastkomponente L_L werden neben den beiden Thyristoren T1, T2 und dem Kommutierungskondensator C_k die Blindstromdioden D1, D2 notwendig. Sie führen in den Zeitabschnitten Strom, in denen im Verbraucher Strom und Spannung entgegengesetztes Vorzeichen haben. L_k dient zur Entkopplung des Thyristorkreises gegenüber dem Diodenkreis.

Durch die Zustandsbilder, **Bild 7.1.1b** (I) bis (V), wird die Kommutierung des Laststromes deutlich gemacht. In (I) ist T1 stromführend. Der Kommutierungskondensator C_k ist in der angegebenen Polarität aufgeladen. Die Kommutierung wird nach (II) durch die Zündung von T2 eingeleitet. Die Kondensatorspannung liegt in Sperrichtung an T1 und sorgt für dessen Sperrung. Anschließend wird C_k umgeladen, wobei L_L dafür sorgt, daß der Umladestrom gleich dem vorher fließenden Laststrom ist. Außerdem ist ein Stromkreis für i_k (gestrichelt) geschlossen, der ebenfalls zur Kondensatorumladung auf die nicht eingeklammerte Polarität beiträgt. Das Umschwingen darf nicht zu schnell erfolgen, da für die Dauer der Freiwerdezeit an T1 Spannung in Sperrichtung liegen muß.

Sobald T1 in Sperrung geht, polt sich am Verbraucher die Spannung u_L um, während der Strom i_L – bedingt durch L_L – zunächst seine bisherige Polarität behält und nach (III), (IV) von der Blindstromdiode D2 geführt wird. Nach (III) tritt vorübergehend ein Kreisstrom zwischen T2 und D2 auf, der dadurch schnell abklingt, daß D2 an einem Abgriff des Transformators liegt und die Abgriffspannung dem Kreisstrom entgegen wirkt. Sobald i_L sein Vorzeichen umkehrt, übernimmt T2 den Laststrom, bis durch Zünden von T1 die folgende Kommutierung eingeleitet wird. In den Betriebszuständen (III) und (IV) wird Energie in die

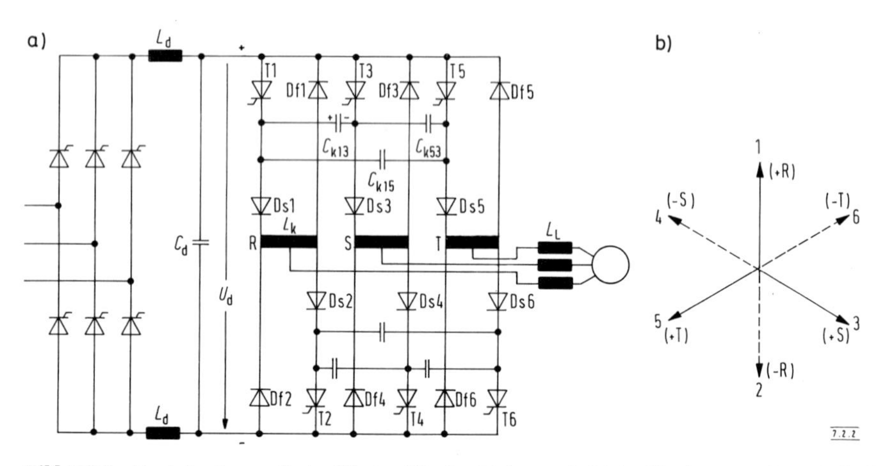

Bild 7.2.2 Dreiphasiger selbstgeführter Wechselrichter mit Folgelöschung und veränderlicher Zwischenkreisspannung

Gleichspannungsquelle zurückgeliefert, vorausgesetzt, sie kann von ihr aufgenommen werden.

7.2.1.1.2 *Dreiphasiger Wechselrichter*

Die Folgelöschung ist auch auf dreiphasige Wechselrichter anwendbar, wie **Bild 7.2.2a** zeigt. Jeder Zweig der Drehstrombrückenschaltung besteht aus dem Lastthyristor T, der Freilaufdiode Df für die Last mit induktiver Komponente, der Sperrdiode Ds, der Kommutierungsinduktivität L_k für einen sprungfreien Übergang des Stromes von T nach Df und dem Kommutierungskondensator C_k. Die Zweige 1, 3, 5 kommutieren unter sich und unabhängig von den Zweigen 2, 4, 6. Die Sperrdioden verhindern ein unerwünschtes Entladen der Kommutierungskondensatoren über den Lastkreis. Die Zündfolge ist T1, T6, T3, T2, T5, T4, sie geht aus dem Zeigerdiagramm der Grundschwingung **Bild 7.2.2b** hervor.
Auf den genauen Verlauf des Lösch- und Kommutierungsvorganges soll hier nicht eingegangen werden. Auf besondere Löschthyristoren kann verzichtet werden, da der zu löschende Thyristor vorher selbst den Löschkondensator in der richtigen Polarität aufgeladen hat. Der Thyristor T1 lädt z.B. C_{k13} und die zu ihm parallel geschaltete Reihenschaltung von C_{k15}, C_{k53} in der angegebenen Polarität auf $U_d/2$ auf. Zur Löschung von T1 wird C_{k13} durch Zünden von T3 parallel zu T1 geschaltet, wobei der Entladestrom dem Laststrom entgegenfließt. Der genaue Kommutierungsverlauf bei Folgelöschung geht aus Bild 7.3.1 hervor.
Die Schaltung nach Bild 7.2.2 ist nur für veränderliche Zwischenkreisspannung anwendbar und erlaubt nicht, die Ladespannung der Kondensatoren für den ungünstigsten Lastfall heraufzusetzen. Er kann auftreten beim Anfahren der Arbeitsmaschine bei niedriger Drehzahl und hohem Lastmoment. Ihre Anwendung beschränkte sich deshalb auf Mehrmotorenantriebe mit kleinem Frequenz-Stellverhältnis, bei denen der Frequenzanlauf entlastet erfolgen kann oder gruppenweiser asynchroner Anlauf zulässig ist.

7.2.1.2 Einzellöschung

Die größte Freiheit in der Steuerung des Wechselrichters erlaubt die Einzellöschung der Leistungsthyristoren, da die Löschung einer Ventilgruppe und die Zündung der folgenden unabhängig voneinander sind und somit zu verschiedenen Zeitpunkten erfolgen kann. Dadurch ist es möglich, eine Ventilgruppe – von denen bei einer Drehstrombrückenschaltung sechs vorhanden sind – mehrfach zu zünden und zu löschen, ohne den Strom auf die nächste Gruppe kommutieren zu lassen, wie das beim Pulsstromrichter notwendig ist.
Bei dem in **Bild 7.2.3** wiedergegebenen Wechselrichter wird von der Gegentaktlöschschaltung Gebrauch gemacht, deren Eigenschaften in Abschnitt 5.2.9.2 anhand von Bild 5.2.40 und Bild 5.2.41 erläutert werden. Wegen der induktiven Lastkomponente ist jeder Ventilgruppe eine Blindstromdiode antiparallel geschaltet, die immer Strom führen muß, wenn Laststrom und Lastspannung (Sternspannung) entgegengesetztes Vorzeichen haben. Das ist der Fall im Treibbetrieb am Ende einer Laststrom-Grundschwingungshalbwelle und im Bremsbetrieb während des überwiegenden Teils der Laststrom-Grundschwingungshalbwelle.

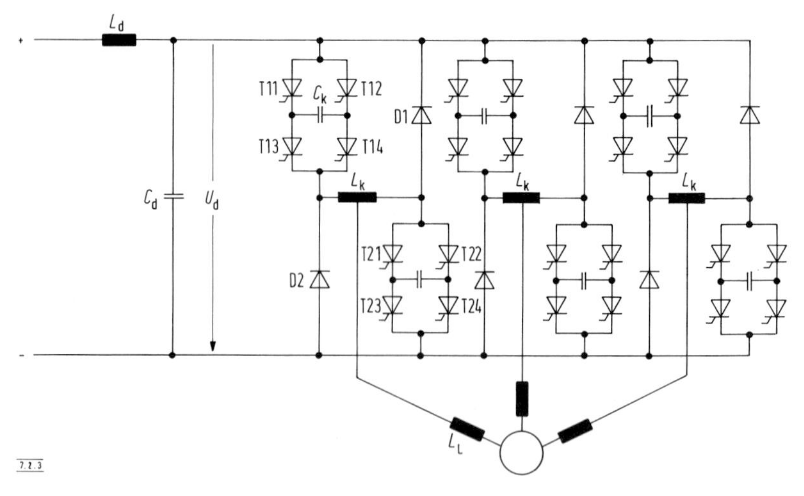

Bild 7.2.3 Dreiphasiger selbstgeführter Wechselrichter mit Einzellöschung

Die Schaltung nach Bild 7.1.3 ist aufwendig – wegen der großen Anzahl schneller Frequenz-Thyristoren und der sechs Kommutierungskondensatoren C_k. Ohne Pulsung lassen sich mit dieser Schaltung die höchsten Motorfrequenzen erreichen, da bei der Gegentaktlöschung die Kondensatorspannung in beiden Polaritäten zur Löschung geeignet ist.

7.2.1.3 Phasenlöschung

Da in der Regel die Zuordnung der sechs Ventilgruppen zu den Motorphasen während des Betriebes nicht geändert wird, liegt es nahe, die zwei Ventilgruppen jeder Phase über eine gemeinsame Löscheinrichtung zu steuern.

7.2.1.3.1 *Gegentakt-Phasenlöschung*

Das **Bild 7.2.4** zeigt nach [7.14] eine Löschschaltung, in der eine Gegentakt-Löschgruppe, bestehend aus T11, T12, T14, T15 und C_k, über die Koppelthyristoren T13, T16 die Lastthyristoren T1, T2 löscht. Die in Bild 7.2.4 eingeklammert angegebene Polarität der Kondensatorspannung ist für die durch das Zünden von T11 und T13 eingeleitete Löschung von T1 erforderlich. Der gestrichelte Kondensatorstrom i_k fließt zunächst in Sperrichtung über T1 und bewirkt dessen Sperrung bei $i_k = i_L$. Danach kommutiert i_k in die Motorzuleitung und wird durch L_L konstant gehalten, so daß C_k mit dem Strom $i_k = i_L$ entladen wird. Die Entladezeit muß größer als die Freiwerdezeit t_q von T1 sein. Mit gleichem Strom wird C_k mit entgegengesetzter Polarität wieder aufgeladen bis $u_c = U_d$ ist. Trotzdem läßt L_L ein Absinken des Laststromes nicht zu, dieser fließt vielmehr, den strichpunktierten Pfeilen folgend, über D2 weiter.

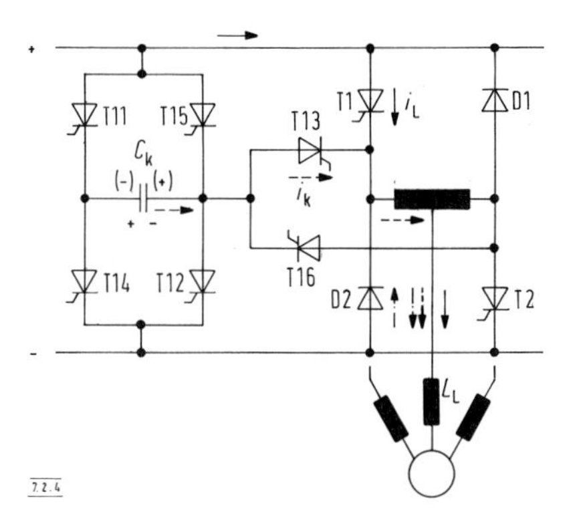

Bild 7.2.4 Gegentakt-Phasenlöschung

Bei der geschilderten Umladung von C_k werden die Thyristoren T12 und T15 nicht benötigt. Sie werden nur außerhalb des Löschvorgangs zur Nachladung von C_k kurzzeitig gezündet, um die bei größeren Löschpausen auftretende, ungewollte Kondensatorentladung wieder auszugleichen.

7.2.1.3.2 *Laststromabhängige Löschung*

Bei den bisher gezeigten Löschschaltungen erfolgt die Umladung des Kommutierungskondensators mit dem Laststrom, so daß bei großem Laststrom die Entladezeit kleiner als bei kleinem Laststrom ist und unter Umständen kleiner als die Freiwerdezeit werden kann. Es besteht somit bei Überstrom die Gefahr, daß der gesperrte Thyristor während der zweiten Hälfte der Umladezeit ungewollt wieder durchschaltet. Die Lastabhängigkeit der Löschgrenze wird noch kritischer, wenn die Zwischenkreisspannung U_d nicht konstant ist, sondern proportional der Motorfrequenz geführt wird. Das zulässige Motormoment muß dann bei kleiner Drehzahl herabgesetzt werden.

Das **Bild 7.2.5** zeigt eine Schaltung nach [7.07], die die Lastabhängigkeit der Löschgrenze weitgehend aufhebt. Jedem der beiden Lastthyristoren T1, T2 ist ein

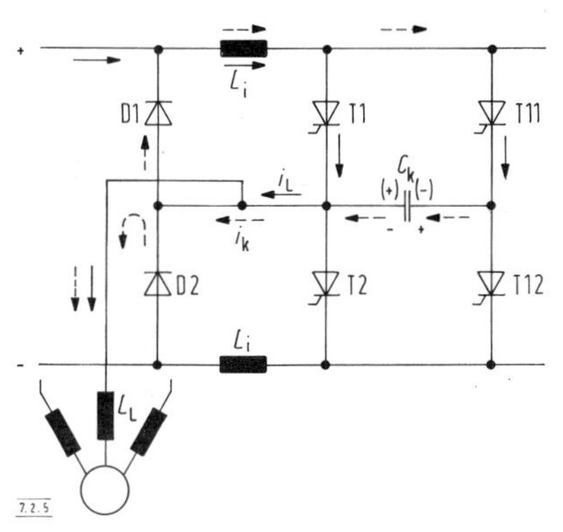

Bild 7.2.5 Laststromabhängige Phasenlöschung

Löschthyristor T11, T12 zugeordnet. Wird zur Löschung von T1 der Thyristor T11 gezündet, so entlädt sich der mit der eingeklammerten Polarität aufgeladene Kondensator C_k zunächst über T1 und danach über den Lastkreis. Zusätzlich ist ein zweiter Umschwingkreis T11, C_k vorhanden, der sich über die Drossel L_i schließt, die vor dem Löschen vom Laststrom durchflossen war. Sie stellt einen induktiven Speicher mit dem Energieinhalt 0,5 $L_i \cdot I_L$ dar, der eine die Umladung verstärkende Spannung in den Kreis induziert und für eine höhere Aufladung des Kondensators in der nicht eingeklammerten Polarität sorgt. Nach erfolgter Umladung hält L_L den Laststrom über D2 aufrecht.

7.2.1.3.3 *Umschwingungslöschung*

Die Entladung des Kommutierungskondensators C_k durch Schließen eines induktivitätsarmen Kreises läßt den Entlade- bzw. Umladestrom schnell ansteigen, so daß das zu löschende Ventil schnell gesperrt wird und starke Einschwingvorgänge auftreten, die durch leistungsfähige Beschaltungen gedämpft werden müssen. Demgegenüber läßt sich der Anstieg des Löschstromes in gewünschten Grenzen halten, wenn die Entladung über einen Reihenresonanzkreis erfolgt, in dem auch der Löschthyristor liegt. Dessen Richtcharakteristik läßt nur eine Halbschwingung zu, an deren Ende der Löschkondensator umgeladen ist. Nach diesem Prinzip arbeiten die in [7.12] und [7.13] beschriebenen phasenmäßig organisierten Löscheinrichtungen. Hier soll die Schaltung nach [7.13] betrachtet werden.
Das Bild 7.2.6a zeigt den dreiphasigen Wechselrichter. Nur für die Phase R ist die Löscheinrichtung eingezeichnet. Die Kommutierungsschritte beim Löschen des Thyristors T1 und der Umkehr der Motorspannung bei unveränderter Polarität des Motorstromes – wie sie beim Pulswechselrichter auftritt – sind in **Bild 7.2.6 I** bis **IX** wiedergegeben. Von dem Zustand (I) ausgehend, wird nach (II) das Löschen von T1 durch Zünden von T3 eingeleitet. Sobald der gestrichelte Schwingstrom i_k den Wert des voll ausgezogenen Laststromes i_s erreicht hat, geht T1 in Sperrung. Beide Ströme werden dadurch aber nicht unterbrochen, sondern kommutieren – wie (III) zeigt – zur Diode D1. In diesem Betriebszustand liegt an dem soeben gesperrten Thyristor T1 eine Sperrspannung von der Größe der Durchlaßspannung der Diode D1. Erst wenn i_k nach Durchlaufen des Maximums unter den Wert von i_L absinkt, geht D1 in Sperrung und der Zustand (IV) ist erreicht. Bei Zustand (IV) wird C_k mit dem Laststrom i_L, den Z_L konstant hält, umgeladen.
Das Vorzeichen der am Verbraucher liegenden Spannung wird nach (V) durch Zünden von T2 umgekehrt. Allerdings bleibt T2 nur solange stromführend, wie $i_k > i_L$ ist. Sinkt i_k unter den Wert von i_L, kommutiert der resultierende Strom $i_L - i_k$ nach D2. Ist schließlich $i_k = 0$ geworden (VII), so ist die Umladung von C_k beendet, während der Laststrom weiter von D2 geführt wird.
Die Umschaltung in die ursprüngliche Spannungsrichtung wird nach (VIII) durch Zünden von T4 eingeleitet. Schwingstrom i_k und Laststrom i_L durchfließen D2 in gleicher Richtung. Wird danach allerdings T1 nach (IX) gezündet, so fließt über T1, D2 ein Kommutierungsstrom, der D2 sperrt. Sowohl Laststrom wie auch Schwingstrom werden danach von T1 geführt und C_k vollständig umgeladen, bis sich wieder der Zustand (I) ergibt.

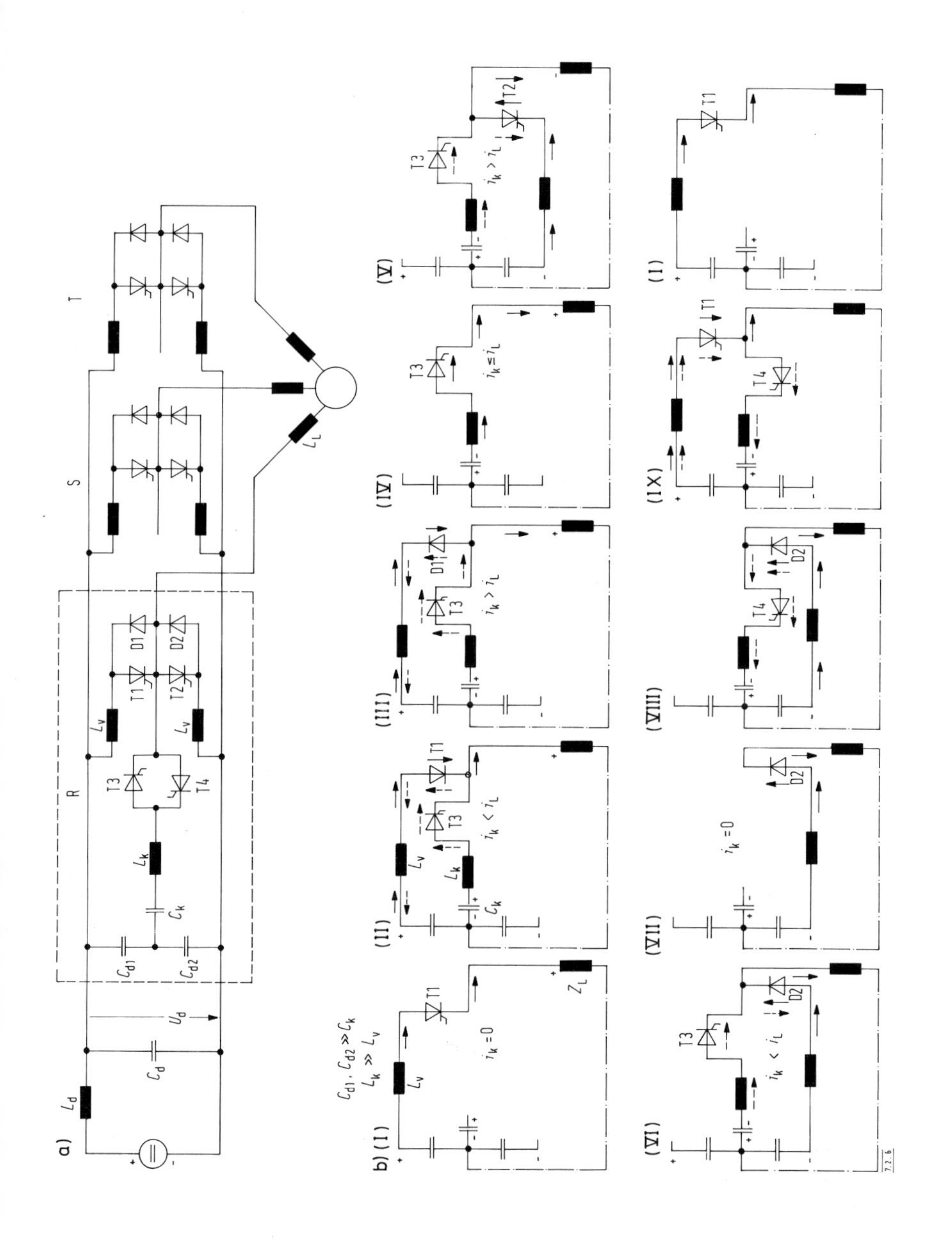

Bild 7.2.6 Selbstgeführter Wechselrichter mit phasenweiser Umschwinglöschschaltung
a) Löschschaltung für eine Phase
bI)... bIX) Kommutierungszyklus bei konstantem Laststrom

7.2.1.4 *Summenlöschung*

Der Aufwand für die Kommutierungseinrichtung läßt sich weiter senken, wenn ein Löschkreis für alle sechs Ventilgruppen einer Drehstrombrückenschaltung vorgesehen wird. Allerdings muß der Löschkreis je Periodendauer der Motorspannung sechs Löschimpulse liefern, so daß die Motorfrequenz auf einen Bereich von maximal 200 Hz begrenzt bleibt. Die meisten Anwendungen von Umrichterantrieben kommen mit dieser oberen Grenzfrequenz aus.
Das **Bild 7.2.7a** zeigt nach [7.08] einen Umrichter mit Summenlöschung, bei dem die Ladung des Kommutierungskondensators von einer Fremdspannungsquelle

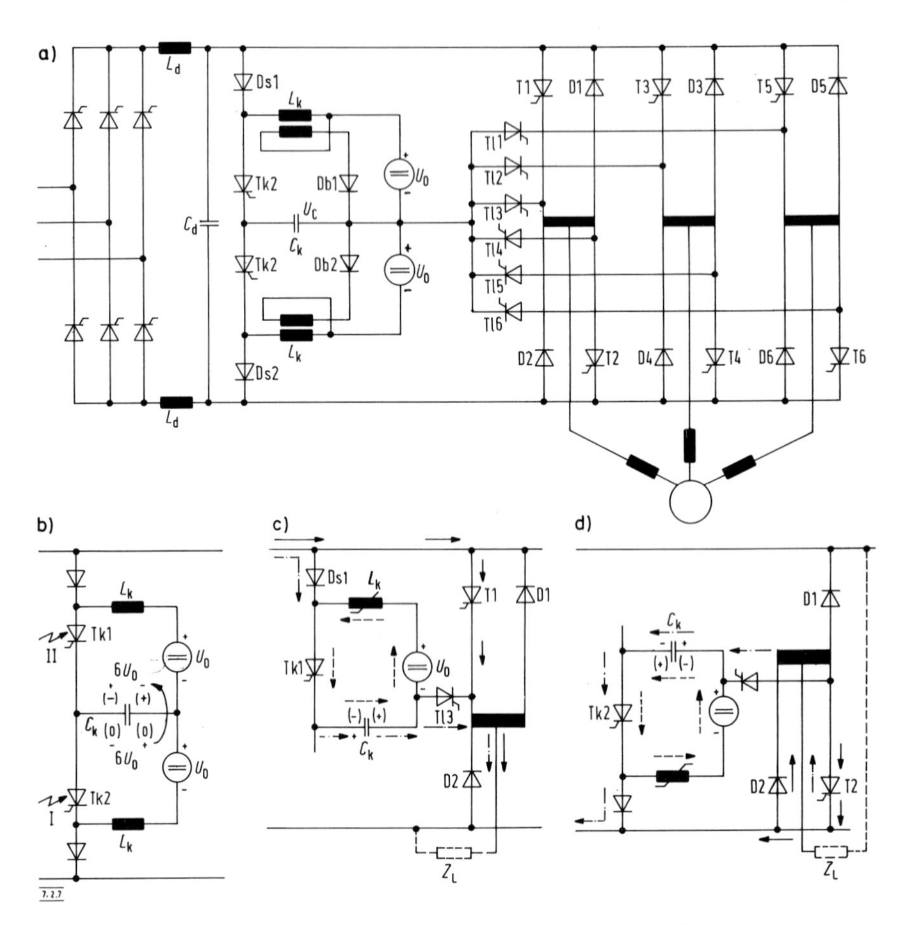

Bild 7.2.7 Selbstgeführter Wechselrichter mit Summen-Umschwinglöschschaltung (a)
b) vereinfachte Löschschaltung
c, d) Löschung der Lastthyristoren T1, T2 und Umschwingen der Kondensatorspannung

mit der Spannung $\pm U_0$ geliefert wird. Dadurch eignet sich diese Schaltung vor allem für den Betrieb des Wechselrichters mit veränderlicher Zwischenkreisspannung.
Der Kondensator C_k wird durch wechselweises Zünden der Thyristoren Tk1, Tk2 mit unterschiedlicher Polarität aufgeladen. Die Löschthyristoren Tl1 bis Tl6 führen die Entladeströme den zu löschenden Lastthyristoren T1 bis T6 zu. Die Dioden Ds1, Ds2 sorgen dafür, daß der Kommutierungskondensator nicht aus dem Zwischenkreis geladen wird. Der Sekundärkreis der Schwingdrossel L_k, in dem die mit U_0 negativ vorgespannte Diode Db liegt, dient zur Begrenzung der Kondensatorspannung.
Wird zunächst L_k als konstant angenommen, so wird der Umschwingvorgang durch die folgende Differentialgleichung bestimmt

$$L_k \frac{di_k}{dt} + \frac{1}{C_k} \int i_k \, dt + U_0 + U_{c0} = 0 \tag{7.2.1}$$

$$\frac{d^2 i_k}{dt^2} + \omega_{0r}^2 i_k = 0 \qquad \omega_{0r} = 1/\sqrt{C_k L_k}$$

$$i_k(+0) = 0, \; di_k(+0)/dt = (U_0 + U_{c0})/L_k$$

$$i_k(p) = \frac{U_0 + U_{c0}}{L_k} \frac{1}{p^2 + \omega_{0r}^2}$$

$$u_L(t) = L_k \frac{di_k(t)}{dt} = (U_0 + U_{c0}) \cos(\omega_{0r} t) \tag{7.2.2}$$

$$U_{Lm} = U_0 + U_{c0}$$

$$u_c(t) = \frac{1}{C_k} \int i_k(t) \, dt = -2(U_0 + U_{c0})\,(1 - \cos(\omega_{0r} t)) \tag{7.2.3}$$

$$U_{cm} = -2(U_0 + U_{c0})$$

Die Umschwinganordnung stellt eine Spannungsvervielfacherschaltung dar. Beim ersten Umschwingen ist

$$U_{c0} = 0 \rightarrow U_{cm} = -2U_0, \; U_{Lm} = U_0$$

und beim nächsten Umschwingen ergibt sich

$$U_{c0} = -2U_0 \rightarrow U_{cm} = 6U_0, \; U_{Lm} = 2U_0.$$

In **Bild 7.2.7 b** ist die Kondensatorspannung beim wechselweisen Zünden von Tk 1 und Tk 2 angedeutet.
Durch den von der Sekundärwicklung von L_k und Db gebildeten Begrenzungskreis wird die Schwingung abgebrochen, sobald $U_{Lm} = U_0$ und damit $U_{cm} = 2U_0$

geworden sind. Die in L_k gespeicherte Energie wird im Begrenzungsbereich in die Hilfsspannungsquelle, genauer, in deren Glättungskondensator, zurückgeführt.
Zur Löschung von T1 werden nach **Bild 7.2.7c** gleichzeitig Tk1 und Tl3 gezündet, dabei ist C_k entsprechend der eingeklammerten Polarität aufgeladen. Der entsprechend den ausgezogenen Pfeilen verlaufende Laststrom wird in T1 durch den in Sperrichtung fließenden Kondensatorstrom unterbrochen. Der durch Z_l aufrecht erhaltene Laststrom nimmt nun den Weg Ds1, Tk1, C_k, Tl3, er ist strichpunktiert eingezeichnet. Daneben fließt der gestrichelt eingezeichnete Schwingstrom im Kreis C_k, U_0, L_k, Tk1. Er findet sein Ende, sobald der Kondensator auf $-2\,U_0$ umgeladen worden ist (nicht eingeklammerte Polarität). Danach wird auch für i_l der Stromkreis unterbrochen. Der Laststrom wird dadurch nicht auf null gezwungen, da er über D2 weiterfließen kann. Aus **Bild 7.2.7d** ist der Löschvorgang beim Lastthyristor T2 zu ersehen.

7.2.2 Gleichspannungszwischenkreis

Die Antriebsenergie wird dem Motor vom speisenden Netz über den netzseitigen Gleichrichter, dem Gleichstromzwischenkreis und dem selbstgeführten Wechselrichter zugeführt. Es erfolgt zweimal eine elektrische Energieumformung mit hohem Wirkungsgrad. Die verschiedenen Gleichspannungszwischenkreise unterscheiden sich weniger durch ihren Wirkungsgrad als durch die Blindstrombelastung des Netzes, den Glättungsmittelaufwand und die möglichen Energierichtungen.

7.2.2.1 Konstante Zwischenkreisspannung
Eine konstante Zwischenkreisspannung kommt nur bei einem Pulswechselrichter in Frage, da über diesen – außer der Frequenzsteuerung – auch die Spannungsanpassung erfolgt. Wird auf eine Nutzbremsung verzichtet, so erfolgt die Netzeinspeisung über einen ungesteuerten Gleichrichter in Drehstrombrückenschaltung, andernfalls ist eine netzgeführte Gegenparallelschaltung erforderlich, bei der der Gleichrichter – er führt in der Hauptbetriebsrichtung (dem Treibbetrieb) Strom – möglichst mit $\alpha = 0$ betrieben wird. Die Netzspannungsschwankungen brauchen bei normalen Verhältnissen nicht ausgeregelt zu werden, da sie über die Pulsbreitensteuerung des selbstgeführten Wechselrichters ausgeglichen werden.

7.2.2.1.1 *Leistungsfaktor*
Bei dem in **Bild 7.2.8a** wiedergegebenen ungesteuerten Gleichrichter tritt keine Steuerblindleistung auf, so daß nur die kleine Kommutierungsblindleistung übrig bleibt. Die Kommutierungsreaktanz

$$X_k = 0{,}52\,u_{kT}(U_{di}/I_{dN}) \qquad (7.2.4)$$

wird üblicherweise so bemessen, daß sie der Kurzschlußspannung $u_{kT} = 0{,}04$ entspricht. Der Überlappungswinkel ist dann

$$\mu_0 = \arccos(1 - u_{kT}) = 16{,}3^\circ,$$

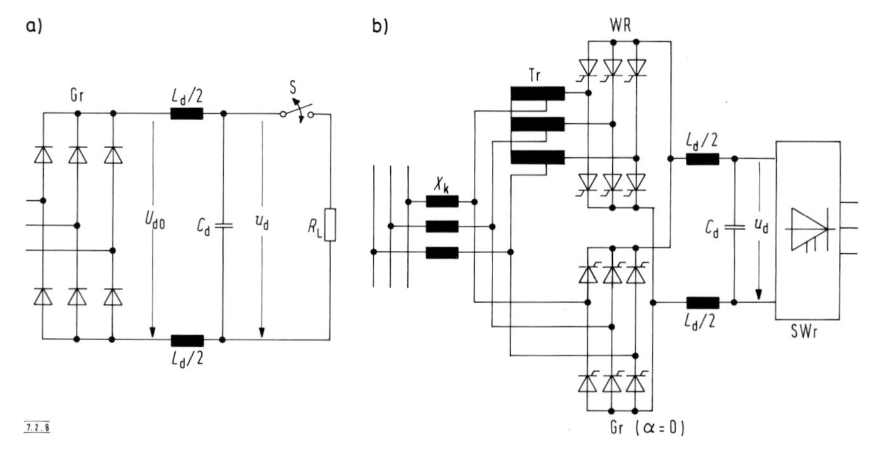

Bild 7.2.8 Gleichstromzwischenkreis mit konstanter Gleichspannung U_d
a) Einrichtungs-Pulsbetrieb
b) Vierquadrantenbetrieb

und es ergibt sich nach Gl. (6.2.41) der Leistungsfaktor

$$\cos \varphi_1 = \cos(2\mu_0/3) = 0{,}98.$$

Für einen Vierquadrantenantrieb mit Rücklieferung der Bremsenergie ins Drehstromnetz ist die in **Bild 7.2.8b** gezeigte kreisstromfreie Gegenparallelschaltung geeignet. Da der Gleichrichter auf $\alpha = 0$ gehalten wird, muß der Wechselrichter, um einen Sicherheitswinkel von $\alpha_{si} = 30°$ sicherzustellen, an eine um 15% größere Wechselspannung gelegt werden. Dafür ist der Spartransformator Tr vorgesehen. Im Bremsbetrieb geht der Leistungsfaktor unter $\cos \varphi_1 = 0{,}75$ zurück.

7.2.2.1.2 *Zwischenkreis-Speicherglieder*

Die Welligkeit der ungeglätteten Gleichspannung ist bei $\alpha = 0$, wie aus Bild 6.2.20 hervorgeht, sehr klein. Glättungsmittel sind somit mit Rücksicht auf die Welligkeit nicht erforderlich. Trotzdem müssen im Zwischenkreis induktive und kapazitive Speicher angeordnet werden, um die Pulsbelastung gegenüber dem Gleichrichter zu entkoppeln. Die Pulsbelastung des Gleichstromzwischenkreises, Bild 7.2.8a, wird durch den Widerstand R_l ersetzt, der durch den periodisch mit der Pulsfrequenz betätigten Schalter S an die Spannung u_d gelegt wird. Den impulsförmigen Laststrom liefert der als induktivitätsfrei angenommene Kondensator, der seinerseits über die beiden Induktivitäten $L_d/2$ nachgeladen wird. Der zeitliche Verlauf des Nachladestromes ist anders als der des Laststromes. Beide sind miteinander durch die Bedingung verknüpft, daß die zufließende Kondensatorladung gleich der abfließenden sein muß. Die ganze Anordnung stellt einen Schwingkreis dar, dessen

Eigenfrequenz f_d und Dämpfung d_d davon abhängig sind, ob der Schalter S geschlossen ist oder nicht. Wird der Kupferwiderstand der Drosseln vernachlässigt, so ist mit

$\omega_{0r} = 1/\sqrt{L_d C_d}$ und $d_d = 1/(2 C_d R_L)$ bei

S offen: $f_d = f_{d0} = \omega_{0r}/(2\pi)$; $d_d = 0$;

S geschlossen: $f_d = \sqrt{\omega_{0r}^2 - d_d^2}/(2\pi)$; $d_d = 1/(2 R_L C_d)$.

Wird der Schalter S periodisch mit der Frequenz f_p betätigt, so muß, um die Schwankung der Versorgungsspannung U_d kleinzuhalten,

$$d_d/\omega_{0r} < 0, \quad \text{das heißt} \quad \boxed{R_L > 5\sqrt{L_d/C_d}}, \quad \text{und} \tag{7.2.5}$$

$$f_{d0} \ll f_p, \quad \text{das heißt} \quad \boxed{f_p \gg 1/(2\pi\sqrt{L_d C_d})}, \tag{7.2.6}$$

sein. Die maximale Spannungsschwankungen sind dann

$$\boxed{\frac{\Delta U_d}{U_{d0}} = \frac{d_d[1 - d_d/(2f_p)]}{f_p\sqrt{1-(d_d/\omega_{0r})^2}} \approx \frac{d_d}{f_p} \approx \frac{1}{2 C_d R_L f_p}}\,. \tag{7.2.7}$$

Da f_p und R_L gegeben sind, lassen sich die Spannungsschwankungen nur über C_d beeinflussen. L_d ist so zu bemessen, daß die Bedingung $f_{d0} \ll f_p$ erfüllt ist.

7.2.2.2 *Einstellbare Zwischenkreisspannung*

7.2.2.2.1 *Netzgeführter Einrichtungsstromrichter*

Am einfachsten läßt sich – wie in Bild 7.2.9a gezeigt – die Zwischenkreisspannung U_d über eine vollgesteuerte Drehstrom-Brückenschaltung einstellen. Ihre Betriebseigenschaften und ihre Bemessung sind im einzelnen in Abschnitt 6.2.3.4 behandelt, so daß hier nicht näher darauf eingegangen zu werden braucht. Mit der Anschnittsteuerung sind bei kleiner Gleichspannung U_d die Nachteile verbunden, daß aus dem Netz eine große Blindleistung aufgenommen wird und die Welligkeit der ungeglätteten Gleichspannung verhältnismäßig groß ist. Die Induktivität L_d muß, da sie nicht nur entkoppeln, sondern auch die Wechselspannungskomponente vom Wechselrichter fernhalten soll, größer gewählt werden als bei der Anordnung nach Bild 7.2.8a.

Mit der Spannungssteuerung über den netzgeführten Einrichtungsstromrichter kann der Käfigläufermotor in beiden Drehrichtungen angetrieben werden, da die Drehrichtung nicht vom Vorzeichen der Zwischenkreis-Gleichspannung, sondern nur von der Phasenfolge abhängt, die im Rahmen der Steuerung des selbstgeführten

Wechselrichters SWr durch Änderung der Phasenfolge umgeschaltet werden kann. Ein echter Reversierbetrieb ist nicht möglich, da keine elektrische Bremsung, sondern nur die Lastbremsung durch die Arbeitsmaschine erfolgt.

7.2.2.2.2 *Vierquadrantenbetrieb*

7.2.2.2.2.1 *Netzgeführte Gegenparallelschaltung*

Ein Vierquadrantenbetrieb mit Nutzbremsung ist mit der Schaltung nach Bild 7.2.8b möglich, wenn die beiden Stromrichtergruppen wie eine normale kreisstromfreie Gegenparallelschaltung im Anschnitt gesteuert werden. Der zusätzliche Aufwand für den netzgeführten Wechselrichter wird sich allerdings nur bei einer größeren Umrichterleistung lohnen.

7.2.2.2.2.2 *Gepulster Bremswiderstand*

Die Bremsenergie läßt sich auch in einem gepulsten Bremswiderstand umsetzen, wie er in **Bild 7.2.9a** mit Tbr und R_{br} eingezeichnet ist. Eine Bremsung ist notwendig bei ausgesprochenen Bremsantrieben, wie sie z. B. bei Motorprüfständen zur Belastung des Prüflings eingesetzt werden. In diesem Fall wird man die Nutzbremsung wählen, da bei einer Dauerbremsung auf eine Energierückspeisung in das Netz nicht verzichtet werden sollte. In den meisten Fällen muß nur zur Verzögerung von trägen Massen, gekennzeichnet durch das Trägheitsmoment J_{ges}, gebremst werden, wobei ein Reibungs-/Verformungs-Beharrungsmoment $-M_L$ die Abbremsung erleichtert und ein durchziehendes Lastmoment $+M_L$ die Abbremsung erschwert

$$M_{br} = -2\pi J_{ges}(dn/dt) \mp M_L. \tag{7.2.8}$$

Sind die Momente konstant, so ist der Drehzahlverlauf, ausgehend von Nenndrehzahl

$$n = n_N(1 - t/t_{br}) \tag{7.2.9}$$

mit der Bremszeit

$$t_{brN} = \frac{2\pi J_{ges} n_N}{M_{br} - (\mp M_L)} \tag{7.2.10}$$

und der Bremsleistung

$$P_{brN} = 2\pi n[+2\pi J_{ges}\, dn/dt - (\mp M_L)]. \tag{7.2.11}$$

Die Bremsenergie ergibt sich zu

$$E_{brN} = \int_0^{t_{br}} P_{br} \cdot dt = +4\pi^2 J_{ges} \int_{n_N}^{0} n\, dn - 2\pi n_N(\mp M_L) \int_0^{t_{br}} (1 - t/t_{br})\, dt$$

$$E_{brN} = -2\pi^2 J_{ges} n_N^2 - \pi n_N(\mp M_L)\, t_{br}. \tag{7.2.12}$$

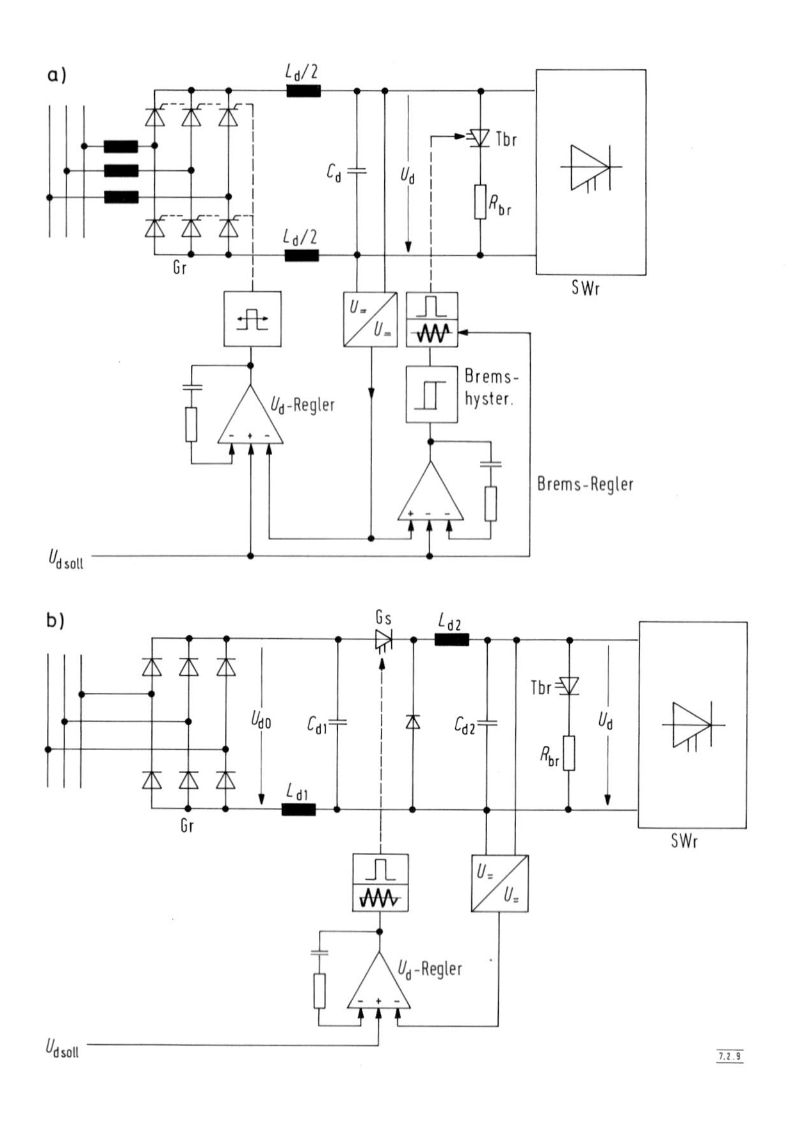

Bild 7.2.9 Gleichstromzwischenkreis mit einstellbarer Gleichspannung U_d und Bremsung über gepulsten Widerstand

a) Spannungssteuerung durch netzgeführten Stromrichter

b) Spannungssteuerung durch Gleichstromsteller

Gl. (7.2.10) in Gl. (7.2.12) eingesetzt, ergibt

$$E_{\mathrm{brN}} = -2\pi^2 J_{\mathrm{ges}} n_{\mathrm{N}}^2 \frac{M_{\mathrm{br}}}{M_{\mathrm{br}} - (\mp M_{\mathrm{L}})} \tag{7.2.13}$$

in Ws für Abbremsung von n_{N} auf 0.
In den meisten Fällen wird über den Bremswiderstand der Antrieb nur von n_1 auf n_2 mit $(n_1 - n_2) < n_{\mathrm{N}}$ abgebremst. Die Bremsenergie ist dann

$$E_{\mathrm{br}} = -2\pi^2 J_{\mathrm{ges}} (n_1^2 - n_2^2) \frac{M_{\mathrm{br}}}{M_{\mathrm{br}} - (\mp M_{\mathrm{L}})} \tag{7.2.14}$$

und die Bremszeit

$$t_{\mathrm{br}} = \frac{2\pi J_{\mathrm{ges}} (n_1 - n_2)}{M_{\mathrm{br}} - (\mp M_{\mathrm{L}})}\,. \tag{7.2.15}$$

Ist n_{gr} die unterste Drehzahl, bei der der Bremswiderstand gerade nicht mehr gepulst wird, so ist der Widerstand

$$\boxed{R_{\mathrm{br}} = U_{\mathrm{dN}}^2 \frac{n_{\mathrm{gr}}}{2\pi n_{\mathrm{N}}^2} \frac{1}{M_{\mathrm{br}}}} \tag{7.2.16}$$

zu wählen. Die Bremsenergie nach Gl. (7.2.14) wird im Bremswiderstand in Wärme umgesetzt. Unterhalb von n_{gr} nimmt das Bremsmoment ab.
Bei der Umrichterschaltung Bild 7.2.9a führt die Rückspeisung der Bremsenergie in den Zwischenkreis, die wegen des Einrichtungsgleichrichters Gr nicht an das Drehstromnetz weitergegeben werden kann, zu einem Anstieg der Zwischenkreisgleichspannung auf $U_{\mathrm{d}} > U_{\mathrm{d\,soll}}$. Dieser Spannungsanstieg steuert in der Schaltung Bild 7.2.9a den Bremsregler auf, der über das Hystereseglied die Pulsung des Bremswiderstandes freigibt. Das Pulsverhältnis wird durch $U_{\mathrm{d\,soll}}$ gesteuert und dadurch ein annähernd konstantes Bremsmoment erreicht. Allerdings läßt sich das Bremsmoment nur in einem beschränkten Drehzahlstellbereich aufrecht halten.

7.2.2.2.2.3 *Gleichstromsteller*

Die Nachteile des netzgeführten Stromrichters bei Teilaussteuerung, wie niedriger Leistungsfaktor und verhältnismäßig große Gleichspannungswelligkeit, lassen sich durch die in **Bild 7.2.9b** gezeigte Kombination eines ungesteuerten Gleichrichters mit einem Gleichstromsteller, nach Bild 5.2.42a, vermeiden. Als Nachteil ist nur zu werten, daß wegen des Pulsverhältnisses kleiner 1 (Gs muß periodisch gelöscht werden), $U_{\mathrm{d0}} > U_{\mathrm{d}}$ zu wählen ist. Auch hier wird über einen gepulsten Bremswiderstand gebremst.

7.2.3 Steuer- und Regelschaltungen

Die Steuer- und Regelschaltungen unterscheiden sich von denen eines Gleichstromantriebes vor allem dadurch, daß anstelle einer Hauptstellgröße des Gleichstrommotors (Ankerspannung) deren zwei vorhanden sind, nämlich Frequenz und Spannungsamplitude – und gleichzeitig verstellt werden müssen. Geschieht das nicht, so ändert sich der Hauptfluß des Drehstrommotors. Auf der anderen Seite benötigt der Umrichterantrieb nicht unbedingt eine Drehzahlregelung, da ein für Umrichterspeisung bemessener Drehstrommotor sich durch einen kleinen Nennschlupf auszeichnet. Bei Verwendung eines serienmäßigen Motors ist im Fall einer Frequenzsteuerung mit einem größeren lastabhängigen Drehzahlabfall zu rechnen.
Bei Umrichterantrieben ist wegen der unterschiedlichen Leistungskreise, gekennzeichnet durch konstante Zwischenkreisspannung und Pulswechselrichter oder veränderliche Zwischenkreisspannung mit netzgeführtem Gleichrichter/Gleichstromsteller, keine einheitliche Regel- und Steuerschaltung möglich. Die in Bild 7.2.10, Bild 7.2.11 und Bild 7.2.12 gezeigten Schaltungsvarianten stellen deshalb nur typische Beispiele unter einer großen Zahl praktisch angewendeter Schaltungen dar.

7.2.3.1 Zwischenkreisspannung — proportionale Frequenzsteuerung

In **Bild 7.2.10** ist die Schaltung für einen gesteuerten Antrieb mit zwei Drehrichtungen wiedergegeben. Die zum Verzögern und Reversieren erforderliche übersynchrone Bremsung macht entweder im Gleichstromkreis einen gepulsten Bremswiderstand oder einen gegenparallelen Netzstromrichter NSr notwendig.
Am Potentiometer Pt wird der Sollwert der Zwischenkreisspannung vorgegeben, dessen Änderungsgeschwindigkeit ein Integrierglied Int begrenzt. Das Vorzeichen der Führungsspannung bestimmt die Phasenfolge und damit die Drehrichtung, während der Betrag $U_{d\,soll}$ darstellt. Die Frequenz des selbstgeführten Wechselrichters wird in Abhängigkeit von der eingestellten Zwischenkreisspannung geführt; dabei sorgt ein Funktionsgeber Fg dafür, daß zur Kompensation des Wirkspannungsabfalls – siehe Bild 3.6.4 – im unteren Spannungsbereich f_s hinter U_d zurückbleibt. Außerdem ist eine Schwellwert-Strombegrenzung vorhanden, die im Überlastfall U_d und damit f_s herabsetzt.

7.2.3.2 Drehzahlregelung mit Schlupfbegrenzung

Bei der Schaltung nach Bild 7.2.10 muß ein Integrierglied vorgesehen werden, da bei einer zu schnellen Änderung der Drehzahl n der Kippschlupf überschritten wird, so daß der Motor kippt und stehenbleibt. Diese Gefahr ist bei einem für Umrichterbetrieb bemessenen Motor, der keine Stromverdrängung besitzt, besonders groß, da der Kippschlupf und das Anzugsmoment beide klein sind. Für eine schnelle Drehzahlregelung ist es deshalb notwendig, bei einer Beschleunigungsvorgabe den Schlupf oder das Moment knapp unter den Kippwerten zu begrenzen.
Der Motor der Schaltung nach **Bild 7.2.11** ist mit einem Wechselspannungs-Tachogenerator versehen, der den Drehzahlistwert und eine Wechselspannung mit

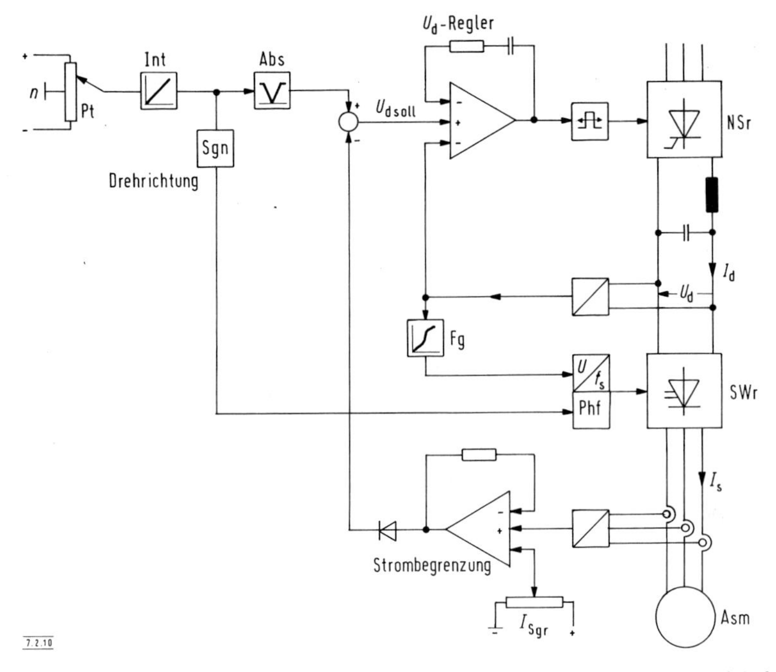

Bild 7.2.10 Umrichter mit Gleichspannungsregelung, nachgeführter Betriebsfrequenz und Strombegrenzung

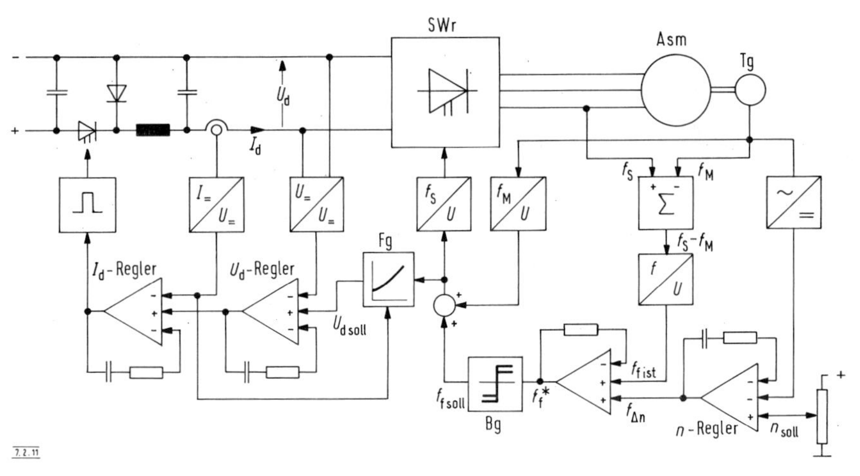

Bild 7.2.11 Umrichter mit Drehzahlregelung, Schlupfbegrenzung und frequenzabhängiger Gleichspannungsnachführung

einer der Motordrehzahl proportionalen Frequenz f_M abgibt. Der Drehzahlregler liefert eine der Drehzahlregelabweichung entsprechende Frequenzkorrektur $f_{\Delta n}$. Zu ihr ist die durch den Istschlupf bestimmte Läuferfrequenz $f_{f\,ist}$ zu addieren, um $f_f^* \sim s$ zu erhalten. Dieser Läuferfrequenzsollwert muß durch Bg auf $0 < f_{f\,soll} < f_{fm}$ entsprechend $0 < s < s_{ki}$ begrenzt werden, um eine Kippung auszuschließen. Die neue Ständerfrequenz ist nun $f_s = f_M + f_{f\,soll}$. Sie bestimmt, korrigiert durch den Funktionsgeber Fg, den Sollwert der Zwischenkreisspannung $U_{d\,soll}$.

7.2.3.3 Frequenzregelung eines Pulsumrichters

Ein Kippen des Asynchronmotors läßt sich auch durch Begrenzen des Motormomentes erreichen. Ein Maß für das Motormoment ist der Ständer-Wirkstrom I_{sw}. Er läßt sich aus I_s mit einer Rechenschaltung, der die einphasige Motorersatzschaltung zugrunde liegt, für vorgegebene Ständerfrequenz f_s bestimmen.
Die Schaltung nach **Bild 7.2.12** sieht eine Frequenzregelung vor. Dem f_s-Regelkreis ist ein Wirkstromregelkreis unterlagert. Somit stellt die Ausgangsspannung des f_s-Reglers – sie läßt sich einstellbar begrenzen – den Sollwert des Wirkstromregelkreises dar. Allerdings ist nur bei konstantem Hauptfluß das Kippmoment konstant. Ist Feldschwächung vorgesehen, z. B. dadurch, daß ab $f_s = f_{sgr}$ die Ständerspannungsamplitude nicht mehr vergrößert wird, so ist $I_{sw\,soll}$ im Verhältnis $(f_{sgr}/f_s)^2$ herabzusetzen.

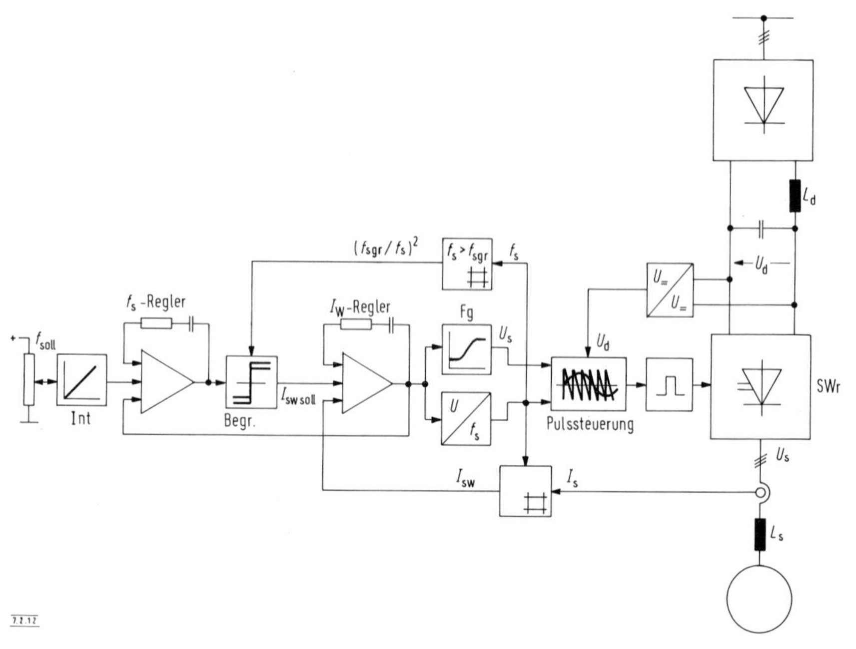

Bild 7.2.12 Pulsumrichter mit Frequenzregelung und flußabhängiger Momentenbegrenzung über die unterlagerte Regelung des Wirk-Motorstromes

7.2.3.4 Betriebsverhalten bei unterer Grenzfrequenz
Bei niedrigen Ständerfrequenzen treten – wie in Abschnitt 3.6.8.1.6 gezeigt – Pendelmomente auf. Sie führen zu unrundem Lauf des Motors im Schleichgang. Dieser Fehler ist besonders dann ausgeprägt, wenn der Strom Rechteckform aufweist. Die Pendelmomente lassen sich beim Pulsumrichter durch Auflösung der Stromblöcke in viele Einzelimpulse vermeiden. Dieser Ausweg ist beim Umrichter mit Phasenfolgelöschung nicht möglich, da die Löschung des stromführenden Ventils nur durch das Folgeventil möglich ist. Wenn dagegen der Löschvorgang unabhängig von der Zündung des Folgeventils ist, wie das nach Bild 7.2.3 bis Bild 7.2.7 der Fall ist, so läßt sich im unteren Frequenzbereich der Stromblock in z.B. 5 bis 9 Impulse auflösen. Dadurch sind Ständerfrequenzen bis herab zu 1 Hz bei befriedigenden Laufeigenschaften des Motors möglich.

7.3 Umrichter mit Stromzwischenkreis

7.3.1 Steuerprinzip

Der Umrichter mit Spannungszwischenkreis eignet sich zur Speisung von Einzelmotoren und zur Sammelschienenspeisung einer Vielzahl von Motoren, da die Kommutierung unabhängig von der Belastung erfolgt. Der Preis hierfür – sieht man von der Folgelöschung nach Bild 7.2.1 und Bild 7.2.2 ab – ist eine besondere Löscheinrichtung und eine hohe dynamische Beanspruchung der Ventile, die die Verwendung von F-Thyristoren notwendig macht. Demgegenüber ist die in **Bild 7.3.1a** wiedergegebene Ventilschaltung sehr einfach. Bei dem selbstgeführten Wechselrichter findet ebenfalls die Folgelöschung Anwendung. Gegenüber der Schaltung Bild 7.2.2 fallen die Blindstromdioden und die Kommutierungsdrosseln fort.
Die Kommutierungskondensatoren werden mit dem über den netzgeführten Stromrichter NSr eingestellten Konstantstrom I_d umgeladen. Der Umrichter ist deshalb ohne Last nicht betriebsfähig. Da der Leerlaufstrom eines Asynchronmotors verhältnismäßig groß ist, läßt sich die Mindeststromgrenze auch bei serienmäßigen Asynchronmotoren einhalten, wenn die Typenleistungen von Umrichter und Motor übereinstimmen.
Der Zwischenkreisstrom I_d und damit der Motorstrom I_s sind möglichst so zu wählen, daß der Motor unabhängig von seiner Belastung mit Nennfluß arbeitet. Die Zwischenkreisspannung U_d wie auch der Phasenwinkel zwischen Motorstrom und Motorspannung stellen sich dann frei ein.
Die vom Motor aufgenommene Wirkleistung wird vom Gleichstromzwischenkreis geliefert. Somit ist $P_d = P_s$ und damit

$$U_d I_d = \sqrt{3}\, g_s U_{s00} I_{s(1)} \cos\varphi = 2\pi g_s n_{00} M. \tag{7.3.1}$$

Für die Drehstrombrückenschaltung ist $I_{s(1)} = \sqrt{6}\, I_d/\pi$. Mit $i_s^* = I_s/I_{sN}$, $m = M/M_N$ ergibt sich aus Gl. (3.7.1)

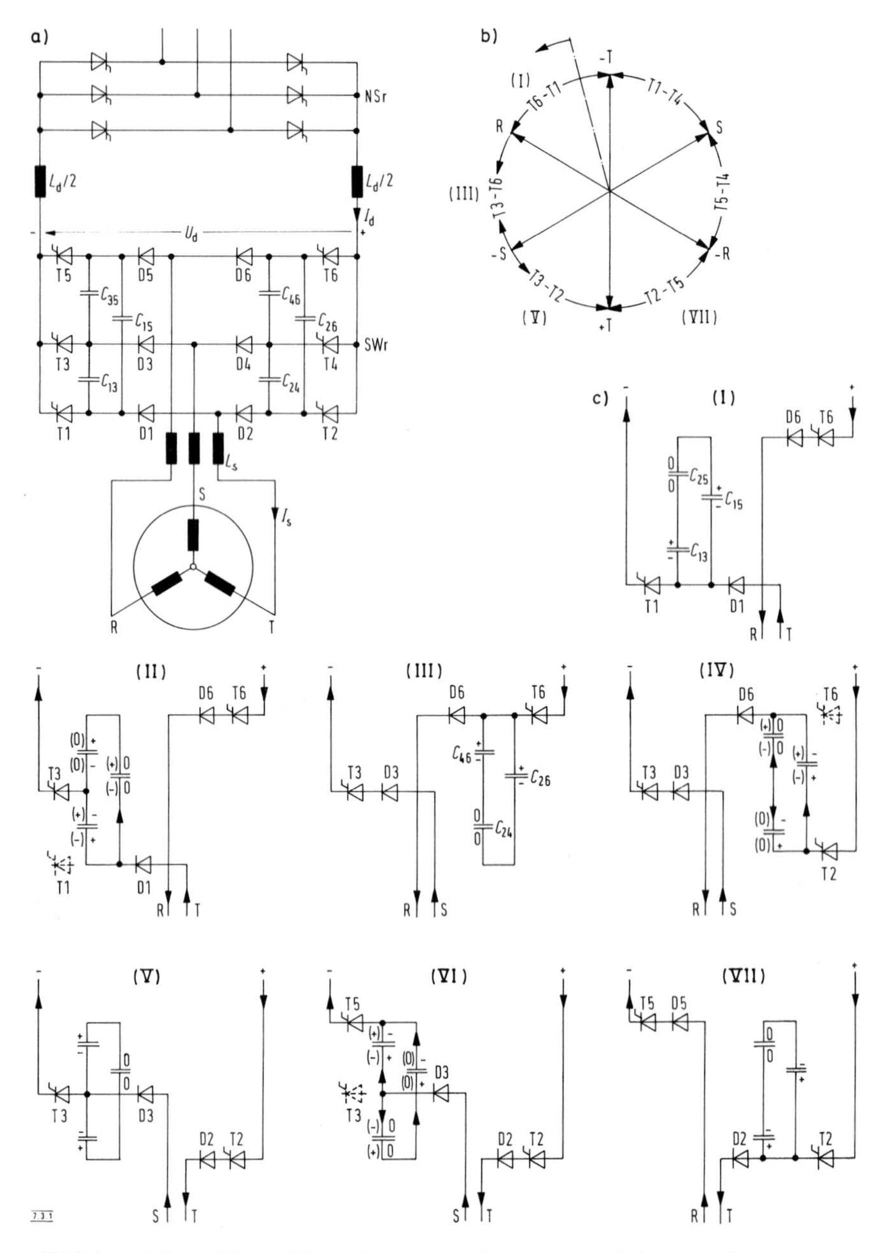

Bild 7.3.1 Selbstgeführter Wechselrichter mit Gleichstromzwischenkreis (a)
b) Zündbereiche, c) Stromführungsbereiche (I, III, V, VII) und Umladebereiche (II, IV, VI)

$$U_d = \frac{2\sqrt{6}\, n_{00} M_N}{I_{sN}} g_s \frac{m}{i_s^*} \quad . \tag{7.3.2}$$

Bei konstantem Strom ist somit U_d proportional dem Motormoment. Ändern sich Strom und Moment, so läßt sich, unter der Voraussetzung $\phi_h = \phi_{hN}$, der Quotient m/i_s^* aus Bild 7.3.4a entnehmen.
Geht der Motor in den Bremszustand über, d.h. wird m negativ, so kehrt auch U_d sein Vorzeichen um. Zur Nutzbremsung muß der netzseitige Stromrichter als Gegenparallelschaltung ausgeführt werden.

7.3.2 Kommutierungsablauf

In der Schaltung **Bild 7.3.1a** sind die drei Kondensatoren C_{13}, C_{15}, C_{35} und unabhängig davon C_{24}, C_{26}, C_{46} gemeinsam an der Löschung der Thyristoren der positiven bzw. negativen Halbbrücke des selbstgeführten Wechselrichters beteiligt und werden auch gemeinsam umgeladen. Aus dem Zeigerdiagramm von **Bild 7.3.1b** sind die Stromführungsbereiche der Thyristoren T1 bis T6 zu ersehen. Strichpunktiert ist der Zeitzeiger eingezeichnet. Zwischen den Stromführungsbereichen wird immer eine Kondensatorgruppe umgeladen.
In **Bild 7.3.1c** sind für die Stromführungsbereiche (I), (III), (V), (VII) und die Umladebereiche (II), (IV), (VI) die stromführenden Thyristoren und Dioden sowie die Kondensatorladungen angegeben. In den Umladebereichen gibt die eingeklammerte Polarität die Anfangsladung und die nicht eingeklammerte Polarität die Endladung an. Die gelöschten Thyristoren sind gestrichelt eingezeichnet. Von den beiden parallelen Kondensatorzweigen enthält der eine die Reihenschaltung von zwei Kapazitäten. Im Bereich II ist

$$C_k^* = C_{13} + C_{15} C_{25}/(C_{15} + C_{25}) = C_k + C_k/2,$$

somit teilt sich I_c im Verhältnis (2/3)/(1/3) auf beide Zweige auf, und die Umladung der in Reihe geschalteten Kondensatoren ist nur halb so groß wie die des dritten Kondensators. Ein Kondensator ist am Ende immer ladungslos.

7.3.3 Bemessung der Kommutierungskondensatoren

Der Umladevorgang (II) ist noch einmal in dem Ersatzschaltbild nach **Bild 7.3.2a** wiedergegeben. Der Schaltvorgang, ausgelöst durch das Zünden von T3 und das Löschen von T1, wird durch Betätigung des unterbrechungslosen Umschalters S nachgeahmt. Wird der Schalter nach links umgelegt, so wirkt der Konstantstrom I_d auf einen Reihenresonanzkreis mit der Kapazität $C_k^* = 1{,}5\, C_k$ und der Induktivität $L_k^* = 2\, L_s$ mit der Kreisfrequenz

$$\omega_{0r} = 1/\sqrt{C_k^* L_k^*} = 1/\sqrt{3\, C_k L_k}\,. \tag{7.3.3}$$

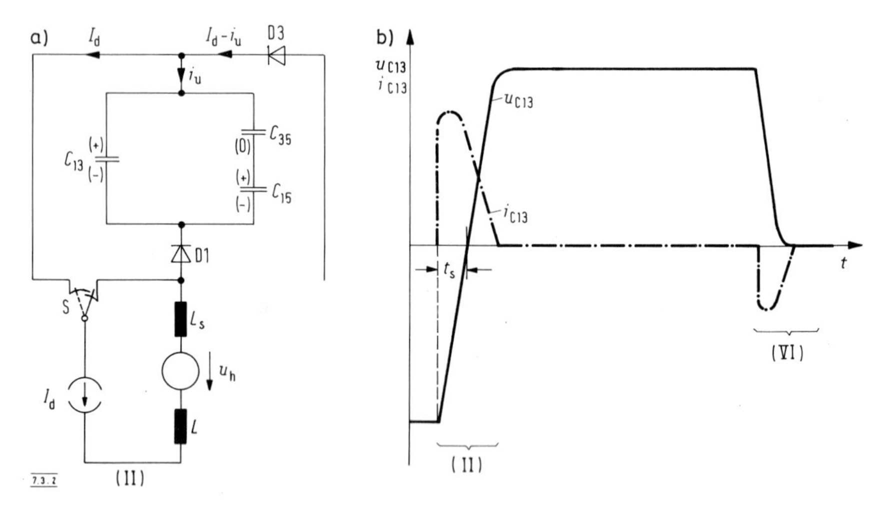

Bild 7.3.2
a) Umschwing-Ersatzschaltung der Löschanordnung von Bild 7.3.1
b) Umladevorgänge

Der Kondensator C_{13} wird auf eine weit über $\hat{U}_s$ hinaus gehende Spannung

$$\hat{U}_c = \hat{U}_s + I_d \sqrt{L_k^*/C_k^*} = \hat{U}_s + I_d \sqrt{4L_s/(3C_k)} \qquad (7.3.4)$$

aufgeladen. Sie stellt den Scheitelwert der Schwingspannung dar, bei dem nach **Bild 7.3.2** der Schwingstrom durch null geht. Er wird durch die Diode D1 unterbrochen, während die Diode D3 leitend wird, so daß über sie I_d weiter fließen kann.
Die Schonzeit t_s, in der an dem in Sperrung gegangenen Thyristor Spannung in Sperrichtung liegt, muß größer als dessen Freiwerdezeit t_q sein. Die Kommutierungskapazitäten müssen, nach Gl. (7.3.4),

$$\boxed{C_k \geq \frac{4}{3} \frac{L_s I_{d\,max}^2}{(U_{c\,zul} - \hat{U}_s)^2}} \qquad (7.3.5)$$

entsprechend der zulässigen Kondensatorspannung $U_{c\,zul}$ bemessen werden. Diese Kapazität ist wesentlich größer, als sie bei Umrichtern mit Gleichspannungszwischenkreis mit Rücksicht auf die Freiwerdebedingung notwendig ist (nach [7.16] das 6- bis 10fache). Dadurch ist es möglich, für diese Schaltung anstelle der F-Thyristoren die spannungs- und strommäßig höher belastbaren, aber höhere Freiwerdezeit besitzenden N-Thyristoren zu verwenden. Die Proportionalität zwischen C_k und der Streureaktanz L_s nach Gl. (7.3.5) zeigt aber auch, daß Motor und Wechselrichter aufeinander abgestimmt sein müssen. Bei einem Motorwechsel ist sicherzustellen, daß das Produkt $L_s I_{d\,max}^2$ den C_k zugrunde liegenden Grenzwert nicht überschreitet.

7.3.4 Motorbeanspruchung

Am besten sind Käfigläufermotoren ohne Stromverdrängung mit kleiner Streuung und nicht zu kleinem Magnetisierungsstrom geeignet. Auch serienmäßige, für den 50-Hz-Betrieb vorgesehene Motoren lassen sich verwenden. Allerdings ist zu berücksichtigen, daß unter dem Einfluß der Streureaktanzen – nach **Bild 7.3.3a** – die Motorspannung bis auf die Kommutierungseinbrüche annähernd sinusförmig ist, dagegen der Leiterstrom nach **Bild 7.3.3b** Trapezform besitzt. Das $\mathrm{d}i_s/\mathrm{d}t$ wird durch die Umladegeschwindigkeit der Kommutierungskondensatoren bestimmt. Der effektive Ständerstrom $I_s = \sqrt{2/3}\, I_d$ enthält neben der Grundschwingung $I_{s(1)} = (3/\pi) I_s$ die Oberschwingungen $I_{s(\nu)} = I_{s(1)}/\nu$, $\nu = 5, 7, 11, 13, \ldots$ Wie in Abschnitt 3.6.8.1.5 ausgeführt, rufen die Oberschwingungsströme in erster Linie zusätzliche Verluste im Läufer hervor, und besonders in Stromverdrängungsläufern. Deshalb muß die Typenleistung bei Motoren kleiner und mittlerer Leistung um ca. 10%, bei großer Leistung bis zu 20% herabgesetzt werden. Die Streureaktanz, die bei Umrichterantrieben mit Spannungszwischenkreis die Oberschwingungsbelastung des Motors wirkungsvoll vermindert, hat beim Stromzwischenkreis hierauf nur einen geringen Einfluß.

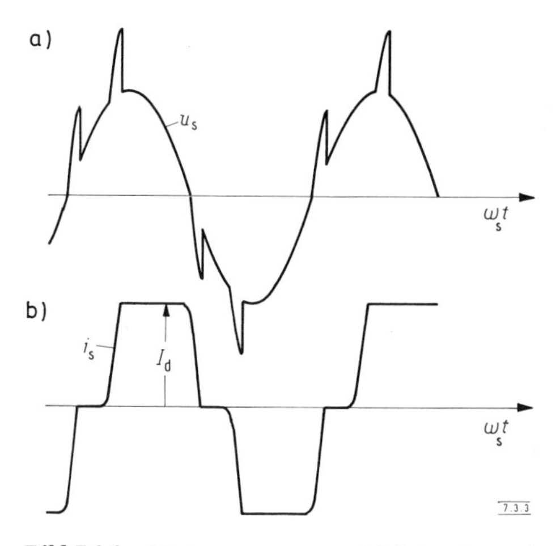

Bild 7.3.3 Motorspannung und Motorstrom des Wechselrichters mit Gleichstromzwischenkreis

7.3.5 Betrieb mit konstantem Hauptfluß

Der Hauptfluß wird über den Ständerstrom und damit über I_d eingestellt. Das Bild 3.6.2 zeigt die Abhängigkeit des Motormomentes $m = M/M_N$ und des Ständerstromes $i_s^* = I_s/I_{sN}$ von der Läuferfrequenz $g_f = f_f/f_{Nz} = sf_s/f_{Nz}$ für $\phi_h = \phi_{hN}$. Aus beiden Kennlinien läßt sich die in **Bild 7.3.4a** wiedergegebene Kennlinie $i_s^* = f(m)$ entnehmen.

Nach Gl. (3.6.7) und Gl. (3.6.10) ist diese Funktion unabhängig vom Vorzeichen des Momentes, so daß sie sowohl für positiven Schlupf (Treibbetrieb) wie auch negativen Schlupf (Bremsbetrieb) gilt.

7.3.6 Steuer- und Regelschaltung

Der Umrichterantrieb mit Stromzwischenkreis findet für Industrieantriebe Anwendung, bei denen ein Stellbereich von $R \leq 10$ ausreichend ist, das Lastmoment sich nicht plötzlich in weiten Grenzen ändert und im wesentlichen durchlaufender Betrieb vorliegt. Dafür ist der Aufwand für den Umrichter, im Verhältnis zu einem mit Spannungszwischenkreis, niedrig, so daß diese Antriebsart schon heute bis zu Antriebsleistungen von einigen MW wirtschaftlich ist. Dadurch, daß der selbstgeführte, maschinenseitige Wechselrichter mit N-Thyristoren auskommt, ist, bei entsprechender Reihenschaltung von Ventilen, auch die Steuerung von Mittelspannungs-Asynchronmotoren möglich.

Das **Bild 7.3.5a** zeigt eine Antriebsanordnung der Firma Siemens. Der Frequenzsollwert steuert über einen Anstiegsbegrenzer Ab den Frequenzregler aus. Dem Frequenzregelkreis ist ein Momentenregelkreis unterlagert, wobei ein Begrenzungsglied Bg dafür sorgt, daß das Motormoment kleiner als das Kippmoment bleibt. Im Überlastfall wird vorübergehend die Frequenz f_s herabgesetzt.

Der Momentenistwert wird, da die Läuferfrequenz nicht greifbar ist, nicht nach der Kennlinie **Bild 7.3.4b** ermittelt, sondern über u_s, i_s, f_s berechnet. Der netzgeführte Stromrichter wird auf konstanten Strom geregelt. Den Stromsollwert gibt momen-

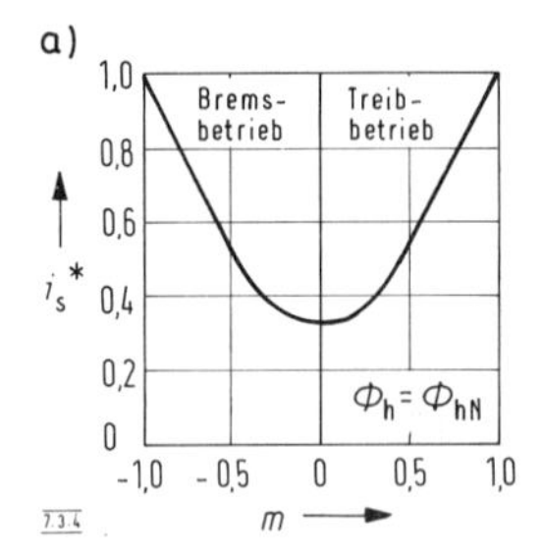

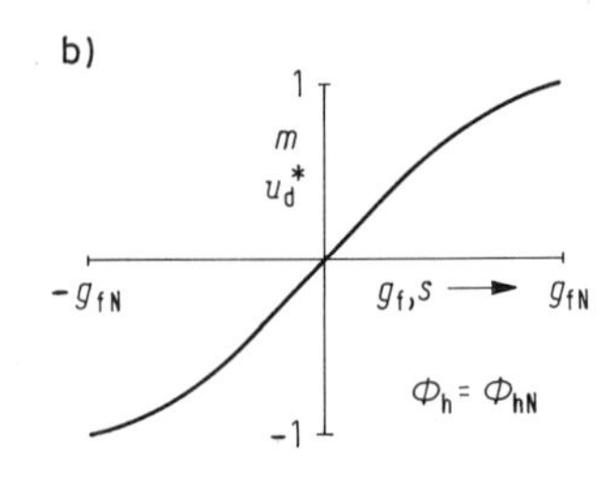

Bild 7.3.4 Käfigläufermotor-Kennlinien für konstanten Fluß
a) Motorstrom in Abhängigkeit vom Moment
b) Abhängigkeit der Gleichspannung und des Momentes vom Schlupf

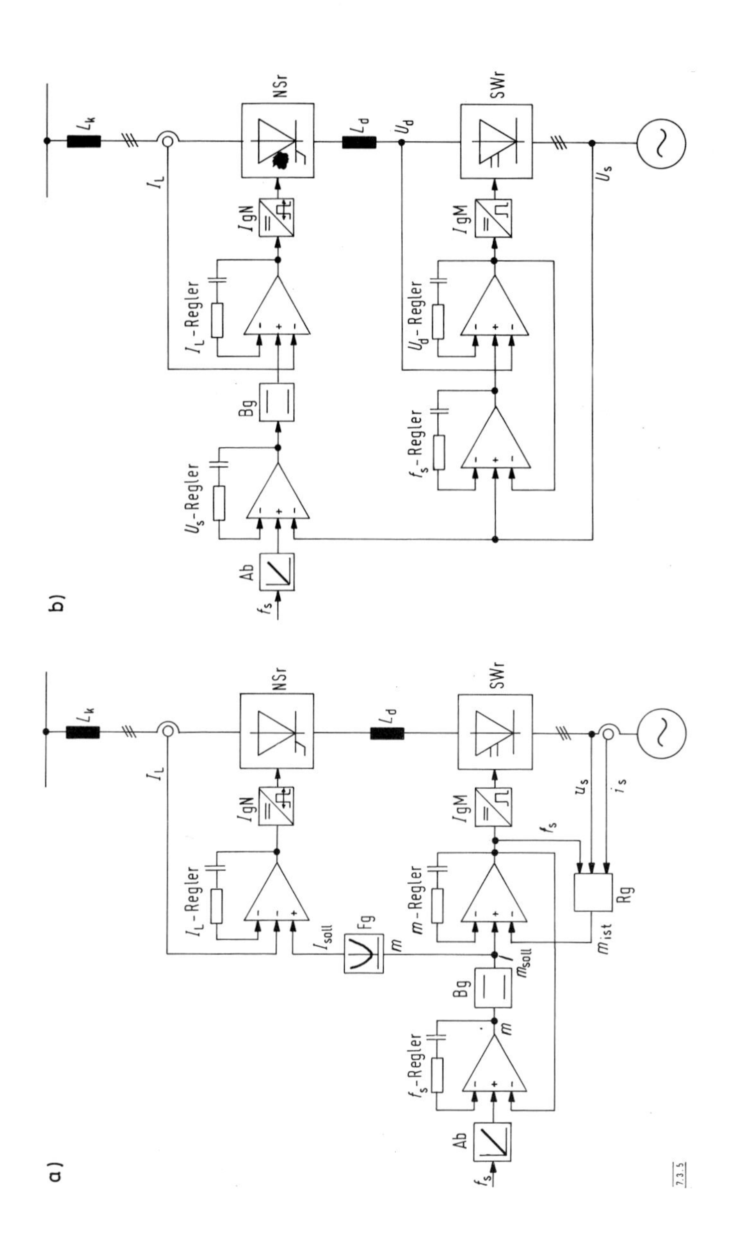

Bild 7.3.5 Umrichter mit Stromzwischenkreis
a) mit momentenabhängiger Stromregelung
b) mit spannungsabhängiger Frequenzregelung

tenabhängig der Funktionsgeber Fg vor, entsprechend der Kennlinie $i_s^* = f(m)$ von Bild 7.3.4a. Dadurch ist sichergestellt, daß der Motor mit Nennfluß arbeitet.
Bei der in **Bild 7.3.5b** wiedergegebenen Schaltung der Firma AEG wird durch den Frequenzsollwert der auf den Stromrichter NSr wirkende Spannungsregler angesteuert, da ja für $U_s \sim f_s$ näherungsweise beim Motor Nennfluß vorhanden ist. Dem Spannungsregelkreis ist ein Stromregelkreis unter Zwischenschaltung eines Begrenzungsgliedes unterlagert. Der Spannungsistwert liefert den Sollwert für den Frequenzregelkreis des selbstgeführten Wechselrichters SWr. Der unterlagerte U_d-Regelkreis ist an sich für den statischen Betrieb nicht erforderlich, er hat nur die Aufgabe, bei plötzlichen Laststößen durch vorübergehendes Zurücknehmen der Frequenz ein Kippen des Motors zu verhindern.

Literaturverzeichnis

1 Bücher

[0.01] Küpfmüller, K.: Einführung in die theoretische Elektrotechnik. 10. Aufl., Berlin: Springer-Verlag, 1973

[0.02] Ameling, W.: Laplace-Transformation. Düsseldorf: Bertelsmann-Universitätsverlag, 1975

[0.03] Dubbel-Taschenbuch für den Maschinenbau. 14. Aufl., Berlin: Springer-Verlag, 1981

[0.04] Tochtermann; Bodenstein: Konstruktionselemente des Maschinenbaus. 9. Aufl., Berlin: Springer-Verlag, 1979

[0.05] Holzweißig, F.; Dresig, H.: Lehrbuch der Maschinendynamik. Wien: Springer-Verlag, 1979

[0.06] Ziegler, G.: Maschinendynamik. München: Hanser-Verlag, 1977

[0.07] Schuisky, W.: Berechnung elektrischer Maschinen. Berlin: Springer-Verlag, 1960

[0.08] Bödefeld; Sequenz: Elektrische Maschinen. 8. Aufl., Wien: Springer-Verlag, 1971

[0.09] Fischer, R.: Elektrische Maschinen. 2. Aufl., München: Hanser-Verlag, 1977

[0.10] Moeller, F.; Vaske, P.: Elektrische Maschinen und Umformer. Teil 1: Aufbau, Wirkungsweise und Betriebsverhalten. 12. Aufl., Stuttgart: Teubner-Verlag, 1976

[0.11] Hütte, Taschenbücher der Technik: Elektrische Energietechnik. Band 1, Maschinen. 29. Aufl., Berlin: Springer-Verlag, 1978

[0.12] Hindmarsch, J.: Mechanical Machines and their Applications. Oxford: Pergamon Press, 1977

[0.13] Leonhard, A.: Elektrische Antriebe. 2. Aufl., Stuttgart: Enke-Verlag, 1959

[0.14] Kümmel, F.: Elektrische Antriebstechnik. Berlin: Springer-Verlag, 1971

[0.15] Kümmel, F.: Elektrische Antriebstechnik – Aufgaben und Lösungen. Berlin: Springer-Verlag, 1979

[0.16] Vogel, J.: Grundlagen der elektrischen Antriebstechnik mit Berechnungsbeispielen. Heidelberg: Hüthig-Verlag, 1977

[0.17] Die Technik der elektrischen Antriebe, VEM-Handbuch. Berlin: VEB-Verlag Technik, 1974

[0.18] Lehmann; Geisweid: Elektrotechnik und elektrische Antriebe. 7. Aufl., Berlin: Springer-Verlag, 1973

[0.19] Schönfeld, R.; Habiger: Automatisierte Elektroantriebe. Heidelberg: Hüthig-Verlag, 1981

[0.20] Nürnberg, W.: Die Asynchronmaschine. 2. Aufl., Berlin: Springer-Verlag, 1963

[0.21] Bederke, H. J.; Ptassek, R.; Rothenbach, G.; Vaske, P.: Elektrische Antriebe und Steuerungen. Stuttgart: Teubner-Verlag, 1975

[0.22] Nasar, S. A.: Unnewer, L. E.: Electromechanics And Electric Machines. New York: Verlag Wiley and Sons, 1979

[0.23] Ungruh, F.; Jordan, H.: Gleichlaufschaltungen von Asynchronmotoren. Braunschweig: Verlag Vieweg, 1964

[0.24] Kussy, F. W.: Elektrische Niederspannungsschaltgeräte und Antriebe. Berlin: Verlag Herbert Cram, 1969

[0.25] Kleinrath, H.: Stromrichtergespeiste Drehfeldmaschinen. Wien: Springer-Verlag, 1980
[0.26] Bühler, H.: Einführung in die Theorie geregelter Drehstromantriebe. Bd. 1: Grundlagen, Bd. 2: Anwendungen. Basel: Birkhäuser-Verlag, 1977
[0.27] Gerlach, W.: Thyristoren, Berlin: Springer-Verlag, 1979
[0.28] Hoffmann, A.; Stocker, K.: Thyristor-Handbuch. 4. Aufl., Siemens AG, 1976
[0.29] Zach, F.: Leistungselektronik. Wien: Springer-Verlag, 1979
[0.30] Silizium Stromrichter, Handbuch. BBC-Baden
[0.31] Kümmel, F.: Regel-Transduktoren. Berlin: Springer-Verlag, 1961
[0.32] Wasserrab, Th.: Schaltungslehre der Stromrichtertechnik. Berlin: Springer-Verlag, 1962
[0.33] Möltgen, G.: Netzgeführte Stromrichter. Siemens-Verlag, 1967
[0.34] Heumann, K.: Stromrichter. Hütte, 29. Aufl., Elektr. Energietechnik, Bd. 2, Abschn. 1
[0.35] Csáki, F.; Hermann, I.; Ipsits, I.; Kárpáti, A.; Magyar, P.: Power Electronics – Problems Manual. Budapest: Akadémiai Kiadó, 1979
[0.36] Bauelemente und Baugruppen der Elektroenergietechnik. Bd. 5: Taschenbuch Elektrotechnik. München: Hanser-Verlag, 1981
[0.37] Schönfelder, R.; Habiger: Automatisierte Elektroantriebe. Heidelberg: Hüthig-Verlag, 1981
[0.38] Jötten, R.: Leistungselektronik. Bd. 1: Stromrichter-Schaltungstechnik. Braunschweig: Verlag Vieweg, 1977
[0.39] Jäger, R.: Leistungselektronik, Grundlagen und Anwendungen. Berlin: VDE-VERLAG, 1980
[0.40] Thiel, R.: Elektrisches Messen nichtelektrischer Größen. Stuttgart: Verlag Teubner, 1977
[0.41] Leonhard, W.: Control of Electrical Drives. Berlin: Springer-Verlag, 1984
[0.42] Venz, G.: Berechnung elektrischer Antriebe mit programmierbaren Taschenrechnern. München: Verlag R. Oldenbourg, 1981

5 Leistungshalbleiter und ihre Steuerung

[5.01] Köhl, G.: Über die Bemessung hochsperrender Thyristoren. etz Elektrotech. Z., Ausg. A, Bd. 89 (1968) H. 6, S. 131–135
[5.02] Jaecklin, A.; Lawatsch, H.: Frequenzthyristoren mit optimalem Einschaltverhalten. BBC-Mitt. (1979) S. 11–16
[5.03] Gallistl, H.: Steuerung von parallel und in Reihe geschalteten Thyristoren. BBC-Nachr. (1968) S. 123–128
[5.04] Gölz, G.: Die dynamischen Beanspruchungen von Thyristoren in netzgeführten Stromrichterschaltungen. BBC-Nachr. (1968) S. 129–136
[5.05] De Bruyne; Jaeklin, A.; Vlasak, T.: Der rückwärtsleitende Thyristor und seine Anwendung. BBC-Mitt. (1979) H. 1, S. 5–10
[5.06] Vitins, J.; Wetzel, P.: Rückwärtsleitende Thyristoren für die Leistungselektronik. BBC-Nachr. 63 (1981) H. 2, S. 74–83
[5.07] Baab, J.; Fischer, F.: Rückwärtsleitende Thyristormodule für Anwendungen bis 25 kHz. etz Elektrotech. Z. 104 (1983) H. 24, S. 1256–1258
[5.08] Glöckner, K.; Füllmann, M.: Steuerstromverstärkung in Thyristoren mit Querfeldemitter. etz Elektrotech. Z., Ausg. B, Bd. 30 (1978) S. 431–433

[5.09] Braukmeier, R.: Zwischen Transistor und Thyristor – der GTO-Thyristor. etz Elektrotech. Z. 104 (1983) H. 24, S. 1252–1255
[5.10] Bösterling, W.; Ludwig, H.; Schimmer, R.; Tscharn, M.: Praxis mit dem GTO. elektrotechnik 64 (1982) H. 24; 65 (1983) H. 4
[5.11] Heumann, K.; Marquardt, R.: GTO-Thyristoren in selbstgeführten Stromrichtern. etz Elektrotech. Z. 104 (1983) H. 7/8, S. 328–332
[5.12] Bösterling, W.; Fröhlich, M.: Thyristorarten ASCR, RLT u. GTO – Technik und Grenzen ihrer Anwendung. etz Elektrotech. Z. 104 (1983) H. 24, S. 1246–1250
[5.13] Bingen, R.: Verhalten der Gleichrichter mit Siliziumdioden und mit Thyristoren bei Überlastung und Kurzschluß. Energie u. Technik (1967) H. 9, S. 324–331
[5.14] Grötzbach, M.: Analyse von Gleichstromstellerschaltungen im lückenden und nichtlückenden Betrieb. etz-Archiv 1 (1979) H. 1, S. 29–33
[5.15] Voß, H.: Die Auswirkungen von verschiedenen Steuerverfahren für Gleichstromsteller auf Schaltfrequenz und Laststromschwankung. etz-Archiv 2 (1980) H. 10, S. 295–299
[5.16] Knapp, P.: Der Gleichstromsteller zum Antrieb und Bremsen von Gleichstromfahrzeugen. BBC-Mitt. (1970) H. 6/7, S. 252–270
[5.17] Wagner, R.: Strom- und Spannungsverhältnisse beim Gleichstromsteller. Siemens-Zeitschrift 43 (1969) H. 5, S. 458–464
[5.18] Peter, J.-M.: Vergleich von Transistor und Thyristor. etz Elektrotech. Z., Ausg. B, Bd. 29 (1977) H. 2, S. 41–48
[5.19] Macek, O.: Leistungstransistoren. Elektronik-Industrie (1980) S. 13–16, 17–22, 23–28, 33–36
[5.20] Leistungstransistoren im Schaltbetrieb. Firmenschrift Thomson-CSF
[5.21] Rischmüller, K.: Basisansteuerung von Hochvolt-Schalttransistoren. Firmenschrift Thomson-CSF 1977
[5.22] Macek, O.: Leistungs-Schalttransistoren – MOSFET's. Elektronik Industrie (1980) H. 8, S. 21–23, (1980) H. 9, S. 31–34, (1980) H. 10, S. 25–28
[5.23] Kaesen, K.; Tihanyi, J.: MOS-Leistungstransistoren. etz Elektrot. Z. 104 (1983) H. 24, S. 1260–1263
[5.24] Kilgenstein, O.: Probleme der Wärmeableitung in der Elektronik. Elektronik-Industrie (1975) S. 174–178, S. 196/197
[5.25] Heinemeyer, P.; Lukanz, W.; Oswald, D.: Siedekühlung für Leistungshableiter. Wiss. Ber. AEG-Telefunken 51 (1978) H. 1, S. 30–39

6 Antriebe mit netzgeführten Stromrichtern

[6.01] Müller-Hellmann, A.; Skudelny, H.: Beitrag zur Systematik der Einphasen-Brückenschaltungen. etz Elektrotech. Z., Ausg. A, Bd. 98 (1977) H. 12
[6.02] Meyer, F.: Netzverhalten eines Stromrichters in zweipulsiger, unsymmetrisch halbgesteuerter Brückenschaltung. Siemens-Zeitschrift 44 (1970) H. 12, S. 740–749
[6.03] Möltgen, G.: Eigenschaften des Stromrichters in zweipulsiger halbgesteuerter Brückenschaltung. Elektrische Bahnen 39 (1968) H. 11, S. 256–264
[6.04] Müller-Lübeck, K.: Gleichrichter in halbgesteuerter Einphasen-Brückenschaltung und Wechselstromsteller. BBC-Nachr. (1968) H. 3, S. 136–143
[6.05] Schulze-Buxloh, W.: Die Strom-Spannungs-Verhältnisse eines Gleichrichters in Brückenschaltung zwischen Leerlauf und Kurzschluß. etz Elektrotech. Z., Ausg. A, Bd. 83 (1962) H. 8, S. 263–269

[6.06] Hoffmann, D.; Michel, M.: Vergleich der Eigenschaften der vollgesteuerten und der halbgesteuerten Drehstromsteller Schaltung. etz Elektrotech. Z., Ausg. A, Bd. 92 (1971) H. 4, S. 219–222

[6.07] Zimmermann, P.: Leistungsfaktorverbesserung einer Drehstrombrücke mit gesteuerten Nullventilen. etz-Archiv 2 (1980) H. 5, S. 155–160

[6.08] Mikulaschek, F.; Otto, H.: Strom- und Spannungsverhältnisse sowie das Blindlastverhalten der halbgesteuerten Drehstrombrückenschaltung. etz Elektrotech. Z., Ausg. A, Bd. 88 (1967) H. 4, S. 93–98

[6.09] Fieger, K.: Zum dynamischen Verhalten thyristorgespeister Gleichstrom-Regelantriebe. etz Elektrotech. Z., Ausg. A, Bd. 90 (1969) H. 13, S. 311–316

[6.10] Schröder, D.: Dynamische Eigenschaften von Stromrichter-Stellgliedern mit natürlicher Kommutierung. Regelungstechnik u. Prozeßdatenverarbeitg. 19 (1971) H. 4, S. 155–162

[6.11] Schönfelder, R.: Das dynamische Verhalten des Stromrichterstellgliedes im Lückbereich. Messen–Steuern–Regeln 20 (1977) H. 2, S. 79–82

[6.12] Hugel, J.: Die Berechnung von Stromrichter-Regelkreisen. Archiv für Elektrotechnik 53 (1970) H. 4, S. 224–232

[6.13] Grötzbach, M.: Eigenzeitkonstante netzgeführter Stromrichter infolge natürlicher Kommutierung. etz-Archiv 4 (1982) H. 11, S. 355–358

[6.14] Hasse, K.: Drehzahlregelverfahren für schnelle Umkehrantriebe mit stromrichtergespeisten Asynchron-Kurzschlußläufermotoren. Regelungstechnik 20 (1972) H. 2, S. 60–66

[6.15] Becker, H.: Dynamisch hochwertige Drehzahlregelung einer umrichtergespeisten Asynchronmaschine. Regelungstechnische Praxis (1973) H. 9, S. 217–221

[6.16] Krause, J.: Zur Regelgüte von Thyristorstromrichter-Umkehrantrieben. Messen–Steuern–Regeln 12 (1969) H. 11, S. 430–432

[6.17] Grützmacher, B., Schröder, D.: Die Gleichstrom-Hauptantriebe einer zweigerüstigen Dressierstraße. BBC-Nachr. (1981) H. 3, S. 106–115

[6.18] Golde, E.; Riebschläger, K.: Stromregelung für kreisstromfreie Stromrichterschaltungen. Techn. Mitt. AEG-Telefunken 61 (1971) H. 2, S. 135–137

[6.19] Schräder, A.: Eine neue Schaltung zur Kreisstromregelung in Stromrichteranlagen. etz Elektrotech. Z., Ausg. A, Bd. 90 (1969) H. 14, S. 331–336

[6.20] Michel, M.: Die Strom- und Spannungsverhältnisse bei der Steuerung von Drehstromlasten über antiparallele Ventile. etz Elektrotech. Z., Ausg. A, Bd. 88 (1967) H. 10, S. 244–249

[6.21] Michel, M.: Die Strom- und Spannungsverhältnisse bei der Steuerung von Drehstromlasten über antiparallele Paare von Thyristoren und Dioden. etz Elektrotech. Z., Ausg. A, Bd. 91 (1970) H. 9, S. 510–514

[6.22] Hoffmann, D.; Michel, M.: Drehstromsteller mit zwei Wechselwegpaaren. etz Elektrotech. Z., Ausg. B, Bd. 26 (1974) H. 23, S. 603–605

[6.23] Kümmel, F.: Kurzschlußschutz von Thyristor-Stromrichtern in Dreiphasen-Brükkenschaltung. etz Elektrotech. Z., Ausg. A, Bd. 86 (1965) H. 4, S. 102–110

[6.24] Schnuck, F.: 60 Jahre AEG-Schnellschalter. Techn. Mitt. AEG-Telefunken 67 (1977) H. 3, S. 158–167

[6.25] Reul, D.: Selektivität zwischen Gleichstrom-Schnellschaltern und den Ventilsicherungen von Halbleiter-Stromrichtern. Siemens-Zeitschrift 43 (1969) H. 2, S. 83–88

[6.26] Bächtoldt, R.: Energiebegrenzendes Schalten in Niederspannungsnetzen. SEV-Bulletin (1978) H. 4

[6.27] Schaffner, R.: Aufbau und Anwendung des QLV-Hochleistungsautomaten. Elektrotechnik (1978) H. 3/5

[6.28] Hengsberger, J.; Wiegand, A.: Schutz von Thyristor-Stromrichtern größerer Leistung. etz Elektrotech. Z., Ausg. A, Bd. 86 (1965) H. 8, S. 263–268
[6.29] Hillebrand, G.: Die erste vollständige Reihe strombegrenzender Drehstrom-Leistungsschalter von 16 A bis 2000 A, ein Wendepunkt im Anlagenschutz. AEG-Mitt. 57 (1967) H. 2, S. 68–71
[6.30] Bühler, E.: Eine zeitoptimale Thyristor-Stromregelung unter Einsatz eines Mikroprozessors. Regelungstechnik 26 (1978) H. 2, S. 37–43
[6.31] Dünnwald, J.; Konhäuser, W.; Lange, D.: Drehzahlregelung eines Gleichstromantriebes mit Mikrocomputer. etz-Archiv 2 (1980) H. 12, S. 341–345

7 Drehstromantriebe mit selbstgeführten Umrichtern

[7.01] Abraham, L.; Heumann, K.; Koppelmann, F.: Zwangskommutierte Wechselrichter veränderlicher Frequenz und Spannung. etz Elektrotech. Z., Ausg. A, Bd. 86 (1965) H. 8, S. 268–274
[7.02] Meyer, M.: Über die Kommutierung mit kapazitivem Energiespeicher. etz Elektrotech. Z., Ausg. A, Bd. 95 (1974) H. 2, S. 79–83
[7.03] Clewig, M.: Kommutierungsvorgänge in selbstgeführten Wechselrichtern. Techn. Mitt. AEG-Telefunken 67 (1977) H. 1, S. 61–65
[7.04] Jenschur, H.; Landeck, W.: Monoverter – ein Umrichtersystem für den Betrieb von Asynchron-Normmotoren. Technische Mitt. AEG-Telefunken 69 (1979) H. 5/6
[7.05] Bystrom, K.: Strom- und Spannungsverhältnisse bei Drehstrom – Drehstrom-Umrichter mit Gleichstromzwischenkreis. etz Elektrotech. Z., Ausg. A, Bd. 87 (1966) H. 8, S. 264–271
[7.06] Peppel, M.: Verfahren zur Spannungssteuerung des Löschkondensators für Wechselrichter mit Phasenlöschung und eingeprägter Zwischenkreisspannung. etz-Archiv 3 (1981) H. 1, S. 3–6
[7.07] Blaschke, F.; Hütter, G.; Scheider, U.: Zwischenkreisumrichter zur Speisung von Asynchronmaschinen für Motor- und Generatorbetrieb. etz Elektrotech. Z., Ausg. A, Bd. 89 (1968) H. 5, S. 108–112
[7.08] Beinhold, G.; Wegener, K.: Kommutierungsschaltung mit verlustarmer Nachladung für selbstgeführte Stromrichter. Techn. Mitt. AEG-Telefunken 62 (1972) H. 6, S. 232–237
[7.09] Lienau, W.: Auslegung des Wechselrichters mit Phasenfolgelöschung in Abhängigkeit von der Betriebsart der Asynchronmaschine. etz-Archiv (1979) H. 12, S. 355–358
[7.10] Flügel, W.: Erweitertes Verfahren zur dynamisch richtigen Steuerung des Flusses bei der Drehzahlregelung von umrichtergespeisten Asynchronmaschinen. etz Elektrotech. Z., Ausg. A, Bd. 99 (1978) H. 4, S. 185–188
[7.11] Müller-Hellmann, A.: Pulsstromrichter am Einphasen-Wechselstromnetz. etz-Archiv (1979) H. 3, S. 73–78
[7.12] Grumbrecht, P.; Hambach, J.; Hentschel, F.: Ein Pulswechselrichter mit sanfter Kommutierung. Wiss. Ber. AEG-Telefunken 51 (1978) H. 1, S. 77–84
[7.13] Brenneisen, J.; Schönung, A.: Bestimmungsgrößen des selbstgeführten Stromrichters in sperrspannungsfreier Schaltung bei Steuerung nach dem Unterschwingungsverfahren. etz Elektrotech. Z., Ausg. A, Bd. 90 (1969) H. 14, S. 353–357
[7.14] Heintze, K.; Tappeiner, H.; Weibelzahn, M.: Pulswechselrichter zur Drehzahlsteuerung von Asynchronmaschinen. Siemens-Zeitschrift 45 (1971) H. 3, S. 154–161
[7.15] Daum, D.: Unterdrückung von Oberschwingungen durch Pulsbreitensteuerung. etz Elektrotech. Z., Ausg. A, Bd. 93 (1972) H. 9, S. 528–530

[7.16] Landeck, W.; Putz, U.: Selbstgeführter Zwischenkreisumrichter mit eingeprägtem Strom für Drehstrom-Asynchronmotoren. Techn. Mitt. AEG-Telefunken 67 (1977) H. 1, S. 11–15

[7.17] Weninger, R.: Verfahren zur dynamisch richtigen Steuerung des Flusses bei der Drehzahlregelung von Asynchronmaschinen mit Speisung durch Zwischenkreisumrichter mit eingeprägtem Strom. etz-Archiv (1979) H. 12, S. 341–345

[7.18] Kampschulte, B.; Sankowski, U.: Simulation von stromrichtergespeisten Drehfeldmaschinen mit Differentialgleichungen minimaler Ordnung. etz-Archiv (1978) H. 1, S. 27–34

Sachverzeichnis

Fachzeitschriften und
Fachbücher aus dem
Bereich Elektrotechnik
Nachrichtentechnik
Neue Medien
VDE-Bestimmungen
-Entwürfe
Ausländische
Normen
Ausführliche Informationen
entnehmen Sie bitte unserem
Verlagsverzeichnis.
Kostenlos erhältlich in Ihrer
Buchhandlung oder direkt bei uns:
DVE
VERLAG
VDE-VERLAG GmbH
Bismarckstraße 33
D-1000 Berlin 12